普通高等教育土木工程专业新形态教材

建筑力学

苏振超　主　编
薛艳霞　陆海翔　副主编

清华大学出版社
北京

内 容 简 介

本书是编者根据高等学校非力学专业力学基础课程教学基本要求和长期教学实践经验,将刚体静力学、材料力学和结构力学基础的内容加以综合、归纳编写而成。本书着重介绍建筑力学的基本概念和方法,注重对力学现象的分析,以增加学生的学习兴趣,提高学生的综合素质和分析问题的能力。

本书除绪论外,包括:静力学的基础知识,平面汇交力系与平面力偶系,一般力系的合成与平衡,轴向拉伸与压缩,扭转,平面弯曲,应力状态与强度理论及其应用,压杆稳定,平面体系的几何组成分析,静定结构的内力计算,静定结构的位移计算,力法,位移法,渐近法,影响线和计算机软件在建筑力学中的应用,共16 章。每章均包含一定数量难易不等的例题、思考题(除第 16 章外)和习题,并提供部分习题的参考答案。

本书可作为高等学校工程管理、建筑学、工程造价、建筑景观等专业的建筑力学或工程力学课程的教材,可供高职类高校建筑类相关专业作为建筑力学教材使用,也可作为土木工程专业学生以及相关工程技术人员的参考用书。

图书在版编目(CIP)数据

建筑力学/苏振超主编.—北京:清华大学出版社,2024.5
普通高等教育土木工程专业新形态教材
ISBN 978-7-302-66394-2

Ⅰ.①建…　Ⅱ.①苏…　Ⅲ.①建筑科学－力学－高等学校－教材　Ⅳ.①TU311

中国国家版本馆 CIP 数据核字(2024)第 111473 号

责任编辑:秦　娜　赵从棉
封面设计:陈国熙
责任校对:欧　洋
责任印制:沈　露

出版发行:清华大学出版社
    网　　　址:https://www.tup.com.cn,https://www.wqxuetang.com
    地　　　址:北京清华大学学研大厦 A 座　　邮　　编:100084
    社 总 机:010-83470000　　　　　　　邮　　购:010-62786544
    投稿与读者服务:010-62776969,c-service@tup.tsinghua.edu.cn
    质量反馈:010-62772015,zhiliang@tup.tsinghua.edu.cn
印 装 者:三河市龙大印装有限公司
经　　销:全国新华书店
开　　本:185mm×260mm　　印　张:27.5　　字　数:666 千字
版　　次:2024 年 7 月第 1 版　　　　　印　次:2024 年 7 月第 1 次印刷
定　　价:85.00 元

产品编号:101634-01

前 言

PREFACE

建筑力学课程是工程管理、建筑学、工程造价、风景园林、城乡规划、给排水科学与工程等本科专业学生的必修课程,在课程体系中起着重要作用。特别是近年来,高等学校各专业的人才培养目标更加具体,教学计划越来越贴近工程实际需要,对建筑力学课程的要求也越来越高。新形势下,如何让学生更好地掌握建筑力学的基本原理和方法,为后续专业课程及工程实践打下良好的基础,是每一位建筑力学课程教师的一项重要任务。

本书的特点是:①在提炼整理静力学、材料力学和结构力学基础这三门力学课程内容的基础上,充分考虑三门课程的内在联系,将它们有机地融为一体,优化教材内容,尽量减少相关内容的重复,保持力学知识体系逻辑严谨、概念明确的特点,注重方法的总结,力求提高学生分析问题和解决问题的能力。②每一章附有难易不等的较多数量的习题和思考题(除第16章外),以便教师在课堂上考察学生对概念的掌握程度,给学生布置作业也有选择余地。③有较强的适用性。据统计,目前国内个别高校建筑力学学时仅安排32学时,部分高校安排54学时,不少高校安排的是64学时或72学时。可见学时差别较大,教学内容无法一致。在内容要求方面,部分专业的后续课程内容包括结构的内力分析和强度及变形计算等,要求相对较高;而另外一些专业则只要求学生掌握一些力学的基本概念,增加对应用力学知识解决实际问题的认识,要求相对较低。所以在深度上难以协调。鉴于该课程的特点,本教材尽量兼顾多方面的要求,力求内容全面,满足多学时要求,同时将篇幅控制在合适的范围内。为此,编者将一些要求相对偏高的内容和有一定难度的例题用二维码的形式给出。这样处理既照顾到了要求较高的专业需要,又不影响其他专业的内容连续性。④在传统内容的基础上,增加计算机软件在建筑力学中的应用一章,主要是考虑到实际工作中的结构往往比较复杂,难以手算完成,应用计算机软件进行结构计算已成今后工作时的必需。为此选择三款软件分别介绍,让学生在学习中体会到软件应用的便捷性和可靠性,也为进一步学习专业课程及今后的设计工作打下基础。同时,初学者也可以在完成作业后用软件进行校对,或者利用软件修改一些参数来观察各参数对结果的影响程度,增加学习的兴趣。⑤为便于自学,增加了一些说明、评注等内容,对相关知识点进一步加以说明和总结。同时,对部分习题以二维码的形式给出解答过程(将二维码放置在题目附近),以帮助学生迅速提高解题能力。⑥为了提高学生的学习兴趣,在一些章后的留白处以二维码的形式介绍一些科学家(力学家)的事迹,特别是中国科学家的贡献,增加思政元素的内容,以期使学生在学习过程中,也能体会到科学精神和家国情怀,增加学生的人文素养。

为满足教师教学需要,本书提供教学文件以及教材对应的PPT课件等,供教师教学参考。

　　本书由苏振超主编,薛艳霞、陆海翔任副主编,苏振超负责统稿并做最后修改定稿,河海大学博士生导师杜成斌教授主审。杜教授详细审阅了全书文稿,提出了很多问题和有益的建议,使教材在质量上得到很大的提高,我们对杜教授的建议和付出表示衷心感谢。

　　本书在写作过程中,吸收、引用了部分国内外优秀力学教材的内容,在此谨向这些文献的作者们致以诚挚的谢意。本书在写作过程中,得到黄然教授和李飞燕教授的指导和关心,同时得到朱峥嵘和傅菊英研究员持续不断的指导和鼓励,在此一并表示感谢。本书的出版得到了清华大学出版社责任编辑秦娜和赵从棉的热情帮助,在此表示衷心的感谢,她们专业、认真的工作态度令人尊敬。

　　作者虽尽心竭力、力求准确无误,但限于水平和经验,加之时间仓促,书中难免存在不足甚至错误之处,诚恳希望读者提出批评并指正。

作　者

2024 年 3 月 24 日

目 录
CONTENTS

绪　论

0.1　建筑力学的内容和任务

建筑力学是将刚体静力学、材料力学和结构力学等课程中的主要内容依据概念之间的逻辑关联性重新组织形成的力学知识体系。

随着我国城市现代化的快速发展,一大批新的标志性工程不断涌现,例如:目前世界上最长的大桥——丹昆大桥(全长 164.85 km,图 0.1.1)、大兴国际机场(图 0.1.2)、三峡水利工程(图 0.1.3)、高度达到 632 m 的上海中心大厦(图 0.1.4)。这些大型基建工程的建设,加快了新材料、新技术、新工艺的进步步伐,提升了工程设计理念和创新结构形式与理论的高度,为人们的生活和工作提供了良好的建筑环境。

图 0.1.1　世界最长大桥——丹昆大桥

图 0.1.2　大兴国际机场

图 0.1.3　三峡水利工程

图 0.1.4　上海中心大厦

0.1.1　结构与构件

在机械、交通运输和建筑等工程中,广泛地应用各种机械设备和工程结构。机械的零件和结构部分统称为**构件**,由若干构件按照合理方式组成并用来承担荷载起骨架作用的部分称为**结构**。图 0.1.5 所示为一个常见厂房的结构及构件的示意图。

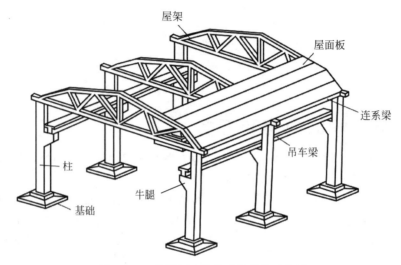

图 0.1.5　常见厂房结构及构件的示意图

结构一般可按其几何特征分为三种类型:

(1) 杆系结构　组成杆系结构的构件是杆件。杆件的几何特征是其长度尺寸远大于横截面的尺寸。

(2) 薄壁结构　组成薄壁结构的构件是薄板或薄壳。薄板或薄壳的几何特征是其厚度尺寸远远小于其另外两个方向的尺寸。

(3) 实体结构　其三个方向的尺寸基本为同一数量级的结构,如挡土墙、基础、钢球等。

建筑力学主要以杆件及平面杆系结构为研究对象,讨论其力学行为。常见的平面杆件结构形式有以下几种。

1. 梁

梁是一种受弯杆件,其轴线通常为直线。梁可以是单跨的和多跨的(图 0.1.6)。

2. 桁架

桁架是由若干根直杆在两端用铰连接(见 1.5 节)而成的结构(图 0.1.7)。当荷载只作用在结点(也称节点)时,各杆只产生轴力。

3. 刚架

刚架是由直杆组成并具有刚结点(见 1.5 节)的结构(图 0.1.8)。

4. 拱

拱的轴线是曲线,且在竖向荷载作用下,主要承受压力,并会产生水平反力(图 0.1.9)。

水平反力大大改变了拱的受力性能。

5. 组合结构

组合结构是由桁架和梁或桁架和刚架组合在一起的结构(图 0.1.10)。

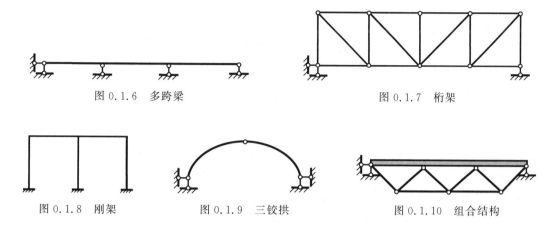

图 0.1.6 多跨梁　　　　　　　　　　图 0.1.7 桁架

图 0.1.8 刚架　　　　图 0.1.9 三铰拱　　　　图 0.1.10 组合结构

0.1.2 建筑力学的任务与研究内容

在正常使用状态下,构件或工程结构都会受到外界的主动力(荷载)的作用,或者相邻构件或其他物体对它的作用。

在荷载作用下,构件及工程结构的几何形状和尺寸会发生一定程度的改变,这种改变称为**变形**。当荷载达到某一数值时,构件或结构就可能发生破坏,如吊索被拉断、钢梁断裂等。如果构件或结构的变形过大,也会影响其正常工作。如机床主轴变形过大时,将影响机床的加工精度;楼板梁变形过大时,下面的抹灰层就会开裂、脱落,等等。此外,对于受压的细长直杆,两端的压力增大到某一数值后,杆会突然变弯,不能保持原状,这种现象称为**失稳**。如果静定桁架中的受压杆件发生失稳,可使桁架变成几何可变体系而失去承载力。

在工程中,为了保证每一构件和结构始终能够正常地工作而不致失效,在使用过程中,要求构件和结构的材料不发生破坏,即具有足够的**强度**;要求构件和结构的变形在工程允许的范围内,即具有足够的**刚度**;要求构件和结构维持其原有的平衡形式,即具有足够的**稳定性**。

结构或构件的强度、刚度和稳定性与其本身截面的几何形状和尺寸、所用材料、受力情况、工作环境以及构造情况等有密切的关系。在结构和构件的设计中,首先要保证其具有足够的强度、刚度和稳定性。同时,还要尽可能地选用合适的材料和尽可能地少用材料,以节省资金或减轻自重,达到既安全、实用又经济的目的。建筑力学的任务就是为设计或验证既安全又经济的构件和结构提供必要的理论基础、计算方法和实验技能。

由于结构或构件的强度、刚度和稳定性都与所用材料密切相关,在计算、设计以及校核其承载力之前,必须了解材料的力学性能,而各种材料的力学性能必须通过实验加以测定,所以,建筑力学还要研究材料在荷载作用下的力学性质。

建筑力学的研究对象,依据所研究问题的目的不同而取不同的力学模型。当研究和分析各种力系的简化和平衡问题、研究结构的组成规律时,通常将被研究的物体视为**刚体**。所谓刚体,就是绝对不变形的物体。即在任何外力作用下,其形状和大小始终保持不变的物体。刚体是一个理想化的模型,实际生活中并不存在。事实上,任何物体在外力的作用下都会产生变形,即它们都是**变形体**。但是很多物体的变形十分微小,在这种变形可以不被考虑或暂时可以不被考虑的情况下,可以把物体当作刚体来看待。例如,房屋结构中的梁和柱,在受力后将分别产生弯曲变形和压缩变形。当研究其中的梁、柱的平衡以及整个房屋结构的平衡问题时,都不考虑它们受力后的这些微小变形,而将其看成不变形的刚体。这样,大大简化了其平衡问题的分析计算。此时,刚体的模型不仅是合理的,而且是必需的。但当研究梁、柱的变形大小及由此产生的内力(应力)时,则必须考虑它们几何形状与尺寸的变化,而将它们看作变形体。可见,对同一物体,由于所研究的问题的目的不同,往往使用不同的力学模型。一般而言,构造一个物体系统合适的力学模型是一个复杂的问题,特别是随着系统的复杂性日益提高,建模的难度也日益增加。本课程主要讨论在已知力学模型的基础上,如何分析物体的受力,建立系统外力之间、内力与外力之间的关系以及外力与变形之间的关系,并讨论物体系统的强度、刚度及稳定性。

综上可知,建筑力学研究的主要内容可归纳为如下几个方面:

(1)研究物体以及物体系统的受力、各种力系的简化和平衡规律;

(2)研究结构的组成规律和合理形式;

(3)研究构件(主要是杆件)和结构(主要是杆件结构,包括静定结构和超静定结构)的内力和变形与外力及其他外部因素(如支座位移、温度改变等)之间的关系,并对构件及结构的强度和刚度进行验算;

(4)研究材料的力学性质和构件在外力作用下发生的破坏规律;

(5)讨论受压杆件以及简单刚架的稳定性问题。

建筑力学的内容是很多土木类和建筑类专业的基础。一方面,它与前修课程如高等数学、大学物理等有极其密切的联系;另一方面,又为进一步学习如建筑结构、道路、桥梁、水利以及机械原理和设计等后续的专业课程提供必要的基础理论和计算方法。因而,它在各门课程的学习中起着承上启下的作用。同时,建筑力学中的很多知识来源于生活,可以利用相关理论解决日常生活中遇到的问题。

建筑力学的理论概念性较强、分析方法典型、解题思路清晰,同学们在学习中要深入理解基本概念、基本理论,通过多做习题来熟练掌握建筑力学问题的各种分析计算方法、解题思路和技巧,培养分析和解决问题的能力,从而达到弄懂概念、掌握理论和熟悉方法的目的。

0.2　变形固体的基本假设

实际工程中的任何构件、机械或结构都是变形体,或称**变形固体**。变形固体除受外力及其他外部因素的作用外,其本身性质也是多种多样、十分复杂的。每门学科只是从某个角度去研究物体性质的某一方面或某几个方面。同样,建筑力学也不可能将各种因素的影响同时加以考虑,而只能保留所研究问题的主要方面,略去影响不大的次要因素,对变形固体作某些假设,即将复杂的实际物体抽象为具有某些主要特征的理想物体。通常,在建筑力学中,对变形固体作出如下假设:

1. 连续性假设

连续是指物体内部没有空隙，处处充满了物质，且认为物体在变形后仍保持这种连续性。这样，物体的一切物理量如密度、应力、变形、位移等才是连续的，因而可以用连续函数来描述。

实践证明，在工程中将构件抽象为连续的变形体，不仅避免了数学分析上的困难，可以使用坐标来描述物体的变形，并便于利用微积分等数学工具，而且，由此假定所作的力学分析被广泛的实验与工程实践证实是可行的。

2. 均匀性假设

均匀性是指物体内各点处材料的性质相同，并不因物体内点的位置的变化而变化。这样，可以从物体中取出（选取）任意微小部分进行研究，并将其结果推广到整个物体。同时，还可以将那些用大试件在实验中获得的材料性质应用到任何微小部分上去。

3. 各向同性假设

各向同性是指物体在各个不同方向具有相同的力学性质。因此，表征这些特性的力学参量（如弹性模量、泊松系数等）与方向无关，为常量。应指出的是，如果材料沿不同方向具有不同的力学性质，则称之为**各向异性材料**。木材、复合材料是典型的**各向异性材料**。

以上针对材料的三个假设是变形固体力学普遍采用的前提假设。

物体受力后，总会出现一些响应，例如，物体会运动、变形等。对于变形，有**弹性变形**和**塑性变形**之分。弹性变形是指物体在外力作用下产生变形，当去掉外力后，物体能完全恢复原来的形状而没有残余变形。具有这种性质的物体称为**完全弹性体**。实际上，理想的完全弹性体不存在，但常用的工程材料如金属、木材等，当外力不超过某一限度时，很接近于完全弹性体，可将其视为完全弹性体。塑性变形则是去掉外部因素后不能全部消失而留有残余的变形，也称**残余变形**。有时必须考虑物体的塑性变形，此时就不能再把物体视为完全弹性体，必须考虑其塑性。

在土建工程中，物体在外力或其他外部因素作用下产生的变形与其整体尺寸相比通常是很微小的，物体各点处的位移也是微小的，此类变形称为**小变形**。由于是小变形，在弹性变形范围内讨论物体的支反力与荷载或者内力与外力之间关系时，可以按物体的原始位置进行计算，而不用考虑其变形，这种处理方法常称为**原始尺寸原理**。同时，在计算其变形和位移时，也可略去变形的高阶微量以简化计算，产生的误差一般可以满足工程的需要。

0.3 荷载的分类及简化

作用在物体上的外力，按其作用方式可分为体积力和表面力，简称**体力**和**面力**。体力是连续分布在物体体积内的力，如物体的自重，电场中运动的带电导体的电磁力等；面力是其他物体通过接触面作用于一物体表面的力，如车辆的轮胎压力、流体压力、风作用在建筑物表面的力等。力学中，把作用于物体上的外力按其使物体运动（或有运动趋势）或阻碍物体运动，分为**主动力**或**约束反力**。在外力作用下，物体发生变形，其内部各质点产生位移，同时产生内力。

0.3.1　荷载及其分类

荷载是主动作用于物体上的外力。在实际工程中,构件或结构受到的荷载是多种多样的,如建筑物的楼板传给梁的重量、钢板对轧辊的作用力等。这些重量和作用力统称为加在构件上的荷载。

荷载可以根据不同特征进行分类:

(1) 荷载按其作用在结构上的时间久暂可分为**恒载**和**活载**。

恒载是长期作用在构件或结构上的不变荷载,如结构的自重和土压力。

活载是指在施工和建成后使用期间可能作用在结构上的可变荷载,它们的作用位置和范围可能是固定的(如风荷载、雪荷载、会议室的人群重量等),也可能是移动的(如吊车荷载、桥梁上行驶的车辆等)。

(2) 荷载按其作用在结构上的分布情况可分为**分布荷载**和**集中荷载**。

分布荷载是连续分布在结构上的荷载。当分布荷载在结构上均匀分布时,称为均布荷载;当沿杆件轴线均匀分布时,则称为线均布荷载,常用单位为 N/m 或 kN/m。

当作用于结构上的分布荷载面积远小于结构的尺寸时,可认为此荷载是作用在结构的一点上,称为集中荷载。如火车车轮对钢轨的压力,屋架传给砖墙或柱子的压力等,都可认为是集中荷载,常用单位为 N 或 kN。

(3) 荷载按其作用在结构上的性质可分为**静力荷载**和**动力荷载**。

静力荷载是指从零开始缓慢、平稳地增加到终值后保持不变的荷载。

动力荷载是指大小、位置、方向随时间迅速变化的荷载。在动力荷载下,构件或结构产生显著的加速度,故必须考虑惯性力的影响。如动力机械产生的振动荷载、风荷载、地震作用产生的随机荷载等。

0.3.2　两种均布荷载的简化

工程结构计算中,通常需要将梁、板等构件所受的荷载简化以方便计算。荷载的简化是一个重要的问题,下面通过讨论两个简单的问题来说明荷载的简化。

1. 等截面梁自重(体积力)的简化

假设一矩形截面梁如图 0.3.1 所示,其截面宽度为 $b(\mathrm{m})$,截面高度为 $h(\mathrm{m})$,长度为 $l(\mathrm{m})$。设该梁的单位体积重量(重度)为 $\gamma(\mathrm{kN/m^3})$,则此梁的总重为

$$W = bhl\gamma \quad (\mathrm{kN})$$

若梁的自重沿梁跨度方向是均匀分布的,则沿梁轴单位长度,即每米的自重 q 为

$$q = W/l = bh\gamma \quad (\mathrm{kN/m})$$

q 值就是梁自重简化为沿梁轴方向的均布线荷载值。线荷载 q 也称线荷载集度,表示单位长度内有多大的力作用。

2. 均布面荷载化为均布线荷载

图 0.3.2 中的平板,板宽为 $b(\mathrm{m})$,板跨度为 $l(\mathrm{m})$,若在板上受到均匀分布的面荷载 $q'(\mathrm{kN/m^2})$ 的作用,那么,在这块板上受到的全部荷载 F 为

$$F = q'bl \quad (\mathrm{kN})$$

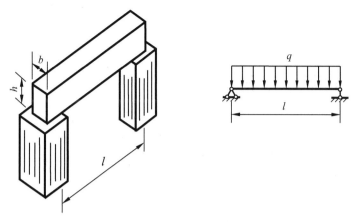

图 0.3.1 梁自重荷载的简化

而荷载 F 是沿板的跨度均匀分布的,于是,沿板长度方向均匀分布的线荷载 q 大小为

$$q = q'b \quad (kN/m)$$

可见,均布面荷载简化为均布线荷载时,均布线荷载的大小等于均布面荷载的大小乘以受荷宽度。

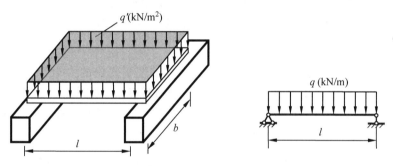

图 0.3.2 作用在平板上的均布荷载的简化

图 0.3.3 所示为某楼面的结构示意图。平板支承在大梁上,跨度为 l_1;梁支承在柱上,跨度为 l_2。当平板上受到均布面荷载 $q'(kN/m^2)$(图中未画出)时,梁 AB 沿其轴线方向受到板传来的均布线荷载 $q(kN/m)$ 怎样计算呢? 由于梁的间距为 l_1,跨度为 l_2,所以梁 AB 的受荷范围是图 0.3.3 中阴影线所占的面积,即梁的受荷宽度为 l_1。于是,很容易就能算出梁 AB 受到板传来的均布线荷载值为

$$q = l_1 q' \quad (kN/m)$$

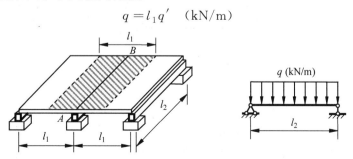

图 0.3.3 梁、板荷载的传递计算

均布荷载是工程中常见的荷载类型,另外还有非均布的荷载及其简化等问题,将在后续章节详述。

0.4 杆件的基本变形

如前所述,结构可以视为很多构件或杆件按照一定的方式组装而成,故结构的变形也可以视为各个构件或杆件变形后依据变形协调后形成。在各种不同形式的外力作用下,杆件的变形形式各不相同。而复杂的变形可以分解为几种基本变形形式的组合。杆件的基本变形形式有下面4种。

1. 轴向拉伸与压缩

在一对大小相等、方向相反、作用线与杆件轴线重合的外力作用下,杆件的长度发生伸长或缩短,这种变形称为**轴向拉伸**与**轴向压缩**,如图0.4.1(a)、(b)所示。拉压杆件常常直接称为**杆**,有时将在竖直方向承受压缩荷载的杆件也称为**柱**。

2. 剪切

在一对大小相等、方向相反、作用线相距很近且垂直于杆件轴线的外力作用下,杆件的横截面沿外力作用方向发生错动,这种变形称为**剪切变形**,如图0.4.1(c)所示。机械及土木结构中常见的联结件,如铆钉、螺栓等受力时常发生剪切变形。

3. 扭转

在一对大小相等、转向相反、位于垂直于杆轴线的两平面内的力矩作用下,杆件的任意两个横截面发生绕轴线的相对转动,这种变形称为**扭转变形**,如图0.4.1(d)所示。机械工程中的传动轴等的变形即是扭转变形。通常将以扭转为主要变形形式的杆件称为**轴**。

4. 弯曲

在一对大小相等、转向相反、位于杆件纵向平面内的力偶作用下,杆件的轴线由直线变为曲线,这种变形称为**弯曲变形**,如图0.4.1(e)所示。通常将以弯曲为主要变形形式的杆件称为**梁**。

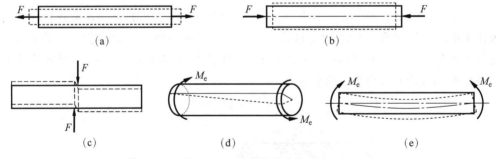

图 0.4.1 杆件的基本变形

受弯杆件是工程中最常见的构件之一。吊车梁、火车轮轴等的变形都是弯曲变形。

实际工程中,还有一些杆件可能同时具有多种基本变形形式,这种复杂的变形形式常见的有拉伸与弯曲的组合变形、弯曲与扭转的组合变形等。这种基本变形的组合称为**组合变形**。杆件组合变形的分析是建立在杆件基本变形分析结论的基础上的。

第1章

静力学的基础知识

1.1 力及力系

1.1.1 力

1. 力的概念

力是物体间相互的机械作用,它使物体的机械运动状态发生改变和使物体产生变形。前者称为力的**运动效应**或**外效应**,后者称为力的**变形效应**或**内效应**。刚体静力学只限于研究刚体,不考虑物体的变形,只涉及力的外效应,而力的内效应将在后续各章变形体力学中研究。

力对物体的作用效应取决于力的大小、方向和作用点。这三者称为力的**三要素**。力的大小表示物体相互间机械作用的强弱程度。在国际单位制中,以 N(牛顿,牛)或 kN(千牛)等作为力的单位。力的方向表示物体间的相互机械作用具有方向性,它包含力的作用线在空间的方位和力沿其作用线的指向两个因素。力的作用点是抽象化的物体间相互机械作用位置。实际上物体相互作用的位置并不是一个点,而是物体的一部分面积或体积。如果这个作用面积或体积与物体的几何尺寸相比很小,可以忽略不计,则可将其抽象为一个点,称为力的作用点,作用于该点的力则称为**集中力**;反之,当力的作用面积或体积不能忽略时,则称该力为**分布力**,如重力、水压力等。分布力可视为在作用区域内无穷多个微小集中力的集合。

由力的三要素可知,力是矢量,而且是**定位矢量**(即该矢量的作用效果与作用点的位置有关)。在力学分析中,力矢量一般用有向线段和字符两种方式表达。如图 1.1.1 所示,有向线段的长度 $\overline{AB}$ 按一定比例尺表示力的大小,线段的方位和箭头的指向表示力的方向,线段的起点 A 或终点 B 表示力的作用点。线段所在的直线称为力的作用线(如图中虚线所示)。通常用黑体字母 $\boldsymbol{F}$ 表示力矢量,用字母 F 表示力的大小。

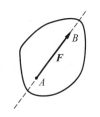

图 1.1.1 力的表示

2. 力的投影计算

在直角坐标系中,已知力 $\boldsymbol{F}$ 与 x 轴、y 轴的夹角分别为 α、β,如图 1.1.2(a)所示,则 $\boldsymbol{F}$ 在直角坐标轴 x、y 上的投影分别为

$$F_x = F\cos\alpha, \quad F_y = F\cos\beta \tag{1.1.1}$$

力在一个轴上的投影是代数量。

若力 $\boldsymbol{F}$ 在平面内两正交轴上的投影 F_x 和 F_y 已知,则力 $\boldsymbol{F}$ 的大小和方向余弦分别为

$$\begin{cases} F = \sqrt{F_x^2 + F_y^2} \\ \cos\alpha = \dfrac{F_x}{F}, \cos\beta = \dfrac{F_y}{F} \end{cases} \tag{1.1.2}$$

一般而言,若坐标系不是直角坐标系,则上述公式不成立。

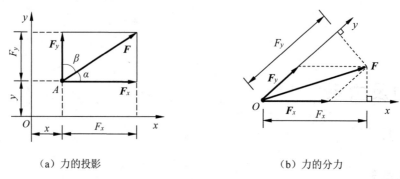

（a）力的投影   （b）力的分力

图 1.1.2   力的投影及分力

【说明】 ①力的投影和分力是两个不同的概念:力在一个轴上的投影是代数量,如图 1.1.2(a)所示,它只有大小和正负;而力的分量是矢量,不仅有大小和方向,还有作用点,二者不可混淆。②当 x、y 轴不垂直时,力沿两轴的分力 $\boldsymbol{F}_x$ 和 $\boldsymbol{F}_y$ 在数值上并不等于力在两轴上的投影 F_x、F_y,如图 1.1.2(b)所示。③计算力在一个轴上的投影的方法需要熟练掌握,以便今后能快速建立力的投影的平衡方程。

1.1.2   力系

力系是一组力的总称。为了深入分析和讨论力系,常将力系按照力的作用线分布情况进行分类。

如果力系中所有力的作用线在同一平面内,则这种力系称为**平面力系**。平面力系又分为:

(1) **平面汇交力系**:所有力的作用线都在同一平面内且作用线汇交于一点的力系。

(2) **平面平行力系**:作用于同一平面内、力的作用线相互平行的力系。

(3) **平面一般力系**:各力作用线位于同一平面内,但既不是汇交力系,也不是平面平行力系,又称**平面任意力系**。

若力系中所有力的作用线不全在同一平面内,则这种力系称为**空间力系**。与平面力系一样,也可以把空间力系分为**空间汇交力系、空间力偶系、空间一般(任意)力系**。

按照作用效果来说,若某两个力系分别作用于同一物体上,其效应相同,则这两个力系称为**等效力系**。力系 $\{\boldsymbol{F}_{11}, \boldsymbol{F}_{12}, \cdots, \boldsymbol{F}_{1m}\}$ 与 $\{\boldsymbol{F}_{21}, \boldsymbol{F}_{22}, \cdots, \boldsymbol{F}_{2n}\}$ 等效可记为 $\{\boldsymbol{F}_{11}, \boldsymbol{F}_{12}, \cdots,$ $\boldsymbol{F}_{1m}\} \Leftrightarrow \{\boldsymbol{F}_{21}, \boldsymbol{F}_{22}, \cdots, \boldsymbol{F}_{2n}\}$。等效力系的一个重要性质就是具有可传性(见文献[17])。若某力系作用在一物体上,并且该物体处于平衡状态,则该力系称为**平衡力系**。

若某力系与另一个力等效,则此力称为该力系的**合力**,而力系中的那些力称为该合力的**分力**。求合力的过程称为力的**合成**;反之,将一个力分成几个分力的过程称为力的**分解**。

1.2　刚体静力学的基本公理

公理是人们在生活和生产实践中长期积累的经验总结,又经过实践反复检验,无需证明而被确认是符合客观实际的最普遍、最一般的规律。

公理一　力的平行四边形法则

作用于物体上同一点的两个力 F_1、F_2 可以合成为作用于该点的一个合力 F_R,它的大小和方向由以这两个力为邻边所构成的平行四边形的对角线确定,如图 1.2.1(a)所示。或者说,合力 F_R 等于这两个力 F_1、F_2 的矢量和,即

$$F_R = F_1 + F_2 \tag{1.2.1}$$

应用此法则求两共点力合力的大小和方向时,也可作一力三角形。直接将力矢 F_2 平移到力矢 F_1 的末端 B,使力矢 F_2 的起点与力矢 F_1 的终点重合,连接 A 和 C 两点,如图 1.2.1(b)所示。显然,矢量 $\overrightarrow{AC}$ 即表示合力矢 F_R。这种作图的方法称为**力的三角形法则**。对于图 1.2.1(b)所示的力三角形,则有

$$F_R = \sqrt{F_1^2 + F_2^2 - 2F_1 F_2 \cos\beta} \tag{1.2.2}$$

$$\frac{F_1}{\sin\alpha} = \frac{F_2}{\sin\theta} = \frac{F_R}{\sin\beta} \tag{1.2.3}$$

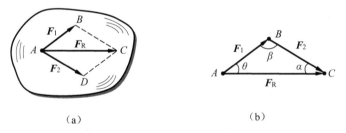

(a) (b)

图 1.2.1　两个共点力的合成

力的平行四边形法则是力系简化的基础,同时也是力的分解的法则,根据它可将一个力分解为作用于同一点的两个分力。由于用同一对角线可作出无穷多个不同的平行四边形,所以若不附加任何条件,分解的结果将不确定。在具体问题中,通常要求将一个力分解为方向已知的两个分力(平面)或三个分力(空间),特别是分解为方向互相垂直的两个分力或三个分力,这种分解称为**正交分解**,所得的两个分力或三个分力称为**正交分力**。

公理二　二力平衡公理

作用在同一刚体上的两个力,使刚体平衡的充要条件是:两个力的大小相等、方向相反且在同一直线上(图 1.2.2)。

$$F_1 = -F_2 \tag{1.2.4}$$

实际工程中,常遇到仅在两点受力作用并处于平衡的刚体,这类刚体称为**二力体**。在结构分析中又称为**二力构件**。若二力体为直杆,则称为**二力杆**。二力体无论其形状如何,所受

二力必沿此二力作用点的连线,且等值、反向。如图 1.2.3(a)所示三铰拱中,若不计构件 BC 的自重,则可视为二力构件,其受力如图 1.2.3(b)所示。

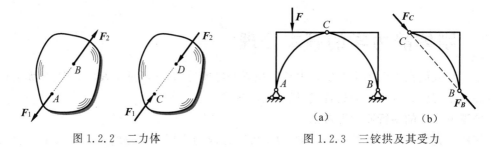

图 1.2.2　二力体　　　　　　　图 1.2.3　三铰拱及其受力

公理三　加减平衡力系公理

在作用于刚体的任意力系上,加上或减去任意平衡力系,不改变原力系对刚体的作用效应。

根据上述公理可导出下列推论。

推论 1　力的可传性

作用于刚体上某点的力可沿其作用线移动到刚体内的任一点,而不改变该力对刚体的作用效应。

【证明】 在刚体上的点 A 作用力 F,如图 1.2.4(a)所示。根据加减平衡力系公理,可在力的作用线上任取一点 B,并加上两个互相平衡的力 F_1 和 F_2,使 $F = F_2 = -F_1$,如图 1.2.4(b)所示。由于力 F 和 F_1 也是一个平衡力系,故可除去;这样只剩下一个力 F_2,如图 1.2.4(c)所示。于是,原来的这个力 F 与力系(F,F_1,F_2)以及力 F_2 均等效,即原来的力 F 沿其作用线移到了点 B。

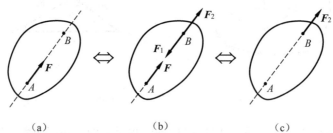

图 1.2.4　力的可传性

由此可见,对于刚体来说,力的作用点已不是决定力的作用效应的要素,它已为作用线所代替。因此,作用于刚体上的**力的三要素**是:力的大小、方向和作用线。作用于刚体上的力可以沿力的作用线在刚体上移动而不会改变对刚体的作用效果,这种矢量称为**滑动矢量**。

【说明】 力的可传性不适用于变形体,只适用于同一刚体,故不能将力沿其作用线由一个刚体移动到另一刚体上。

推论 2　三力平衡汇交定理

刚体在三个力作用下平衡,其中两个力的作用线汇交于一点,则第三个力的作用线必过此汇交点,且三力共面。

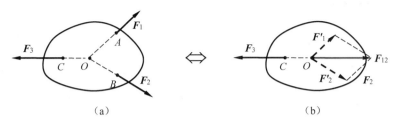

图 1.2.5　三力平衡汇交

【证明】　如图 1.2.5(a)所示,在刚体的 A、B、C 三点上分别作用三个相互平衡的力 F_1、F_2、F_3。假设力 F_1 和 F_2 的作用线汇交于点 O,根据力的可传性,将力 F_1 和 F_2 移到汇交点 O,可由力的平行四边形法则得合力 F_{12},即 $F_{12}⇔\{F_1,F_2\}$,又因 $\{F_1,F_2,F_3\}$ 为平衡力系,故力 F_3 应与 F_{12} 平衡。由于两个力作用下物体平衡时,两个力必须共线,所以力 F_3 必定与力 F_1 和 F_2 共面,且通过力 F_1 和 F_2 的交点 O。于是定理得证。

【说明】　(1)三力平衡汇交定理只是不平行三力平衡的必要条件,而非充分条件。常用它来确定平衡刚体在不平行三力作用(其中两个力的作用线已知)下,未知力的作用线。

(2)对于平行的三个力,如果将两条作用线平行视为交于无穷远(∞)点,则三力平衡汇交定理同样成立。

(3)关于∞点有以下性质:①相同方向的平行线交于同一个∞点;②不同方向的平行线交于不同的∞点;③所有的∞点共线;④各有限点都不在∞线上。这些性质在几何组成分析中也有重要应用。

公理 4　作用与反作用定律(牛顿第三定律)

两物体间相互作用的力总是大小相等、方向相反、沿同一直线,同时分别作用在这两个物体上。

【说明】　这个定律概括了物体间相互作用的关系,表明作用力和反作用力总是成对出现的。由于作用力与反作用力分别作用在两个物体上,因此,不能认为是平衡关系。

公理 5　刚化公理

变形体在某一力系作用下处于平衡,如将此变形体刚化为刚体,其平衡状态保持不变。

这个公理提供了把变形体看作刚体模型的条件。如绳索在等值、反向、共线的两个拉力作用下处于平衡,若将绳索刚化为刚体,其平衡状态保持不变;反之,就不一定成立。如刚体在两个等值反向的压力作用下平衡,若将它换成绳索就不能平衡了。

静力学全部理论都可以由上述五个公理推证得到,这既能保证理论体系的完整和严密性,又可以培养读者的逻辑思维能力。

1.3　力矩　力偶及力偶矩

1.3.1　力对点的矩

力对点的矩是度量力使刚体绕此点转动效应的物理量。

如图 1.3.1 所示,力 F 与点 O 在同一平面内,点 O 称为**矩心**,点 O 到力的作用线的垂

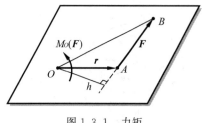

图 1.3.1   力矩

直距离 h 称为**力臂**。在平面问题中,力对点的矩的定义如下:力对点的矩是一个代数量,它的绝对值等于力的大小与力臂的乘积,它的正负可按以下方法确定:力使物体绕矩心逆时针转向转动时为正,反之为负。力 F 对于点 O 的矩以记号 $M_O(F)$ 表示,其大小为

$$M_O(F) = \pm Fh = \pm 2S_{\triangle OAB} \qquad (1.3.1)$$

其中,$S_{\triangle OAB}$ 为三角形 OAB 的面积。

【说明】判断力对矩心的转向,就是假设矩心位置不动,观察力使物体绕矩心的转动,并与时针的转向比较,一致为顺时针转动,相反为逆时针转动。

显然,力的作用线通过矩心,即力臂等于零时,它对矩心的力矩等于零。力矩的单位常用 N·m 或 kN·m 等。

1.3.2   力偶及力偶矩

大小相等、方向相反、作用线平行的两个力称为**力偶**。力偶是常见的一种特殊力系,例如图 1.3.2 所示的作用在汽车方向盘上的两个力。力偶只能使物体转动或改变其转动状态,它既不能合成为一个力,也不能与单个力平衡。由后面力偶系的平衡条件可知,力偶只能与力偶平衡。力和力偶是静力学的两个基本要素。

例如,对于如图 1.3.3 所示的两平行力 F_1 与 F_2 的合力,其中 F_1 与 F_2 为平行且同向的两个力。在 F_1 与 F_2 作用点的连线上加上一对平衡力 P 和 P',使平行的 F_1 与 F_2 二力等效为延长线相交的 F_{R1} 与 F_{R2} 二力,再利用平行四边形法则可求得合力 F_R。

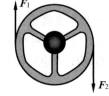

图 1.3.2   力偶

同理,对于图 1.3.4 所示一力偶 (F, F') 的合力,其中 F 与 F' 为等值、反向的两个力。不难发现,原力系 (F, F') 在加入一平衡力系后,新力系中 F_R 与 F'_R 仍为等值、反向且不在一直线上的两个力,或者说仍然为一力偶。这说明力偶是没有合力的,或者说力偶不能与一个力等效,显然也就不能与一个力平衡,因此力偶是与力有着本质区别的另一种物理量。

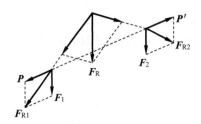

图 1.3.3   两同向平行力的合力

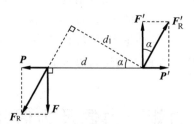

图 1.3.4   一个力偶的等效变换

两个力之间的距离称为**力偶臂**。力偶对物体的转动效果用**力偶矩**度量。它等于力偶中力与力偶臂的乘积,记为 $M(F, F')$,简记为 M,如图 1.3.5 所示,其大小为

$$M = \pm Fd \qquad (1.3.2)$$

力偶矩是代数量。规定：逆时针转向力偶的力偶矩为正，反之为负。力偶矩的单位与力矩相同，也是 N·m 或 kN·m 等。

如图 1.3.6 取任一点为矩心，则力偶对该点的矩为

$$M_O(\pmb{F}, \pmb{F}') = M_O(\pmb{F}) + M_O(\pmb{F}') = F \cdot \overline{DO} - F' \cdot \overline{EO} = F(\overline{DO} - \overline{EO}) = Fd$$

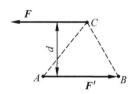
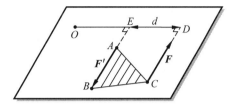

图 1.3.5　力偶及力偶矩　　　　　图 1.3.6　力偶对平面内一点的矩

可知，力偶对任一点的矩等于力偶矩，而与矩心位置无关。

力偶在平面内的转向不同，其作用效应也不相同。因此，平面力偶对物体的作用效应由以下两个因素决定：①力偶矩的大小；②力偶在作用平面内的转向。

作用在同一平面内的两个力偶，如果力偶矩相等，则两**力偶等效**。由此可得两个推论：

（1）力偶可在其作用面内任意移转，而不改变它对物体的作用；

（2）只要保持力偶矩不变，可任意改变力的大小和力偶臂的长短，而不改变力偶对物体的作用。

由此可见，力偶的臂和力的大小都不是力偶的特征量，只有力偶矩是力偶作用的唯一度量。图 1.3.7(a)、(b)、(c)所示的符号均可以表示力偶，其中 M 为力偶的矩。

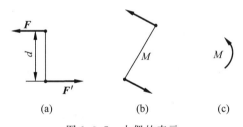

(a)　　　　　　　(b)　　　　　　　(c)

图 1.3.7　力偶的表示

1.4　约束及约束力

位移不受限制的物体称为**自由体**。如飞行的飞机和火箭等，它们在空间的位移不受任何限制。与自由体相反，位移受到限制的物体称为**非自由体**。如机车受铁轨的限制，只能沿轨道运动；电机转子受轴承的限制，只能绕轴承轴线转动。

对非自由体的某些位移起限制作用的周围物体称为**约束**。例如，铁轨对于机车，轴承对于电机转子，都是约束。约束阻碍物体的位移。约束对物体的作用实际上就是力，这种力称为**约束力**（或**约束反力**）。因此，约束力就是约束的力学表现，约束力的方向必与该约束所能够阻碍的位移方向相反。应用这个准则，可以确定约束力的方向或作用线的位置。约束力的大小一般是未知的，随主动力的大小及方向的改变而改变。在静力学问题中，约束力和物

体受的其他已知力(称**主动力**)组成平衡力系,因此可用平衡条件求出未知的约束力。

下面介绍几种在工程中常见的约束类型和确定约束力的方法。

1.4.1　柔索约束

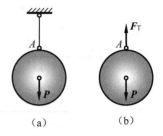

细绳吊住重物,如图 1.4.1(a)所示。由于柔软的绳索本身只能承受拉力,所以它给物体的约束力也只能是拉力(图 1.4.1(b))。因此,绳索对物体的约束力,作用在接触点,方向沿着绳索背离物体。通常用 F 或 F_T 表示这类约束力。

【注意】 链条或胶带也只能承受拉力。当它们绕在轮子上时,对轮子的约束力沿轮缘的切线方向。

图 1.4.1　柔索约束及其约束力

1.4.2　光滑接触面约束

例如,支持物体的固定面(图 1.4.2(a))、啮合齿轮的齿面、机床中的导轨等。当摩擦忽略不计时,它们都属于这类约束。

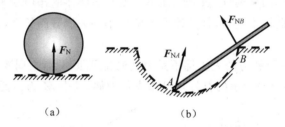

图 1.4.2　光滑接触面约束及其约束力

这类约束不能限制物体沿约束表面切线的位移,只能阻碍物体沿接触表面法线并向约束内部的位移。因此,光滑支承面对物体的约束力,作用在接触点处,方向沿接触表面的公法线,并指向受力物体。这种约束力称为**法向约束力**,通常用 F_N 表示。如图 1.4.2(b)所示,一直杆放在光滑圆槽内,接触点 A、B 处的法向约束力分别为 F_{NA}、F_{NB}。

1.4.3　铰连接与铰支座

1. 铰连接

两个构件用圆柱形光滑销钉连接,这种约束称为**铰连接**,简称**铰接**,如图 1.4.3(a)所示,并把连接件(光滑销钉)称为**铰**,图 1.4.3(b)所示是铰连接的表示法。销钉对构件的约束与铰支座的销钉对构件的约束相同。因此,铰链的约束力作用在与销钉轴线垂直的平面内,并通过销钉中心,其方向待定(图 1.4.3(c)所示 F_A),通常可用两个未知反力 F_x、F_y 表示(图 1.4.3(d))。

如图 1.4.3(a)所示的销钉 A 将两个物体连接在一起,这种铰称为**简单铰(单铰)**。显然,当不考虑销钉的质量时,由作用力与反作用力的关系可知,销钉对于两个连接物体的作用力大小相等,方向相反,所以在进行受力分析时,常常将销钉与任意连接物体视为一体考

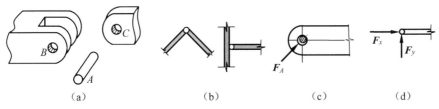

图 1.4.3 铰连接及其约束力

虑,而无需单独取出分析受力。故分析简单铰一般不用单独分析销钉,除非要讨论销钉的受力。

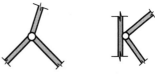

与简单铰不同,将连接三个及三个以上的铰称为**复杂铰(复铰)**,如图 1.4.4 所示。因为销钉连接了三个或三个以上的杆件,故会受到多个杆件对销钉的作用,这些力之间不再保持等值反向的关系。故分析复杂铰时,一般都要考虑销钉与各个连接物体之间的作用力。对于只连接两

图 1.4.4 复铰

个物体的铰,如果还有外力作用在销钉上,则将外力的作用视为一个杆件的作用,应按复铰处理。复铰的受力分析是刚体静力学分析中容易出错的地方。

【说明】 连接 $n(n>2)$ 个物体的复铰,相当于 $(n-1)$ 个单铰。

2. 固定铰支座

工程上支座的作用是将一个构件支承于基础或另一静止的物体上。如将构件用圆柱形光滑销钉与固定支座连接,该支座就成为固定铰支座,简称铰支座。

图 1.4.5(a)所示为构件与支座连接示意图,销钉不能阻止构件转动,也不能阻止构件沿销钉轴线移动,而只能阻止构件在垂直于销钉轴线的平面内移动。当构件有运动趋势时,构件与销钉可沿任一母线(在图上为一点 A)接触。假设销钉是光滑圆柱形的,可知约束力必作用于接触点 A 并通过销钉中心,如图 1.4.5(b)所示。但由于接触点 A 不能预先确定,所以 F_A 的方向实际是未知的。可见,铰支座的约束力在垂直于销钉轴线的平面内,通过销钉中心,方向不定。图 1.4.5(c)、(d)为铰支座的常用简化表示法。铰支座的约束力可表示为一个未知方向和未知大小的力,见图 1.4.5(e),但这种表示法在解析计算中不常采用。常用的方法是将约束力表示为两个互相垂直的力,如图 1.4.5(f)所示,这样只要确定了这两个分力的大小,就可以确定约束力的大小和方向。

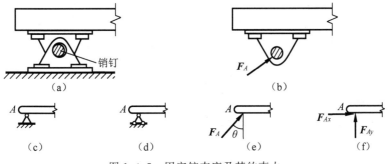

图 1.4.5 固定铰支座及其约束力

3. 可动铰支座

在固定铰支座的底座与支承物体之间安装几个可沿支承面滚动的辊轴,就构成**可动铰支座**,又称**辊轴支座**,如图1.4.6(a)所示。其力学简图如图1.4.6(b)～(e)所示。这种支座的约束特点是只能限制物体上与销钉连接处垂直于支承面方向的运动,而不能限制物体绕铰链轴转动和沿支承面运动。因此,可动铰支座的约束力通过铰链中心并垂直于支承面,可用符号 F_A 表示。

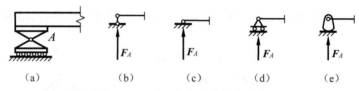

图1.4.6 可动铰支座及其约束力

4. 球形铰支座

构件的一端做成球形,固定的支座做成一球窝,将构件的球形端置入支座的球窝内,则构成**球形铰支座**,简称**球铰**,如图1.4.7(a)所示,如汽车变速箱的操纵杆就是用球形铰支座固定的。球形铰支座的简化表示法如图1.4.7(b)所示。若接触面是光滑的,则球形铰支座可以限制构件离开球心的任何方向的运动,不能限制构件绕球心的转动。因此,球铰的约束力必通过球心,但可取空间任何方向。这种约束力可用三个相互垂直的分力来表示,如图1.4.7(c)所示。

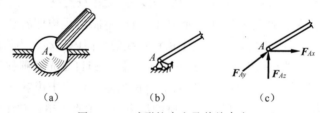

图1.4.7 球形铰支座及其约束力

1.4.4 轴承

向心轴承对轴的约束特点与固定铰支座的约束特点相似,如图1.4.8(a)所示。故向心轴承对轴的约束力通过轴心且在与轴垂直的平面上,方向待定,通常用相互垂直的两个分力 F_{Ax}、F_{Ay} 表示。其力学简图及反力如图1.4.8(b)、(c)所示。向心轴承又称为**径向轴承**。

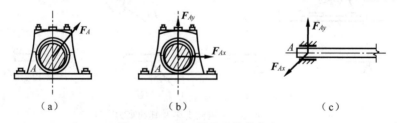

图1.4.8 向心轴承及其约束力

止推轴承可视为由一光滑面将向心轴承圆孔的一端封闭而成,如图1.4.9(a)所示。它可用图1.4.9(b)所示力学简图表示。这种约束的特点是能同时限制轴的径向和轴向(推力方向)移动,所以止推轴承的约束力常用垂直于轴向和沿轴向的三个分力 F_{Ax}、F_{Ay}、F_{Az} 表示。其力学简图及反力如图1.4.9(b)、(c)所示。

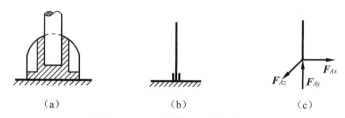

(a)　　　　　　　(b)　　　　　　　(c)

图 1.4.9　止推轴承及其约束力

1.4.5　定向支座

图1.4.10(a)所示支座不允许结构在支承处转动,也不允许其沿垂直于支承面的方向移动,但可沿支承面方向滑动。它的反力方向是确定的,其大小和作用点未知。因此,该支座能提供一个垂直于支承面的约束力 F_y 和约束力偶 M。在计算简图中可用两根互相平行且垂直于支承面的支杆表示(图1.4.10(b))。

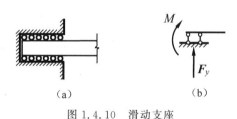

(a)　　　　　　　(b)

图 1.4.10　滑动支座

1.4.6　固定端约束

固定端约束在土木建筑工程、机械工程等领域中应用广泛,是将构件与基础或其他构件固定在一起的约束形式。如图1.4.11(a)、(b)所示的构件 AB 在 A 处的约束就是地面或墙壁对杆件 AB 的固定端约束。固定端约束的作用效果就是使被连接的两个(或多个)物体在连接处既不能有相对的任意移动,也不能有相对的转动。假设作用在杆件上的主动力和约束力均在图示平面内,不能有相对的任意移动可用两个相互垂直的分力表示,而不能有相对的转动可用一集中力偶表示。图1.4.11(a)和(b)中固定端 A 处的受力图分别如图1.4.11(c)、(d)所示。

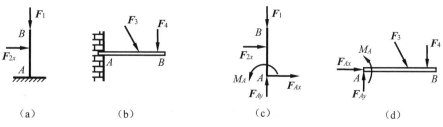

(a)　　　　　　(b)　　　　　　(c)　　　　　　(d)

图 1.4.11　固定端约束及其约束力

【说明】　若作用在杆件上的外力为空间力系,一般情况下,约束力也为空间力系。空间的固定端约束作用可用沿三个坐标轴的分力和绕三个坐标轴的力偶表示,除非证明某分量为零,一般情况下不能假设一分量为零。

1.5　结构的计算简图

实际结构多种多样,是很复杂的。完全按照结构及其构件的实际情况进行力学分析会使问题非常复杂,甚至是不可能的,事实上也是不必要的。因此,在对实际结构及其构件进行力学计算之前,必须加以简化,略去次要因素,用一个能反映其主要受力和变形特征的简化图形来代替实际结构及其构件。这种简化图形称为结构或构件的**计算简图**。

计算简图是对结构及其构件进行力学分析的依据,计算简图的选择直接影响计算的工作量和精确度。因此,合理选择计算简图是一项重要的工作,通常遵循如下两个原则:

(1) 正确地反映结构及其构件的主要受力和变形特征;

(2) 略去次要因素,便于分析和计算。

在遵循以上两个原则的前提下,主要从如下三个方面对实际结构及其构件进行简化。

1.5.1　构件的简化

实际构件的几何形状是多种多样的,建筑力学主要研究**杆件**。所谓杆件是指其长度方向尺寸远远大于其他两个横向尺寸的构件。通常把垂直于杆件长度方向的截面称为**横截面**,横截面形心的连线称为杆的**轴线**。由于杆件的截面尺寸通常比杆件的长度小得多,在计算简图中,将杆件用其轴线来表示。杆件的轴线是直线时称为**直杆**;轴线为曲线或折线时,分别称为**曲杆**或**折杆**。各横截面尺寸不变的杆称为**等截面杆**,否则为**变截面杆**,土建工程中常见的杆件是等截面杆。如梁、柱等杆件的纵轴线为直线,用相应的直线来表示。

1.5.2　荷载的简化

实际结构及其构件受到的荷载,常见的是作用在构件内各处的体力(如重力)以及作用在某一表面的面力(如风荷载)。在计算简图中,需要把它们简化为作用在构件纵向轴线上的线荷载、集中荷载和力偶。

1.5.3　结点及支座的简化

结构中杆件与杆件相连接的地方称为**结点**。实际工程中各杆之间连接的形式各种各样,材料不同,连接方式就有很大差异。计算简图中,结点通常简化为铰结点和刚结点两种理想情况。

1. 铰结点

铰结点的特征是:被连接的杆件在结点处不能相对移动,但可以绕结点自由转动;铰结点处可以承受和传递力,但不能承受和传递力矩。这种理想的铰结点在实际工程中极为少见。图1.5.1(a)所示为一木屋架的结点,此时各杆之间不能相对移动,各杆端虽不能绕结点任意转动,但由于连接不可能很严密牢固,因而杆件相互间有微小转动。所以,计算时该结点可简化为铰结点,如图 1.5.1(b)所示。图 1.5.2(a)为一钢桁架的结点示意图,它是通过结点板把各杆件铆接在一起的,桁架中各杆主要承受轴力。因此,计算时仍将这种结点简化为铰结点,如图 1.5.2(b)所示。

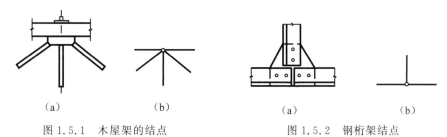

图 1.5.1　木屋架的结点　　　　图 1.5.2　钢桁架结点

2. 刚结点

刚结点的特征是:被连接的杆件在结点处既不能相对移动,也不能相对转动;刚结点处不但可以承受和传递力,还能承受和传递力矩。图 1.5.3(a)所示为一钢筋混凝土刚架的结点,上、下柱与横梁在该处用混凝土浇成整体,钢筋的布置也使得杆端能够抵抗弯矩,结构变形时,结点处各杆端之间夹角保持不变。因此,计算时将这种结点简化为刚结点,如图 1.5.3(b)所示。

除了铰结点和刚结点之外,若结点连接的杆件中,一些杆件用铰链连接,而另一些杆件用刚性连接,这种结点称为**组合结点**。如图 1.5.4(a)和(b)中的结点 A 均为组合结点。

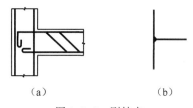

图 1.5.3　刚结点

图 1.5.4　组合结点

常见支座形式有前面提到的固定铰支座、可动铰支座、固定端约束等。如果不能完全视为这些常见的支座形式,还可以在此基础上增加必须考虑的因素对应的约束。例如存在摩擦的固定铰支座,由于不能自由转动,可以用一个扭簧来表示摩擦对转动的作用效果。

下面应用上述三个方面的简化,举例说明结构计算简图的取法。

图 1.5.5(a)所示为一工业厂房中的钢筋混凝土 T 形吊车梁,梁上铺设钢轨,吊车的最大轮压为 F_{P1} 和 F_{P2}。图 1.5.5(b)为吊车梁的横截面图。

简化时,取梁的纵轴线代替实际的吊车梁,当梁两端与柱子(支座)接触面的长度不大时,可取梁两端与柱子接触面中心的间距作为梁的计算跨度 l,如图 1.5.5(c)所示。作用在吊车梁上的荷载有恒载和活载。这里的恒载是钢轨和梁的自重,它们沿梁长都是均匀分布的,可简化为作用在梁纵轴上的均布线荷载 q。活载则是轮压 F_{P1} 和 F_{P2},由于它们与钢轨的接触面积很小,可看作集中荷载。注意到吊车梁的两端搁置在柱子上,梁的两端相对于柱子既不能上下移动,也不能水平移动,但梁在荷载作用下发生弯曲变形时,梁的两端可以作微小转动。此外,当温度变化时,梁还能自由伸缩。这样,梁两端的支承情况完全相同。为既反映上述支座对梁的约束作用又便于计算,可将梁的一端视为固定铰支座,另一端视为活动铰支座,从而得到图 1.5.5(c)所示吊车梁的计算简图。

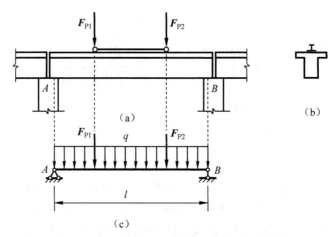

图 1.5.5   钢筋混凝土 T 形吊车梁的结构计算简图

【说明】   选取合适的计算简图是结构设计中十分重要而又比较复杂的工作,除了要掌握选取原则外,还需要有一定专业知识和实践经验,有时还需要借助于模型试验或现场实测才能确定合理的计算简图。

1.6   物体的受力分析

在工程实际中,为了求出未知的约束反力,首先要确定构件受几个力作用,每个力的作用位置和力的作用方向,这种分析过程称为物体的**受力分析**。

作用在物体上的力可分为两类:一类是主动力,例如物体的重力、风力、气体压力等,一般是已知的;另一类是约束对于物体的约束反力,为未知的被动力。

为了清晰地表示物体的受力情况,把需要研究的物体(称为受力体)从周围的物体(称为施力体)中分离出来,这个步骤称为选取**研究对象**或取**隔离体**(或分离体)。然后把施力物体对研究对象的作用力(包括主动力和约束反力)全部画出来。这种表示物体受力的简明图形称为**受力图**。画物体受力图是解决静力学问题的一个重要步骤。

【例 1.6.1】   如图 1.6.1(a)所示,梁 AB 的一端用铰链、另一端用柔索固定在墙上,在 D 处挂一重物,其重量为 P,梁的自重不计。画出梁 AB 的受力图。

【解】   (1)取梁 AB 为研究对象。首先画出连接重物的绳子对梁 AB 的作用力 F_{TD}(其反作用力与重物的重力作用在重物上)。梁 AB 在 A 处受固定铰支座对它的约束力作用,由于方向未知,可用两个大小未定的正交分力 F_{Ax} 和 F_{Ay} 表示;解除柔索对梁 AB 的约束,代之以沿 BC 方向的拉力 F_{TB}。梁 AB 的受力图如图 1.6.1(b)所示。

(2)再进一步分析可知,由于梁 AB 在 F_{TD}、F_{TB} 和 F_A 三个力作用下平衡,故可根据三力平衡汇交定理,确定铰链 A 处约束力 F_A 的方向。点 G 为力 F_{TB} 和 F_{TD} 作用线的交

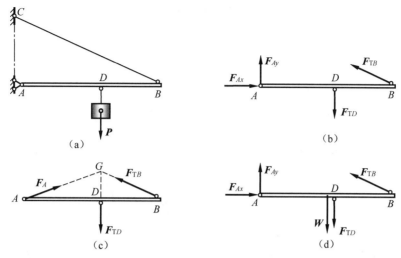

图 1.6.1 例 1.6.1 图

点,当梁 AB 平衡时,约束反力 F_A 的作用线必通过点 G(图 1.6.1(c));至于 F_A 的指向,暂且假定如图 1.6.1(c)中所示,以后由平衡条件确定。

(3) 如果考虑梁的自重 W,则梁上有 4 个力作用,无法判断铰 A 处的约束反力方向,受力图如图 1.6.1(d)所示。

【说明】 ①在对物体进行受力分析时,如果题目中没有说明物体的重量,一般认为物体的重量不计。②由于在求解之前不能完全确定各力的大小和指向(求解一般力系作用下的平衡问题时力的大小和指向将在第 3 章讨论),故受力图一般假定一个指向;如果实际方向与假定相反,则求得结果为负。

【例 1.6.2】 如图 1.6.2(a)所示的三铰拱桥由左、右两拱铰接而成。设各拱自重不计,在拱 AC 上作用有荷载 F。试分别画出拱 AC 和 BC 的受力图。

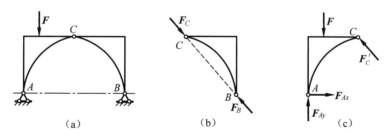

图 1.6.2 例 1.6.2 图

【解】 (1) 先分析拱 BC 的受力。

由于拱 BC 自重不计,且只在 B、C 两处受到铰链约束,拱 BC 只在 F_B、F_C 二力作用下平衡,根据二力平衡公理可知,这两个力必定沿同一直线,且等值、反向。由此可确定 F_B 和 F_C 的作用线应沿铰链中心 B 与 C 的连线。BC 为二力构件,一般情况下,F_B 与 F_C 的指向不能预先判定,可先任意假设二力构件受拉力或压力。这两个力的方向如图 1.6.2(b)所示。

(2) 取拱 AC 为研究对象。

由于自重不计,因此主动力只有荷载 F。拱 AC 在铰链 C 处受到拱 BC 对它的约束反力,根据作用与反作用定律,$\boldsymbol{F}_C = -\boldsymbol{F}'_C$。拱在 A 处受到固定铰支座对它的约束反力 $\boldsymbol{F}_A$ 的作用,可用两个大小未知的正交分力 $\boldsymbol{F}_{Ax}$ 和 $\boldsymbol{F}_{Ay}$ 代替。

拱 AC 的受力图如图 1.6.2(c)所示。也可根据三力平衡汇交定理确定支座 A 处的反力的方向。

【思考】 若左右两拱都计入自重时,各受力图有何不同?

【例 1.6.3】 如图 1.6.3(a)所示,梯子的两部分 AB 和 AC 在点 A 铰接,又在 D、E 两点用水平绳连接。梯子放在光滑水平面上,若其自重不计,但在 AB 的 H 处作用一竖直荷载 F。试分别画出绳子 DE 和梯子的 AB、AC 部分以及整个系统的受力图。

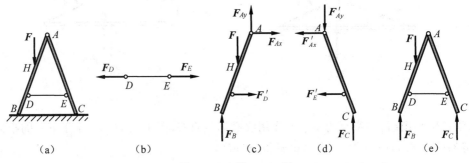

图 1.6.3　例 1.6.3 图

【解】 (1)绳子 DE 的受力分析。

绳子两端 D、E 分别受到梯子对它的拉力 $\boldsymbol{F}_D$、$\boldsymbol{F}_E$ 的作用(图 1.6.3(b))。

(2)梯子 AB 部分的受力分析。

杆件 AB 在 H 处受荷载 F 的作用,在铰链 A 处受杆件 AC 对它的约束反力 $\boldsymbol{F}_{Ax}$ 和 $\boldsymbol{F}_{Ay}$ 的作用,在点 D 受绳子对它的拉力 $\boldsymbol{F}'_D$(与 $\boldsymbol{F}_D$ 互为作用力和反作用力),在点 B 受光滑地面对它的法向约束反力 $\boldsymbol{F}_B$ 的作用。

梯子 AB 部分的受力图如图 1.6.3(c)所示。

(3)梯子 AC 部分的受力分析。

杆件 AC 在铰链 A 处受杆件 AB 对它的作用力 $\boldsymbol{F}'_{Ax}$ 和 $\boldsymbol{F}'_{Ay}$(分别与 $\boldsymbol{F}_{Ax}$ 和 $\boldsymbol{F}_{Ay}$ 互为作用力和反作用力),在点 E 受绳子对它的拉力 $\boldsymbol{F}'_E$(与 $\boldsymbol{F}_E$ 互为作用力和反作用力),在 C 处受光滑地面对它的法向约束反力 $\boldsymbol{F}_C$。

梯子 AC 部分的受力图如图 1.6.3(d)所示。

(4)整个系统的受力分析。

当选整个系统为研究对象时,可把平衡的整个结构刚化为刚体。由于铰链 A 处所受的力互为作用力与反作用力关系,即 $\boldsymbol{F}_{Ax} = -\boldsymbol{F}'_{Ax}$,$\boldsymbol{F}_{Ay} = -\boldsymbol{F}'_{Ay}$,绳子与梯子连接点 D 和 E 所受的力也分别互为作用力与反作用力,即 $\boldsymbol{F}_D = -\boldsymbol{F}'_D$,$\boldsymbol{F}_E = -\boldsymbol{F}'_E$,这些力都成对地作用在整个系统内,称为**内力**。内力对刚体系统的作用效应相互抵消,并不影响整个系统的平衡,故内力在受力图上不必画出。在受力图上只需画出系统以外的物体对系统的作用力,这种力称为**外力**。这里,荷载 F 和约束力 $\boldsymbol{F}_B$、$\boldsymbol{F}_C$ 都是作用于整个系统的外力。

整个系统的受力图如图 1.6.3(e)所示。

【说明】 ①内力与外力的区分不是绝对的。例如,把梯子的 AC 部分作为研究对象时,

F'_{Ax}、F'_{Ay} 和 F'_E 均属外力，但取整体为研究对象时，F'_{Ax}、F'_{Ay} 和 F'_E 又成为内力。可见，内力与外力的区分只有相对于某一确定的研究对象时才有意义。②在绘制整体（或子系统）的受力图时，应保证整体受力和局部受力的对应，即一个力在局部的受力指向必须与整体（或子系统）受力的指向一致。例如，对杆件 AB 绘制受力图 1.6.3(c) 确定了 F_B 的指向后，在绘制整个系统的受力图 1.6.3(e) 时，B 处的受力必须与图 1.6.3(c) 中的画法一致。③一般而言，物体的受力图不是唯一的，同一个物体完全可以有不同的受力图。例如例 1.6.3 中，也可以先考虑杆件 AC 的受力，并根据三力平衡汇交定理确定销钉 A 对杆件 AC 的作用力，然后再分析其他构件的受力，也是可行的。④同一物体可以有不同的受力图，但只是表现形式的不同，在本质上是一致的。

【例 1.6.4】 如图 1.6.4(a) 所示平面结构，杆 DE 上作用有力偶 M，杆 BC 受到力 F_G 作用，力 F_C 作用于销钉 C，杆件的重量不计，所有接触处光滑。试分析各个杆件以及整体的受力，画出受力图。

【解】 杆 DE 与杆 AC 在点 D 光滑接触，所以杆 AC 对杆 DE 的作用力 F_D 垂直于杆 AC，杆 DE 还受到主动力偶 M 和铰支座 E 的作用，根据固定铰支座的约束反力的画法，支座反力 F_E 可以用两个分力 F_{Ex} 和 F_{Ey} 表示。杆 DE 的受力如图 1.6.4(b) 所示。

销钉 C 上受到主动力 F_C 作用，还受到杆 AC 和杆 BC 的作用，但作用力的方向无法判知，因此，销钉 C 的受力如图 1.6.4(c) 所示。

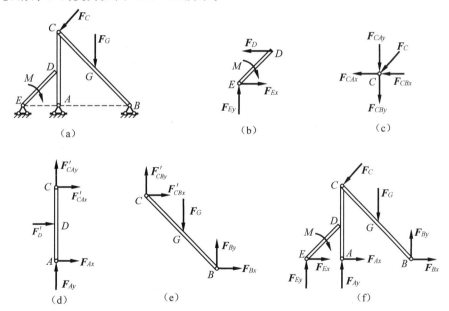

图 1.6.4 例 1.6.4 图

杆 AC 受到杆 DE、销钉 C 和支座 A 的作用，其中只有杆 DE 的作用力方向已知，不能用三力平衡汇交定理确定其他力的指向。销钉 C 与杆 AC 之间互为作用力与反作用力。杆 AC 的受力如图 1.6.4(d) 所示。

杆 BC 的受力分析与杆 AC 类似，如图 1.6.4(e) 所示。

对于整体系统的受力，将 A、B、E 三个支座解除，施加各约束反力和主动力，可得整体的受力如图 1.6.4(f) 所示。

【说明】 杆 DE 的受力也可根据力偶只能由力偶平衡(见第 2 章)及在 D 处的受力,判断出 E 处的约束反力只有水平分量。

【例 1.6.5】 已知图 1.6.5 所示物体系统处于平衡状态,试用物体的受力分析判断支座 C 处约束反力的方向。

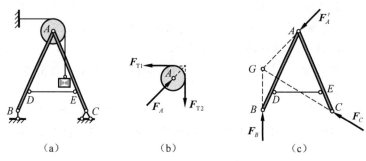

图 1.6.5　例 1.6.5 图

【解】 首先选取滑轮 A(不含销钉)为研究对象,由三力平衡汇交定理可以确定销钉对滑轮 A 的作用力 $\boldsymbol{F}_A$ 的方向,如图 1.6.5(b)所示。

再选取销钉 A、杆件 AB 及 AC 和绳子 DE 这一子系统为研究对象,并将其视为一个刚体,由于该子系统原来是平衡的,所以加上约束反力后也应该平衡。由约束的性质可以判断 B 处所受约束反力的方向,而滑轮对销钉 A 的作用力与 $\boldsymbol{F}_A$ 的指向相反,再由三力平衡汇交定理可以确定支座 C 处约束反力 $\boldsymbol{F}_C$ 的方向沿 CG 方向,如图 1.6.5(c)所示。

【说明】 图 1.6.5(a)中铰 A 为复铰,因为它连接杆件 AB 和 AC,同时又连接滑轮 A。分析单铰一般不用单独分析销钉,除非要讨论销钉的受力。而分析复铰,一般都要将销钉与连接件分开,考虑销钉与各个物体之间的作用力。

【例 1.6.6】 已知物体系统的受力如图 1.6.6(a)所示,试绘制各构件和整个物体系统的受力分析图。

【解】 该物体系统由三个构件 AD、DH 和 HK 组成。分别绘制构件 AD、DH 和 HK 的受力分析图如图 1.6.6(b)、(c)、(d)所示。整个物体系统的受力分析图如图 1.6.6(e)所示。

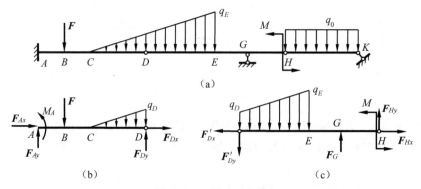

图 1.6.6　例 1.6.6 图

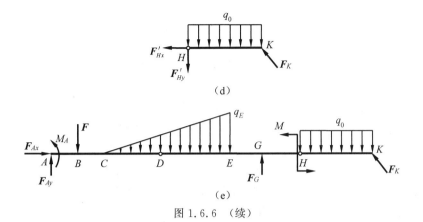

图 1.6.6　(续)

【注意】　①可以按照实际分布力的作用方式画出物体在分布力作用下的受力图,如图 1.6.6(b)和(c)所示。②跨物体作用的分布力,在绘制其中一部分物体的受力图时,不能按分布力简化的结果(用一个集中力代替)绘制,否则有可能出错。③集中力偶 M 作用在铰 H 的左侧截面上,不是作用在铰 H 上,也不是作用在铰 H 的右侧截面上,所以绘制构件 HK 的受力图时,没有集中力偶 M 作用。④一般在形成铰的销钉上可以作用集中力,但不能作用集中力偶。

【例 1.6.7】　如图 1.6.7 所示的平面构架由杆 AB、DE 及 DB 铰接而成。A 为活动铰支座,E 为固定铰链。钢绳一端拴在 K 处,另一端绕过定滑轮Ⅰ和动滑轮Ⅱ后拴在销钉 B 上。重物的重量为 P,各杆、钢绳及滑轮的自重不计。(1)试分别画出各杆、各滑轮、销钉 B 以及整个系统的受力图;(2)画出销钉 B 与滑轮Ⅰ组成的子系统的受力图;(3)画出杆 AB,滑轮Ⅰ、Ⅱ、钢绳和重物作为一个系统时的受力图。

【解】　求解过程请扫描对应的二维码获得。

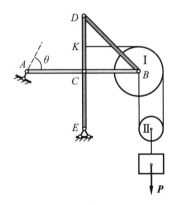

图 1.6.7　例 1.6.7 图

例 1.6.7 的求解过程

正确画出物体的受力图是分析、解决力学问题的基础。画受力图时需注意如下几点:

(1)必须明确研究对象,并取出隔离体。根据求解需要,可以取单个物体为研究对象,取由几个物体组成的子系统为研究对象,也可以取整个物体系统为研究对象。不同的研究对象的受力图是不同的。我们在今后的学习中将会明白,选择合适的研究对象往往是快速求解问题的关键。

（2）正确确定研究对象受力的数目。对每一个力都应明确它的施力物体，不能凭空产生。同时，也不可漏掉任何一个力。一般可先画已知的主动力，再画约束反力；凡是研究对象与外界接触的地方都存在约束反力。作用在研究对象上的主动力（含集中力、分布力、集中力矩和分布力矩）直接施加在研究对象上，不必简化。

（3）正确画出约束反力。一个物体往往同时受到几个约束的作用，这时应分别根据每个约束本身的性质来确定其约束反力的方向，而不能凭主观臆测。

（4）当分析两物体间相互的作用力时，应遵循作用与反作用的关系。作用力的方向一经假定，则反作用力的方向必与之相反。当画整个系统的受力图时，由于内力成对出现，组成平衡力系，因此不必画出，只需画出全部外力即可。在画几个构件组成的子系统的受力图时，子系统之外的构件对子系统的作用视为外力，也必须画出。

（5）存在二力构件时，一般先确定二力构件的受力。

（6）对同一物体系统，随受力分析时选取研究对象顺序的不同，可能得到的受力图在形式上是不同的，但本质上应一致。

（7）对物体进行受力分析时，研究对象可以是一个构件、几个构件组成的子系统或者整个物体系统，但一般在刚体静力学中不将一个物体从中间切分成两个物体。在其他章节中，为了讨论构件内部的受力，常常需要将构件在某一位置切开，则切开后的物体两部分之间的作用力（这些由其他荷载引起的力常称为原构件在切开位置处的内力）一般会比较复杂，因为在切开处两边互为对方的固定端约束，故按固定端约束反力的方法绘制，除非能证明这些相互作用力中一些分量为零。有关内力的讨论将在后面的章节中进行。

选择题

1-1　在下述公理、法则、定律或原理中，只适用于刚体的有（　　　）。

　　A. 二力平衡公理　　　　　　　　　　B. 力的平行四边形法则

　　C. 加减平衡力系公理　　　　　　　　D. 力的可传性定理

　　E. 作用与反作用定律

1-2　作用在刚体上一点并且沿不同方向的共点力 F_1 和 F_2，可求得其合力 $F_R = F_1 + F_2$，则其合力的大小范围是（　　　）。

　　A. 必有 $F_R = F_1 + F_2$　　　　　　　B. 不可能有 $F_R = F_1 + F_2$

　　C. 必有 $F_R > F_1, F_R > F_2$　　　　　D. 可能有 $F_R < F_1, F_R < F_2$

1-3　一个力沿两个互相垂直的轴线的分力与该力在该两轴上的投影之间的关系是（　　　）。

　　A. 两个分力分别等于其在相应轴上的投影

　　B. 两个分力的大小分别等于其在相应轴上的投影的绝对值

　　C. 两个分力的大小不可能等于其在相应轴上的投影的绝对值

　　D. 两个分力的大小分别等于其在相应轴上的投影

1-4　一个力沿两个互不垂直的相交轴线的分力与该力在该两轴上的投影之间的关系是（　　　）。

　　A. 两个分力分别等于其在相应轴上的投影

　　B. 两个分力的大小分别等于其在相应轴上的投影的绝对值

　　C. 两个分力的大小不可能等于其在相应轴上的投影的绝对值

　　D. 两个分力的大小分别等于其在相应轴上的投影

1-5　若要在已知力系上加上或减去一组平衡力系,而不改变原力系的作用效果,则它们所作用的对象必须是(　　　)。

　　A. 同一个刚体系统

　　B. 同一个变形体

　　C. 同一个刚体,原力系为任何力系

　　D. 同一个刚体,且原力系是一个平衡力系

1-6　作用与反作用定律的适用范围是(　　　)。

　　A. 只适用于刚体的内部

　　B. 只适用于平衡刚体的内部

　　C. 对任何宏观物体和物体系统都适用

　　D. 只适用于刚体和刚体系统

1-7　作用在刚体的同平面上的三个互不平行的力,它们的作用线汇交于一点,这是刚体平衡的(　　　)。

　　A. 必要条件,但不是充分条件　　　　B. 充分条件,但不是必要条件

　　C. 必要条件和充分条件　　　　　　D. 非必要条件,也不是充分条件

1-8　刚化公理适用于(　　　)。

　　A. 任何受力情况下的变形体

　　B. 处于平衡状态下的变形体

　　C. 任何受力情况下的物体系统

　　D. 处于平衡状态下的物体和物体系统

1-9　如果作用在一个刚体上的两个力 F_A、F_B 满足 $F_A = -F_B$ 的条件,则该二力可能是(　　　)。

　　A. 作用力和反作用力或一对平衡力

　　B. 一对平衡力或一个力偶

　　C. 一对平衡力或一个力和一个力偶

　　D. 作用力与反作用力或一个力偶

1-10　刚体受三力作用而处于平衡状态,则此三力的作用线(　　　)。

　　A. 必汇交于一点　　　　　　　　　　B. 必互相平行

　　C. 必皆为零　　　　　　　　　　　　D. 必位于同一平面内

1-11　以下四种说法,正确的是(　　　)。

　　A. 力对点之矩的值与矩心的位置无关

　　B. 力偶对某点之矩的值与该点的位置无关

　　C. 力偶对物体的作用可以用一个力来等效替换

　　D. 一个力偶不能与一个力相互平衡

1-12　图示杆件结构,AB、CD 两杆在其中点 E 由铰链连接,AB 与水平杆 GB 在 B 处铰接,BG 与 CD 杆在 D 处光滑接触,各杆重不计,G 处作用一铅垂向下的力 F。以下四个选项对图示杆件结构的受力图正确的是(　　　)。

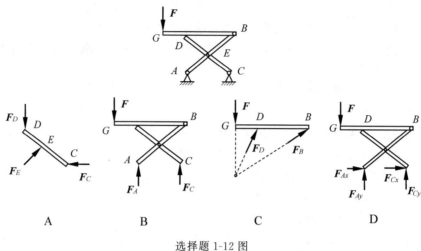

选择题 1-12 图

习题

1-1 试求各图中所示的力 F 对 A 点的矩。已知 $a=60$ cm，$b=20$ cm，$F=400$ N，其中图(e)中力 F 的作用线与内圆相切。

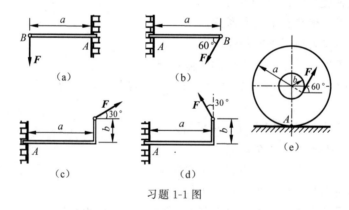

习题 1-1 图

1-2 已知 $F_1=100$ N，$F_2=50$ N，$F_3=60$ N，$F_4=80$ N，各力方向如图所示，试分别求各个力在 x、y 轴上的投影。

1-3 指出以下受力图中的错误或不妥之处。

1-4 作图示系统的受力图。

1-5 作图示系统的受力图。

1-6 系统如图所示。(1)作系统的受力图；(2)作杆件 AB 的受力图；(3)以杆 BC、轮 O、绳索和重物作为一个子系统，作其受力图。

1-7 作曲杆 AC 和 BC 的受力图。

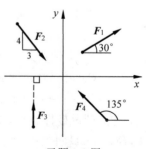

习题 1-2 图

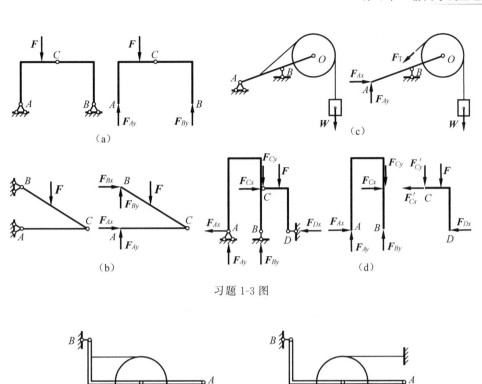

（a）

（b）　　（c）　　（d）

习题 1-3 图

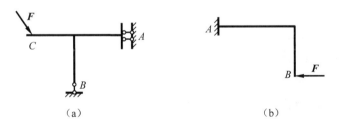

（a）　　（b）

习题 1-4 图

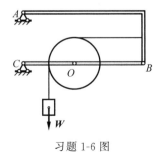

（a）

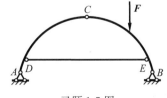

（b）

习题 1-5 图

习题 1-6 图　　　　　　习题 1-7 图

1-8 结构由 *AB*、*CD*、*BD*、*BE* 四杆件铰接组成。作杆件 *BD*、*CD* 的受力图。

1-9 结构由 *AB*、*BC*、*AD* 三杆两两铰接组成。作该三杆的受力图。

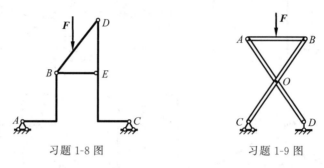

习题 1-8 图　　　　　　　　　　习题 1-9 图

1-10 物体系统如图所示,吊车的两个轮子 *E*、*F* 与梁的接触光滑,吊车自重 W_2。作吊车 *EFG*(包含重物 W_1)、梁 *AB*、梁 *BC* 及整个系统的受力图。

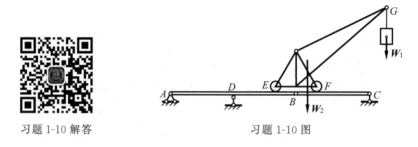

习题 1-10 解答　　　　　　　　　习题 1-10 图

1-11 按图示系统作以下受力图：(1)杆 *CD*、轮 *O*、绳索及重物所组成的系统的受力图；(2)折杆 *ACB* 的受力图；(3)折杆 *GDE* 的受力图；(4)系统整体的受力图。

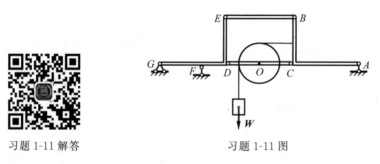

习题 1-11 解答　　　　　　　　　习题 1-11 图

1-12 结构如图所示。作杆件 *AB*、*CD* 及结构整体的受力图。

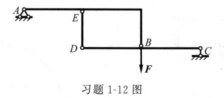

习题 1-12 图

1-13 画出下列各图中物体 *A*、*AB* 或构件 *ABC* 的受力图。未画重力的各物体的自重不计,所有接触处均为光滑接触。

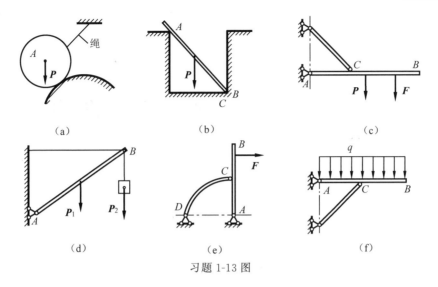

（a）　　　　　　　　　（b）　　　　　　　　　（c）

（d）　　　　　　　　　（e）　　　　　　　　　（f）

习题 1-13 图

1-14　画出下列各图中各物体的受力图与物体系统整体受力图。未画重力的各物体的自重不计，所有接触处均为光滑接触。

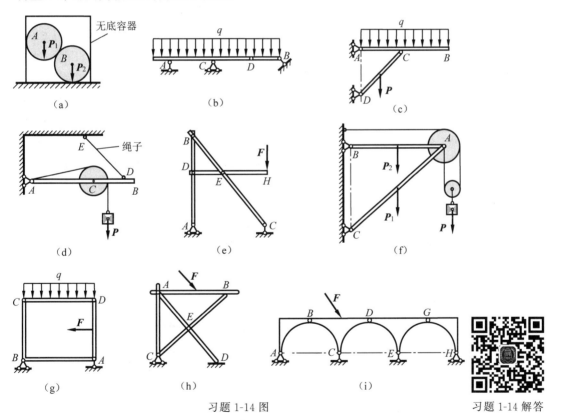

（a）　　　　　　　　　（b）　　　　　　　　　（c）

（d）　　　　　　　　　（e）　　　　　　　　　（f）

（g）　　　　　　　　　（h）　　　　　　　　　（i）

习题 1-14 图　　　　　　　　　　　习题 1-14 解答

第 1 章客观题答案

第2章

平面汇交力系与平面力偶系

2.1 平面汇交力系的合成

2.1.1 平面汇交力系合成的几何法

设一刚体受到平面汇交力系 F_1、F_2、F_3、F_4 的作用,各力作用线汇交于点 O,根据刚体上力的可传性,可将各力沿其作用线移至汇交点 O,形成与原力系等效的平面共点力系,如图 2.1.1(a)所示。

根据力的平行四边形法则,可逐步两两合成各力,最后求得一个通过汇交点 O 的合力 F_R;还可以用更简便的方法求此合力 F_R 的大小与方向。在平面上任取一点 a 作为第一个力矢的起点,将各分力的矢量依次首尾相连,由此组成一个不封闭的力多边形 $abcde$,如图 2.1.1(b)所示。此图中的 F_{R1} 为 F_1 与 F_2 的合力,F_{R2} 为 F_{R1} 与 F_3 的合力,在作力多边形时不必画出。实际上,将力矢按任意顺序首尾相接,连接第一个力矢的始点与最后一个力矢的终点而形成的矢量大小和方向,就是合力的矢量 F_R 的大小和方向,见图 2.1.1(c)。这是因为矢量满足加法交换律,任意变换各分力矢的相加次序,其合力矢不变。封闭边矢量 $\overrightarrow{ae}$ 即表示此平面汇交力系合力 F_R 的大小与方向,而合力的作用线仍应通过原汇交点 O,如图 2.1.1(a)所示的 F_R。这种通过几何作图求合力的方法称为**力的多边形法则**。

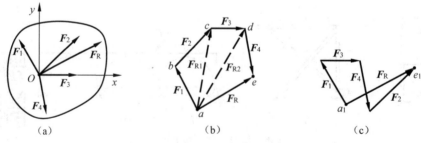

图 2.1.1 力的多边形

合力 F_R 对刚体的作用与原平面汇交力系 F_1、F_2、F_3、F_4 对该刚体的作用等效。总之,平面汇交力系可简化为一合力,其合力的大小与方向等于各分力的矢量和,合力的作用线通过汇交点。设平面汇交力系包含 n 个力,以 F_R 表示它们的合力矢,则有

$$F_R = F_1 + F_2 + \cdots + F_n = \sum_{i=1}^{n} F_i \tag{2.1.1}$$

为了简便,本书后续内容将 $\sum\limits_{i=1}^{n} F_i$ 简记为 $\sum F_i$,不再说明。

2.1.2　平面汇交力系合成的解析法

以汇交点 O 作为坐标原点,建立直角坐标系 Oxy,如图 2.1.1(a)所示。

为了用解析法求平面汇交力系的合力,先计算每一个力 F_i 在 x、y 轴上的投影 F_{ix}、F_{iy}。若用 F_R 表示它们的合力,即 $F_R = F_1 + F_2 + \cdots + F_n$,则有合力投影定理:合力在某一轴上的投影等于各分力在同一轴上投影的代数和。即有

$$\begin{cases} F_{Rx} = F_{1x} + F_{2x} + \cdots + F_{nx} = \sum F_{ix} \\ F_{Ry} = F_{1y} + F_{2y} + \cdots + F_{ny} = \sum F_{iy} \end{cases} \tag{2.1.2}$$

其中 $F_{1x}, F_{2x}, \cdots, F_{nx}$ 和 $F_{1y}, F_{2y}, \cdots, F_{ny}$ 分别为各分力在 x 轴和 y 轴上的投影。

以图 2.1.1(b)中的分力 F_1、F_2、F_3、F_4 与合力 F_R 为例,如图 2.1.2 所示。将各分力向 x 轴投影,可得其在 x 轴上的投影分别为有向线段 $a_x b_x$、$b_x c_x$、$c_x d_x$、$d_x e_x$,从而有

$$a_x b_x + b_x c_x + c_x d_x + d_x e_x = a_x e_x$$

而合力 F_R 在 x 轴上的投影为有向线段 $a_x e_x$,故有 $F_{Rx} = F_{1x} + F_{2x} + F_{3x} + F_{4x}$。对于由 n 个力组成的汇交力系,推广可得 $F_{Rx} = F_{1x} + F_{2x} + \cdots + F_{nx}$。同理可知,在 y 轴上的投影同样成立。

若 x 轴与 y 轴垂直,并且已求得 F_{Rx} 和 F_{Ry},则可求得合力 F_R 的大小和方向余弦为

$$\begin{cases} F_R = \sqrt{F_{Rx}^2 + F_{Ry}^2} = \sqrt{\left(\sum F_{ix} \right)^2 + \left(\sum F_{iy} \right)^2} \\ \cos\alpha = \dfrac{F_{Rx}}{F_R}, \cos\beta = \dfrac{F_{Ry}}{F_R} \end{cases} \tag{2.1.3}$$

其中,α、β 分别为合力 F_R 与 x 轴、y 轴正向的夹角。

【例 2.1.1】　求图 2.1.3 中平面共点力系的合力。已知:$F_1 = 200$ N,$F_2 = 300$ N,$F_3 = 100$ N,$F_4 = 250$ N。

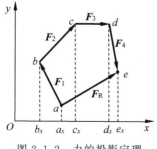

图 2.1.2　力的投影定理

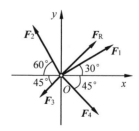

图 2.1.3　例 2.1.1 图

【解】　利用式(2.1.2)和式(2.1.3)计算。

$$F_{Rx} = \sum F_{ix}$$
$$= F_1 \cos 30° - F_2 \cos 60° - F_3 \cos 45° + F_4 \cos 45°$$

$$= 200 \text{ N} \times \cos30° - 300 \text{ N} \times \cos60° - 100 \text{ N} \times \cos45° + 250 \text{ N} \times \cos45°$$

$$= 129.3 \text{ N}$$

$$F_{Ry} = \sum F_{iy} = F_1 \cos60° + F_2 \cos30° - F_3 \cos45° - F_4 \cos45°$$

$$= 200 \text{ N} \times \cos60° + 300 \text{ N} \times \cos30° - 100 \text{ N} \times \cos45° - 250 \text{ N} \times \cos45°$$

$$= 112.3 \text{ N}$$

$$F_R = \sqrt{F_{Rx}^2 + F_{Ry}^2} = \sqrt{(129.3 \text{ N})^2 + (112.3 \text{ N})^2} = 171.3 \text{ N}$$

$$\cos\alpha = \frac{F_{Rx}}{F_R} = \frac{129.3 \text{ N}}{171.3 \text{ N}} = 0.7548, \quad \cos\beta = \frac{F_{Ry}}{F_R} = \frac{112.3 \text{ N}}{171.3 \text{ N}} = 0.6556$$

则合力 $\boldsymbol{F}_R$ 与 x、y 轴的夹角分别为 $\alpha = 40.99°$，$\beta = 49.01°$，合力 $\boldsymbol{F}_R$ 的作用线通过汇交点 O。

2.2 平面汇交力系的平衡

2.2.1 平面汇交力系的平衡方程

由于平面汇交力系可用平面内的一个合力来等效代替，因此，平面汇交力系平衡的充要条件是：该力系的合力等于零。如用矢量等式表示，则有

$$\boldsymbol{F}_R = \sum_{i=1}^{n} \boldsymbol{F}_i = \boldsymbol{0} \tag{2.2.1}$$

在平衡状态下，力多边形中最后一个力的终点与第一个力的起点重合，力系的力多边形自行封边，这就是平面汇交力系平衡的几何条件。

利用力的多边形这一几何条件对物体的受力进行分析和计算的方法称为**几何法**。

由式(2.2.1)有

$$F_R = \sqrt{\left(\sum F_{ix}\right)^2 + \left(\sum F_{iy}\right)^2} = 0$$

欲使上式成立，必须同时满足

$$\begin{cases} \sum F_{ix} = 0 \\ \sum F_{iy} = 0 \end{cases} \tag{2.2.2}$$

于是，平面汇交力系平衡的充要条件是：各力在两个坐标轴上投影的代数和分别等于零。式(2.2.2)称为平面汇交力系的**平衡方程**。这是两个独立的方程，可以求解两个未知量。

2.2.2 平面汇交力系平衡方程的应用

由于平面汇交力系的平衡方程是由两个独立的方程组成的，所以当一个刚体受平面汇交力系作用而处于平衡状态时，可以求解两个未知量。

用平衡方程求解平面汇交力系平衡问题的一般步骤为：

第一步 分析物体的受力情况，画受力图；

第二步 建立适当的坐标系，原则是让尽量多的大小未知的力垂直于坐标轴（最好只有一个未知力在坐标轴上的投影不为零），并计算各力在坐标轴上的投影；

第三步　列平衡方程,解方程(组)。

对于只有三个力作用而处于平衡的情况,也可以通过绘制封闭的力的三角形方法,利用正弦定理或余弦定理求解力的三角形来求出未知力的大小和方向。

【例 2.2.1】 结构如图 2.2.1(a)所示,已知力 F 的大小为 60 kN,试求支座 A 和 B 的约束力。

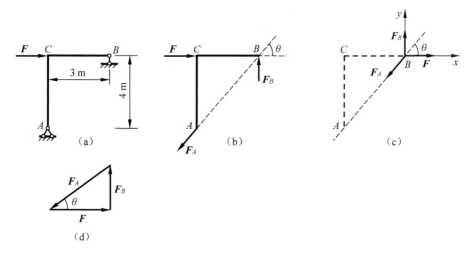

图 2.2.1　例 2.2.1 图

【解】 选刚架 ACB 为研究对象,并进行受力分析。支座 B 为活动铰支座,所以约束力 F_B 的方向竖直向上。由于刚架只受三个力的作用,由三力平衡汇交定理可知,F_A 一定通过 F 和 F_B 的交点 B,如图 2.2.1(b)所示。利用力的可传性,把这三个力的作用点都移到 B 点,可得到一平面共点力系,如图 2.2.1(c)所示。

方法一:解析法

建立如图 2.2.1(c)所示的坐标系 Bxy,并列平衡方程

$$\sum F_{ix}=0: \ F-F_A\cos\theta=0 \tag{a}$$

$$\sum F_{iy}=0: \ F_B-F_A\sin\theta=0 \tag{b}$$

考虑到 $\sin\theta=\dfrac{4}{5}$,$\cos\theta=\dfrac{3}{5}$,解上述方程可得

$$F_A=100 \ \text{kN}, \quad F_B=80 \ \text{kN}$$

所得结果为正,说明图中所设方向与实际方向相同。

方法二:几何法

如图 2.2.1(d)所示,先绘制已知的力 F,再分别绘制 F_B 和 F_A,确保力的作用线沿着图 2.2.1(b)所示的方向,并形成封闭的力的三角形。则该三角形的各边的长度和方向就等于对应的力的大小和方向。故容易求得

$$F_A=\frac{F}{\cos\theta}=\frac{60 \ \text{kN}}{3/5}=100 \ \text{kN}$$

$$F_B=F\cdot\tan\theta=60 \ \text{kN}\times\frac{4}{3}=80 \ \text{kN}$$

所得结果与解析法的结果相同。

【说明】 几何法中，也可以利用绘制的力的三角形与原图中的 ABC 形成的三角形相似，按比例关系确定其大小。请读者试一试。

【例 2.2.2】 已知梁 AB 的支承和受力如图 2.2.2(a)所示。求支座 A、B 的约束反力。

【解】 以梁 AB 为研究对象，作受力图如图 2.2.2(b)所示。根据可动铰支座的性质可知，F_B 的方向垂直于斜面，而 F_A 的方向未定，但因梁 AB 只受三个力作用，并且 F 与 F_B 的作用线交于 C，故 F_A 必沿 AC 作用，并由几何关系知，F_A 与水平线成 $30°$，故本题可视为平面汇交力系的平衡问题。假设 F_A 与 F_B 的指向如图 2.2.2(b)所示。取 x、y 轴如图，列平衡方程

$$\sum F_{ix} = 0: \quad F_A \cos 30° - F_B \cos 60° - F \cos 60° = 0 \tag{a}$$

$$\sum F_{iy} = 0: \quad F_A \sin 30° + F_B \sin 60° - F \sin 60° = 0 \tag{b}$$

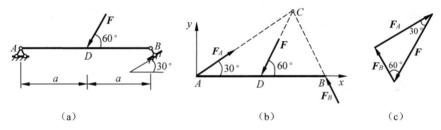

图 2.2.2 例 2.2.2 图

联立式(a)、(b)，可解得

$$F_A = \frac{\sqrt{3}}{2} F, \quad F_B = \frac{1}{2} F$$

结果为正，表明假设的 F_A 与 F_B 的指向是正确的。

【思考】 坐标轴的选取是否还有其他形式？怎样选取投影轴，可以避免解联立方程？

【说明】 若用几何法求解，以 F、F_A 与 F_B 为边作封闭的力的三角形，则可直接确定 F_A 与 F_B 的指向如图 2.2.2(c)所示；由于力的三角形为直角三角形，直接求解该直角三角形可容易得到它们的大小。

【注意】 应用力的多边形完成平衡力系中有关力的计算时，一般先绘制已知力，根据力的方向及力的多边形自行封闭来确定未知力的指向。

【例 2.2.3】 均质杆 AB 长 $2l$，置于半径为 r 的光滑半圆槽内，如图 2.2.3 所示。设 $2r > l > \sqrt{\frac{2}{3}} r$。求平衡时杆与水平线所成的角 θ。

【解】 求解过程请扫描对应的二维码获得。

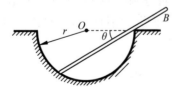

图 2.2.3 例 2.2.3 图

例 2.2.3 的求解过程

2.3　平面力偶系的合成和平衡

2.3.1　平面力偶系的合成

设在同一平面内有两个力偶 $(\boldsymbol{F}_1,\boldsymbol{F}_1')$ 和 $(\boldsymbol{F}_2,\boldsymbol{F}_2')$,它们的力偶臂各为 d_1 和 d_2,如图 2.3.1(a)所示。这两个力偶的矩分别为 M_1 和 M_2,求它们的合成结果。

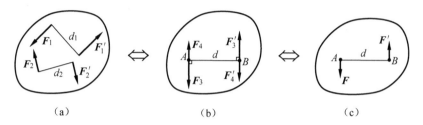

图 2.3.1　平面力偶系的合成

在保持力偶矩不变的情况下,同时改变这两个力偶的力的大小和力偶臂的长短,使它们具有相同的臂长 d,并将它们在平面内移转,使力的作用线重合,如图 2.3.1(b)所示。于是得到与原力偶等效的两个新力偶 $(\boldsymbol{F}_3,\boldsymbol{F}_3')$ 和 $(\boldsymbol{F}_4,\boldsymbol{F}_4')$,即

$$M_1 = F_1 d_1 = F_3 d, \quad M_2 = -F_2 d_2 = -F_4 d$$

分别将作用在点 A 和 B 的力合成(设 $F_3 > F_4$),得

$$F = F_3 - F_4, \quad F' = F_3' - F_4'$$

由于 $\boldsymbol{F}$ 与 $\boldsymbol{F}'$ 的大小相等,所以构成了与原力偶系等效的合力偶 $(\boldsymbol{F},\boldsymbol{F}')$,如图 2.3.1(c)所示,以 M 表示合力偶的矩,得

$$M = Fd = (F_3 - F_4)d = F_3 d - F_4 d = M_1 + M_2$$

如果有两个以上的力偶,也可以按照上述方法简化。这就是说:在同一平面内的任意个力偶可合成为一个合力偶,合力偶矩等于各个力偶矩的代数和,可写为

$$M = \sum M_i \tag{2.3.1}$$

2.3.2　平面力偶系的平衡方程

由合成结果可知,平面力偶系平衡时,其合力偶的矩等于零。因此,平面力偶系平衡的充要条件是:各力偶矩的代数和等于零,即

$$\sum M_i = 0 \tag{2.3.2}$$

由刚体的平面运动可知,描述物体转动的量就是物体的转角,因而式(2.3.2)就是使平面物体保持不转动所施加力(或力偶)矩的反映。

2.3.3　平面力偶系平衡方程的应用

【例 2.3.1】　求图 2.3.2(a)所示简支梁 AB 的约束力。

【解】　以梁 AB 为研究对象,进行受力分析。由于两个主动力形成一个逆时针转向的力偶,又支座 B 处的约束力 $\pmb{F}_B$ 沿竖直方向,考虑到力偶只能由力偶平衡,所以支座 A 处的约束力 $\pmb{F}_A$ 和 $\pmb{F}_B$ 组成力偶,且其转向与主动力偶的转向相反,如图 2.3.2(b)所示。

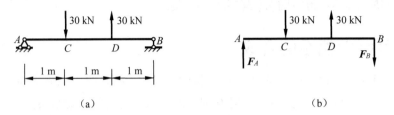

图 2.3.2　例 2.3.1 图

由平面力偶系的平衡方程,得

$$30 \text{ kN} \times 1 \text{ m} - F_A \times 3 \text{ m} = 0$$

解得 $F_A = F_B = 10 \text{ kN}$。

【说明】　从例 2.3.1 的求解过程可以看到,改变主动力偶在梁上的位置而不改变外力偶的大小和转向,支座反力的大小和方向都不会改变,即:支座反力的大小和方向与主动力偶在梁上的具体位置无关。

【例 2.3.2】　直角弯杆 $ABCD$ 与直杆 DE 及 EC 铰接,结构与尺寸如图 2.3.3(a)所示,作用在杆 DE 上力偶的力偶矩 $M = 40 \text{ kN} \cdot \text{m}$,不计各杆件的重量和摩擦。求支座 A、B 处的约束力和杆 EC 所受的力。

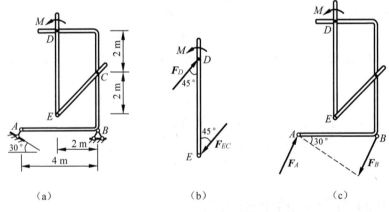

图 2.3.3　例 2.3.2 图

【解】　由系统结构图可知,杆 EC 为二力杆,杆 DE 上只有一个主动力偶作用,由于力偶只能由力偶平衡,故 DE 杆受力如图 2.3.3(b)所示,由力偶系平衡方程得

$$\sum M_i = 0, \quad M - F_{EC} \cdot \overline{DE} \cdot \sin 45° = 0$$

$$F_{EC} = \frac{M}{\overline{DE} \cdot \sin 45°} = \frac{40 \text{ kN} \cdot \text{m}}{4 \text{ m} \times \sqrt{2}/2} = 10\sqrt{2} \text{ kN} = 14.1 \text{ kN}(EC \text{ 杆受压})$$

再以整体为研究对象,将整个物体系统视为刚体,则系统在一个主动力偶作用下保持平衡,同上可知系统的受力如图 2.3.3(c)所示,由力偶系平衡方程得

$$\sum M_i = 0, \quad M - F_B \cdot \overline{AB} \cdot \cos 30° = 0$$

支座 A、B 处的约束力大小为

$$F_A = F_B = \frac{M}{AB \cdot \cos 30°} = \frac{40 \text{ kN} \cdot \text{m}}{4 \text{ m} \times \sqrt{3}/2} = \frac{20}{\sqrt{3}} \text{ kN} = 11.5 \text{ kN}$$

支座 A、B 处的约束反力指向如图 2.3.3(c)所示。

【例 2.3.3】 杆件 AB、轮 C 和绳子 AC 组成如图 2.3.4(a)所示的物体系统。已知作用在杆上的力偶,其矩为 M,$\overline{AC} = 2R$,R 为轮 C 的半径,各物体的质量忽略不计,各接触处均光滑。求绳子的拉力和铰链 A 对杆件 AB 的约束力及地面对轮 C 的约束力。

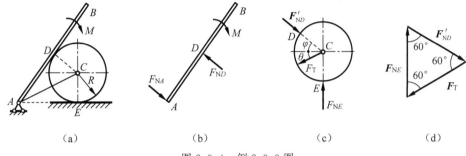

图 2.3.4 例 2.3.3 图

【解】 (1) 取 AB 杆为隔离体。AB 杆受主动力偶 M 和 A、D 处的约束力作用,根据力偶只能由力偶来平衡的性质可知,轮 C 对杆的作用力 $\boldsymbol{F}_{ND}$ 和销钉 A 对杆的作用力 $\boldsymbol{F}_{NA}$ 必构成一力偶,即 $\boldsymbol{F}_{ND} = -\boldsymbol{F}_{NA}$,由于 $\boldsymbol{F}_{ND}$ 垂直于 AB 杆,故 $\boldsymbol{F}_{NA}$ 也垂直于 AB 杆,AB 杆受力图如图 2.3.4(b)所示。

由几何关系,得

$$\overline{AD} = \sqrt{(2R)^2 - R^2} = \sqrt{3}R$$

根据平面力偶系的平衡方程

$$\sum M_i = 0, \quad M - F_{NA} \cdot \overline{AD} = 0 \tag{1}$$

可解得

$$F_{NA} = \frac{M}{\overline{AD}} = \frac{M}{\sqrt{3}R} = \frac{\sqrt{3}M}{3R}, \quad F_{ND} = F_{NA} = \frac{\sqrt{3}M}{3R}$$

(2) 取轮 C 为分离体。轮 C 上作用有 $\boldsymbol{F}'_{ND}$、$\boldsymbol{F}_T$ 和 $\boldsymbol{F}_{NE}$ 三个力,此三个力组成平面汇交力系。受力图如图 2.3.4(c)所示。绘制力的三角形如图 2.3.4(d)所示。分析可知力的三角形为等边三角形,故有

$$F_T = F_{ND} = F_{NE} = \frac{\sqrt{3}M}{3R}$$

【说明】 ①一个物体只受两个力和一个主动力偶作用而处于平衡,则这两个力一定形成力偶与主动力偶平衡,这是一个常用的结论。上述例 2.3.1、例 2.3.2 和例 2.3.3 中都应用了这一结论。②在例 2.3.2 中求支座 A、B 处的约束力时,将整个物体系统视为一个研究对象。这里是利用刚化公理,将整个物体系统视为一个刚体,再应用了本说明中①的结论。

选择题

2-1 已知 F_1、F_2、F_3、F_4 为作用于刚体上的平面共点力系,其力矢关系如图所示,为平行四边形,因此可知(   )。

    A. 力系可合成为一个力偶   B. 力系可合成为一个力

    C. 力系简化为一个力和一个力偶   D. 力系平衡

2-2 图示为作用在刚体上、两两平行的四个力 F_1、F_2、F_3、F_4。已知:$F_1=F_3$,$F_2=F_4$。该力系简化的最后结果为(   )。

    A. 过 O 点的合力   B. 力偶   C. 平衡   D. 过 A 点的合力

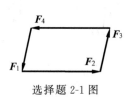

选择题 2-1 图

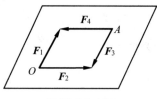

选择题 2-2 图

2-3 图示机构受力 F 作用,各杆重量不计,则支座 A 处约束力的大小为(   )。

    A. $\dfrac{F}{2}$ B. $\dfrac{\sqrt{3}}{2}F$ C. F D. $\dfrac{\sqrt{3}}{3}F$

2-4 图示杆系结构由相同的细直杆铰接而成,各杆重量不计。若 $F_A=F_C=F$,且 F_A 和 F_C 垂直于 BD,则杆 BD 的内力为(   )。

    A. $-F$ B. $-\sqrt{3}F$ C. $-\dfrac{\sqrt{3}}{3}F$ D. $-\dfrac{\sqrt{3}}{2}F$

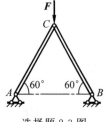

选择题 2-3 图

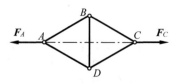

选择题 2-4 图

2-5 杆 AF、BE、CD、EF 相互铰接,A、B 处为固定铰支座,如图所示。在杆 AF 上作用一力偶(F,F'),若不计各杆自重,则支座 A 处反力的作用线(   )。

    A. 过 A 点平行于力 F

    B. 过 A 点平行于 BG 连线

    C. 沿 AG 直线

    D. 沿 AH 直线

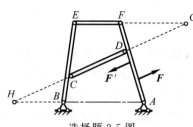

选择题 2-5 图

习题

2-1 用解析法求图示四个力的合力。已知：F_3 沿水平方向，$F_1 = 60$ kN，$F_2 = 80$ kN，$F_3 = 50$ kN，$F_4 = 100$ kN。

2-2 已知 F_1、F_2、F_3、F_4 的大小分别为 10 kN、20 kN、5 kN、12 kN，方向如图所示。试求此平面汇交力系的合力。

2-3 图示系统中，杆 AC、BC 在 C 处用铰链连接，已知 $F_1 = 50$ kN，$F_2 = 36$ kN，试求两杆所受的力。

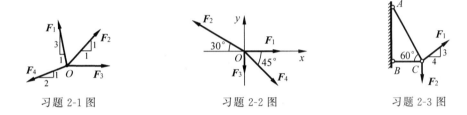

习题 2-1 图　　　　习题 2-2 图　　　　习题 2-3 图

2-4 一均质球重 $P = 1000$ N，放在两个相交的光滑斜面之间如图示。如斜面 AB 的倾角 $\theta = 45°$，斜面 BC 的倾角 $\beta = 60°$。求两斜面的约束力 F_{ND} 和 F_{NE} 的大小。

2-5 图示 AC 和 BC 两杆用铰链 C 连接，两杆的另一端分别固定铰支在墙上，在 C 点悬挂重 10 kN 的物体。已知 $\overline{AB} = \overline{AC} = 2$ m，$\overline{BC} = 1$ m。如不计杆重，求两杆的内力。

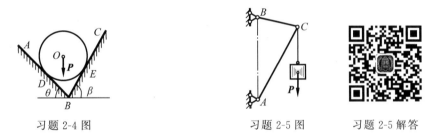

习题 2-4 图　　　　习题 2-5 图　　　　习题 2-5 解答

2-6 压路机滚子重 20 kN，半径 $R = 40$ cm，今用水平力 F 拉滚子而欲越过高 $h = 8$ cm 的石坎，问水平力 F 至少应多大？若此拉力可取任意方向，问要使拉力为最小时，它与水平线的夹角 α 应为多大？并求此拉力的最小值。

2-7 重物由软绳悬挂，如图所示。设 $\beta = 65°$，试利用力三角形求下列情况的角 α：(1)两绳的拉力相等；(2)AC 绳的拉力最小；(3)AC 绳的拉力不超过 $\dfrac{P}{2}$；(4)BC 绳的拉力不超过 $\dfrac{P}{2}$。

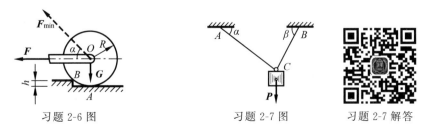

习题 2-6 图　　　　习题 2-7 图　　　　习题 2-7 解答

2-8 均质杆 AB 长 l，置于销子 C 与铅垂面间，如图所示。不计摩擦力，求平衡时杆与铅垂线间的夹角 θ。

2-9 均质杆 AB 重力为 W、长为 l，两端置于相互垂直的两光滑斜面上。已知一斜面与水平面成角 θ，求平衡时杆与水平面所成的角 φ 及距离 $\overline{OA}$。

习题 2-8 图　　习题 2-8 解答　　　　习题 2-9 图　　习题 2-9 解答

2-10 一拔桩装置如图所示。在木桩的 A 点上系一绳，将绳的另一端固定在点 C，在绳的 B 处系另一绳 BD，将它的另一端固定在点 E，绳的点 D 处作用 $F=0.5$ kN 的力，并使绳 BD 段水平，AB 段铅直，角 $\theta=4°$。求绳 AB 作用于桩上的拉力。

2-11 图示压榨机构由 AB、BC 两杆和压块 C 用铰链连接而成，A、C 两铰位于同一水平线上。当在 B 点作用有铅垂力 $F=0.3$ kN，且 $\alpha=8°$ 时，被压榨物 D 所受的压榨力多大？不计压块与支承面间的摩擦及杆的自重。

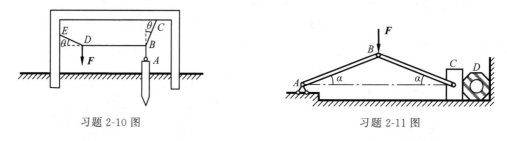

习题 2-10 图　　　　　　　　　　　习题 2-11 图

2-12 重物 M 悬挂如图所示，绳 BD 跨过滑轮且在其末端 D 受一大小为 100 N 的铅垂力 F 作用，使重物在图示位置平衡。不计滑轮摩擦，求重物的重量 G 及绳地段的拉力 F_{TAB} 的大小。设 $\alpha=45°$，$\beta=60°$。

2-13 轮子 A 与 B 的中心以理想铰链与一不计重量的直杆连接，置于光滑斜面间，如图所示。设 A 轮重 P_A，B 轮重 P_B，斜面的倾斜角分别为 γ 与 β，$\gamma+\beta\neq90°$，求平衡时连杆与水平线的交角 θ。

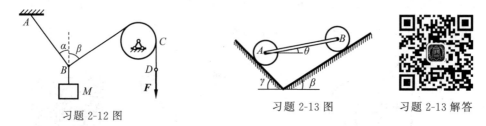

习题 2-12 图　　　　　习题 2-13 图　　习题 2-13 解答

2-14 假设有力偶作用于同一刚体，如图所示。已知 $F_1=200$ N，$F_2=600$ N，$F_3=400$ N，试求合力偶矩。

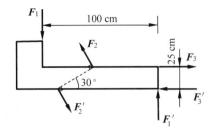

习题 2-14 图

2-15 求图示各梁的支座反力。

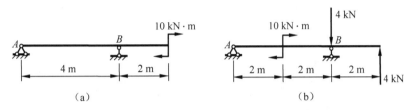

（a）   （b）

习题 2-15 图

2-16 杆 AB 以铰链 A 及弯杆 BC 支持，杆 AB 上作用一力偶，其力偶矩的大小为 M，顺时针转向，如图所示。所有杆件的重量不计，求铰链 A 与 C 处的约束力。

2-17 水平杆 AB 由铰链 A 与连杆 CD 支持于铅垂转轴 EF 上，在 AB 杆的一端作用有一力偶(F,F')，其矩的大小为 M。设所有杆件的重量不计，求 CD 杆的内力以及轴承 E 与 F 处的约束力。

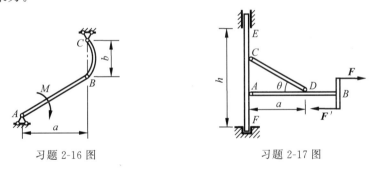

习题 2-16 图   习题 2-17 图

2-18 在平行的铅垂光滑面间有一杆 AB，杆上装有两个滑轮，并挂有重物，如图所示。设 $\overline{AB}=l$，$P=100$ N。杆 AB 及滑轮的重量可以不计，不计滑轮摩擦。求杆 AB 两端所受的约束力。

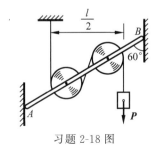

习题 2-18 图

习题 2-18 解答

2-19　图示结构由不计自重的杆 AB、CDF、DE 组成，A、D、E、F 处为铰链连接，C 处为光滑接触，$M=1000$ N·m，$\overline{AC}=1$ m，$\overline{CD}=\overline{DF}=\overline{DE}$。求支座 A、E、F 处的约束力。

2-20　图示结构各构件自重不计。求支座 A 和铰链 E 处的约束力。

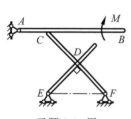

习题 2-19 图

习题 2-19 解答

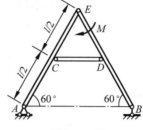

习题 2-20 图

习题 2-20 解答

第 2 章客观题答案

阿基米德 简介

第3章

一般力系的合成与平衡

3.1　力的平移定理

为了深入讨论一般力系所具有的性质,需要将力系进行简化。力的平移定理为力系的简化提供了理论支持。

【定理】　可以把作用在刚体上 A 点的力 F 平行移到刚体上任一点 B,但必须同时附加一个力偶,这个附加力偶的矩等于原来的力 F 对新的作用点 B 的矩。这一理论称为力的平移定理。

【证明】　如图 3.1.1(a)所示,假设力 F 作用于刚体的 A 点。在刚体上任取一点 B,在 B 点加上两个等值反向的力 F' 和 F'',使它们与力 F 平行,且 $F'=-F''=F$,如图 3.1.1(b) 所示。对刚体而言,由加减平衡力系公理可知,这三个力共同作用与原来的一个力 F 单独作用等效。这三个力又可看作一个作用在 B 点的力 F' 和一个力偶 (F,F'')。这个力偶称为**附加力偶**,如图 3.1.1(c)所示。显然,附加力偶矩为

$$M=M_B(F)$$

由此,定理得证。这样,作用在刚体上 A 点的力 F 就被作用在同一刚体上 B 点的力 F' 和一个力偶 M 等效代替,从而实现了力的等效平移。

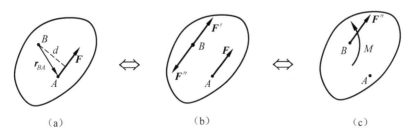

（a）　　　　　　　　　（b）　　　　　　　　　（c）

图 3.1.1　力的平行移动

力的平移定理表明,作用在刚体上的一个力可等效于作用在同一个刚体上的一个力和一个力偶。反之,作用在平面刚体上的一个力和一个力偶可与作用在同一个刚体上的一个力等效。该定理对于平面力系而言,所添加的附加力偶为标量,作用在力 F 所在的平面内。

力的平移定理不仅是力系向一点简化的工具,而且可以直接解决或解释一些实际问题。如图 3.1.2(a)所示为一厂房的立柱,立柱的突出部分(牛腿)承受吊车梁施加的压力 F。力 F 与柱轴线的距离为 e,称为**偏心距**。为了研究力 F 对柱的作用效果,常把它平移到柱的轴线上,同时需要附加一大小为 $M=Fe$ 的附加力偶,如图 3.1.2(b)所示。移动后可以清楚看到力 F' 使柱产生压缩变形,而力偶 M 使柱产生弯曲变形。这说明力 F 所引起的变形是压缩和弯曲的组合变形。

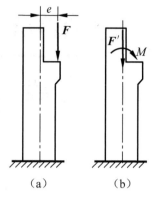

图 3.1.2　牛腿的受力

3.2　平面一般力系的简化

3.2.1　平面一般力系向平面内一点的简化

刚体上作用有 n 个力 $F_1,F_2,\cdots,F_n$ 组成的平面一般力系,如图 3.2.1(a)所示。在平面内任取一点 O,称为**简化中心**;应用力的平移定理,把各力都平移到点 O。这样,得到作用于点 O 的力 $F'_1,F'_2,\cdots,F'_n$ 以及相应的附加力偶,其矩分别为 $M_1,M_2,\cdots,M_n$,如图 3.2.1(b)所示。这些附加力偶的矩分别为 $M_i=M_O(F_i)$,$i=1,2,\cdots,n$。

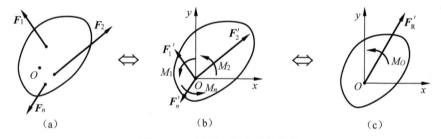

图 3.2.1　平面一般力系的简化

这样,平面任意力系分解成了两个简单力系:平面汇交力系和平面力偶系。然后,再分别合成这两个力系。

平面汇交力系可合成为作用线通过点 O 的一个力 F'_R,如图 3.2.1(c)所示。因为各力 $F'_i=F_i$,$i=1,2,\cdots,n$,所以

$$F'_R=F'_1+F'_2+\cdots+F'_n=\sum_{i=1}^{n}F_i \tag{3.2.1}$$

即力矢 F'_R 等于原来各力的矢量和。

平面力偶系可合成为一个力偶,这个力偶的矩 M_O 等于各附加力偶的代数和,又等于原来各力对点 O 的矩的代数和。即

$$M_O=M_1+M_2+\cdots+M_n=\sum_{i=1}^{n}M_O(F_i) \tag{3.2.2}$$

力系中所有各力的矢量和 F'_R 称为该力系的**主矢**;而这些力对于任选做简化中心 O 的

矩的代数和 M_O，称为该力系对于简化中心 O 的**主矩**。

　　【说明】①主矩只包含各个分力的矢量和的大小和方向的信息，不包含作用点的信息，所以主矢与简化中心位置的选择无关。②主矢与合力的概念不同，主矢是各力的矢量和，而合力是与各力组成的力系等效的一个力。③主矩一般与简化中心位置的选择有关，必须指明力系是对于哪一点的主矩。

　　可见，在一般情形下，平面一般力系向作用面内任意一点 O 简化，可得一个力和一个力偶，这个力等于该力系的主矢，其作用线通过简化中心 O。这个力偶的矩等于该力系对于点 O 的主矩。

　　取坐标系 Oxy，如图 3.2.1(c)所示，则力系的解析表达式为

$$\boldsymbol{F}'_{\mathrm{R}} = \boldsymbol{F}'_{\mathrm{R}x} + \boldsymbol{F}'_{\mathrm{R}y}$$

其中，$\boldsymbol{F}'_{\mathrm{R}x}$、$\boldsymbol{F}'_{\mathrm{R}y}$ 的大小分别为 $\sum F_{ix}$、$\sum F_{iy}$，方向分别沿 x 轴、y 轴正向。于是可得主矢 $\boldsymbol{F}'_{\mathrm{R}}$ 的大小和方向余弦分别为

$$F'_{\mathrm{R}} = \sqrt{\left(\sum F_{ix}\right)^2 + \left(\sum F_{iy}\right)^2}, \quad \cos\alpha = \frac{\sum F_{ix}}{F'_{\mathrm{R}}}, \quad \cos\beta = \frac{\sum F_{iy}}{F'_{\mathrm{R}}} \quad (3.2.3)$$

其中，α、β 分别为主矢 $\boldsymbol{F}'_{\mathrm{R}}$ 与 x、y 轴正向的夹角。

　　力系对点 O 的主矩的解析表达式为

$$M_O = \sum M_O(\boldsymbol{F}_i) = \sum (x_i F_{iy} - y_i F_{ix}) \quad (3.2.4)$$

其中 x_i、y_i 为 $\boldsymbol{F}_i$ 作用点的坐标。

　　图 3.2.2(a)所示梁 AB，A 端插入墙内固定，另一端 B 悬空。这种梁称为**悬臂梁**，插入墙内的一端称为**插入端**或**固定端**，悬空的一端称为**自由端**。

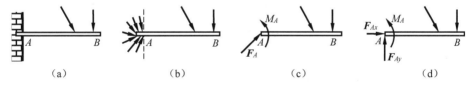

(a)　　　　　　(b)　　　　　　(c)　　　　　　(d)

图 3.2.2　固定端约束及其简化

　　如果梁上的外力作用在梁的纵向对称面内，则在插入墙内的一段梁上，墙作用于梁的力实际上也是关于梁的纵向对称面对称，但呈不规则分布的(图 3.2.2(b))。这样固定端处的约束反力可以视为平面力系，但这些约束反力分布的确定比较困难。在讨论这个平面力系时，可将那些不规则分布的力视为很多微小的集中力，然后向点 A 简化，并按照上述平面力系简化的理论，将约束反力简化成在图 3.2.2(c)中 A 处的一个力和一个力偶。这符合该约束对梁运动的限制条件：既阻止了梁的移动，也阻止了梁的转动。因此，固定端约束力由一个平面内未知方向的力和一个力偶组成。固定端的约束力常画成如图 3.2.2(d)所示的形式，其中反力的指向和反力偶的转向都是假定的。

3.2.2　平面一般力系的简化结果分析

　　平面一般力系向作用面内一点简化的结果可能有四种情况，下面做进一步的分析讨论。

　　(1) $\boldsymbol{F}'_{\mathrm{R}} = \boldsymbol{0}$，$M_O = 0$，则原力系平衡。这种情形将在下一节详细讨论。

（2）$F'_R=0,M_O\neq0$，则原力系合成为合力偶，主矩 M_O 即为合力偶矩。因为力偶对于平面内任意一点的矩都相同，因此当力系合成为一个力偶时，主矩与简化中心的选择无关。

（3）$F'_R\neq0,M_O=0$，此时只有一个与原力系等效的力 F'_R。显然，F'_R 就是原力系的合力，而合力的作用线恰好通过选定的简化中心 O。显然，如果一个力系最终简化为一个合力，并且已知合力通过几个已知的点，则这些点一定共线。

（4）$F'_R\neq0,M_O\neq0$，如图 3.2.3（a）所示。现将力偶 M_O 用两个力 F_R 和 F''_R 表示，并令 $F'_R=-F''_R$（图 3.2.3（b））。再去掉平衡力系（F'_R,F''_R），于是就将作用于点 O 的力 F'_R 和力偶（F_R,F''_R）合成为一个作用在点 O' 的力 F_R，如图 3.2.3（c）所示。

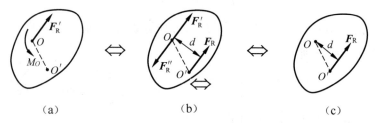

图 3.2.3　平面任意力系的进一步简化

这个 F_R 就是原力系的合力。合力矢等于主矢，合力作用线到点 O 的距离为 $d=\dfrac{|M_O|}{|F'_R|}$。

由图 3.2.3（b）易知，合力 F_R 对点 O 的矩为 $M_O(F_R)=F_Rd=M_O$。

由式（2.3.1）可得 $M_O=\sum\limits_i^n M_O(F_i)$。故有

$$M_O(F_R)=\sum_i^n M_O(F_i) \tag{3.2.5}$$

由于简化中心 O 是任意选取的，所以式（3.2.5）具有普遍意义，可叙述如下：若平面一般力系可以简化为一个合力，则该合力对作用面内任一点的矩等于力系中各力对同一点的矩的代数和。这就是**合力矩定理**。

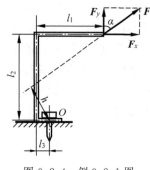

图 3.2.4　例 3.2.1 图

【例 3.2.1】　如图 3.2.4 所示的支架受力 F 作用，图中尺寸及 α 角已知。试计算力 F 对于 O 点的力矩。

【解】　在图示情形下，若按力矩定义求解，确定矩心到力的作用线的距离 h 的过程比较麻烦，则可先将力 F 分解为两个分力，再应用合力矩定理求解，这样较为方便。这种方法经常使用。将两个分力分别对 O 点取矩，可得

$$M_O(F)=M_O(F_x)+M_O(F_y)$$
$$=F\cos\alpha\cdot(l_1-l_3)-F\sin\alpha\cdot l_2$$

【例 3.2.2】　试对图 3.2.5（a）、（b）所示的两个平行力进行简化。已知：图 3.2.5（b）中 $F_1>F_2$。

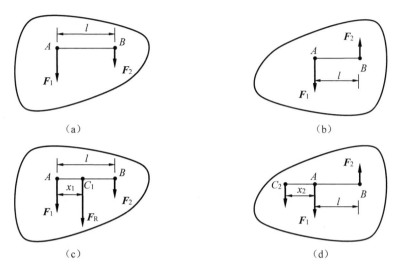

图 3.2.5　例 3.2.2 图

【解】　对于图 3.2.5(a)，根据合力投影定理，该力系的主矢 $\boldsymbol{F}_R$ 的大小等于 F_1+F_2，方向与原力系平行。又根据平面力系简化结果的讨论可知，该力系最终可以简化为一个合力。不妨假设 AB 连线垂直于力的方向(如果不垂直，可以按照力的平移定理移动到平行位置)，并且简化后的合力作用点在 AB 的连线上，如图 3.2.5(c)所示。则由合力矩定理可得

$$M_A(\boldsymbol{F}_R)=M_A(\boldsymbol{F}_1)+M_A(\boldsymbol{F}_2), \quad -F_R \cdot x_1 = -F_2 \cdot l$$

$$x_1 = \frac{F_2}{F_1+F_2} \cdot l \tag{a}$$

对于图 3.2.5(b)，依上述分析方法可知，该力系也可以简化为一合力，其大小为 F_1-F_2，方向与 $\boldsymbol{F}_1$ 的方向一致。假设合力作用位置如图 3.2.5(b)所示，则由合力矩定理可得

$$M_A(\boldsymbol{F}_R)=M_A(\boldsymbol{F}_1)+M_A(\boldsymbol{F}_2), \quad F_R \cdot x_2 = F_2 \cdot l$$

$$x_2 = \frac{F_2}{F_1-F_2} \cdot l \tag{b}$$

【说明】　①由例 3.2.2 可知，平面平行力系可以合成为一个合力，合力的大小等于它们的代数和(同向)或差(反向)。②由式(a)可知，两个同向平行的力合成为一合力时，合力的作用点为两个力作用点连线的内分点，且靠近其中更大的力一侧。③由式(b)可知两个反向平行的力合成为一合力时，合力的作用点为两个力作用点连线的外分点，且位于其中更大一力的外侧。④由式(b)可知，两个反向平行的力大小相等时，$x_2 \to \infty$，这说明两个等值、反向平行(不共线)的力(力偶)不能合成为一个力，即力偶不能用一个力等效。这就从力系合成的角度证明了 2.3 节中力偶不能用一个力等效的结论。

【例 3.2.3】　就图 3.2.6(a)、(b)所示两种情况，分别计算作用在梁 AB 上的分布荷载合力的大小和作用线位置。设 $AB=l$。

(1) AB 梁上的荷载均匀分布，荷载集度为 $q(\text{N/m})$。

(2) AB 梁上的荷载三角形分布，A 端的荷载集度为零，B 端的荷载集度为 $q(\text{N/m})$。

【解】　(1) 如图 3.2.6(a)所示，梁上的均布荷载可视为无穷多个微小集力共同作用。在距离支座 A 为 x 的位置取 $\mathrm{d}x$ 微段，根据线荷载集度的概念可知，$\mathrm{d}x$ 微段上的均布荷载

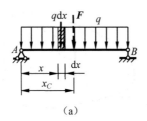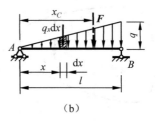

图 3.2.6　例 3.2.3 图

可视为大小为 $q\,dx$ 的集中荷载。假若均布荷载可简化为大小为 F 的集中力,且作用在距离支座 A 为 x_C 的位置,则由合力投影定理可知,$F=ql$。再由合力矩定理可得

$$-F \cdot x_C=-\int_0^l x \cdot q\,dx, \quad ql \cdot x_C=q\int_0^l x\,dx, \quad x_C=\frac{l}{2}$$

即均布荷载可简化为一个集中力,其大小为 ql,作用在 AB 梁的中点。

（2）荷载按三角形线性分布时,在距离支座 A 为 x 的位置取 dx 微段,则 dx 微段上的分布荷载可视为大小为 $q_x\,dx$ 的集中荷载作用,并且 $q_x=\dfrac{q}{l}x$。假若分布荷载可简化为大小为 F 的集中力,且作用在距离支座 A 为 x_C 的位置,由合力投影定理可得合力 F 的大小为

$$F=\int_0^l q_x\,dx=\int_0^l \frac{q}{l}x\,dx=\frac{1}{2}ql$$

由合力矩定理可得

$$-F \cdot x_C=-\int_0^l x \cdot q_x\,dx, \quad \frac{ql}{2} \cdot x_C=\frac{q}{l}\int_0^l x^2\,dx, \quad x_C=\frac{2l}{3}$$

即合力 F 的大小为荷载图的面积,并且作用线通过荷载图的形心,合力 F 的作用线离 A 端的距离为 $x_C=\dfrac{2}{3}l$。

3.3　平面一般力系的平衡方程及其应用

3.3.1　平面一般力系平衡方程的基本形式

现讨论平面任意力系的主矢和主矩都等于零的情形,这是静力学中最普遍的情形,即

$$\boldsymbol{F}'_{R}=\boldsymbol{0}, \quad M_O=0 \tag{3.3.1}$$

显然,主矢等于零,表明作用于简化中心 O 的汇交力系为平衡力系;主矩等于零,表明附加力偶系也是平衡力系,所以原力系必为平衡力系。因此,式(3.3.1)为平面一般力系平衡的充分条件。

若主矢和主矩有一个不等于零,则力系应简化为合力或合力偶;若主矢与主矩都不等于零,可进一步简化为一个合力。只有当主矢和主矩都等于零时,力系才能平衡,因此,式(3.3.1)又是平面一般力系平衡的必要条件。

于是,平面任意力系平衡的充要条件是:力系的主矢和对于任一点的主矩都等于零。

上述平衡条件用解析式表示,可得

$$\sum F_{ix} = 0, \qquad \sum F_{iy} = 0, \qquad \sum M_O(\boldsymbol{F}_i) = 0 \qquad (3.3.2)$$

由此可得结论,平面一般力系的平衡条件是:所有各力在两个任选的坐标轴上的投影的代数和分别等于零,以及各力对于任意一点的矩的代数和也等于零。式(3.3.2)为**平面一般力系的平衡方程**。

3.3.2　平面一般力系平衡方程的其他形式

1. 二矩式平衡方程

二矩式平衡方程为

$$\sum M_A(\boldsymbol{F}_i) = 0, \qquad \sum M_B(\boldsymbol{F}_i) = 0, \qquad \sum F_{ix} = 0 \qquad (3.3.3)$$

其中 x 轴不垂直于 A、B 两点的连线。

为什么上述形式的平衡方程也是平面力系平衡的充要条件呢? 必要性是显然的。至于充分性,这是因为,如果力系对点 A 和点 B 的主矩等于零,则这个力系的简化结果有两种可能情形:这个力系或者是简化为作用线经过点 A 和点 B 的一个合力,或者平衡。对于第一种可能情形,这是因为如果合力的作用线不经过点 A 和点 B 的连线,则在对点 A 和点 B 的主矩等于零的条件下,合力一定为零,即力系平

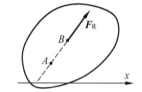

图 3.3.1　二矩式平衡方程
推导用图

衡,如图 3.3.1 所示。如果再加上 $\sum F_{ix} = 0$,那么力系如果简化为一合力,则此合力必与 x 轴垂直。而式(3.3.3)的附加条件(x 轴不垂直于 A、B 两点的连线)完全排除了力系简化为一个合力的可能性,故所研究的力系必为平衡力系。充分性得证。

2. 三矩式平衡方程

三矩式平衡方程为

$$\sum M_A(\boldsymbol{F}_i) = 0, \qquad \sum M_B(\boldsymbol{F}_i) = 0, \qquad \sum M_C(\boldsymbol{F}_i) = 0 \qquad (3.3.4)$$

其中 A、B、C 三点不得共线。为什么必须有这个附加条件? 读者可自行证明。

上述三组方程,在求解问题时究竟选用哪一组方程,需根据具体条件确定。对于受平面一般力系作用的单个刚体的平衡问题,只可以写出 3 个独立的平衡方程,求解 3 个未知量。任何第 4 个方程只是前 3 个方程的线性组合,因而不是独立的。但可用这些不独立的方程来校核计算结果的正确性。

【例 3.3.1】 图 3.3.2(a)所示的水平横梁 AB,A 端为固定铰链支座,B 端为一活动铰支座。梁的长为 $4a$,梁重 W,作用在梁的中点 C。梁的 AC 段受均布荷载 q 作用,BC 段受一集中力偶作用,力偶矩 $M = Wa$。试求 A 和 B 处的支座约束反力。

【解】 选梁 AB 为研究对象。它所受的主动力有:均布荷载 q,重力 W 和矩为 M 的力偶。它所受的约束反力有:铰链 A 处的两个分力 $\boldsymbol{F}_{Ax}$ 和 $\boldsymbol{F}_{Ay}$,活动铰支座 B 处铅直向上的约束反力 $\boldsymbol{F}_B$,如图 3.3.2(b)所示。取图示坐标系,并利用平行分布力系的简化结论,可列出平衡方程,并求出需要的未知力。

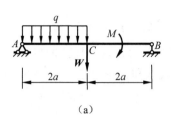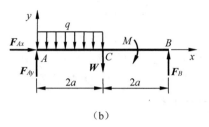

（a）　　　　　　　　　　　（b）

图 3.3.2　例 3.3.1 图

$$\sum M_A(\boldsymbol{F}_i)=0,\quad F_B\cdot 4a-M-W\cdot 2a-q\cdot 2a\cdot a=0,\quad F_B=\frac{3}{4}W+\frac{1}{2}qa(\uparrow)$$

$$\sum M_B(\boldsymbol{F}_i)=0,\quad -F_{Ay}\cdot 4a+(q\cdot 2a)\cdot 3a+W\cdot 2a-M=0,\quad F_{Ay}=\frac{1}{4}W+\frac{3}{2}qa(\uparrow)$$

$$\sum F_{ix}=0,\quad F_{Ax}=0$$

将上述计算结果代入后,可得 $\sum M_C(\boldsymbol{F}_i)=0$,说明上述结果无误。

【说明】 ①选取适当的坐标轴和力矩中心,可以减少每个平衡方程中出现未知量的数目。在平面一般力系情形下,矩心可取在多个未知力的交点上,而选择的力的投影轴应当与尽可能多的未知力相垂直。②应养成习惯,利用非独立的平衡方程对计算结果进行检验。

3.3.3　平面平行力系的平衡方程

平面平行力系是平面一般力系的一种特殊情形。

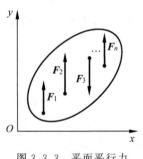

图 3.3.3　平面平行力系的平衡

如图 3.3.3 所示,设物体受平面平行力系 $\boldsymbol{F}_1,\boldsymbol{F}_2,\cdots,$ $\boldsymbol{F}_n$ 的作用。如选取 x 轴与各力垂直,则无论力系是否平衡,每一个力在 x 轴上的投影恒等于零,即 $\sum F_{ix}\equiv 0$。于是,平行力系的独立平衡方程的数目只有 2 个,即

$$\sum F_{iy}=0,\quad \sum M_O(\boldsymbol{F}_i)=0 \qquad (3.3.5)$$

平面平行力系的平衡方程也可以写为两个力矩方程的形式,即

$$\sum M_A(\boldsymbol{F}_i)=0,\quad \sum M_B(\boldsymbol{F}_i)=0 \qquad (3.3.6)$$

其中,A、B 两点之间的连线不与 y 轴平行。

【例 3.3.2】　如图 3.3.4 所示,行动式起重机不计平衡锤的重量为 $P=500$ kN,其重心在离右轨 1.5 m 处。起重机的起重力为 $P_1=250$ kN,突臂伸出离右轨 10 m。跑车本身重力略去不计,欲使跑车满载或空载时起重机均不致翻倒,试求平衡锤的最小重量 P_2 及平衡锤到左轨的最大距离 x。

【解】　以起重机为研究对象,假设起重机在 A、B 处的支反力分别为 $\boldsymbol{F}_A$ 和 $\boldsymbol{F}_B$。则起重机受到铅垂方向的平行力作用,可以建立 2 个独立的平衡方程。

$$\sum M_A(\boldsymbol{F}_i)=0:$$

$$F_B\times 3\ \text{m}+P_2\cdot x-P\times 4.5\ \text{m}-P_1\times 13\ \text{m}=0 \qquad (1)$$

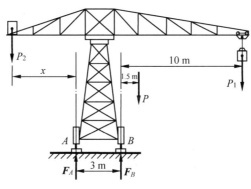

图 3.3.4　例 3.3.2 图

$$\sum M_B(\boldsymbol{F}_i)=0:$$

$$P_2(x+3\ \text{m})-F_A\times 3\ \text{m}-P\times 1.5\ \text{m}-P_1\times 10\ \text{m}=0 \qquad (2)$$

由式(1)、式(2)可得

$$F_B=\frac{1}{3}(4.5P+13P_1-P_2 x) \qquad (3)$$

$$F_A=\frac{1}{3}\big[P_2(x+3)-1.5P-10P_1\big] \qquad (4)$$

欲使跑车空载时起重机不致翻倒,令 $P_1=0$,并满足 $F_B\geqslant 0$。由式(3)可得

$$P_2 x\leqslant 4.5P=2250\ \text{kN}\cdot\text{m} \qquad (5)$$

欲使跑车满载时起重机不致翻倒,令 $P_1=250\ \text{kN}$,并满足 $F_A\geqslant 0$。由式(4)可得

$$P_2(x+3)\geqslant 1.5P+10P_1=3250\ \text{kN}\cdot\text{m} \qquad (6)$$

式(5)、式(6)取等式,可求得 P_2、x 的值,并经验证确实为本题的解。即

$$P_2=P_{2,\min}=333.33\ \text{kN},\quad x=6.75\ \text{m}$$

【说明】　明确跑车满载或空载时起重机均不致翻倒时的受力条件是求解本题的关键。

3.4　静定与超静定问题　平面物体系统的平衡问题

3.4.1　静定与超静定问题

工程中,如组合构架、三铰拱等结构都是由几个物体组成的系统。当物体系统平衡时,组成该系统的每一个物体或者由若干构件组成的子系统都处于平衡状态,因此对于每一个受平面一般力系作用的物体,均可写出 3 个独立的平衡方程。若物体系统由 n 个物体组成,则可建立 $3n$ 个独立方程。当系统中的未知量数目等于独立平衡方程的数目时,则所有未知数都能由平衡方程求出,这样的问题称为**静定问题**。在工程实践中,有时为了提高结构的刚度和坚固性,常常增加多余的约束,从而这些结构中的未知力的数目多于独立平衡方程的数目,未知力就不能全部由平衡方程求出,这样的问题称为**超静定问题**(对应的结构称为**超静定结构**),或静不定问题(对应的结构称为**静不定结构**)。未知力的数目与独立平衡方程的数目之差,称为超静定(或静不定)结构的**次数**。超静定结构的次数是超静定结构的一个重要特征。

如图 3.4.1(a)、(b)所示,重物分别用绳子悬挂,受平面汇交力系作用,故均可列出 2 个独立的平衡方程。在图 3.4.1(a)中,有两个未知约束力,故是静定问题;而在图 3.4.1(b)中,有 3 个未知约束力,因此是 1 次超静定问题。

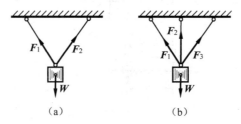

图 3.4.1　静定问题与超静定问题示意

3.4.2　平面物体系统的平衡问题

求解静定物体系统的平衡问题,有多种解题方法。例如,可以采用方案一:分别选取每个构件为研究对象,列出全部平衡方程,然后求解,但这种方法的计算量会随着构件个数增加而快速增加,同时很多物体系统的平衡问题并不需要求出所有构件之间的相互作用力。如果整个物体系统受到较少(最好三个)的约束力作用,可以采用方案二:先选取整个系统为研究对象,列出平衡方程,这样的方程因不包含构件之间的相互作用力,方程中未知量较少,计算出部分未知量后,再选取与所求作用力相关的构件或包含这些构件的子系统作为研究对象,列出另外的平衡方程,直至求出所有欲求的未知量为止。如果整个系统受到较多的约束力作用,可以采用方案三:先选取约束力较少、容易计算的一个或部分构件组成的子系统为研究对象,求出部分未知约束力,再根据实际问题寻找求解其他未知力的途径,并最终全部求出所有未知力。为了有效、快速地求解复杂问题系统的平衡问题,一般应以列最少或较少数量的平衡方程进行求解。所以,如何合理选择物体系统并进行受力分析,常常成为求解问题的关键。

【说明】　①在选择研究对象和建立平衡方程时,应使每一个平衡方程中的未知量个数尽可能少,最好是只含有一个未知量,以避免求解联立方程组。②建立平衡方程的基本思路是投影方程中有尽量多的未知力垂直于投影轴,力矩方程中有尽量多的未知力作用线通过矩心。③对于平面物体系统的平衡问题,确定好研究对象后,最多可以建立 3 个独立的平衡方程来求解未知力。更多的平衡方程不是独立的,对于求解未知力没有作用,但可以作为验证结果正确性的依据。

【例 3.4.1】　三铰拱 ABC 上受力 F 及力偶 M 作用,如图 3.4.2(a)所示,不计拱的自重。已知 $F=10 \text{ kN}$,$M=20 \text{ kN} \cdot \text{m}$,$a=1 \text{ m}$。求铰 A、B 处的约束反力。

【解】　容易判断本题是平面物体系统的静定问题。如果拆成两个刚体 AC、BC,对每一半分别列出 3 个平衡方程,可以求解铰 A、B、C 处约束反力共 6 个未知量,但需解联立方程,且多求了铰 C 的约束反力。采用下面的解题方法可简捷求出。

(1) 先考虑整体平衡,受力如图 3.4.2(a)所示,平面力系有 3 个平衡方程,4 个未知数可部分求出。

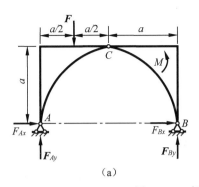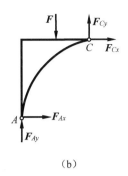

图 3.4.2　例 3.4.1 图

$$\sum M_A(\boldsymbol{F}) = 0, \quad F_{By} \cdot 2a + M - F \cdot \frac{a}{2} = 0, \quad F_{By} = -7.5 \text{ kN}(\downarrow)$$

$$\sum M_B(\boldsymbol{F}) = 0, \quad -F_{Ay} \cdot 2a + M + F \cdot \frac{3}{2}a = 0, \quad F_{Ay} = 17.5 \text{ kN}(\uparrow)$$

$$\sum F_x = 0, \quad F_{Ax} + F_{Bx} = 0$$

（2）再考虑半拱 AC 的平衡,画受力图如图 3.4.2(b)所示。

$$\sum M_C(\boldsymbol{F}) = 0, \quad F_{Ax} \cdot a + F \cdot \frac{a}{2} - F_{Ay} \cdot a = 0, \quad F_{Ax} = 12.5 \text{ kN}(\rightarrow)$$

于是得：$F_{Bx} = -F_{Ax} = -12.5 \text{ kN}(\leftarrow)$。

【思考】　如果力偶 M 作用在半拱 AC 上,铰 A、B 处的约束反力会改变吗？为什么？

【例 3.4.2】　图 3.4.3(a)所示的组合梁由杆 AB 和 BC 在 B 处铰接而成。已知 a、q、α,$F = qa$。试求固定端 A 及活动铰支座 C 的约束力。

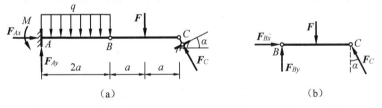

图 3.4.3　例 3.4.2 图

【思路分析】　该物体系统只有 2 个构件。如果分别以这 2 个构件为研究对象并进行受力分析,共有 6 个未知力,同时也可建立 $2 \times 3 = 6$ 个独立的平衡方程,说明该问题是静定问题。但这种方法需要建立 6 个方程,题目中只需要求出 A 和 C 处的共计 4 个约束力,显然不是最优解法。若先以梁 BC 为研究对象,列对 B 点的力矩平衡方程,可直接求得 C 处的约束力。之后再以整体为研究对象,只有 A 处的 3 个未知量,列 3 个平衡方程即可求得。该方法只列 4 个方程,求出 4 个未知量,比较简便。

【解】　可以判断图 3.4.3(a)所示的物体系统也是静定结构。

为求 A、C 处的约束反力,可研究整体梁(图 3.4.3(a)),共有 4 个未知量 F_{Ax}、F_{Ay}、M_A 及 F_C,但平面力系只能列 3 个独立的平衡方程,故无法全部解出,需要进行进一步分析。从 B 处拆开,研究梁 BC(图 3.4.3(b)),先求出 F_C。列方程可避开不需求的未知力 F_{Bx}、F_{By}。

(1) 研究梁 BC，其受力如图 3.4.3(b)所示。列平衡方程

$$\sum M_B(\boldsymbol{F}_i) = 0, \quad F_C \cos\alpha \cdot 2a - Fa = 0, \quad F_C = \frac{qa}{2\cos\alpha}$$

(2) 研究整体梁，其受力如图 3.4.3(a)所示。列平衡方程

$$\sum F_{ix} = 0, \quad F_{Ax} - F_C \sin\alpha = 0, \quad F_{Ax} = \frac{1}{2}qa\tan\alpha$$

$$\sum F_{iy} = 0, \quad F_{Ay} - 2qa - F + F_C \cos\alpha = 0, \quad F_{Ay} = \frac{5}{2}qa$$

$$\sum M_A(\boldsymbol{F}_i) = 0, \quad M_A - 2qa \cdot a - F \cdot 3a + F_C \cos\alpha \cdot 4a = 0, \quad M_A = 3qa^2$$

【说明】 ①对于本例中的结构，杆件 AB 可不依赖杆件 BC 而独立承受荷载，称为**主体结构**；而杆件 BC 则必须依赖于主体结构方可承受荷载，称为**附属结构**。②一般附属结构上受到的力会传递到主体结构上，但主体结构的受力不会传递到附属结构上。所以，在求解这类结构的静力学问题时，一般先分析附属结构。

【例 3.4.3】 图 3.4.4(a)所示组合梁由构件 AC 和 CE 用铰链 C 相连，A 端为固定端，E 端为活动铰链支座。受力如图所示。已知：$l = 8$ m，$F = 5$ kN，均布荷载集度 $q = 2.5$ kN/m，力偶矩的大小 $M = 5$ kN·m，试求固定端 A、铰链 C 和支座 E 的反力。

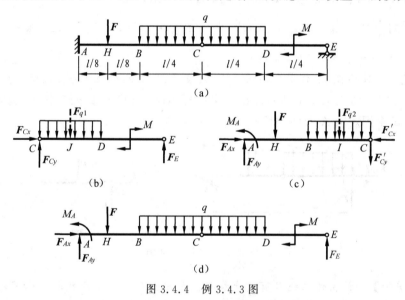

图 3.4.4　例 3.4.3 图

【解】 可以判断图 3.4.4(a)所示物体系统也是静定结构。

(1) 取 CE 段为研究对象，受力分析如图 3.4.4(b)所示，其中 F_{q1} 是作用在 CD 段均布荷载的合力，$F_{q1} = \frac{1}{4}ql$，作用在 CD 段的中点 J。由平衡方程，得

$$\sum F_{ix} = 0, \quad F_{Cx} = 0 \tag{a}$$

$$\sum F_{iy} = 0, \quad F_{Cy} - F_{q1} + F_E = 0 \tag{b}$$

$$\sum M_C(\boldsymbol{F}_i) = 0, \quad -F_{q1} \times \frac{l}{8} - M + F_E \times \frac{l}{2} = 0 \tag{c}$$

代入 $F_{q1} = \frac{1}{4}ql$ 和已知数据,解得

$$F_{Cx} = 0, F_E = \left(M + \frac{ql^2}{32}\right) \div \frac{l}{2} = 2.5 \text{ kN}(\uparrow), \quad F_{Cy} = \frac{1}{4}ql - F_E = 2.5 \text{ kN}(\uparrow)$$

(2) 取 AC 段为研究对象,受力分析如图3.4.4(c)所示,其中力 $\boldsymbol{F}_{q2}$ 是作用在 BC 段均布荷载的合力,$F_{q2} = \frac{1}{4}ql$,作用在 BC 段的中点 I。梁 AC 的平衡方程为

$$\sum F_{ix} = 0, \quad F_{Ax} - F'_{Cx} = 0 \tag{d}$$

$$\sum F_{iy} = 0, \quad F_{Ay} - F'_{Cy} - F - F_{q2} = 0 \tag{e}$$

$$\sum M_A(\boldsymbol{F}_i) = 0, \quad M_A - F \times \frac{l}{8} - F_{q2} \times \frac{3l}{8} - F'_C \times \frac{l}{2} = 0 \tag{f}$$

代入 $F_{q2} = \frac{1}{4}ql$,$F'_{Cy} = F_{Cy} = 2.5 \text{ kN}$,解得

$$F_{Ax} = F'_{Cx} = 0, \quad F_{Ay} = F + \frac{1}{4}ql + F_C = 12.5 \text{ kN}(\uparrow)$$

$$M_A = \frac{1}{8}Fl + \frac{3}{8}F_{q2}l + \frac{1}{2}F_Cl = 30 \text{ kN} \cdot \text{m}(\circlearrowleft)$$

【说明】 如果取整个组合梁为研究对象,则其受力如图3.4.4(d)所示。对整体写出平衡方程 $\sum F_{iy} = 0$,$\sum M_A(\boldsymbol{F}_i) = 0$,显然这组方程相对于例3.4.3中的式(a)~(f)不是独立的,可以应用它们来检验计算是否正确,也可用这组方程同式(a)~(c)(或式(d)~(f))联立求解。

【注意】 ①对于分布荷载跨物体作用时的受力分析,应该首先选择研究对象,将分布荷载据实作用在物体上,在列平衡方程时按照分布荷载的简化方法代入计算。而不应先简化分布荷载,再选取研究对象。②例如例3.4.3的求解过程中,若首先将分布荷载简化为一作用在 C 结点的集中力,则会得出错误结果。请读者分析其原因。

【例3.4.4】 如图3.4.5所示构架由杆 AB、CD、EF 和滑轮、绳索等组成,H、G、E 处为铰链连接,固连在杆 EF 上的销钉 K 放在杆 CD 的光滑直槽上。已知物块 J 重为 W 和 B 处的水平力为 F,尺寸如图所示。若不计其余构件的重量和摩擦,试求固定铰链支座 A 和 C 的反力及杆 EF 上销钉 K 的约束力。

【解】 求解过程请扫描对应的二维码获得。

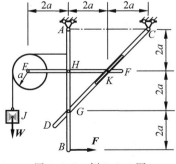

图3.4.5 例3.4.4图

例3.4.4的求解过程

【例 3.4.5】　如图 3.4.6 所示结构各构件自重不计,荷载与尺寸如图所示。$M = qa^2$。求 A、D 处的约束力。

【解】　求解过程请扫描对应的二维码获得。

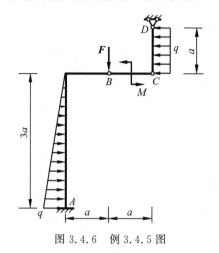

图 3.4.6　例 3.4.5 图　　　　　　　例 3.4.5 的求解过程

3.5　考虑摩擦的平衡问题

在以前的讨论中,均假设物体间的相互接触都是光滑的,没有摩擦。但事实上,绝对光滑而没有摩擦的情形是不存在的。当摩擦对所研究的问题是次要因素时,将其忽略不计的假设是合理的。但是如果摩擦对所研究的问题有很大影响甚至起决定性作用时,就必须考虑摩擦的影响。例如,重力坝依靠摩擦防止在水压力的作用下可能产生的滑动;建筑工程和桥梁工程以及码头基础中的摩擦桩依靠摩擦承受荷载;结构振动控制中的一些阻尼器利用摩擦耗散能量达到减震目的等。另一方面,摩擦会消耗能量,产生热、噪声、振动和磨损,特别是在高速运转的机械中,摩擦往往表现得更为突出。

3.5.1　静滑动摩擦力

放在光滑水平接触面上的物体,只受到沿接触面法线方向的约束力作用。如果物体受到沿接触面切线方向的主动力的作用,无论这个力多么小,物体都不能保持平衡。如图 3.5.1(a) 所示,若将重量为 W 的物体放在有摩擦的水平粗糙面上,再沿接触面的切线方向施加一力 F。只要 F 的值不超过某一限度,物体仍处于平衡。对物体进行受力分析,如图 3.5.1(b) 所示,由平衡规律可知,在粗糙接触面处除了有沿支承面法线方向的反力 F_N 之外,必定还有一个阻碍重物沿水平方向滑动的力 F_s,F_s 称为**静滑动摩擦力**。当水平力 F 指向右时,静滑动摩擦力指向左。这说明:静滑动摩擦力的方向与物体相对滑动的趋势相反。这里所说的"相对滑动的趋势"是指设想不存在摩擦时,物体在主动力 F 作用下相对于接触面滑动的方向。由于在力 F 的值未超过某一限度时,物体只有相对滑动的趋势而未发生滑动,仍然处于平衡状态,所以,应由静力学平衡方程来求解静摩擦力 F_s 的大小。显然,静滑动摩擦力 F_s 的值随主动力 F 的增大而增大。

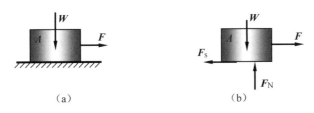

图 3.5.1　置于水平面上的物块及其受力

3.5.2　最大静滑动摩擦力　静滑动摩擦定律

对图 3.5.1(a)所示的物体,当水平力 F 的值增大到某一限度时,如果再继续增大,物体将不能维持平衡状态而产生滑动。将物体即将滑动而尚未滑动的平衡状态称为**临界平衡状态**。在临界平衡状态下,静滑动摩擦力达到最大值,称为**最大静滑动摩擦力**,用 $F_{s,max}$ 表示。如果 F 继续增大,物体就开始运动。故,平衡时静滑动摩擦力只能在零与最大静滑动摩擦力 $F_{s,max}$ 之间取值,即

$$0 \leqslant F_s \leqslant F_{s,max} \tag{3.5.1}$$

法国物理学家库仑(Coulomb,1736—1806 年)对干燥接触面的摩擦问题做了大量实验。实验结果表明,最大静滑动摩擦力的大小与相互接触的两个物体之间的法向作用力成正比。即

$$F_{s,max} = f_s F_N \tag{3.5.2}$$

其中,f_s 是无量纲的比例系数,称为**静摩擦因数**。该规律称为**静滑动摩擦定律**,也称**静摩擦定律或库仑摩擦定律**。需要注意的是,静滑动摩擦定律给出的是最大静滑动摩擦力的大小与法向约束反力大小之间的关系,二者的方向是垂直的。

静摩擦因数 f_s 的大小由实验确定。它与相接触物体的材料及接触面的粗糙程度、温度和湿度等有关。在材料和表面情况确定的条件下,f_s 可近似地视为常数。其数值可在有关的工程手册中查到。

由静摩擦定律可知,要增大静摩擦力,可通过增大正压力或增大摩擦因数来实现。例如,汽车一般都用后轮驱动,因后轮所受正压力大于前轮;冬天雪后路滑,在路面上撒砂子以增大摩擦因数,避免车轮打滑。要减小最大静摩擦力,可通过减小 f_s 值或正压力来实现。例如用增加接触面的光洁度、添加润滑剂等方法来实现。

3.5.3　动滑动摩擦力　动滑动摩擦定律

对图 3.5.1(a)所示的物体,当它已处于临界平衡状态,再继续增大主动力 F 的值时,物体就会沿接触面发生滑动,这时接触面间的摩擦力已不足以阻止相对滑动的发生,只能起阻碍相对滑动的阻力作用,称之为**动滑动摩擦力**,用 F_d 表示。实验证明:动滑动摩擦力的方向与物体相对滑动的方向相反,动滑动摩擦力的大小与相互接触物体间的正压力成正比,即

$$F_d = f_d F_N \tag{3.5.3}$$

式中,f_d 称为**动摩擦因数**。这一规律称为**动滑动摩擦定律**。

动摩擦因数 f_d 与相互接触的物体的材料性质和表面情况有关,也与相对滑动的速度

有关。在相对滑动速度不大时，f_d 可以近似地取为常数。对多数材料来说，动摩擦因数略小于静摩擦因数，即 $f_d \leqslant f_s$。

3.5.4 摩擦角和自锁现象

当两个物体之间存在摩擦时，接触面的约束力由两个分量组成，即法向反力 $\boldsymbol{F}_N$ 和切向摩擦力 $\boldsymbol{F}_s$。这两个力的矢量和

$$\boldsymbol{F}_R = \boldsymbol{F}_N + \boldsymbol{F}_s \tag{3.5.4}$$

称为接触面的**全约束反力**，或**全反力**。全反力 $\boldsymbol{F}_R$ 与接触面法线的夹角用 φ 表示，如图 3.5.2(a)所示。

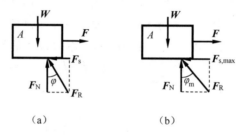

（a）   （b）

图 3.5.2 置于水平面上的物块及其受力

由图 3.5.2(a)可见，当法向反力 $\boldsymbol{F}_N$ 的大小不变时，角 φ 随摩擦力 $\boldsymbol{F}_s$ 的增大而增大，当物体处于临界平衡状态时，静摩擦力达到最大值 $F_{s,max}$，此时角 φ 也达到最大值 φ_m，如图 3.5.2(b)所示。全反力与法线的最大夹角 φ_m 称为**摩擦角**。摩擦角是在滑动临界平衡状态下全反力与法线的夹角。由图易得

$$\varphi_m = \arctan\left(\frac{F_{s,max}}{F_N}\right) = \arctan f_s \tag{3.5.5}$$

即摩擦角的正切等于摩擦因数。显然，摩擦角的大小只与物体之间的静滑动摩擦因数有关。因为即使物体运动，动滑动摩擦力的值也不会超过最大静滑动摩擦力 $\boldsymbol{F}_{s,max}$ 的值，故全约束反力与法向约束反力的夹角的最大值就是摩擦角 φ_m。

假设两个物体的接触面在任意方向的静摩擦因数均相同，改变主动力 $\boldsymbol{F}$ 在水平面内的方向，则全约束反力的作用线将绕公法线画出一个顶角为 $2\varphi_m$ 的正锥面，该锥面称为**摩擦锥**，如图 3.5.3 所示。可以看出，对于刚体而言，摩擦锥的顶点位置与外力的作用位置有关。

物体 A 保持静止并处于滑动临界状态时，如图 3.5.4 所示，物体上所有主动外力的合力 $\boldsymbol{F}'$ 将与全约束反力形成一对平衡力系，所以此时外力的合力与公法线的夹角也等于摩擦

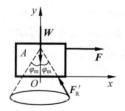

图 3.5.3 摩擦锥

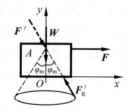

图 3.5.4 主动力的合力与全约束反力

角 φ_m。只要保证所有主动外力的合力与公法线的夹角小于等于摩擦角 φ_m，无论外力多大，全约束反力总可以与其形成平衡，不会驱使物体滑动。这种现象称为**自锁**。如果主动力合力 $\boldsymbol{F}'$ 的作用线位于摩擦锥以外，则无论力 $\boldsymbol{F}'$ 多小，物体都不能保持平衡。

3.5.5 考虑摩擦时物体系统的平衡

求解有摩擦时临界平衡状态下的平衡问题，需要注意以下几点。

（1）研究对象处于临界平衡状态，作受力图时，在有摩擦力的接触面除了要画出法向约束反力 $\boldsymbol{F}_N$ 之外，还要画出最大静滑动摩擦力 $\boldsymbol{F}_{s,max}$，力 $\boldsymbol{F}_{s,max}$ 的指向与物体的运动趋势相反。

（2）列平衡方程后，需要列补充方程 $F_{s,max}=f_s F_N$。对于复杂的摩擦问题，可能需要列出多个补充方程。

（3）考虑摩擦的平衡问题的解常常有区间范围，因此求解时要分析解的范围，将问题的解用不等式表示。

（4）考虑有几何尺寸物体的摩擦问题时，还存在翻倒的情况，这时当法向约束力或全约束反力作用在物体的端部时，物体处于翻倒的临界状态，此时可通过平衡方程求得在此状态下的主动力大小。

（5）对于一些简单的摩擦问题，有时利用摩擦角的概念，用几何法求解可能更方便、直观。

【注意】 ①如果不能判断物体是否达到滑动的临界状态，滑动摩擦力就只能利用平衡方程计算。②如果已知物体处在滑动的临界状态，则滑动摩擦力既可以用平衡方程计算，又可以利用静摩擦定律计算，因为这时物体也处在平衡状态。③当物体已经处于滑动的状态时，滑动摩擦力只能利用动滑动摩擦定律计算，不能利用平衡方程计算。

【例 3.5.1】 物体重为 W，放在倾角为 θ 的斜面上，它与斜面间的摩擦因数为 f_s，如图 3.5.5(a)所示。当物体处于平衡时，试求水平力 $\boldsymbol{F}_1$ 的大小。

(a) (b)

图 3.5.5 例 3.5.1 图

【解】 由于本题没有给出物体的几何尺寸，因此该物体可以视为质点。显然，力 $\boldsymbol{F}_1$ 的值足够大，物体将上滑；力 $\boldsymbol{F}_1$ 的值太小，物体将有下滑趋势。因此物体平衡时，力 $\boldsymbol{F}_1$ 的数值必在一范围内，即应在最大值与最小值之间。

先求力 $\boldsymbol{F}_1$ 的最大值。当力 $\boldsymbol{F}_1$ 达到此值时，物体处于将要向上滑动的临界状态。在此情形下，摩擦力 $\boldsymbol{F}_s$ 沿斜面向下，并达到最大值 $\boldsymbol{F}_{s,max}$。物体共受 4 个力作用，如图 3.5.5(a)所示。列平衡方程

$$\sum F_x = 0, \quad F_1\cos\theta - W\sin\theta - F_{s,max} = 0$$

$$\sum F_y = 0, \quad F_N - F_1\sin\theta - W\cos\theta = 0$$

以及补充方程

$$F_{s,max} = f_s F_N$$

将以上三式联立,可解得水平推力的最大值为 $F_{1,max} = W \dfrac{\sin\theta + f_s\cos\theta}{\cos\theta - f_s\sin\theta}$。

再求 $\boldsymbol{F}_1$ 的最小值。当力 $\boldsymbol{F}_1$ 达到此值时,物体处于将要向下滑动的临界状态。在此情形下,摩擦力 $\boldsymbol{F}_s$ 沿斜面向上,并达到另一极值,用 $\boldsymbol{F}'_{s,max}$ 表示此力,物体的受力如图 3.5.5(b)所示。列平衡方程

$$\sum F_x = 0, \quad F_1\cos\theta - W\sin\theta + F'_{s,max} = 0$$
$$\sum F_y = 0, \quad F'_N - F_1\sin\theta - W\cos\theta = 0$$

以及补充方程

$$F'_{s,max} = f_s F'_N$$

将以上三式联立,可解得水平推力的最小值为 $F_{1,min} = W \dfrac{\sin\theta - f_s\cos\theta}{\cos\theta + f_s\sin\theta}$。

综合上述水平推力的最大值、最小值可知,为使物体静止,力 $\boldsymbol{F}_1$ 的大小必须满足如下条件:

$$W \frac{\sin\theta - f_s\cos\theta}{\cos\theta + f_s\sin\theta} \leqslant F_1 \leqslant W \frac{\sin\theta + f_s\cos\theta}{\cos\theta - f_s\sin\theta}$$

此题如不计摩擦($f_s = 0$),平衡时应有 $F_1 = W\tan\theta$,其解答是唯一的。

本题也可以利用摩擦角的概念,使用全约束反力来进行求解。当物体有向上滑动趋势且达临界状态时,全约束反力 $\boldsymbol{F}_R$ 与法线的夹角为摩擦角 φ_m,物体受力如图 3.5.6(a)所示。用几何法来求解。先绘制力的三角形,如图 3.5.7(a)所示。然后由力的三角形可得

$$F_{1,max} = W\tan(\theta + \varphi_m)$$

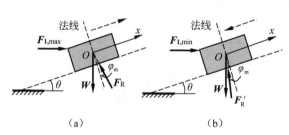

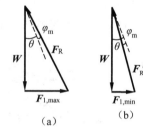

图 3.5.6 求最大和最小推力的受力图   图 3.5.7 求最大和最小推力的力三角形

同样,当物体有向下滑动趋势且达临界状态时,受力如图 3.5.6(b)所示,绘制力的三角形,如图 3.5.7(b)所示。由力的三角形可得

$$F_{1,min} = W\tan(\theta - \varphi_m)$$

由此可知,使物体平衡的力 $\boldsymbol{F}_1$ 应满足

$$W\tan(\theta - \varphi_m) \leqslant F_1 \leqslant W\tan(\theta + \varphi_m)$$

【评述】 ①显然,用摩擦角的概念求解与用解析法计算得到的结果是相同的,但过程简化很多。②在例 3.5.1 中,若斜面的倾角小于摩擦角(即 $\theta < \varphi_m$),水平推力 $F_{1,min}$ 为负值。这说明,此时物体不需要力 $\boldsymbol{F}_1$ 的作用就能静止于斜面上,而且无论重力 W 值多大,物块也不会下滑,这就是前面所说的自锁现象。

【例 3.5.2】　如图 3.5.8(a)所示,梯子 AB(视为均质杆)一端靠在铅垂的墙壁上,另一端搁置在水平地面上。假设梯子与墙壁之间光滑,而与地面之间存在摩擦,静滑动摩擦因数为 f_s,梯子重为 W。

(1)若梯子在倾角 θ 的位置保持平衡,试求 A、B 处的约束力;

(2)若使梯子不致滑倒,试求其倾角 θ 的范围。

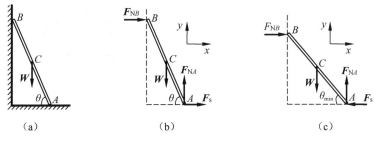

图 3.5.8　例 3.5.2 图

【解】　(1)由题意知,该位置是平衡位置,但并不一定是临界平衡位置。画出受力图如图 3.5.8(b)所示,其中摩擦力 $\boldsymbol{F}_s$ 作为一般约束力,其方向可以假设如图所示。列平衡方程

$$\sum M_A = 0, \quad W \cdot \frac{l}{2}\cos\theta - F_{NB} \cdot l\sin\theta = 0 \tag{a}$$

$$\sum F_x = 0, \quad F_s + F_{NB} = 0 \tag{b}$$

$$\sum F_y = 0, \quad F_{NB} - W = 0 \tag{c}$$

求解可得

$$F_{NB} = \frac{W\cos\theta}{2\sin\theta}, \quad F_{NA} = W, \quad F_s = -\frac{W\cos\theta}{2\sin\theta}$$

其中,$F_s < 0$ 表示摩擦力的实际方向与图 3.5.8(b)所示方向相反。

(2)这属于平衡的临界状态。由于梯子受重力作用,重心 C 有向下运动的趋势,所以杆件 AB 有逆时针转动的趋势,从而 A 点有向右运动的趋势。

先求角 θ 的最小值,此时梯子的受力如图 3.5.8(c)所示,其中摩擦力的指向必须与 A 点有向右运动的趋势且指向相反,即指向左。同样可以列出上述平衡方程(a)、(b)、(c)(只是方程中的角 θ 取为 θ_{min},并注意摩擦力 $\boldsymbol{F}_s$ 的指向)和物理条件

$$F_s = f_s F_{NA} \tag{d}$$

可以确定保持平衡时梯子的临界倾角 θ_{min} 为 $\theta_{min} = \text{arccot}(2f_s)$。

由常识可知,倾角 θ 越大,梯子越容易保持平衡,但也不能超过 $90°$,所以平衡时梯子的倾角 θ 的范围为 $\text{arccot}(2f_s) \leqslant \theta < \dfrac{\pi}{2}$。

【说明】　梯子保持平衡的倾角 θ 的范围与梯子重量无关,这也是自锁现象。

【思考】　①此例能否如例 3.5.1 那样利用摩擦角的概念求解?请讨论之。②如果杆件 AB 与铅垂墙壁之间也存在摩擦,并已知其摩擦因数,能否求解倾角 θ 的范围?若能,如何求解?

【例 3.5.3】　等厚均质矩形体 A 和 B 如图 3.5.9 所示放置。A 重 20 kN,A 与铅垂墙间是光滑的,A 与 B 和 B 与水平固定面间的摩擦因数均为 f_s。试问:系统平衡时 f_s 至少

应为多大？B 的重量 W_2 至少应为多少？图中几何尺寸单位为 mm。

【解】 求解过程请扫描对应的二维码获得。

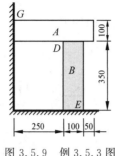

图 3.5.9 例 3.5.3 图　　　　　　　　　　例 3.5.3 的求解过程

3.6 空间一般力系的合成与平衡

具体内容请扫描下面的二维码获得。

3.6

3.7 重心和形心

重心的位置对于物体的平衡、运动和稳定都有很大关系。例如，水坝、挡土墙等建筑物，重心必须在一定的范围内，否则会引起建筑物倾覆。所以，确定物体重心的位置在工程中有着重要意义。

3.7.1 重心的基本公式

一个物体可看作由许多微小部分所组成，每一微小部分都受到一个重力作用。建立直

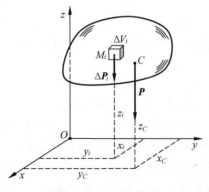

图 3.7.1 重心的坐标

角坐标系 $Oxyz$，并取 z 轴为铅垂方向，向上为正，如图 3.7.1 所示。设其中某一微小部分 M_i 所受的重力为 $\Delta \boldsymbol{P}_i$，所有各力 $\Delta \boldsymbol{P}_i$ 的合力 $\boldsymbol{P}$ 就是整个物体所受的重力。$\Delta \boldsymbol{P}_i$ 的大小 ΔP_i 是 M_i 的重量，$\boldsymbol{P}$ 的大小 P 则是整个物体的重量。无论物体在空间中取什么位置，合力 $\boldsymbol{P}$ 的作用线相对于物体而言必通过某一确定点 C，该点称为物体的**重心**。

由于所有各 $\Delta \boldsymbol{P}_i$ 都指向地心附近，因此，严格地说，各 $\Delta \boldsymbol{P}_i$ 并不平行。但是，工程上的物体相对

于地球都很小,且离地心又很远,所以各 ΔP_i 可以看作平行力系足够精确。这样,合力 P 的大小(即整个物体的重量)为

$$P = \sum P_i \tag{3.7.1}$$

物体重心位置则可利用合力矩定理确定。对 y 轴取矩有 $Px_C = \sum \Delta P_i x_i$,从而可以得到重心 C 的 x 坐标。采用类似方法可以得到重心 C 的 y 坐标和 z 坐标:

$$x_C = \frac{\sum \Delta P_i x_i}{P}, \quad y_C = \frac{\sum \Delta P_i y_i}{P}, \quad z_C = \frac{\sum \Delta P_i z_i}{P} \tag{3.7.2}$$

其中, x_i、y_i、z_i 及 x_C、y_C、z_C 分别是 M_i 及重心 C 的位置坐标。

将重量 $\Delta P_i = m_i g$,$P = mg$ 分别代入式(3.7.2),并进行化简,可得**质心 C** 的坐标公式

$$x_C = \frac{\sum \Delta m_i x_i}{m}, \quad y_C = \frac{\sum \Delta m_i y_i}{m}, \quad z_C = \frac{\sum \Delta m_i z_i}{m} \tag{3.7.3}$$

对于连续体而言,式(3.7.2)、式(3.7.3)中求和只需改为积分即可。

3.7.2　形心的基本公式

如果物体是均质的,即质量密度 ρ 是常量,则每单位体积的重力 γ 也为常量。设 M_i 的体积为 ΔV_i,整个物体的体积为 $V = \sum \Delta V_i$,则 $\Delta m_i = \rho \Delta V_i$,$\Delta P_i = \gamma \Delta V_i$,而 $m = \sum \Delta m_i = \rho \sum \Delta V_i = \rho V$,$P = \sum \Delta P_i = \gamma \sum \Delta V_i = \gamma V$,代入式(3.7.3),得到

$$x_C = \frac{\sum \Delta V_i x_i}{V}, \quad y_C = \frac{\sum \Delta V_i y_i}{V}, \quad z_C = \frac{\sum \Delta V_i z_i}{V} \tag{3.7.4}$$

式(3.7.4)表明,均质物体的质心和重心位置完全决定于物体的几何形状。因此,由式(3.7.4)所确定的 C 点也往往称为几何形体的**形心**。

对于曲面或曲线,只需在式(3.7.4)中分别将 ΔV_i 改为微小面积 ΔA_i 或微小长度 ΔL_i,V 改为总面积 A 或总长度 L,即可得相应的形心坐标公式。

对于平面图形或平面曲线,如取所在的平面为 xy 面,则显然 $z_C = 0$,只需计算 x_C 及 y_C。显然由式(3.7.4)易得,平面图形的形心坐标公式为

$$x_C = \frac{\sum \Delta A_i x_i}{A}, \quad y_C = \frac{\sum \Delta A_i y_i}{A} \tag{3.7.5}$$

式中,A 为平面图形的总面积,ΔA_i 为第 i 个图形的小面积,x_i、y_i 为第 i 个小面积的形心坐标。对于连续的平面图形,令 ΔA_i 趋近于零而取和式的极限,则各式成为积分公式

$$x_C = \frac{1}{A} \int_A x \, dA, \quad y_C = \frac{1}{A} \int_A y \, dA \tag{3.7.6}$$

同样,对于式(3.7.4),如令 ΔV_i 趋近于零而取和式的极限,则各式成为积分公式

$$x_C = \frac{1}{V} \int_V x \, dV, \quad y_C = \frac{1}{V} \int_V y \, dV, \quad z_C = \frac{1}{V} \int_V z \, dV \tag{3.7.7}$$

【说明】　①凡具有对称面、对称轴或对称中心的均质物体(或几何形体),其质心和重心(或形心)必定分别在对称面、对称轴或对称中心上。由此可知,平行四边形、圆环、圆面、椭

圆面等的形心与它们的几何中心重合。圆柱体、圆锥体的形心都在它们的中心轴上。②对称性的利用是常见的一种技巧,可以简化分析和计算,且在很多工程问题的分析中广泛使用。

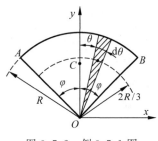

图 3.7.2　例 3.7.1 图

【例 3.7.1】　试求图 3.7.2 所示半径为 R、圆心角为 2φ 的扇形面积的重心。

【解】　取圆心角的平分线为 y 轴。由于对称关系,重心必在这个轴上,即 $x_C=0$,现在只需求出 y_C。把扇形面积视为无数多个无穷小的面积(可看作三角形)之和,每个小三角形的重心都在距顶点 O 为 $\frac{2}{3}R$ 处。任一位置 θ 处的面积元 $\mathrm{d}A=\frac{1}{2}R^2\mathrm{d}\theta$,其重心的 y 坐标为 $y=\frac{2}{3}R\cos\theta$,扇形总面积为

$$A=\int \mathrm{d}A=\int_{-\varphi}^{\varphi}\frac{1}{2}R^2\mathrm{d}\theta=R^2\varphi$$

由形心坐标公式可得

$$y_C=\frac{\int y\,\mathrm{d}A}{A}=\frac{\int_{-\varphi}^{\varphi}\frac{2}{3}R\cos\theta\cdot\frac{1}{2}R\cdot R\,\mathrm{d}\theta}{R^2\varphi}=\frac{2}{3}R\,\frac{\sin\varphi}{\varphi}$$

如以 $\varphi=\dfrac{\pi}{2}$ 代入,即得半圆形的形心到圆心的距离为 $y_C=\dfrac{4R}{3\pi}$。

【说明】　①例 3.7.1 中半圆形面积的重心(形心)的结果可直接作为公式应用在其他问题中。②一些常见的简单形体的形心(重心)位置已列于 11.5 节中的图 11.5.2 中,以供参考。

【例 3.7.2】　试求图 3.7.3 所示曲线下面图形的面积及其形心的水平位置。

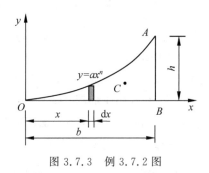

图 3.7.3　例 3.7.2 图

【解】　图形总面积为

$$A=\int_A \mathrm{d}A=\int_0^b ax^n\,\mathrm{d}x=a\cdot\frac{1}{n+1}x^{n+1}\Big|_0^b=a\cdot\frac{1}{n+1}b^{n+1}=\frac{b\cdot ab^n}{n+1}=\frac{bh}{n+1}$$

由形心坐标公式可得

$$x_C=\frac{1}{A}\int_A x\,\mathrm{d}A=\frac{1}{A}\int_0^b x\cdot ax^n\,\mathrm{d}x=\frac{n+1}{bh}\cdot\frac{a}{n+2}\cdot x^{n+2}\Big|_0^b$$

$$=\frac{n+1}{bh}\cdot\frac{a}{n+2}\cdot b^{n+2}=\frac{n+1}{n+2}\cdot\frac{b\cdot ab^n}{bh}\cdot b=\frac{n+1}{n+2}\cdot b$$

【说明】　当 $n=1,2,3$ 时,可根据该结论计算直线、二次及三次抛物线下面图形的面积及其对应的形心位置。这些结论将在第 11 章应用。

3.7.3　组合形体的形心

较复杂的形体往往可以看作几个简单形体的组合。设已知各简单形体的某一体积 V_i（或面积 A_i，或长度 L_i）及其形心位置，只要用 V_i（或 A_i，或 L_i）代换以上各式中的 ΔV_i（或 ΔA_i，或 ΔL_i），用各简单形体的形心的坐标 x_{Ci} 代替 x_i，就可求得整个形体的重心或形心的位置。如果一个复杂的形体不能分成简单形体，又不能求积分，就只能用近似方法或用实验方法来分析。在某些情况下，有时应用负面积方法计算起来比较方便，如下例。

【例 3.7.3】　试求图 3.7.4 所示振动沉桩器中的偏心块的重心。已知：$R=100$ mm，$r=17$ mm，$b=13$ mm。

【解】　将偏心块看成由三部分组成，即半径为 R 的半圆 A_1、半径为 $r+b$ 的半圆 A_2 和半径为 r 的小圆 A_3。A_3 是切去的部分，所以面积应取负值。今使坐标原点与圆心重合，且偏心块的对称轴为 y 轴，则有 $x_C=0$。设 y_1、y_2、y_3 分别为 A_1、A_2、A_3 的重心坐标，由例 3.7.1 的结果可知

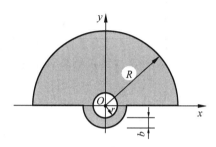

图 3.7.4　例 3.7.3 图

$$A_1=\frac{\pi R^2}{2}, \quad y_1=\frac{4R}{3\pi}; \quad A_2=\frac{\pi(r+b)^2}{2},$$

$$y_2=\frac{-4(r+b)}{3\pi}; \quad A_3=-\pi r^2, \ y_3=0$$

于是，偏心块重心的坐标为

$$y_C=\frac{A_1y_1+A_2y_2+A_3y_3}{A_1+A_2+A_3}=\frac{\dfrac{2}{3}\times R^3-\dfrac{2}{3}\times(r+b)^3}{\dfrac{\pi}{2}\times R^2+\dfrac{\pi}{2}\times(r+b)^2-\pi r^2}$$

$$=\frac{4}{3\pi}\times\frac{R^3-(r+b)^3}{R^2+(r+b)^2-2r^2}=\frac{4}{3\pi}\times\frac{(100^3-30^3)\ \text{mm}^3}{(100^2+30^2-2\times17^2)\ \text{mm}^2}=40\ \text{mm}$$

选择题

3-1　若用一个投影方程 $\sum \boldsymbol{F}_{ix}=\boldsymbol{0}$ 及一个力矩方程 $\sum M_A(\boldsymbol{F}_i)=0$ 求解平面汇交力系的平衡问题，为了保证方程的独立性，需要满足的条件是（　　）。

　　A. A 点必须在 x 轴上

　　B. x 轴一定通过汇交力系的汇交点

　　C. A 点不能在 x 轴上

　　D. x 轴不能垂直于汇交力系的汇交点与 A 点的连线

3-2　图示结构中，在杆件 AC 和 BC 上作用着两个大小均为 M、转向相反的力偶，杆件自重不计，则下列关于支座 A 处的约束反力 $\boldsymbol{F}_A$ 的结论中，正确的是（　　）。

　　A. $F_A=0$　　　　　　　　　　　B. $F_A\neq 0$

C. $\boldsymbol{F}_A$ 沿 AC 杆作用　　　　D. $\boldsymbol{F}_A$ 沿 A、B 的连线作用

3-3　平面内一非平衡共点力系和一非平衡力偶系最后可能
合成的情况是(　　)。

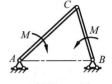

A. 一合力偶　　　　　　　　B. 一合力

C. 相平衡　　　　　　　　　D. 无法进一步合成

选择题 3-2 图

3-4　如平面力系平衡,则关于它的平衡方程,下列表述正确
的是(　　)。

A. 任何平面力系都具有三个独立的平衡方程

B. 任何平面力系只能列出三个平衡方程

C. 在平面任意力系平衡方程的基本形式中,两个投影轴必须互相垂直

D. 该平衡力系在任意选取的投影轴上投影的代数和必为零

3-5　若空间平行力系各力作用线都平行于 z 轴,则此力系独立的平衡方程为(　　)。

A. $\sum M_x(\boldsymbol{F}_i)=0,\sum M_y(\boldsymbol{F}_i)=0,\sum M_z(\boldsymbol{F}_i)=0$

B. $\sum F_{ix}=0,\sum F_{iy}=0,\sum M_z(\boldsymbol{F}_i)=0$

C. $\sum F_{iz}=0,\sum M_x(\boldsymbol{F}_i)=0,\sum M_y(\boldsymbol{F}_i)=0$

D. $\sum F_{ix}=0,\sum F_{iy}=0,\sum F_{iz}=0$

3-6　当物体处于滑动的临界平衡状态时,静摩擦力 $\boldsymbol{F}_s$ 的大小(　　)。

A. 与物体的重量成正比

B. 与物体的重力在支承面的法线方向的大小成正比

C. 与相互接触物体之间的正压力大小成正比

D. 由力系的平衡方程来确定

3-7　物块重 5 kN,与水平面间的摩擦角 $\varphi_m=35°$,今用与铅
垂线成 60° 角的力 $\boldsymbol{F}$ 推动物块,如图所示,若 $F=5$ kN,则物块
将(　　)。

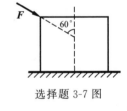

A. 不动　　　　　　　　　　B. 滑动

C. 处于临界状态　　　　　　D. 滑动与否无法确定

选择题 3-7 图

3-8　关于重心和形心的下列命题中,不正确的是(　　)。

A. 物体的重心一定在物体上

B. 物体的重心相对于物体的位置不变

C. 对于均质物体,重心与形心的位置一定相同

D. 具有对称轴的物体,其重心或形心的位置一定在对称轴上

习题

3-1　图示平面任意力系中 $F_1=40\sqrt{2}$ N,$F_2=80$ N,$F_3=40$ N,$F_4=110$ N,$M=100$ N·
mm。各力作用位置如图所示。求:(1)力系向 O 点简化的结果;(2)力系的合力的大小、方向
及合力作用线方程。图中坐标单位为 mm。

3-2 已知平面力系 $F_1=F_2=F_3=F_4=F_5=F_6=F$，$M_1=Fa$，$M_2=2Fa$，如图所示，$\overline{OA}=\overline{AB}=\overline{BC}=\overline{CO}=a$，$OABC$ 为正方形。求力系简化的最终结果。

3-3 梁的支承和荷载如图所示。$F=2$ kN，线性分布荷载的最大值 $q=1$ kN/m。如不计梁重，求支座 A 和 B 的约束力。

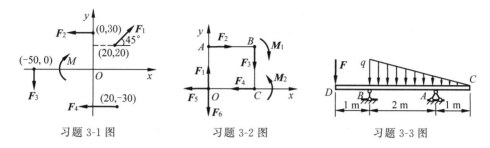

习题 3-1 图　　　　习题 3-2 图　　　　习题 3-3 图

3-4 水平梁的支承和荷载如图所示。已知力 F、力偶的力偶矩 M 和均布荷载 q。求支座 A、B 处的约束力。

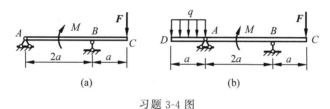

(a)　　　　　　　(b)

习题 3-4 图

3-5 梁 ABC 的支承情况和荷载如图所示。已知：$F_1=500$ N，$F_2=1000$ N，$F_3=800$ N；$\theta=45°$。如不计梁重，求支座 A 和 B 的约束力。

3-6 均质杆 AB 重为 P，在 A 端用铰链连接在水平地板 AD 上，另一端 B 则用绳子 BC 将其系在铅垂墙上，如图所示。求绳的张力和铰链 A 的约束力。

3-7 在图示悬臂梁 AB 中，已知 $F_1=200$ N，$F_2=150$ N，力偶的力偶矩 $M=50$ N·m。如不计梁重，求支座 A 的约束力。

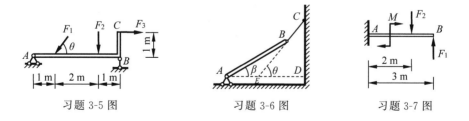

习题 3-5 图　　　　习题 3-6 图　　　　习题 3-7 图

3-8 均质梯子 AB 的两端分别靠在光滑的地面和墙上。梯子 D 点用绳系住，连在墙角上，绳与地面成 $30°$ 角。梯子重 250 N。如有一重 750 N 的人站在梯子中部 C 点，求绳的张力和地面与墙的约束力。

3-9 求图示结构在荷载作用下支座 A 的约束力。

3-10 杆 AB 重量为 W、长为 $2l$，置于水平面与斜面上，其上端系一绳子，绳子绕过滑轮 C 吊起一重物 Q，如图所示。各处摩擦均不计，求杆平衡时的 Q 值及 A、B 两处的约束力。

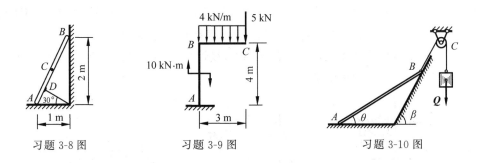

习题 3-8 图　　　　习题 3-9 图　　　　习题 3-10 图

3-11 一组合梁由杆 AB 和 BC 用铰链 B 连接而成,并以铰支座 A 以及连杆 EG、CH 支持如图所示。各构件质量不计,$F = 6$ kN。求在力 $\boldsymbol{F}$ 作用下 A 点的约束力以及连杆的内力。

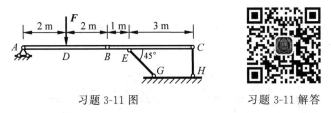

习题 3-11 图　　　　　　　　习题 3-11 解答

3-12 图示各组合梁的支承和荷载如图所示,求各支座的约束力。

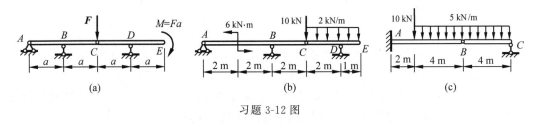

(a)　　　　　　　　　(b)　　　　　　　　　(c)

习题 3-12 图

3-13 静定刚架荷载及尺寸如图所示,求支座约束力和中间铰的受力。

3-14 一均质重直杆 OA 能绕其固定端 O 在铅垂平面内自由转动。一绳 OC 系于 O 点,绳的另一端挂一半径为 a 的球,如图所示。设杆长为 $4a$,绳 OC 长为 a,球和杆的重量都是 W,且不计杆和球在接触点处的摩擦。求平衡时杆与绳对铅垂线的倾角 θ 和 φ,以及绳的张力。

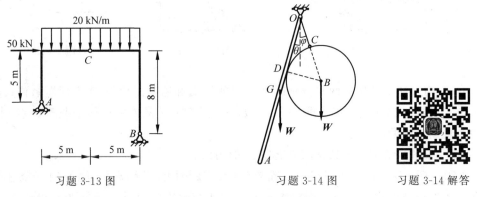

习题 3-13 图　　　　习题 3-14 图　　　习题 3-14 解答

3-15　如图所示,长为 l 的杠杆端部受到铅垂的集中力 F 作用,对半径为 r、重为 G 的圆柱体施加力。假设杠杆的重量忽略不计,接触处均光滑。试求使圆柱体脱离地面时集中力 F 的最小值。已知: $l = 5r$,台阶高度 $h = r$。

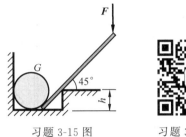

习题 3-15 图　　　　习题 3-15 解答

3-16　图示半径为 a 的无底薄圆筒置于光滑水平面上,筒内装有两个均质圆球,球的重力均为 F_p,半径为 r。问圆筒的重量 W 多大时圆筒不致翻倒?

3-17　图示铅垂面内构架,各杆自重及摩擦不计。已知 $\overline{AB} = \overline{CD} = a$, $\overline{AC} = \overline{BD} = b$,在杆 CD 和 DB 的中点分别作用有铅垂主动力 F_1 和水平主动力 F_2,杆 AC 上作用有主动力偶,其力偶矩为 M。试求杆 AD 两端所受到的销钉的约束力。

习题 3-16 图　　　　习题 3-16 解答　　　　习题 3-17 图

3-18　如图所示平面结构,AB、DC 杆处于水平位置。已知 $\overline{AB} = 3l = 6$ m, $\overline{DC} = 2l = 4$ m, $F = 2$ kN, $q = 2$ kN/m, $M = Fl = 4$ kN·m。所有杆重及摩擦不计。求支座 A、C、D 的约束力。

3-19　一组合结构,尺寸及荷载如图示。已知 $F = 10$ kN, $q = 6$ kN/m, $M = 188$ kN·m,如梁及各杆重不计。求固定端 C 处的约束力。

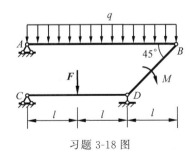
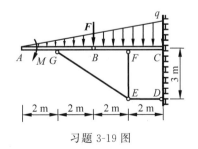

习题 3-18 图　　　　习题 3-19 图　　　　习题 3-19 解答

3-20　如图所示刚架自重不计。已知 $q = 12$ kN/m, $M = 10\sqrt{2}$ kN·m, $l = 2$ m,C、D 为光滑铰链,求支座 A、B 的约束力。

3-21   图示铅垂面内不计自重和摩擦的构架,已知几何尺寸 l 和主动力 $\boldsymbol{F}$,试求支座 A、C 处的约束力。

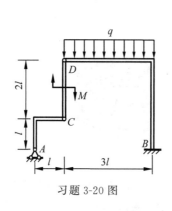

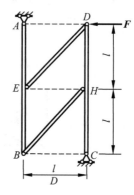

习题 3-20 图   习题 3-21 图

3-22   图示结构由杆件 AC 与 CB 组成。已知线性分布荷载 $q_1 = 3$ kN/m,均布荷载 $q_2 = 0.5$ kN/m,$M = 2$ kN·m,尺寸如图所示。不计杆重,求固定端 A 与支座 B 的约束力和铰链 C 的内力。

3-23   图示半圆柱体重为 W,重心 C 到圆心 O 的距离为 $a = \dfrac{4r}{3\pi}$,其中 r 为圆柱体的半径。如半圆柱体与水平面的摩擦因数为 f_s,求半圆柱体刚被拉动时所偏过的角度 θ。

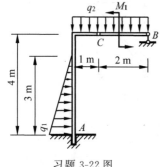

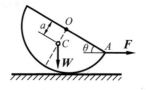

习题 3-22 图   习题 3-22 解答   习题 3-23 图   习题 3-23 解答

3-24   质量为 m、半径为 r 的半圆柱体置于图示粗糙的斜面上。设斜面的倾斜角度为 $\varphi = 15°$,试求阻止半圆柱体下滑的最小静摩擦因数 f_s。

3-25   图示一折梯立在地面上。折梯两脚与地面的摩擦因数分别为 $f_{s,A} = 0.2$,$f_{s,B} = 0.6$。折梯一边 AC 的中点 D 上有一重 $W = 500$ N 的重物。如果不计折梯自重,它能否平衡?如果平衡,计算折梯两脚与地面间的摩擦力。

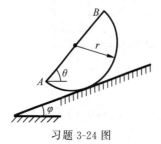

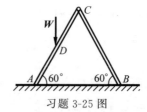

习题 3-24 图   习题 3-25 图

3-26　沿着直棱边作用五个力,如图所示。已知 $F_1 = F_3 = F_4 = F_5 = F$,$F_2 = \sqrt{2}\,F$,$\overline{OA} = \overline{OC} = a$,$\overline{OB} = 2a$。试将此力系简化。

3-27　在边长为 a 的正方体顶点 O、F、C 和 E 上分别作用有大小都等于 F 的力,方向如图所示,求此力系的最终简化结果。

3-28　重物重 $P = 10$ kN,悬挂在 D 点,如图所示。如 A、B 和 C 三点用铰链固定,求支座 A、B 和 C 的约束力。

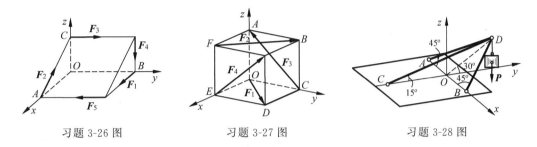

习题 3-26 图　　　　　习题 3-27 图　　　　　习题 3-28 图

3-29　曲杆 $ABCD$ 中,杆 ABC 组成的平面为水平,BCD 组成的平面为铅直,且 $\angle ABC = \angle BCD = 90°$,$A$ 端用轴承支承,D 端用球铰固定。杆上作用三个力偶,其矩分别为 $M_1 = 550$ N·m,$M_2 = 400$ N·m,$M_3 = 200$ N·m。设 $\overline{AB} = \overline{BC} = 40$ cm,$\overline{CD} = 30$ cm,求 A、D 处的约束反力。

3-30　求以下两种平面图形(阴影部分)的形心坐标:
(1)大圆中挖去一个小圆(图(a));(2)两个半圆拼接(图(b))。

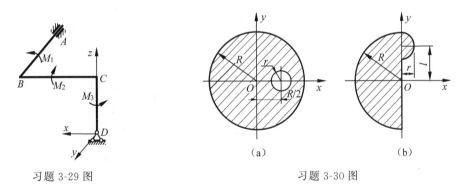

习题 3-29 图　　　　　　　　　　习题 3-30 图

3-31　求图示图形的形心,图中尺寸单位为 m。

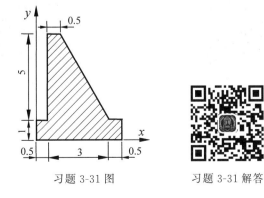

习题 3-31 图　　　　习题 3-31 解答

3-32 求图中所示平面图形的形心位置,图中尺寸单位为 mm。

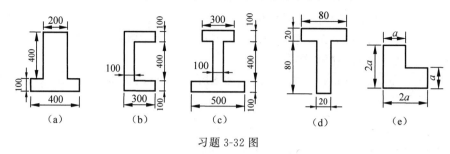

习题 3-32 图

3-33 试用形心坐标公式证明:对于 n 个不相等的正数 $x_1, x_2, \cdots, x_n$,有 $\dfrac{1}{n}\sum\limits_{k=1}^{n}\lg x_k <$ $\lg\left(\dfrac{1}{n}\sum\limits_{k=1}^{n}x_k\right)$。

习题 3-33 解答

3-34 试利用力系简化的知识证明:对于图示三角形 ABC,三个过其顶点的线段 AA_1、BB_1、CC_1 汇交于点 O 的充要条件是 $\dfrac{\sin\alpha}{\sin\alpha'} \cdot \dfrac{\sin\beta}{\sin\beta'} \cdot \dfrac{\sin\gamma}{\sin\gamma'} = 1$,其中各角度如图所示。

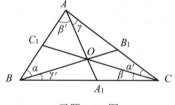

习题 3-34 图

习题 3-34 解答

第 3 章客观题答案

牛顿 简介

第4章

轴向拉伸与压缩

4.1　拉压杆件的内力及内力图

4.1.1　轴向拉伸与压缩的工程实例

　　轴向拉伸与压缩变形是杆件的基本变形之一。轴向拉伸或压缩变形的受力特点是,杆件受一对平衡力 F 的作用(图 4.1.1),它们的作用线与杆件的轴线重合。若作用力 F 为拉力(图 4.1.1(a)),则为**轴向拉伸**,杆将被拉长(图 4.1.1(a)中虚线);若作用力 F 为压力(图 4.1.1(b)),则为**轴向压缩**,杆将被缩短(图 4.1.1(b)中虚线)。轴向拉伸或压缩也称为**简单拉伸**或简单压缩,或简称为**拉伸**或**压缩**。

　　受轴向拉伸或压缩的杆件在工程中很常见,如三角支架 ABC(图 4.1.2(a))在结点 B 受力 F 作用时,杆 AB 将受到拉伸(图 4.1.2(b)),杆 BC 将受到压缩(图 4.1.2(c))。

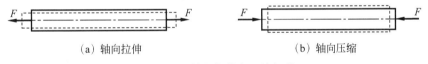

(a) 轴向拉伸　　　　　　　　　　　　　　(b) 轴向压缩

图 4.1.1　轴向拉伸与压缩杆件

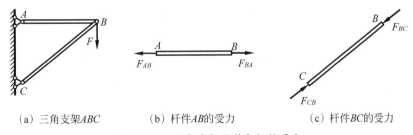

(a) 三角支架ABC　　　　(b) 杆件AB的受力　　　　(c) 杆件BC的受力

图 4.1.2　三角支架及其各杆的受力

4.1.2　拉、压杆件的轴力与轴力图

　　当所有外力均沿杆件的轴线方向作用时,由平衡条件可知,杆件的任一横截面上只有沿轴线方向作用的一种内力不为零,这种内力称为**轴力**。如图 4.1.3(a)所示承受轴向外力 F

作用的等直杆,横截面 m—m 上的唯一非零内力分量为轴力 F_N,其作用线垂直于横截面并通过横截面形心,如图 4.1.3(b)所示。利用截面法可以确定 F_N 的大小。例如,利用图 4.1.3(a)中的 m—m 截面将杆件截断,并取左侧部分为研究对象,如图 4.1.3(b)所示。利用杆件左边部分处于平衡状态,由平衡方程可得 $F_N = F$。

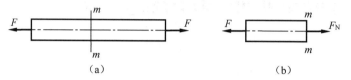

图 4.1.3   轴向受拉直杆横截面的轴力

【说明】   这种利用假想的截面将构件在某一位置截开,利用平衡条件确定内力的方法称为**截面法**。截面法是确定构件内力的一种基本方法。

表示轴力沿杆件轴线方向变化的图形称为**轴力图**。

绘制轴力图时,杆件上同一处的两侧截面上的轴力应具有相同的正负号。通常规定轴力 F_N 使杆件受拉时为正,受压时为负。计算时通常先假设所求轴力为拉力(即假设内力为正值),实际受拉还是受压,由计算结果的正负号确定。

【说明】   内力的正负号规则是为了交流方便而人为规定的,所以在计算轴力建立平衡方程时,仍应按照静力学中的做法列平衡方程。在后续计算其他变形的内力时,也照此处理。

【例 4.1.1】   图 4.1.4(a)所示杆件承受三个轴向集中荷载,试绘制其轴力图。

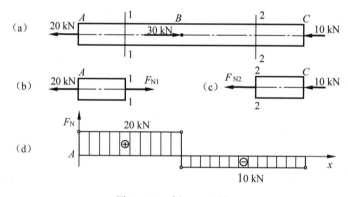

图 4.1.4   例 4.1.1 图

【解】   由于在横截面 B 处作用有外力,杆件 AB 与 BC 段的轴力将不相同,故需分段讨论。

对于 AB 段,利用截面法,设在 AB 段内任一横截面 1—1 处将杆切开,并选切开后的左段为研究对象(图 4.1.4(b)),由平衡方程 $\sum F_{ix} = 0$ 可得

$$F_{N1} - 20 \text{ kN} = 0$$

则 AB 段的轴力为 $F_{N1} = 20$ kN。

对于 BC 段,仍用截面法,设在 BC 段内任一横截面 2—2 处将其切开,并为计算简单,选右段为研究对象(图 4.1.4(c)),由平衡方程 $\sum F_{ix} = 0$ 可得

$$F + 10 \text{ kN} = 0$$

则 BC 段的轴力为 $F_{N2} = -10 \text{ kN}$。

建立直角坐标系 OxF_N，并按照上面所求得的 AB 段和 BC 段的轴力绘制轴力图，如图 4.1.4(d) 所示。

【说明】 ①由图 4.1.4 可知，随着杆件中间 30 kN 集中力的作用点水平移动，轴力图也会发生改变。这说明在讨论构件内力时，力的可传性不再成立。②需要注意的是，如果外荷载仅在杆件上一个局部范围之内移动，则不会改变该局部范围之外的内力分布。这一结论在静力等效的前提下，对其他变形同样成立。

【讨论】 ①由图 4.1.4(d) 容易看出，在集中力作用的横截面 B 处，轴力图产生了跳跃，试分析其原因，并找出其规律。②找出的规律是否适合 A、C 处的集中力情况？

【思考】 如果构件受到的轴向外力比较多，且分布范围较广，任意一个横截面的轴力与这些外力有什么关系？能否由直杆的轴向荷载图直接绘制轴力图？

4.2　轴向拉压杆件的应力

4.2.1　拉、压杆件横截面上的应力

首先研究拉、压杆件横截面上的应力分布，即确定横截面上各点处的应力。图 4.2.1(a) 所示为一等截面直杆，为观察杆的变形，试验前在杆表面画两条垂直于杆轴的横直线 1—1 与 2—2，然后，在杆两端施加一对大小相等、方向相反的轴向荷载 F。从试验中观察到：横线 1—1 与 2—2 仍为直线，且仍垂直于杆轴线，只是间距增大，分别平移至图示 $1'$—$1'$ 与 $2'$—$2'$ 位置。

根据上述现象，对杆内变形作如下假设：变形后，横截面仍保持平面，且仍与杆轴垂直，只是横截面间沿杆轴相对平移。此假设称为**拉伸（压缩）杆件的平面假设**。

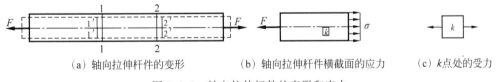

（a）轴向拉伸杆件的变形　　（b）轴向拉伸杆件横截面的应力　　（c）k 点处的受力

图 4.2.1　轴向拉伸杆件的变形和应力

如果设想杆件由无数根纵向"纤维"所组成，则由上述假设可知，任意两横截面间的所有纤维的变形均相同。对于均匀性材料，如果变形相同，则其受力也相同。由此可见，横截面上各点处仅存在正应力，并沿截面均匀分布，如图 4.2.1(b) 所示。杆中任意点 k 处的应力状态为图 4.2.1(c) 所示的单向应力状态。

设杆件横截面的面积为 A，轴力为 F_N，则根据上述假设可知，横截面上各点处的正应力均为

$$\sigma = \frac{F_N}{A} \tag{4.2.1}$$

式 (4.2.1) 已为实验所证实，适用于横截面为任意形状的等截面拉压直杆。

由式 (4.2.1) 可知，正应力与轴力具有相同的正负符号，即拉应力为正，压应力为负。

在我国法定计量单位中,力与面积的基本单位分别为 N 与 m^2,应力的单位为 Pa(帕[斯卡]),1 Pa＝1 N/m^2。在建筑力学中,应力的常用单位为 MPa(兆帕),其值为

$$1 \text{ MPa} = 10^6 \text{ N/m}^2 = 1 \text{ N/mm}^2 \qquad (4.2.2)$$

【说明】 由式(4.2.2)可知,如果式中力的单位用 N,长度的单位用 mm,则得到的应力的单位就是 MPa,不必再转换单位,为数值计算带来方便。本书在后续章节中,将根据问题的性质采用国际单位制 Pa-N-m 或 MPa-N-mm 的单位系统,请注意识别。

【例 4.2.1】 设一等直杆为实心圆截面,直径 $d = 20$ mm,其最大轴力为 35 kN。试求此杆的最大工作正应力。

【解】 对于给定荷载的等直杆,最大工作正应力位于最大轴力 $F_{N,max}$ 所在的横截面上。从而利用式(4.2.1)得到其最大工作正应力为

$$\sigma_{max} = \frac{F_{N,max}}{A} = \frac{4 \times F_{N,max}}{\pi d^2} = \frac{4 \times 35 \times 10^3 \text{ N}}{\pi \times (20 \text{ mm})^2} = 111.4 \text{ MPa}$$

【说明】 在研究拉(压)杆的强度问题时,最大工作正应力是起控制作用的,通常就把最大工作正应力所在的横截面称为拉(压)杆的**危险截面**。显然,等直杆的危险截面就是最大轴力所在的横截面。

【例 4.2.2】 长度为 l、直径为 d 的钢杆吊起一个重为 W 的物体,如图 4.2.2 所示。若 $W = 1.5$ kN,$l = 50$ m,$d = 8$ mm,试求杆件中最大的应力。已知钢材的重度 $\gamma = 77.0$ kN/m^3。

【解】 显然杆件中最大的轴力发生在杆件的上端,由于杆件的重量为 $W_0 = \gamma V = \gamma A l$,所以杆件中最大的轴力 $F_{N,max} = W_0 + W = \gamma A l + W$。于是,杆件中最大的应力为

$$\sigma_{max} = \frac{F_{N,max}}{A} = \frac{\gamma A l + W}{A} = \gamma l + \frac{W}{A} = \gamma l + \frac{4W}{\pi d^2}$$

即

$$\sigma_{max} = \frac{77.0 \times 10^3 \text{ N}}{(1000 \text{ mm})^3} \times 50 \times 10^3 \text{ mm} + \frac{4 \times 1.5 \times 10^3 \text{ N}}{\pi \times (8 \text{ mm})^2}$$
$$= 3.85 \text{ MPa} + 29.84 \text{ MPa} = 33.69 \text{ MPa}$$

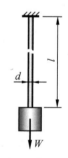

图 4.2.2 例 4.2.2 图

【例 4.2.3】 长为 b、内径 $d = 200$ mm、壁厚 $\delta = 5$ mm 的薄壁圆环 $\left(\delta \leqslant \dfrac{d}{10}\right)$,承受 $p = 2$ MPa 的内压力作用,如图 4.2.3 所示。试求圆环径向截面上的拉应力。

【解】 求解过程请扫描对应的二维码获得。

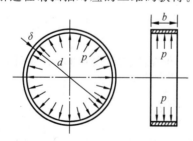

图 4.2.3 例 4.2.3 图

例 4.2.3 的求解过程

4.2.2　拉、压杆件斜截面上的应力

以上研究了拉、压杆横截面上的应力,为了更全面地了解杆内的应力情况,现在研究其斜截面上的应力。

考虑图 4.2.4(a)所示的拉、压杆,利用截面法,设沿任一斜截面 $m—m$ 将杆切开,该截面的方位以其外法线方向 n 与 x 轴的夹角 α 表示,并称该截面为 **α 斜截面**。按前述试验方案做实验可知,杆内各纵向纤维的变形相同。因此,在相互平行的截面 $m—m$ 与 $m'—m'$ 之间,各纤维的变形也相同。因此,斜截面 $m—m$ 上的应力 p_α 沿截面均匀分布,如图 4.2.4(b)所示。

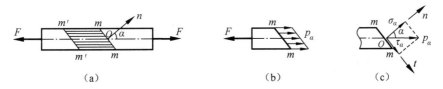

(a)　　　　　　　　(b)　　　　　　　　(c)

图 4.2.4　轴向拉、压杆斜截面上的应力

应力 p_α 称为斜截面上一点处的**全应力**。为了分析方便,通常将应力 p_α 沿斜截面法向与切向分解为两个分量,如图 4.2.4(c)所示。沿斜截面法向的应力分量为正应力,用 σ_α 表示;沿斜截面切向的应力分量称为**切应力**,用 τ_α 表示。显然有

$$p_\alpha^2 = \sigma_\alpha^2 + \tau_\alpha^2 \tag{4.2.3}$$

设杆件横截面的面积为 A,则由杆左段的平衡方程 $\sum F_{ix} = 0$ 可得

$$p_\alpha \frac{A}{\cos\alpha} - F = 0$$

由此可得 α 斜截面上各点处的应力大小为

$$p_\alpha = \frac{F}{A}\cos\alpha = \sigma_0 \cos\alpha$$

其中,$\sigma_0 = \dfrac{F}{A}$,代表杆件横截面($\alpha = 0°$)上的正应力。

如图 4.2.4(c)所示,将应力 p_α 沿斜截面法向与切向分解,可得斜截面上的正应力与切应力分别为

$$\sigma_\alpha = p_\alpha \cos\alpha = \sigma_0 \cos^2\alpha \tag{4.2.4}$$

$$\tau_\alpha = p_\alpha \sin\alpha = \frac{\sigma_0}{2}\sin 2\alpha \tag{4.2.5}$$

可见,在轴向拉压杆的任一斜截面上不仅存在正应力,而且存在切应力,其大小均随截面方位变化。

由式(4.2.4)可知,当 $\alpha = 0°$ 时,正应力最大,其值为 $\sigma_{\max} = \sigma_0$。即拉、压杆的最大正应力发生在横截面上,其值为 σ_0。由式(4.2.5)可知,当 $\alpha = 45°$ 时,切应力最大,其值为 $\tau_{\max} = \dfrac{\sigma_0}{2}$。即拉、压杆的最大切应力发生在与杆轴成 $45°$ 的斜截面上,其值为 $\dfrac{\sigma_0}{2}$。

为便于应用上述公式,现对方位角 α 的正、负符号作如下规定:以 x 轴正向为始边,逆时针旋转到截面法线指向的方位角 α 为正;反之,α 为负。切应力的正、负符号作如下规定:对保留部分中截面附近一点形成顺时针力矩的切应力 τ_α 为正;反之,τ_α 为负。按此规定,图 4.2.4(c)所示的 α 与 τ_α 均为正。

【说明】 ①由式(4.2.4)、式(4.2.5)可知,当 $\alpha = 90°$ 时,切应力和正应力均为零。这说明,纵向纤维之间没有拉压和剪切作用,这对于理解一些结论是有益的。②取 $\beta = 90° + \alpha$,并代入式(4.2.5)可得:$\tau_\beta = -\dfrac{\sigma_0}{2}\sin 2\alpha = -\tau_\alpha$。联系到上述关于切应力的符号规则,则得到**切应力互等定理**:两个相互垂直的截面在垂直于交线方向的切应力大小相等,并同时指向或离开交线。③切应力互等定理不只适用于轴向拉压杆件,事实上它适用于固体力学的任何情况,是一个普适性定理。

4.2.3　圣维南原理

对于拉伸和压缩时的正应力公式(4.2.1),只有在杆件沿轴线方向的变形均匀时,横截面上正应力均匀分布才是正确的。因此,该公式对杆件端部的加载方式有一定的要求。

当杆端承受集中荷载或其他非均匀分布的荷载时,杆件并非所有横截面都能保持平面,从而产生均匀的轴向变形。这时,式(4.2.1)不是对杆件上的所有横截面都适用。

考察图 4.2.5(a)中所示的橡胶拉、压杆模型,为观察各处的变形大小,加载前在杆表面画上小方格。当集中力通过刚性平板施加于杆件时,若平板与杆端面的摩擦极小,则杆的各横截面均发生均匀轴向变形,如图 4.2.5(b)所示。若直接将集中荷载施加于杆端,则在加力点附近区域的变形是不均匀的:一是横截面不再保持平面;二是越接近加力点的小方格,其变形越大,如图 4.2.5(c)所示。但距加力点稍远处,轴向变形依然是均匀的,因此在这些区域,正应力公式仍然成立。

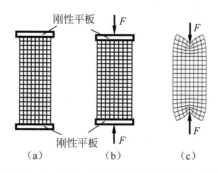

图 4.2.5　加力点附近局部变形的不均匀性

上述分析表明:如果杆端两种外加荷载静力等效,则距离加力点稍远处,静力等效对应力分布的影响很小,可以忽略不计。这一思想最早是由法国科学家圣维南(Saint-Venant,1797—1886 年)于 1855 年研究弹性力学问题时提出的。这一思想的内容是:力作用于杆端的分布方式只影响杆端局部范围的应力分布,影响区的轴向范围约离杆端 1~2 倍杆的横向尺寸。1885 年布辛奈斯克(Boussinesq,1842—1929 年)将这一重要思想加以推广,推广后的理论被称为**圣维南原理**。圣维南原理又称**局部影响原理**,已为大量试验与计算所证实。

例如,图 4.2.6(a)所示承受集中力 F 作用的直杆,其截面宽度为 b,在 $x = b/4$ 与 $b/2$ 的横截面上,应力为非均匀分布,如图 4.2.6(b)、(c)所示;但在 $x = b$ 的横截面上,应力则趋向均匀,如图 4.2.6(d)所示。因此,只要外力合力的作用线沿杆件轴线,在离外力作用面稍远处,横截面上的应力分布均可视为均匀的。或者说,杆端有不同的外力作用时,只要它们静力等效,则对离开杆端稍远截面上的应力分布几乎没有影响。至于施加荷载处附近的应力分布,情况比较复杂,需另行讨论。

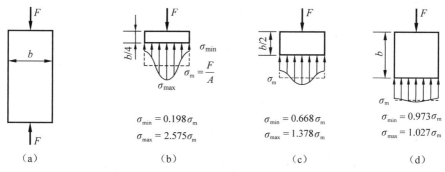

图 4.2.6　轴向受集中力作用时杆端不同截面上的应力分布

4.3　轴向拉压杆件的变形

4.3.1　轴向变形和胡克定律

如图 4.3.1 所示,假设等截面直杆的原始长度为 l,在轴向拉伸或压缩下,杆的长度变为 l',则直杆的绝对伸长(或缩短)量 Δl($\Delta l = l' - l$)称为直杆的轴向变形。该杆在轴向的平均正应变为

$$\varepsilon = \frac{\Delta l}{l} \tag{4.3.1}$$

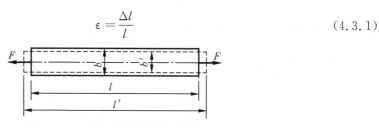

图 4.3.1　等截面直杆的轴向拉伸

如果杆内的应力不大(不超过材料的比例极限),在单向受力状态下,正应力 σ 与线应变 ε 成正比,即

$$\sigma = E\varepsilon \tag{4.3.2}$$

其中,E 为材料的**弹性模量**。式(4.3.2)称为**胡克定律**。考虑到式(4.2.1),从而有

$$\varepsilon = \frac{\sigma}{E} = \frac{F_{\mathrm{N}}}{EA}$$

将其代入式(4.3.1),可得杆件的轴向变形量

$$\Delta l = \frac{F_{\mathrm{N}} l}{EA} \tag{4.3.3}$$

式(4.3.3)为计算等截面直杆常轴力情况下变形量的基本公式,也称为**拉伸(压缩)杆件的胡克定律**。式(4.3.3)中,EA 称为杆件的**拉压刚度**,表征拉、压杆件的材料和横截面面积对变形的影响。拉压刚度越大,在同样外力作用下的变形量就越小。

对于非等截面或轴力沿轴线变化的拉、压杆件,如图 4.3.2 所示,可利用连续性假设将胡克定律用于杆的微段,将该微段视为等截面,以 $\mathrm{d}(\Delta l)$ 表示微段的变形,由式(4.3.3)可得

$$\mathrm{d}(\Delta l) = \frac{F_{\mathrm{N}}(x) \cdot \mathrm{d}x}{E \cdot A(x)}$$

式中,$F_{\mathrm{N}}(x)$ 和 $A(x)$ 分别表示轴力和横截面面积,它们都是 x 的函数。对该式积分得杆件的伸长量为

$$\Delta l = \int \frac{F_{\mathrm{N}}(x)}{EA(x)} \mathrm{d}x \tag{4.3.4}$$

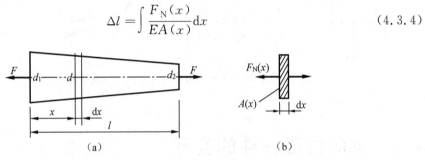

图 4.3.2　非等截面直杆的轴向拉伸

对于内力、横截面面积或弹性模量沿杆轴逐段变化的拉、压杆,其轴向总变形则为

$$\Delta l = \sum_{i=1}^{n} \Delta l_i = \sum_{i=1}^{n} \frac{F_{\mathrm{N}i} l_i}{E_i A_i} \tag{4.3.5}$$

式中,$F_{\mathrm{N}i}$、l_i、E_i 和 A_i 分别代表杆件第 i 段的轴力、长度、弹性模量与横截面面积;n 为杆件的段数。

【说明】 ①式(4.3.4)只适应于横截面沿轴线变化平缓的情况,对于变化剧烈的情况,则截面上不仅有正应力,而且也存在不能忽略的切应力,从而轴向拉伸时的平面假设就不再成立,由此所得出的公式也失去了成立的基础。②由弹性力学进一步分析表明,受拉伸的楔形板,板中央的应力:当侧边与轴线的夹角 $\theta = 10°$ 时,超出平均应力 2.0%;$\theta = 20°$ 时,超出平均应力 7.9%;$\theta = 30°$ 时,则超出平均应力 20.7%。可见,侧边与轴线的夹角越大,应力分布越不均匀,计算误差会越大。

4.3.2　横向变形和泊松比

实验表明,当杆件沿轴线方向将发生伸长或缩短时,杆件在横向(与杆件轴线相垂直的方向)亦必然同时发生缩短或伸长,如图 4.3.1 所示。设杆件的原宽度为 b,在轴向拉力作用下,杆件宽度变为 b',则杆的横向变形为 $\Delta b = b' - b$,故横向线应变

$$\varepsilon' = \frac{\Delta b}{b} = \frac{b' - b}{b} \tag{4.3.6}$$

法国科学家泊松(Poisson,1781—1840 年)发现,在弹性变形范围内,横向应变 ε' 与轴

向应变 ε 之间存在以下关系：

$$\varepsilon' = -\nu\varepsilon \tag{4.3.7}$$

式中,比例系数 ν 为与材料有关的常数,称为**泊松比**。负号表示横向应变与轴向应变方向相反,即当轴向是拉伸变形时,杆的横向尺寸减小;当轴向是压缩变形时,杆的横向尺寸增大。在比例极限内,泊松比 ν 是一个常数,其值可由试验测定。对于绝大多数各向同性材料,泊松比 ν 的取值范围为 $0 \leqslant \nu \leqslant 0.5$。几种常用材料的弹性模量 E 与泊松比 ν 的值如表 4.3.1 所示。

表 4.3.1　材料的弹性模量与泊松比

材　　料	钢与合金钢	铝合金	铜	铸铁	木（顺纹）
E/GPa	$200 \sim 220$	$70 \sim 72$	$100 \sim 120$	$80 \sim 160$	$8 \sim 12$
ν	$0.25 \sim 0.30$	$0.26 \sim 0.34$	$0.33 \sim 0.35$	$0.23 \sim 0.27$	—

【思考】　一个轴向拉伸的构件,其体积在拉伸过程中是否保持不变? 为什么?（不考虑杆端作用力的局部影响。）

【例 4.3.1】　一阶梯形钢杆如图 4.3.3 所示。AB 段的横截面积 $A_1 = 400 \ \mathrm{mm}^2$,$BC$ 段的横截面积 $A_2 = 300 \ \mathrm{mm}^2$,钢的弹性模量 $E = 210 \ \mathrm{GPa}$。试求：AB、BC 段的伸长量和杆的总伸长量;C 截面相对 B 截面的位移和 C 截面的绝对位移。

【解】　阶梯形杆受拉力 F 作用发生变形后的形状如图中虚线所示。杆件的纵向变形用 Δl 描述。由于各段轴力均为 $F_N = F$,可得 AB 段的伸长量 Δl_1 和 BC 段的伸长量 Δl_2 分别为

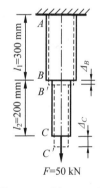

$$\Delta l_1 = \frac{F_N l_1}{EA_1} = \frac{50 \times 10^3 \ \mathrm{N} \times 300 \ \mathrm{mm}}{210 \times 10^3 \ \mathrm{MPa} \times 400 \ \mathrm{mm}^2} = 0.179 \ \mathrm{mm}$$

$$\Delta l_2 = \frac{F_N l_2}{EA_2} = \frac{50 \times 10^3 \ \mathrm{N} \times 200 \ \mathrm{mm}}{210 \times 10^3 \ \mathrm{MPa} \times 300 \ \mathrm{mm}^2} = 0.159 \ \mathrm{mm}$$

AC 杆的总伸长量为

$$\Delta l = \Delta l_1 + \Delta l_2 = 0.179 \ \mathrm{mm} + 0.159 \ \mathrm{mm} = 0.338 \ \mathrm{mm}$$

因此,C 截面与 B 截面间的相对位移为

$$\Delta_{BC} = \Delta l_2 = 0.159 \ \mathrm{mm} (\updownarrow)$$

图 4.3.3　例 4.3.1 图

结果为正,表示两截面相对位移的方向是相对离开。

在 A 截面固定不动的条件下,C 截面的位移是由于 AC 杆的伸长引起的,数值上就等于 AC 杆的伸长量,位移方向竖直向下,即

$$\Delta_C = \Delta l = 0.338 \ \mathrm{mm} (\downarrow)$$

【说明】　①位移是指物体上的一些点、线或面在空间位置上的改变。如例 4.3.1 中,由于力 F 的作用,杆件发生伸长变形,使 B、C 截面分别移到了 B' 和 C' 的位置,它们的位移（有时称为绝对位移）分别为 Δ_B 和 Δ_C。②两个截面的相对位移,在数值上等于两个截面之间那段杆的伸长（或缩短）。③变形和位移是两个不同的概念,但是它们在数值上有密切的联系。在数值上,位移取决于杆件的变形量和杆件受到的外部约束或杆件之间的相互约束。

【例 4.3.2】　如图 4.3.4 所示,截面缓慢变化的圆形直杆 AB,在 B 端固定,A 端自由,

杆件长为 l，端面 A、B 的直径分别为 d_A 和 d_B。当在自由端 A 截面形心处施加一集中荷载 F 时，试求杆件的伸长量。

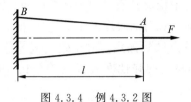

图 4.3.4 例 4.3.2 图 　　　　例 4.3.2 的求解过程

【解】 求解过程请扫描对应的二维码获得。

4.3.3 简单桁架结点的位移计算

对于工程中常见的桁架结构，通常很关注其结点的位移。由于杆件之间存在相互约束，因此其变形微小。下面以图 4.3.5 所示结构为例，说明简单桁架结构结点位移的计算方法。

【例 4.3.3】 图 4.3.5(a)所示三角架，AB 杆为圆截面钢杆，直径 $d=30$ mm，弹性模量 $E_1=200$ GPa。BC 杆为正方形截面木杆，边长 $a=150$ mm，弹性模量 $E_2=10$ GPa，荷载 $F=30$ kN，$\overline{AC}=0.5$ m。试求结点 B 的位移。

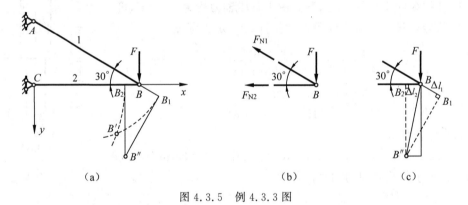

(a) 　　　　　　　　　(b) 　　　　　　　　　(c)

图 4.3.5 例 4.3.3 图

【解】 为了求出结点 B 的位移，必须知道各杆的变形量。因此，首先应求各杆的轴力。画出结点 B 的受力图如图 4.3.5(b)所示，由平衡方程易得

$$F_{N1}=60 \text{ kN(拉力)}, \quad F_{N2}=52 \text{ kN(压力)}$$

从而求得各杆的变形量为

$$\Delta l_1=\frac{F_{N1}l_1}{E_1 A_1}=\frac{4\times(60\times10^3 \text{ N})\times(0.5\times2\times10^3 \text{ mm})}{(200\times10^3 \text{ MPa})\times[\pi\times(30 \text{ mm})^2]}=0.42 \text{ mm(伸长)}$$

$$\Delta l_2=\frac{F_{N2}l_2}{E_2 A_2}=\frac{(52\times10^3 \text{ N})\times(0.5\times2\times10^3\times0.866 \text{ mm})}{(10\times10^3 \text{ MPa})\times(150 \text{ mm})^2}=0.20 \text{ mm(缩短)}$$

现利用几何作图的方法，求两杆变形后结点 B 的位置。设想解除结点 B 的约束，以 A 为圆心，$AB_1=l_1+\Delta l_1$ 为半径画一圆弧，如图 4.3.5(a)所示，再以点 C 为圆心，$CB_2=l_2-$

Δl_2 为半径画一圆弧,两圆弧的交点 B' 即为该结点的新位置。根据小变形的假设,为方便快捷计算,可近似地用垂线代替圆弧,得到交点 B'' 作为 B 点位移后的位置,如图 4.3.5(c) 所示。由图 4.3.5(c) 可得结点 B 的水平位移为

$$\Delta_x = \Delta l_2 = 0.20 \text{ mm}(\leftarrow)$$

铅垂位移为

$$\Delta_y = \frac{\Delta l_1}{\sin 30°} + \Delta l_2 \tan 60° = \frac{0.42 \text{ mm}}{\sin 30°} + 0.20 \text{ mm} \times \tan 60° = 1.19 \text{ mm}(\downarrow)$$

从而得结点 B 的总位移为

$$\Delta = \sqrt{\Delta_x^2 + \Delta_y^2} = \sqrt{(0.20 \text{ mm})^2 + (1.19 \text{ mm})^2} = 1.21 \text{ mm}$$

总位移的方向为图 4.3.5(c) 中矢量 $\overrightarrow{BB''}$ 的方向。

　　【说明】　①在绘制变形图时,一定要保证杆件的变形与杆件的受力一致。也就是说,受拉的杆件要伸长,受压的杆件要缩短。否则,最后的结果会有误。②由上述结果可知,在小变形的情况下,近似解与精确解的误差是十分小的。这说明用切线代替弧线建立变形之间的关系的方法是合理的。③本题利用了原始尺寸原理。即在求解约束反力或构件内力时,用物体系统未受力时的原来位置代替受力平衡之后的位置,而不考虑构件变形的影响。严格来说,系统是在变形之后的位置处于平衡;但这样处理就出现了一种循环:欲求解变形量,需要计算内力,而计算内力又需要计算变形量。但由于土建工程及其他工程中的绝大部分问题都是小变形问题,故使用原始尺寸原理来建立内力与外力之间的平衡方程带来的误差很小,可以满足工程精度的要求。④小变形是一个重要概念,在小变形条件下,通常可按原始尺寸原理,使用结构原几何尺寸计算支反力和内力,并可采用切线代圆弧的方法确定简单桁架结点位移和杆的转角,以简化问题的分析。可以证明,对于线弹性、小变形问题,由此而带来的误差是高阶微量。因此采用切线代圆弧的方法近似求解得到的杆件内力,其误差非常微小,可以满足绝大部分工程需要。

4.4　材料的力学性能

　　构件的强度、刚度和稳定性不仅与构件的形状、尺寸及所受外力有关,而且与材料的力学性能有关。本节研究材料的力学性能,主要研究材料在拉伸与压缩时的力学性能,并简单讨论温度及加载速率对力学性能的影响。

4.4.1　拉伸试验与应力-应变图

　　材料的力学性能由试验测定。拉伸试验是研究材料力学性能最基本、最常用的试验。标准拉伸试样如图 4.4.1 所示,标记 m 与 n 之间的杆段为试验段,其长度 l 称为标距。对于试验段直径为 d 的圆截面试样,如图 4.4.1(a) 所示,通常规定(见《金属材料　室温拉伸试验方法》(GB/T 228—2022)):

$$l = 10d \quad 或 \quad l = 5d$$

　　而对于试验段横截面面积为 A 的矩形截面试样,如图 4.4.1(b) 所示,则规定

$$l = 11.3\sqrt{A} \quad 或 \quad l = 5.65\sqrt{A}$$

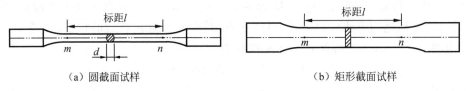

（a）圆截面试样　　　　　　　　　　　　（b）矩形截面试样

图 4.4.1　标准拉伸试样图

试验时,首先将试样安装在材料试验机的上、下夹头内（图 4.4.2(a)）,并在标记 m 与 n 处安装测量轴向变形的仪器。然后开动机器,缓慢加载。随着荷载 F 的增大,试样逐渐被拉长,试验段的拉伸变形用 Δl 表示。拉力 F 与 Δl 变形间的关系曲线如图 4.4.2(b)所示,称为试样的**拉力-伸长量曲线**或**拉伸图**。试验一直进行到试样断裂为止。

拉伸图不仅与试样的材料有关,而且与试样的横截面尺寸及标距的长短有关。例如,试验段的横截面面积越大,将其拉断所需的拉力也越大;在相同拉力作用下,标距越长,拉伸变形 Δl 也越大。因此,不宜用试样的拉伸图表征材料的力学性能。

将拉伸图的纵坐标 F 除以试样横截面的原面积 A,将其横坐标 Δl 除以试验段的原长 l（即标距）,由此所得应力、应变的关系曲线称为材料的**应力-应变图**。

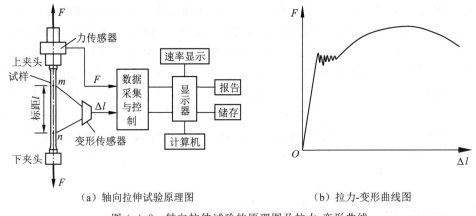

（a）轴向拉伸试验原理图　　　　　　　　（b）拉力-变形曲线图

图 4.4.2　轴向拉伸试验的原理图及拉力-变形曲线

4.4.2　低碳钢拉伸的力学性能

低碳钢是指碳的质量分数在 0.25% 以下的碳素钢。这类钢材在拉伸试验中表现出的力学性能最为典型,是工程中广泛应用的一类金属材料。图 4.4.3 所示为低碳钢 Q235 的应力-应变图,现以该曲线为基础,并结合试验过程中所观察到的现象,介绍低碳钢的力学性质。

1. 弹性阶段

在拉伸的初始阶段,应力-应变曲线为一直线（图中 Oa' 段）,说明在此阶段内,正应力与线应变成正比,即 $\sigma = E\varepsilon$。线性阶段最高点 a' 所对应的正应力值称为材料的**比例极限**,用 σ_p 表示。直线 Oa' 的斜率在数值上等于材料的弹性模量 E。低碳钢 Q235 的比例极限 $\sigma_p \approx 200\ \mathrm{MPa}$,弹性模量 $E = 200\ \mathrm{GPa}$。

超过比例极限后,从点 a' 到点 a ,σ 与 ε 之间的关系不再是直线,胡克定律不适用,但卸载后变形仍可完全消失,这种变形称为**非线性弹性变形**。a 点所对应的应力是材料只出现弹性变形的极限值,称为**弹性极限**,用 σ_e 表示。由于弹性极限与比例极限非常接近,所以工程上对弹性极限和比例极限并不严格区分。

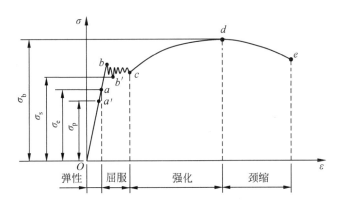

图 4.4.3 低碳钢试件拉伸的应力-应变曲线

2. 屈服阶段

超过比例极限之后,应力与应变之间不再保持正比关系。当应力增加至某一定值时,应力-应变曲线呈现水平方向的微小波动状态。在此阶段内,应力几乎不变,而变形却急剧增长,材料失去抵抗继续变形的能力。当应力达到一定值时,应力虽不增加(或在微小范围内波动)而变形却急剧增长的现象称为**屈服**。

在屈服阶段内的最高应力和最低应力分别称为**上屈服极限**和**下屈服极限**。上屈服极限的值与试样形状、加载速度等因素有关,一般是不稳定的;而下屈服极限有比较稳定的值,能够反映材料的性能。通常就把下屈服极限称为**屈服极限**,也称**屈服强度**,用 σ_s 表示。低碳钢 Q235 的屈服应力为 $\sigma_s \approx 235$ MPa。

如果试样表面光滑,则当材料处于屈服阶段时,试样表面将出现与轴线约成 45° 的线纹(图 4.4.4)。如前所述,轴向拉伸杆件在 45° 斜截面上作用有最大切应力,可见屈服现象的出现与最大切应力有关。上述线纹可能是材料沿该截面产生滑移所造成。材料屈服时试样表面出现的线纹通常称为**滑移线**。

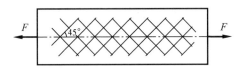

图 4.4.4 低碳钢试件拉伸时表面的线纹

由于材料内部相对滑移,而材料处于屈服阶段时表现为显著的塑性变形,而某些构件的塑性变形将影响构件的正常工作,所以屈服极限 σ_s 是衡量材料强度的重要指标。

3. 强化阶段

经过屈服阶段之后,材料又增强了抵抗变形的能力。这时,要使材料继续变形需要增大应力。经过屈服、滑移之后,材料重新呈现抵抗继续变形的能力,称为**应变强化**或**应变硬化**。强化阶段的最高点 d 所对应的正应力值称为材料的**强度极限**,用 σ_b 表示。它是衡量材料强度的另一重要指标。低碳钢 Q235 的强度极限 $\sigma_\text{b} \approx 380$ MPa。在强化阶段中,试样的横向尺寸有明显的缩小。

4. 颈缩阶段

当应力增长至最大值 σ_b 之后,试样的某一局部显著收缩(图 4.4.5),产生所谓颈缩。颈缩出现后,使试件继续变形所需拉力减小,应力-应变曲线相应呈现下降,最后导致试样在颈缩处断裂。

综上所述,在整个拉伸过程中,材料经历了弹性、屈服、强化与颈缩四个阶段,并存在三个特征点,相应的应力依次为弹性极限、屈服极限与强度极限。

5. 卸载定律与冷作硬化

试验表明,如果当应力小于弹性极限时停止加载,并将荷载逐渐减小至零,即卸去荷载,则可以看到,在卸载过程中应力-应变曲线将沿着原路径 aO 回到 O 点(图 4.4.6),变形完全消失。

图 4.4.5　低碳钢试件的颈缩现象　　　　图 4.4.6　低碳钢试件的卸载与再加载

在超过弹性极限后,例如在硬化阶段某一点 c' 逐渐减小荷载,则卸载过程中的应力-应变曲线如图中的 $c'O_1$ 所示,该直线与 Oa 几乎平行。线段 O_1O_2 代表随卸载而消失的应变,即**弹性应变**,记为 ε_e;而线段 OO_1 则代表应力减小至零时残留的应变,即**塑性应变**或**残余应变** ε_p。由此可见,当应力超过弹性极限后,材料的应变包括弹性应变 ε_e 与塑性应变 ε_p,但在卸载过程中,应力与应变之间仍保持线性关系,即

$$\Delta\sigma = E\Delta\varepsilon$$

这称为**卸载定律**。

试验中还发现,如果卸载至 O_1 点后立即重新加载,则加载时的应力-应变关系基本上沿卸载时的直线 O_1c' 变化,过 c' 点后仍沿原曲线 $c'de$ 变化,并至 e 点断裂。因此,如果将卸载后已有塑性变形的试样当作新试样重新进行拉伸试验,其比例极限或弹性极限将得到提高,而断裂时的残余变形则减小。由于预加塑性变形而在常温下使材料的比例极限或弹性极限提高的现象称为**冷作硬化**。工程中常利用冷作硬化,以提高某些构件(例如钢筋与链条等)在弹性范围内的承载能力。

若在第一次卸载后让试件"休息"几天,再重新加载,这时的应力-应变曲线将沿线段 O_1c' 向上继续发展,从而获得了更高的强度指标。这种现象称为**冷拉时效**。在土建工程中,常温下对钢筋的冷拉就是利用了这种现象。如果在卸载后对材料加以温和的热处理,还可以大大缩短强度提高的时间,而并不需要再"休息"。

　　【说明】 ①钢筋冷拉后其抗压强度指标并未提高,所以在钢筋混凝土构件中,受压钢筋不需要经过冷拉处理。②钢筋冷拉后塑性下降,脆性增加,这对于承受冲击荷载和振动荷载的构件是不利的。因此,对于水泵基础、吊车梁等钢筋混凝土构件,一般不宜用冷拉钢筋。

6. 材料的塑性

试样断裂时的残余变形最大。材料能经受较大塑性变形而不破坏的能力称为材料的**塑性**或**延性**,材料的塑性用延伸率或断面收缩率度量。

设断裂时试验段的残余变形为 Δl_0,则残余变形 Δl_0 与试验段原长 l 的比值,即

$$\delta = \frac{\Delta l_0}{l} \times 100\% = \frac{l_1 - l}{l} \times 100\% \qquad (4.4.1)$$

称为材料的**伸长率**或**延伸率**。式中 l 为标距的原长,l_1 为拉断后的标距长度。工作段的塑性伸长量由两部分组成:一是屈服、强化阶段,工作段的均匀塑性伸长,用 $\Delta l'$ 表示;二是颈缩阶段局部的塑性伸长,用 $\Delta l''$ 表示。则伸长率可表示为

$$\delta = \left(\frac{\Delta l'}{l} + \frac{\Delta l''}{l} \right) \times 100\%$$

上式中的第一项与试样的标距、横截面尺寸均无关;但第二项 $\Delta l''/l$ 取决于横截面尺寸与标距长度的比值。考虑到这一因素,国标规定了工作段长度与横截面尺寸的比值。δ_5 和 δ_{10} 分别表示 $l/d = 5$ 和 $l/d = 10$ 的标准试样的伸长率。有时将伸长率 δ_{10} 的下标略去而写成 δ。

如果受拉试件试验段横截面的原面积为 A,断裂后断口的横截面面积为 A_1,所谓**断面收缩率**就是试件拉断后,断口面积的缩小值与 A 的比值,即

$$\psi = \frac{A - A_1}{A} \times 100\% \qquad (4.4.2)$$

低碳钢 Q235 的伸长率 δ 约为 $25\% \sim 30\%$,断面收缩率 ψ 约为 60%。

塑性好的材料在轧制或冷压成型时不易断裂,并能承受较大的冲击荷载。在工程中,通常将伸长率 δ 超过 5% 的材料称为**塑性**或**延性材料**;伸长率 δ 小于 5% 的材料称为**脆性材料**。结构钢与硬铝等为塑性材料,而工具钢、灰口铸铁与陶瓷等则属于脆性材料。

4.4.3　其他材料的拉伸力学性能

图 4.4.7 所示为铬锰硅钢和硬铝等金属材料的应力-应变图。可以看出,它们与低碳钢一样,断裂时均具有较大的残余变形,即均属于塑性材料。不同的是,有些材料不存在明显的屈服阶段。

对于不存在明显屈服阶段的塑性材料,工程中通常以卸载后产生数值为 0.2% 的残余应变的应力作为屈服应力,称为**条件屈服应力**或**名义屈服应力**,并用 $\sigma_{0.2}$ 或 $\sigma_{p0.2}$ 表示。如图 4.4.8 所示,在横坐标轴上取 $OC = 0.2\%$,自 C 点作直线平行于 OA,并与应力-应变曲线

相交于 D 点,与 D 点对应的正应力的值即为名义屈服极限。至于脆性材料,如灰口铸铁与陶瓷等,从开始受力直至断裂,变形始终很小,既不存在屈服阶段,也无颈缩现象。图 4.4.9 所示为灰口铸铁拉伸时的应力-应变曲线,断裂时的应变仅为 $0.4\%\sim0.5\%$,断口则垂直于试样轴线,即断裂发生在最大拉应力作用面。

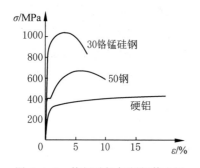

图 4.4.7　铬锰硅钢与硬铝等金属
材料的应力-应变曲线

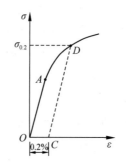

图 4.4.8　条件屈服应力

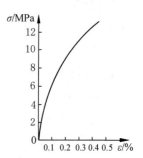

图 4.4.9　灰口铸铁拉伸的
应力-应变曲线

4.4.4　材料在压缩时的力学性能

材料受压时的力学性能由压缩试验测定。一般细长试样压缩时容易产生失稳现象,因此在金属压缩试验中,常采用短粗圆柱形试样。

图 4.4.10(a)所示为低碳钢压缩时的应力-应变曲线。作为对比,图中同时画出了其拉伸时的应力-应变曲线。比较发现,在屈服之前,拉伸与压缩的应力-应变曲线基本重合,所以,低碳钢在压缩时的比例极限、屈服极限以及弹性模量都与拉伸时基本相同。但是,在经过屈服阶段以后,由于试样越压越扁,如图 4.4.10(b)所示,横截面面积不断增大,应力-应变曲线不断上升,试样不会发生破坏,因此无法测出其压缩时的强度极限。由于低碳钢压缩时的主要力学性能与拉伸时的力学性能基本一致,所以,可以用拉伸时的屈服极限代替其压缩时的屈服极限,因而通常只做拉伸试验,而不需要另做压缩试验。

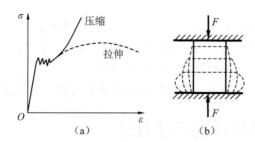

图 4.4.10　低碳钢压缩时的应力-应变曲线及变形过程示意图

灰口铸铁试件压缩时的应力-应变曲线如图 4.4.11(a)所示。从图中可见,其压缩性能与拉伸性能有较大的区别,压缩时的延伸率 δ 比拉伸时的大,压缩的强度极限远高于拉伸的强度极限(约为 $2\sim4$ 倍)。一般脆性材料的抗压能力显著高于其抗拉能力。灰口铸铁试样破坏时无明显的塑性变形,破坏断面的法线与轴线大致成 $45°\sim55°$ 倾角,如图 4.4.11(b)所示。这表明试样沿斜截面因剪切错动而破坏。对灰口铸铁材料来说,抗压能力最好,抗剪切

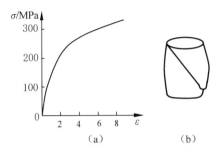

图 4.4.11　灰口铸铁压缩时的应力-应变曲线及破坏面示意图

能力次之,抗拉能力最差。

其他脆性材料的压缩性能大致与灰口铸铁相似,因此,脆性材料适宜做受压构件。如混凝土,其压缩试样采用边长为 150 mm 的立方体混凝土试块。混凝土强度等级是按立方体的压缩强度标准值确定的,例如强度等级 C20 表示混凝土立方体试块的抗压强度标准值为 20 MPa。

4.5　轴向拉压杆件的强度条件

4.5.1　失效与许用应力

由于各种原因使结构丧失其正常工作能力的现象称为失效。4.4 节试验表明,对塑性材料,当横截面上的正应力达到屈服极限 σ_s 时,出现屈服现象,产生较大的塑性变形,当应力达到强度极限 σ_b 时,试样断裂;对脆性材料,当横截面上的正应力达到强度极限 σ_b 时,试样断裂,断裂前试样塑性变形较小。在工程中,构件工作时一般不容许断裂,同时,如果构件产生较大的塑性变形,也将严重地影响整个结构的正常工作,因此也是不容许的。所以,从强度方面考虑,断裂和屈服都是构件的失效形式。

通常将材料失效时的应力称为材料的**极限应力**,用 σ_u 表示。对于塑性材料,以屈服应力 σ_s 作为极限应力;对于脆性材料,以强度极限 σ_b 作为极限应力。

在对构件进行强度计算时,考虑力学模型与实际情况的差异及必须有适当的强度安全储备等因素,对于由一定材料制成的具体构件,需要规定一个工作应力的最大容许值,这个最大容许值称为材料的**许用应力**,用 $[\sigma]$ 表示,即

$$[\sigma] = \frac{\sigma_u}{n} \tag{4.5.1}$$

式中,n 为大于 1 的系数,称为**安全因数**。

对于塑性材料,

$$[\sigma] = \frac{\sigma_s}{n_s} \tag{4.5.2}$$

对于脆性材料,

$$[\sigma] = \frac{\sigma_b}{n_b} \tag{4.5.3}$$

式中, n_s、n_b 分别为对应于塑性材料和脆性材料的安全因数。脆性材料的许用拉应力与许用压应力不同,许用拉应力常用 $[\sigma_t]$ 表示,许用压应力常用 $[\sigma_c]$ 表示。

安全因数的取值受力学模型、实际结构、材料差异、构件的重要程度和经济等多方面因素的影响,一般情况下可从有关规范或设计手册中查到。在静强度计算中,安全因数的取值范围是:对于塑性材料,n_s 通常取 $1.25\sim2.5$;对于脆性材料,n_b 通常取 $2.5\sim5.0$,甚至更大。

4.5.2 强度条件

根据上述分析可知,为了保证受拉(压)杆在工作时不发生失效,强度条件为

$$\sigma_{max} \leqslant [\sigma] \tag{4.5.4}$$

式中,σ_{max} 为构件内的最大工作应力。

对于等截面拉(压)杆,强度条件为

$$\sigma_{max} = \frac{F_{N,max}}{A} \leqslant [\sigma] \tag{4.5.5}$$

根据强度条件对拉(压)杆进行强度计算时,可做以下三方面的计算。

1. 强度校核

在已知拉(压)杆的材料、截面尺寸和所受荷载时,检验强度条件是否满足式(4.5.4)或式(4.5.5),称为强度校核。

2. 截面设计

在已知拉(压)杆的材料和所受荷载时,根据强度条件确定该杆横截面面积或尺寸的计算,称为截面设计。对于等截面拉(压)杆,由式(4.5.5)得

$$A \geqslant \frac{F_{N,max}}{[\sigma]} \tag{4.5.6}$$

3. 确定许用荷载

在已知拉(压)杆的材料和截面尺寸时,根据强度条件确定该杆或结构所能承受的最大荷载的计算,称为确定许用荷载 $[F_N]$。按式(4.5.5),杆件所能承受的最大荷载应满足

$$F_{N,max} \leqslant [F_N] = A[\sigma] \tag{4.5.7}$$

需要指出,当拉(压)杆的最大工作应力 σ_{max} 超过许用应力 $[\sigma]$,而偏差不大于许用应力的 5% 时,在工程中是允许的。

【说明】 在以后讨论杆件基本变形的各种强度条件,均可用来计算上述三类问题。

【例 4.5.1】 如图 4.5.1(a)所示,三角托架在结点 A 受铅垂荷载 F 作用,其中钢拉杆 AC 由两根型号为 6.3(边厚为 6 mm)的等边角钢组成,杆 AB 由两根 10 号工字钢组成。材料为 Q235 钢,许用拉应力 $[\sigma_t]=160$ MPa,许用压应力 $[\sigma_c]=90$ MPa,试确定许用荷载 $[F]$。

【解】 (1)取结点 A 为研究对象,受力如图 4.5.1(b)所示。由平衡条件可求出两杆内力与荷载 F 的关系。

$$\sum F_{ix} = 0, \quad F_{N2} - F_{N1} \times \cos30° = 0$$

$$\sum F_{iy} = 0, \quad F_{N1} \times \sin30° - F = 0$$

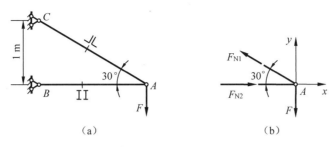

图 4.5.1 例 4.5.1 图

解得

$$F_{N1} = 2F(拉), \quad F_{N2} = \sqrt{3}F(压)$$

（2）确定许用荷载。由型钢表（附录Ⅰ）得两杆的横截面面积分别为

$$A_1 = 2 \times 728.8 \text{ mm}^2 = 1457.6 \text{ mm}^2$$

$$A_2 = 2 \times 1430 \text{ mm}^2 = 2860 \text{ mm}^2$$

由两杆的强度条件分别解得

$$\sigma_1 = \frac{F_{N1}}{A_1} = \frac{2F}{A_1} \leqslant [\sigma_t]$$

$$F \leqslant F_1 = \frac{1}{2}A_1[\sigma_t] = \frac{1}{2} \times 1457.6 \text{ mm}^2 \times 160 \text{ MPa} = 116\,608 \text{ N} \approx 116.6 \text{ kN}$$

$$\sigma_2 = \frac{F_{N2}}{A_2} = \frac{\sqrt{3}F}{A_2} \leqslant [\sigma_c]$$

$$F \leqslant F_2 = \frac{1}{\sqrt{3}}A_2[\sigma_c] = \frac{1}{\sqrt{3}} \times 2860 \text{ mm}^2 \times 90 \text{ MPa} = 148\,614 \text{ N} \approx 148.6 \text{ kN}$$

因此，三角托架的许用荷载应取为

$$[F] = \min\{F_1, F_2\} = \min\{116.6 \text{ kN}, 148.6 \text{ kN}\} = 116.6 \text{ kN}$$

【说明】 本题中，材料的许用拉应力和许用压应力差别较大，是考虑到受压杆件的稳定性。有关压杆的稳定性将在第 8 章中讨论。

【例 4.5.2】 如图 4.5.2 所示结构，AB 为刚体，①杆和②杆为弹性体。已知两杆的材料相同，$[\sigma]_1 = [\sigma]_2 = [\sigma] = 160$ MPa，截面面积分别为 $A_1 = 400$ mm^2，$A_2 = 300$ mm^2。（1）试确定该结构的许用荷载。（2）如果允许力 F 的作用点改变，试问当 F 作用在何处时，结构所承担的荷载最大？并求此时的荷载值。

【解】 求解过程请扫描对应的二维码获得。

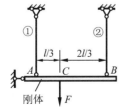

图 4.5.2 例 4.5.2 图

例 4.5.2 的求解过程

4.6 应力集中的概念

由于构造与使用等方面的需要,许多构件常常带有沟槽(如螺纹)、孔或圆角(构件由粗到细的过渡圆角)等。在外力作用下,构件中邻近沟槽、孔或圆角的局部范围内,由于截面形状和尺寸发生突变,应力会急剧增大,这一现象称为**应力集中**。

由于存在直径为 d 的圆孔,图 4.6.1(a)所示的受拉薄板的横截面 A—A 上的应力不再是均匀分布,而是在孔边缘处的应力最大,如图 4.6.1(b)所示。设板的厚度为 t,孔边缘到板边的最小距离为 $\dfrac{d}{2}$,则截面 A—A 上的平均应力为 $\sigma_{\mathrm{m}} = \dfrac{F}{td}$。最大应力 $\sigma_{\max}$ 与平均应力 σ_{m} 的比值称为**应力集中因数**,记为 K,即

$$K = \frac{\sigma_{\max}}{\sigma_{\mathrm{m}}} \tag{4.6.1}$$

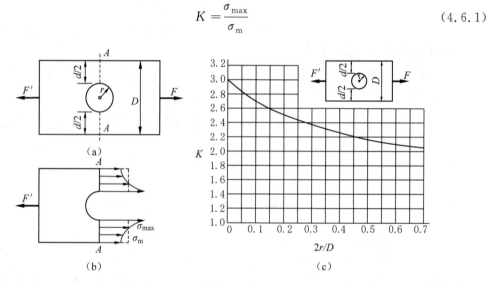

图 4.6.1 受拉薄板圆孔处截面上的应力分布及应力集中因数

如果已知应力集中因数 K,即可计算出孔边的最大应力。应力集中因数一般由理论分析、实验或数值计算方法得到。对于工程中常见的应力集中结构,有关的设计手册已给出其应力集中因数。图 4.6.1(c)给出的是对应于图 4.6.1(a)的带圆孔薄板处的应力集中因数。

从图 4.6.1(c)中可以看出,当板宽 D 为无限大时,$\dfrac{2r}{D}$ 趋近于零,这时的应力集中因数为 3,该值是弹性理论的精确解。对于阶梯形拉、压杆件,在截面突变处会产生极大的应力集中(应力集中因数会趋于无穷大)。因此,在设计构件时,应尽量避免尺寸突变;如果避免不了,必须采取其他措施(如倒角)降低应力集中因数。

·对不同的材料和荷载,应力集中对构件强度的影响是不同的。一般来说,静荷载作用下,应力集中对脆性材料构件的影响较大,而对塑性材料构件的影响较小;在动荷载作用下,无论是塑性材料构件或脆性材料构件,应力集中的影响都不可忽视。

4.7　剪切与挤压的实用计算

在实际工程中,构件与构件之间通常采用销钉、铆钉、螺栓、键等相连接,以实现力和运动的传递。例如图 4.7.1 所示用铆钉连接的情况。这些连接件的受力与变形一般比较复杂,精确分析、计算比较困难,工程中通常采用实用的计算方法,或称为"假定计算法"。这种方法有两方面的含义:一方面假设在受力面上应力均匀分布,并按此假设计算出相应的"名义应力",它实际上是受力面上的平均应力;另一方面,对同类连接件进行破坏试验,用同样的计算方法由破坏荷载确定材料的极限应力,并将此极限应力除以适当的安全因数,就得到该材料的许用应力,从而可对连接件建立强度条件,进行强度计算。

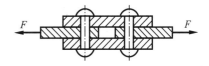

图 4.7.1　铆钉连接

分析图 4.7.2 所示连接件的强度,通常有 3 种可能的破坏形式:铆钉沿受剪面 m—m 和 n—n 被剪坏(图 4.7.2(a));板铆钉孔边缘或铆钉本身被挤压而发生显著的塑性变形(图 4.7.2(b));板在被铆钉孔削弱的截面被拉断(图 4.7.2(c))。下面分别介绍剪切和挤压的实用计算。

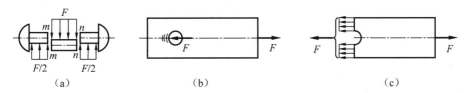

（a）　　　　　　　　　　　（b）　　　　　　　　　　　（c）

图 4.7.2　连接件的破坏形式

4.7.1　剪切的实用计算

以铆钉为例,其受力如图 4.7.3(a)所示。在铆钉的两侧面上受到分布外力系的作用,这种外力系可简化成大小相等、方向相反、作用线很近的一组力,在这样的外力作用下,铆钉发生的是剪切变形。当外力过大时,铆钉将沿横截面 m—m 和 n—n 被剪断(图 4.7.3(b)),横截面 m—m 和 n—n 被称为**剪切面**。为了分析铆钉的剪切强度,先利用截面法求出剪切面上的内力,如图 4.7.3(c)所示,在剪切面上,分布内力的合力为剪力,用 F_S 表示。

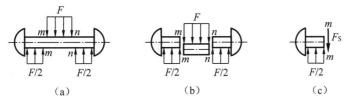

（a）　　　　　　　　　　　（b）　　　　　　　　　　　（c）

图 4.7.3　铆钉的剪切

在剪切面上,切应力的分布较复杂,工程中常采用实用计算方法,假设在剪切面上切应力均匀分布,则剪切面上的名义切应力为

$$\tau = \frac{F_S}{A_S} \tag{4.7.1}$$

式中，A_S 为剪切面面积。从而得出剪切强度条件为

$$\tau = \frac{F_S}{A_S} \leqslant [\tau] \tag{4.7.2}$$

式中，$[\tau]$ 为许用切应力，其值为连接件材料的剪切破坏时用式(4.7.1)计算的强度极限 τ_b 除以适当的安全因数。

【**说明**】 ①按式(4.7.1)计算的名义切应力是剪切面上的平均切应力，不是实际的最大切应力值。②对于用低碳钢等塑性材料制成的连接件，当切应力或切应变较大时，材料进入屈服阶段，剪切面上的切应力将趋于均匀。③设计连接件时，剪切强度满足式(4.7.2)，由于许用切应力就是利用名义切应力计算得到的，故连接件不会发生剪切破坏，从而可以满足工程设计的要求。

4.7.2   挤压的实用计算

如图 4.7.4 中，在铆钉与板相互接触的侧面上将发生彼此之间的局部承压现象，称为**挤压**。相互接触面称为**挤压面**，挤压面上承受的压力称为**挤压力**，用 F_{bs} 表示。挤压面上的应力称为**挤压应力**，用 σ_{bs} 表示。如果挤压力过大，将使挤压面产生显著的塑性变形，从而导致连接松动，影响正常工作，甚至导致结构失效。挤压应力在挤压面上的分布比较复杂，工程实际中采用实用计算方法，名义挤压应力的计算公式为

$$\sigma_{bs} = \frac{F_{bs}}{A_{bs}} \tag{4.7.3}$$

式中，A_{bs} 为**计算挤压面面积**。

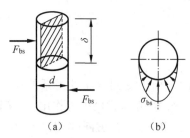

图 4.7.4   挤压面与挤压应力

当挤压面为圆柱面(例如铆钉与板连接)时，由理论分析、计算可知，理论挤压应力沿圆柱面的变化规律如图 4.7.4(b)所示，最大理论挤压应力约等于挤压力除以 $d\delta$(图 4.7.4(a)中阴影部分)，即

$$\sigma_{bs,max} \approx \frac{F_{bs}}{d\delta}$$

故按式(4.7.3)计算名义挤压应力时，计算挤压面面积取实际挤压面在直径平面上的投影面积。当挤压面为平面(例如键与轴的连接)时，计算挤压面面积取实际挤压面面积。

挤压强度条件式为

$$\sigma_{bs} = \frac{F_{bs}}{A_{bs}} \leqslant [\sigma_{bs}] \tag{4.7.4}$$

式中，$[\sigma_{bs}]$ 为许用挤压应力，其值是通过破坏试验得到极限挤压力，用式(4.7.3)计算出极限挤压应力除以适当的安全因数得到。

【**例 4.7.1**】 图 4.7.5 所示铆钉接头，两块钢板用 6 个铆钉连接，钢板的厚度 $\delta = 8$ mm，宽度 $b = 160$ mm，铆钉的直径 $d = 16$ mm，承受 $F = 150$ kN 的荷载作用。已知铆钉的许用切应力 $[\tau] = 140$ MPa，许用挤压应力 $[\sigma_{bs}] = 330$ MPa，钢板的许用应力 $[\sigma] = 170$ MPa。试校核接头的强度。

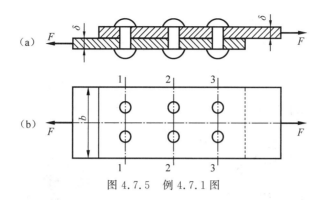

图 4.7.5　例 4.7.1 图

【解】（1）铆钉的剪切强度校核。

对铆钉群,当各铆钉的材料与直径相同,外力作用线通过铆钉群剪切面的形心时,各铆钉剪切面上所受的剪力相同。铆钉及沿剪切面切开后的半个铆钉的受力分别如图 4.7.6(a)、(b)所示。因此,各铆钉剪切面上的剪力为 $F_S=\dfrac{F}{6}=25$ kN。从而名义切应力为

$$\tau=\frac{F_S}{A_S}=\frac{4F_S}{\pi d^2}=\frac{4\times25\times10^3\ \text{N}}{\pi\times16^2\ \text{mm}^2}=124.4\ \text{MPa}<[\tau]$$

（2）铆钉的挤压强度校核。

由分析可知,铆钉所受的挤压力等于剪切面上的剪力,因此挤压应力为

$$\sigma_{bs}=\frac{F_{bs}}{A_{bs}}=\frac{F}{6d\delta}=\frac{150\times10^3\ \text{N}}{6\times16\times8\ \text{mm}^2}=195.3\ \text{MPa}\leqslant[\sigma_{bs}]$$

（3）板的拉伸强度校核。

取上面板作受力分析,受力图如图 4.7.6(c)所示,为了得到板的轴力图,将板的受力简化如图 4.7.6(d)所示。利用截面法求各截面的轴力,轴力图如图 4.7.6(e)所示。由于 1—1,2—2 和 3—3 这 3 个截面的削弱程度相同,而 3—3 截面的轴力最大,故只需校核 3—3 截面的拉伸强度。3—3 截面上的拉应力为

$$\sigma_{3-3}=\frac{F_{N3}}{A_3}=\frac{F}{b\delta-2d\delta}=\frac{150\times10^3\ \text{N}}{(160-2\times16)\times8\ \text{mm}^2}$$
$$=146.5\ \text{MPa}\leqslant[\sigma]$$

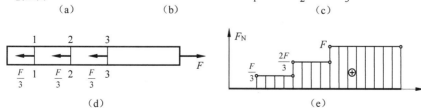

图 4.7.6　例 4.7.1 解图

由以上结论可知,该接头的强度足够。

【例 4.7.2】 图 4.7.7 表示齿轮用平键与轴连接(图中未画出齿轮,只画了轴与键)。已知轴的直径 $d=70$ mm,键的尺寸 $b \times h \times l = 20$ mm×12 mm×100 mm,键的许用切应力 $[\tau]=60$ MPa,许用挤压应力 $[\sigma_{bs}]=100$ MPa。试求轴所能承受的最大力偶矩 M_e。

【解】 求解过程请扫描对应的二维码获得。

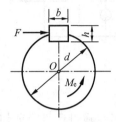

图 4.7.7 例 4.7.2 图   例 4.7.2 的求解过程

【评注】 求解连接件强度方面的题目时,要特别注意以下几个问题:①连接件受力分析,当有多个连接件(如铆钉、螺栓、键等)时,若外力通过这些连接件截面的形心,则认为各连接件上所受的力相等;②剪切面和挤压面的计算,要判断清楚哪个面是剪切面,哪个面是挤压面,特别当挤压面为圆柱面时,要注意"计算挤压面的面积"并非实际接触面面积;③当被连接件的材料、厚度不同时,切应力、挤压应力要取最大值进行计算;④在计算连接件剪切强度、挤压强度的同时,要考虑被连接件由于断面被削弱,其抗拉(压)强度是否满足要求。总之,解这类题目时,应细心、全面考虑,将题目所给的条件用上。

选择题

4-1 关于弹性模量 E,正确的论述是(　　)。

    A. 根据胡克定律,$E=\dfrac{\sigma}{\varepsilon}$,所以当 ε 一定时,材料的弹性模量随应力增大而增大

    B. 材料的弹性模量与试样的尺寸有关

    C. 低碳钢单向拉伸试验测得的弹性模量与压缩时不同

    D. 应力-应变曲线开始直线段的斜率越大,弹性模量也越大

4-2 图示单向均匀拉伸的板条。若受力前在其表面画上两个正方形 a 和 b,则受力后正方形 a、b 分别变为(　　)。

    A. 正方形、正方形   B. 正方形、菱形

    C. 矩形、菱形   D. 矩形、正方形

选择题 4-2 图

4-3 等直圆截面杆,若变形前在横截面上画出两个圆 a 和 b(如图所示),则在轴向拉伸变形后,圆 a、b 分别为(　　)。

  A. 圆形和圆形   B. 圆形和椭圆形

  C. 椭圆形和圆形   D. 椭圆形和椭圆形

  4-4　图示结构,杆 1 的材料为钢,杆 2 的材料为铝,两杆的横截面面积相等。在力 F 作用下,结点 A（ ）。

  A. 向左下方位移   B. 沿铅垂方向位移

  C. 向右下方位移   D. 不动

  4-5　图示等直拉杆,其左半段为钢,右半段为铝,并牢固连接。施加轴力 F 后,则两段的（ ）。

  A. 应力相同,应变相同   B. 应力相同,应变不同

  C. 应力不同,应变相同   D. 应力不同,应变不同

选择题 4-3 图

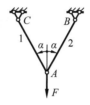
选择题 4-4 图

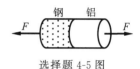
选择题 4-5 图

  4-6　图示等直拉杆由实心钢柱和紧密结合的铝套筒制成,在两端连接刚性端板,在端板上施加拉力 F,则在杆的横截面上（ ）。

  A. 正应力和正应变都不均匀分布

  B. 正应力不均匀分布,正应变均匀分布

  C. 正应力均匀分布,正应变不均匀分布

  D. 正应力均匀分布,正应变均匀分布

  4-7　用三种不同材料制成尺寸相同的试件,在相同的试验条件下进行拉伸试验直到断裂,得到的应力-应变曲线如图所示。比较三条曲线,可知拉伸强度最高、弹性模量最大、塑性最好的材料分别是（ ）。

  A. a、b、c   B. b、c、a   C. b、a、c   D. c、b、a

  4-8　某材料单向拉伸时的应力-应变关系曲线如图所示。已知曲线上一点 A 的应力为 σ_A,应变为 ε_A,若材料的弹性模量为 E,则当加载到 A 点时的塑性应变为（ ）。

  A. $\varepsilon_p = 0$ B. $\varepsilon_p = \varepsilon_A$

  C. $\varepsilon_p = \dfrac{\sigma_A}{E}$ D. $\varepsilon_p = \varepsilon_A - \dfrac{\sigma_A}{E}$

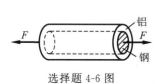
选择题 4-6 图

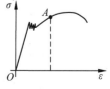
选择题 4-7 图   选择题 4-8 图

4-9 两端固定等截面直杆,无外力作用和初应力,如图所示。当温度升高时,杆内横截面上的正应力 σ、纵向线应变 ε 和横向线应变 ε' 的情况是(　　)。

A. $\sigma > 0, \varepsilon = \varepsilon' = 0$　　　　　　B. $\sigma < 0, \varepsilon = 0, \varepsilon' > 0$

C. $\sigma < 0, \varepsilon > 0, \varepsilon' = 0$　　　　　　D. $\sigma = 0, \varepsilon = \varepsilon' = 0$

4-10 如图所示的连接件,板和铆钉为同一材料,已知 $[\sigma_{bs}] = 2[\tau]$。为了充分提高材料利用率,则铆钉的直径应该是(　　)。

A. $d = 2\delta$　　　　　　　　　　　B. $d = 4\delta$

C. $d = \dfrac{4\delta}{\pi}$　　　　　　　　　　D. $d = \dfrac{8\delta}{\pi}$

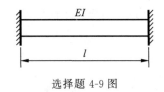　　　　　　

选择题 4-9 图　　　　　　　　　选择题 4-10 图

习题

4-1 求图示各杆 1—1、2—2、3—3 截面的轴力,并作出各杆轴力图。

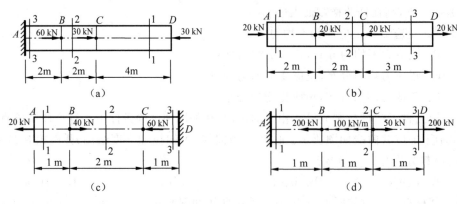

习题 4-1 图

4-2 一空心圆截面杆,内径 $d = 30$ mm,外径 $D = 40$ mm,承受轴向拉力 $F = 40$ kN 作用。试求横截面上的正应力。

4-3 图示阶梯形圆截面杆,承受轴向荷载 F_1($F_1 = 50$ kN)与 F_2 作用,AB 段与 BC 段的直径分别为 $d_1 = 20$ mm 与 $d_2 = 30$ mm。如欲使 AB 段与 BC 段横截面上的正应力相同,试求荷载 F_2 的值。

4-4 习题 4-3 图所示圆截面杆,已知荷载 $F_1 = 200$ kN,$F_2 = 100$ kN,AB 段的直径 $d_1 = 40$ mm。如欲使 BC 段与 AB 段横截面上的正应力相同,试求 BC 段的直径。

4-5 图示木杆承受轴向荷载 $F = 10$ kN 作用,杆的横截面面积 $A = 1000$ mm^2,黏结面的方位角 $\theta = 45°$。试计算该截面上的正应力与切应力,并画出应力的方向。

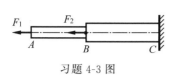

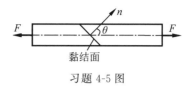

习题 4-3 图　　　　　　　　习题 4-5 图

4-6　阶梯状直杆的受力如图所示。试求杆件的总伸长量。已知其横截面面积分别为 $A_{CD}=300 \text{ mm}^2$，$A_{AB}=A_{BC}=500 \text{ mm}^2$，$l=100 \text{ mm}$，弹性模量 $E=200 \text{ GPa}$。

4-7　钢杆的受力如图所示。已知杆件的横截面面积 $A=4000 \text{ mm}^2$，材料的弹性模量 $E=200 \text{ GPa}$。试求：(1)杆件各段的应变、变形；(2)杆的总纵向变形。

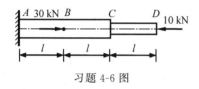

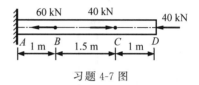

习题 4-6 图　　　　　　　　习题 4-7 图

4-8　直径 $d=25 \text{ mm}$ 的圆杆，横截面上的正应力 $\sigma=240 \text{ MPa}$，若材料的弹性模量 $E=210 \text{ GPa}$，泊松比 $\nu=0.3$，试求其直径改变量 Δd。

4-9　图示结构中 AC 杆为钢杆，弹性模量 $E_1=200 \text{ GPa}$，横截面面积 $A_1=600 \text{ mm}^2$；CB 杆为木杆，弹性模量 $E_2=10 \text{ GPa}$，横截面面积 $A_2=2.4\times10^4 \text{ mm}^2$。荷载 $F=72 \text{ kN}$。试求 C 点的水平位移和铅垂位移。

4-10　图示变截面梯形直板，长为 l，两底宽分别为 b_1、b_2，厚为 t，受力 F 拉伸，试求其伸长量 Δl（不计自重）。

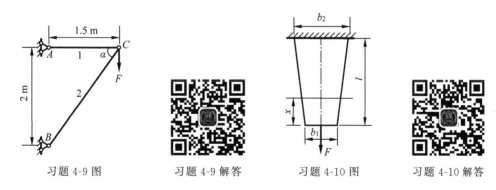

习题 4-9 图　　习题 4-9 解答　　习题 4-10 图　　习题 4-10 解答

4-11　图示两圆截面杆 1 和 2，其直径分别为 $d_1=12 \text{ mm}$，$d_2=15 \text{ mm}$，材料的弹性模量 $E=210 \text{ GPa}$，受力 $F=35 \text{ kN}$，试求 A 点的位移及其倾斜方向。

4-12　铸铁柱尺寸如图所示，轴向压力 $F=30 \text{ kN}$，若不计自重，设材料的弹性模量 $E=120 \text{ GPa}$，试求柱的变形。

4-13　设图示结构中 CG 为刚体（即 CG 的弯曲变形可以忽略），BC 为铜杆，DG 为钢杆，两杆的横截面面积分别为 A_1 和 A_2，弹性模量分别为 E_1 和 E_2。如要求 CG 在力 F 作用下始终保持水平位置，试求 x。

4-14　一内半径为 r、厚度为 $\delta\left(\delta\leqslant\dfrac{r}{10}\right)$、宽度为 b 的薄壁圆环，内表面承受均匀分布的

压力 p，如图所示。试求：(1)由内压力引起的圆环径向截面上的应力；(2)由内压力引起的圆环半径的伸长。

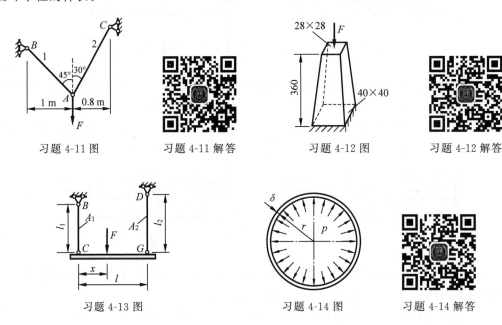

习题 4-11 图　　习题 4-11 解答　　习题 4-12 图　　习题 4-12 解答

习题 4-13 图　　习题 4-14 图　　习题 4-14 解答

4-15　水平刚性杆 AB 由三根钢杆 BC、BD 和 ED 支承，如图所示。杆的 A 端承受铅垂荷载 $F = 20$ kN，三根钢杆的横截面面积分别为 $A_1 = 12$ mm^2，$A_2 = 6$ mm^2，$A_9 = 9$ mm^2，钢的弹性模量 $E = 210$ GPa，试求 A 端的水平和铅垂位移。

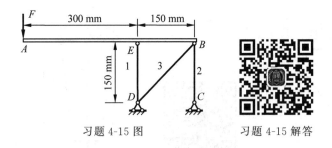

习题 4-15 图　　习题 4-15 解答

4-16　图示混凝土立柱，容重 $\gamma = 22$ kN/m^3，$[\sigma] = 2$ MPa，$E = 20$ GPa，试按强度条件设计截面面积 A_1、A_2，并求 A 截面的竖直位移。

4-17　一桁架受力如图所示，各杆都由两个等边角钢组成。已知材料的许用应力 $[\sigma] = 170$ MPa，试选择杆 AC 和 CD 的角钢型号。

4-18　图示桁架承受荷载 F 作用，试计算该荷载的许用值 $[F]$。设各杆的横截面面积均为 A，许用应力均为 $[\sigma]$。

4-19　图示结构中，已知 AC 杆的许用应力 $[\sigma]_1 = 100$ MPa，BC 杆的许用应力 $[\sigma]_2 = 160$ MPa，两杆的横截面面积均为 $A = 200$ mm^2，求许用荷载 $[F]$。

4-20　图示杆系中，杆 AB 为圆钢杆，直径 $d = 20$ mm，$[\sigma_{AB}] = 160$ MPa，杆 BC 为方形木杆，尺寸为 60 mm$\times 60$ mm，许用应力 $[\sigma_{BC}] = 12$ MPa，DE 绳绕在滑轮上。试求许用拉力 $[F]$。

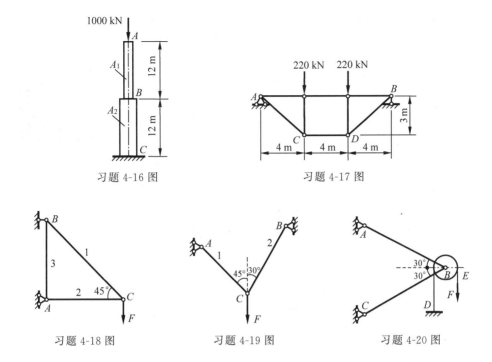

习题 4-16 图　　　　　　习题 4-17 图

习题 4-18 图　　　习题 4-19 图　　　习题 4-20 图

4-21　图示桁架承受铅垂荷载 F 作用。已知杆的许用应力为 $[\sigma]$，试问在结点 B 与 C 的位置保持不变的条件下，欲使结构重量最轻，α 应取何值？（即确定结点 A 的最佳位置。）

4-22　图示桁架，杆1与杆2的横截面面积与材料均相同，在结点 A 处承受荷载 F 作用。由试验测得杆1与杆2的纵向正应变分别为 $\varepsilon_1 = 4.0 \times 10^{-4}$ 与 $\varepsilon_2 = 2.0 \times 10^{-4}$。试确定荷载 F 及其方位角 θ 值。已知 $A_1 = A_2 = 200 \ \mathrm{mm}^2$，$E_1 = E_2 = 200 \ \mathrm{GPa}$。

习题 4-21 图　　　习题 4-21 解答　　　习题 4-22 图

4-23　图示结构，梁 BD 为刚体，杆1、杆2与杆3的材料与横截面面积相同，在梁 BD 的中点 C 承受铅垂荷载 F 作用。试计算 C 点的水平与铅垂位移。已知荷载 $F = 20 \ \mathrm{kN}$，各杆的横截面面积 $A = 100 \ \mathrm{mm}^2$，弹性模量 $E = 200 \ \mathrm{GPa}$，梁长 $l = 1000 \ \mathrm{mm}$。

4-24　图示桁架承受荷载 F 作用，试计算结点 B 与 C 间的相对位移 $\Delta_{B/C}$。设各杆各截面的拉压刚度均为 EA。

4-25　图示木榫接头，$F = 50 \ \mathrm{kN}$，试求接头的剪切与挤压应力。图中尺寸单位为 mm。

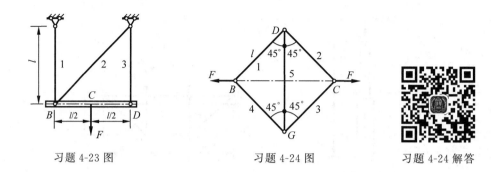

习题 4-23 图　　　　习题 4-24 图　　　　习题 4-24 解答

4-26　图示两根矩形截面木杆用两块钢板连接在一起,承受轴向荷载 $F = 45$ kN 作用。已知木杆的截面宽度 $b = 250$ mm,沿木材的顺纹方向,许用拉应力 $[\sigma] = 6$ MPa,许用挤压应力 $[\sigma_{bs}] = 10$ MPa,许用切应力 $[\tau] = 1$ MPa。试确定钢板尺寸 δ 与 l,以及木杆高度 h。

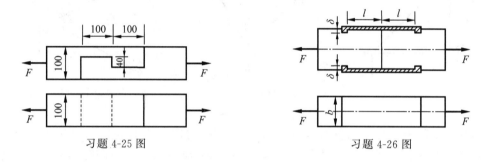

习题 4-25 图　　　　　　　　习题 4-26 图

4-27　图示销钉连接,$F = 18$ kN,板厚 $\delta_1 = 8$ mm,$\delta_2 = 5$ mm,销钉与板的材料相同,许用切应力 $[\tau] = 60$ MPa,许用挤压应力 $[\sigma_{bs}] = 200$ MPa,销钉直径 $d = 16$ mm。试校核销钉的强度。

4-28　一铆接结构用四个相同的铆钉铆接。铆钉直径 $d = 17$ mm,许用切应力 $[\tau] = 80$ MPa,许用挤压应力 $[\sigma_{bs}] = 200$ MPa,板厚 $\delta_1 = 7$ mm,$\delta = 10$ mm,板宽 $b = 160$ mm,钢板的许用拉应力 $[\sigma] = 120$ MPa。假设每个铆钉受力均相同,试求许用荷载 $[F]$。

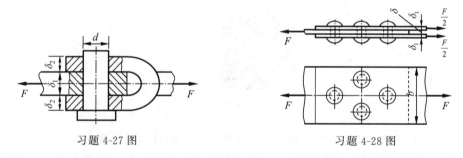

习题 4-27 图　　　　　　　习题 4-28 图

4-29　图示一铆钉接头,$F = 130$ kN,$b = 140$ mm,$\delta = 10$ mm,$\delta_1 = 6$ mm,铆钉直径 $d = 20$ mm,许用切应力 $[\tau] = 120$ MPa,许用挤压应力 $[\sigma_{bs}] = 200$ MPa,钢板许用应力 $[\sigma] = 160$ MPa。试校核接头的强度。

4-30　一带肩吊钩如图所示。已知肩部尺寸 $D = 200$ mm,厚度 $\delta = 35$ mm,吊钩直径 $d = 100$ mm。若吊钩材料的许用应力 $[\tau] = 100$ MPa,$[\sigma_{bs}] = 320$ MPa,被连接件材料的许用应力 $[\sigma] = 160$ MPa,试求吊钩能够承担的最大荷载 $[F]$。

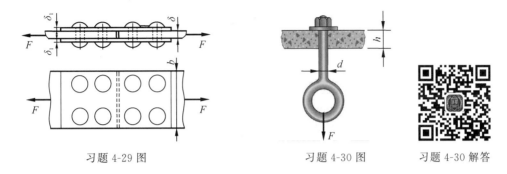

习题 4-29 图　　　　　　习题 4-30 图　　　习题 4-30 解答

4-31　图示截面为 200 mm×200 mm 的正方形截面混凝土柱浇筑在混凝土基础上,基础分两层,厚均为 δ,上层水平截面为 300 mm×300 mm 的正方形,下层水平截面为 800 mm×800 mm 的正方形。已知 $F=200$ kN,假设地基对混凝土板的反力均匀分布,混凝土的许用切应力$[\tau]=1.5$ MPa。试计算为使基础不被剪坏所需板的厚度值 δ。

4-32　图示螺钉承受拉力 F,已知材料的许用切应力$[\tau]$与许用拉应力$[\sigma]$的关系为$[\tau]=0.7[\sigma]$,试按剪切强度和抗拉强度求螺杆直径 d 与螺帽高度 h 之间的合理比值。

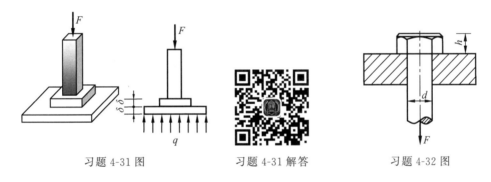

习题 4-31 图　　　　习题 4-31 解答　　　　习题 4-32 图

4-33　两块钢板的搭接焊缝如图所示。两块钢板的厚度均为$\delta=12.7$ mm,左侧钢板的宽度为 $b=130$ mm,轴向加载,焊缝的许用切应力$[\tau]=93.2$ MPa,钢板的许用拉应力$[\sigma]=137$ MPa,试求当钢板与焊缝等强度(同时失效)时每边所需的焊缝长度 l。(说明:考虑到焊缝两端的焊接质量较差,通常将焊缝长度扣除 10 mm 后作为计算长度。)

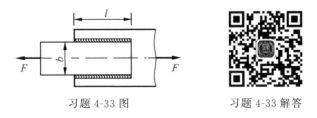

习题 4-33 图　　　　　习题 4-33 解答

4-34　图示铆钉接头受荷载 F 作用。已知荷载 $F=50$ kN,几何尺寸分别为 $b=150$ mm,$\delta=10$ mm,$d=17$ mm,$a=80$ mm。材料的许用应力$[\sigma]=160$ MPa,许用切应力$[\tau]=120$ MPa,许用挤压应力$[\sigma_{bs}]=320$ MPa。若铆钉和板的材料相同,试校核其强度。

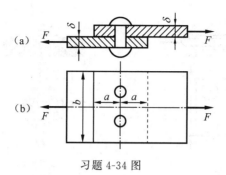

（a）

（b）

习题 4-34 图

第 4 章客观题答案

罗伯特·胡克 简介

第5章

扭 转

5.1 受扭圆轴的内力及内力图

5.1.1 扭转的工程实例

扭转是构件中常见的受力形式。例如转动轴、汽车后轮的驱动轴、地质勘探的钻头等都是构件受扭的工程实例,甚至建筑结构的柱子在一些情况下也会因受到扭转作用而被破坏。以图 5.1.1(a)所示驾驶盘轴为例,在轮盘边缘作用一个由一对反向切向力 F 构成的力偶,其力偶矩为 $M=FD$,式中 D 为力偶臂。根据平衡条件可知,在轴的下端必存在一反作用力偶,其矩 $M'=M$。在上述力偶作用下,轴 AB 的变形如图 5.1.1(b)所示。

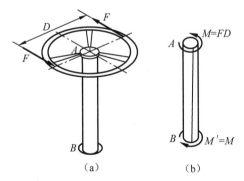

图 5.1.1 驾驶盘轴的受力和变形

又如,图 5.1.2(a)所示传动轴,在其两端垂直于杆件轴线的平面内作用一对转向相反、力偶矩均为 M 的力偶。在上述力偶作用下,传动轴各横截面产生如图 5.1.2(b)所示的变形。

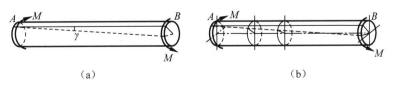

图 5.1.2 传动轴的受力和变形

可以看出,这些构件的共同特点是:构件为直杆,并在垂直于杆件轴线的平面内有力偶作用。在这种情况下,杆件各横截面绕轴线相对转动。以横截面绕轴线作相对旋转为主要特征的变形形式称为**扭转**。凡是以扭转变形为主要变形的直杆称为**轴**,轴的变形以横截面间绕轴线的相对角位移即扭转角表示。

工程中最常见的轴为圆截面轴,它们或为实心,或为空心。

5.1.2   功率、转速与扭力偶矩之间的关系

作用在轴上的扭力偶矩一般可通过力的平移,并利用平衡条件确定。但是,对于传动轴等转动构件,通常只知道它们的转速与所传递的功率。因此,在分析传动轴等转动类构件的内力之前,首先需要根据转速与功率计算轴所承受的扭力偶矩。

由力学知识可知,力偶在单位时间内所做的功即功率 P,等于该力偶矩 M 与相应角速度 ω 的乘积,即 $P=M\omega$。

在实际工程中,功率 P 的常用单位为 kW,力偶矩 M 和转速 n 的常用单位分别为 N·m 与 r/min(转/分),由 $P=M\omega$,可得

$$P \times 10^3 = M \times \frac{2\pi n}{60}$$

$$\{M\}_{\text{N·m}} = 9549 \frac{\{P\}_{\text{kW}}}{\{n\}_{\text{r/min}}}$$

(5.1.1)

例如,图 5.1.3 所示轴 AB 由电动机通过联轴器带动,已知轴的转速 $n=1450$ r/min,由电动机输入的功率 $P=10$ kW,则由式(5.1.1)可知,电动机通过联轴器作用在轴 AB 上的扭力偶矩为

$$M = 9549 \times \frac{10}{1450} \text{ N·m} = 65.9 \text{ N·m}$$

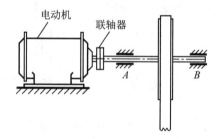

图 5.1.3   电动机通过联轴器带动轴转动

5.1.3   扭矩与扭矩图

作用在轴上的外力偶矩确定后,现在研究轴的内力。

考虑图 5.1.4(a)所示轴,在其两端作用一对方向相反、大小均为 M 的扭力偶。为了分析轴的内力,利用截面法在轴的任一横截面 m—m 处将其切开,并任选一段,例如左段(图 5.1.4(b)),作为研究对象。可以看出,为了保持该段轴的平衡,横截面 m—m 上的分布内力必构成一力偶,且其矢量方向垂直于截面 m—m。矢量方向垂直于所切横截面的内力偶矩,即前述扭矩,用 T 表示。通常规定:按右手螺旋法则将扭矩用矢量表示,若矢量方向

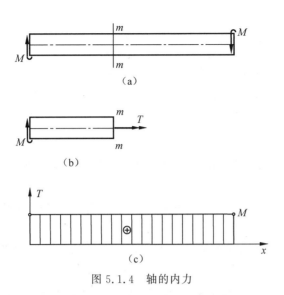

图 5.1.4　轴的内力

与横截面的外法线方向一致,则该扭矩为正,反之为负。按此规定,图 5.1.4(b)所示扭矩为正,其值为

$$T = M$$

在一般情况下,轴内各横截面或各轴段的扭矩不尽相同。为了形象地表示扭矩沿轴线的变化情况,通常采用图线。作图时,以平行于轴线的坐标表示横截面的位置,垂直于轴线的另一坐标表示扭矩。

表示扭矩沿轴线变化情况的图线称为**扭矩图**。例如,图 5.1.4(a)所示轴的扭矩图如图 5.1.4(c)所示。

【**例 5.1.1**】 图 5.1.5(a)所示传动轴,转速 $n = 500$ r/min,轮 B 为主动轮,输入功率 $P_B = 10$ kW,轮 A 与轮 C 均为从动轮,输出功率分别为 $P_A = 4$ kW 与 $P_C = 6$ kW。试计算轴的扭矩,画扭矩图,并确定最大扭矩。

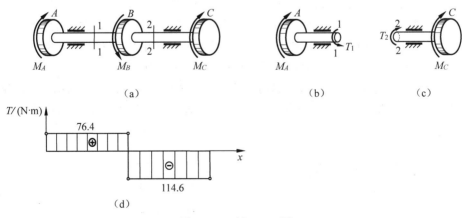

图 5.1.5　例 5.1.1 图

【**解**】 (1) 计算扭力偶矩

由式(5.1.1)可知,作用在轮 A、轮 B 与轮 C 上的扭力偶矩分别为

$$M_A = 9549 \times \frac{P_A}{n} = 9549 \times \frac{4}{500} \ \text{N} \cdot \text{m} = 76.4 \ \text{N} \cdot \text{m}$$

$$M_B = 9549 \times \frac{P_B}{n} = 9549 \times \frac{10}{500} \ \text{N} \cdot \text{m} = 191 \ \text{N} \cdot \text{m}$$

$$M_C = 9549 \times \frac{P_C}{n} = 9549 \times \frac{6}{500} \ \text{N} \cdot \text{m} = 114.6 \ \text{N} \cdot \text{m}$$

（2）计算扭矩

设 AB 与 BC 段的扭矩均为正，并分别用 T_1 和 T_2 表示，则利用截面法，由图 5.1.5(b) 与(c)可得

$$T_1 = M_A = 76.4 \ \text{N} \cdot \text{m}, \quad T_2 = -M_C = -114.6 \ \text{N} \cdot \text{m}$$

（3）画扭矩图

根据上述分析，作扭矩图如图 5.1.5(d)所示，扭矩的最大绝对值为

$$|T| = |T_2| = 114.6 \ \text{N} \cdot \text{m}$$

【思考】　如果把 A、B 两轮交换位置，其他不变，扭矩图有什么变化？从扭矩的角度看，这种改变有合理性吗？

5.2　圆轴的扭转切应力

求受扭圆轴横截面上一点的切应力，与求轴向拉压杆件的正应力一样，需根据受扭圆轴的变形特点，综合研究其几何、物理和静力学三方面的关系，来建立圆轴扭转时的切应力公式。

5.2.1　圆轴扭转的变形特点

取一等截面实心圆轴，先在圆轴表面用圆周线和纵向线画成方格，如图 5.2.1(a)所示，然后在其两端施加一对等值、反向的外力偶，使其产生扭转变形，如图 5.2.1(b)所示。试验结果表明，各圆周线的大小和形状均未改变，相邻圆周线的间距也未发生变化，各圆周线绕轴线作相对旋转，各纵向线倾斜了同一个角度，所有矩形网格均变为大小相同的平行四边形。由表及里可作如下假设：在圆轴扭转变形过程中，横截面变形后仍保持为平面，其形状和大小均不变，半径仍保持为直线，相邻两横截面间的距离不变。这就是**圆轴扭转的平面假设**。按照这一假设，扭转变形中，圆轴的横截面如同刚性平面，绕圆轴的轴线旋转了一个角度。

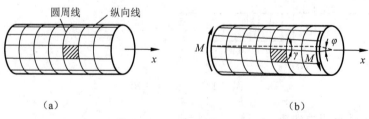

圆周线　纵向线

（a）　　　　　　　　　　　　　　　（b）

图 5.2.1　受扭圆轴的变形

5.2.2　圆轴扭转的切应力

1. 几何关系

上述假设说明了圆轴变形的总体情况。为了确定横截面上各点处的应力,需要了解轴内各点处的变形。为此,用相距 dx 的两个横截面以及夹角无限小的两个径向纵截面,如图 5.2.2(a)所示,从轴内切取一楔形体 O_1ABCDO_2 来分析。

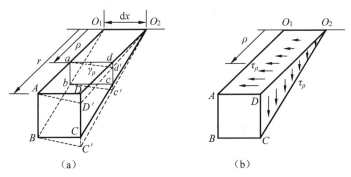

图 5.2.2　圆轴扭转时横截面的变形与切应力的分布

根据上述假设,楔形体的变形如图 5.2.2(a)中虚线所示,轴表面的矩形 $ABCD$ 变为平行四边形 $ABC'D'$,距轴线 ρ 处的任一矩形 $abcd$ 变为平行四边形 $abc'd'$,原来垂直的 ab 和 ad,变形后不再垂直,产生了一个改变量 γ_ρ,这一改变量称为**切应变**。即在垂直于半径的平面内剪切变形。

设上述楔形体左、右两端横截面间的相对转角即扭转角为 $d\varphi$,矩形 $abcd$ 的切应变为 γ_ρ,则由图 5.2.2(a)可知

$$\gamma_\rho \approx \tan\gamma_\rho = \frac{\overline{dd'}}{\overline{ad}} = \frac{\rho d\varphi}{dx}$$

由此得

$$\gamma_\rho = \rho \frac{d\varphi}{dx} \qquad\qquad (a)$$

2. 物理方面

试验表明,碳钢圆轴在扭转时的切应力-切应变关系图(τ-γ)与轴向拉伸时应力-应变曲线图(σ-ε)的形状大致一致,也存在扭转切应力的比例极限 τ_p、屈服极限 τ_s 及强度极限 τ_b。与 σ-ε 的关系类似,在剪切比例极限内,切应力 τ 与切应变 γ 成正比,即

$$\tau = G\gamma \qquad\qquad (5.2.1)$$

其中,G 为**切变弹性模量**(也称**切变模量**)。称式(5.2.1)为**剪切胡克定律**。

各向同性材料的弹性模量 E、切变模量 G 与泊松比 ν 之间存在以下关系:

$$G = \frac{E}{2(1+\nu)} \qquad\qquad (5.2.2)$$

横截面上距离圆心 ρ 处的切应力为

$$\tau_\rho = G\rho \frac{d\varphi}{dx} \qquad\qquad (b)$$

考虑到横截面的大小和形状均没有变化,其方向只能垂直于该点处的半径,如图5.2.2(b)所示。

上式表明:扭转切应力沿截面径向线性变化,实心与空心圆轴的扭转切应力分布分别如图5.2.3(a)、(b)所示。

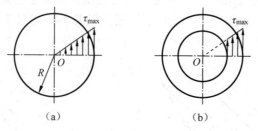

图 5.2.3 实心与空心圆轴横截面上切应力的分布

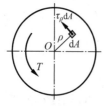

图 5.2.4 微内力及其
对轴心的矩

3. 静力学方面

如图5.2.4所示,在距圆心 ρ 处的微面积 dA 上作用有微剪力 τ_ρdA,它对圆心 O 的力矩为 $\rho\tau_\rho$dA。在整个横截面上,所有微力矩之和应等于该截面的扭矩,即

$$\int_A \rho\tau_\rho \, \mathrm{d}A = T$$

将式(b)代入上式,得

$$G \frac{\mathrm{d}\varphi}{\mathrm{d}x} \int_A \rho^2 \, \mathrm{d}A = T$$

上式中的积分 $\int_A \rho^2 \, \mathrm{d}A$ 仅与截面尺寸有关,称为截面的极惯性矩,用 I_p 表示,即

$$I_p = \int_A \rho^2 \, \mathrm{d}A \tag{5.2.3}$$

于是得

$$\frac{\mathrm{d}\varphi}{\mathrm{d}x} = \frac{T}{GI_p} \tag{5.2.4}$$

即为圆轴扭转变形的基本公式。

最后,将式(5.2.4)代入式(b),可得

$$\tau_\rho = \frac{T\rho}{I_p} \tag{5.2.5}$$

即为圆轴扭转切应力的一般公式。

5.2.3 最大扭转切应力

由式(5.2.5)可知,在 $\rho = r$ 即圆截面边缘各点处,切应力最大,其值为

$$\tau_{max} = \frac{Tr}{I_p} = \frac{T}{I_p/r}$$

式中,比值 $\dfrac{I_p}{r}$ 也是一个仅与截面尺寸有关的量,称为**扭转截面系数**,用 W_p 表示,即

$$W_{\mathrm{p}} = \frac{I_{\mathrm{p}}}{r} \qquad (5.2.6)$$

于是,圆轴扭转的最大切应力即为

$$\tau_{\max} = \frac{T}{W_{\mathrm{p}}} \qquad (5.2.7)$$

可见,最大扭转切应力与扭矩成正比,与扭转截面系数成反比。

　　圆轴扭转应力公式(5.2.5)与式(5.2.7),及描述圆轴扭转变形的式(5.2.4),是针对线弹性材料在扭转的平面假设基础上建立的。只要最大扭转切应力不超过比例极限 τ_{p},上述公式的计算结果就与试验结果一致。这说明,本节所述基于平面假设的圆轴扭转理论是正确的。

　　【说明】　式(5.2.5)与式(5.2.7)是基于实心圆轴建立的,但对于空心以及薄壁截面(壁厚 δ 远小于平均半径 r_0,一般要求满足 $\delta \leqslant \dfrac{r_0}{10}$)的圆轴同样成立。

5.2.4　极惯性矩　扭转截面系数

　　现在研究圆截面的极惯性矩与扭转截面系数的计算公式。

1. 空心圆截面

　　如图 5.2.5 所示,对于内径为 d、外径为 D 的空心圆截面,若以径向尺寸为 $\mathrm{d}\rho$ 的圆环形面积为微面积,即取

$$\mathrm{d}A = 2\pi\rho\mathrm{d}\rho$$

则由式(5.2.3)可知,空心圆截面的极惯性矩为

$$I_{\mathrm{p}} = \int_{d/2}^{D/2} \rho^2 \cdot 2\pi\rho\mathrm{d}\rho = \frac{\pi}{32}(D^4 - d^4) = \frac{\pi D^4}{32}(1 - \alpha^4)$$
$$(5.2.8)$$

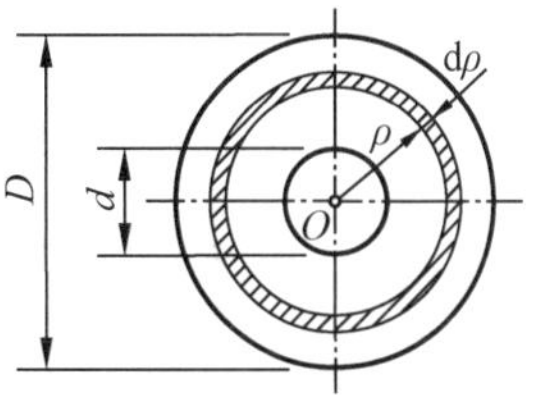

图 5.2.5　空心圆截面

而由式(5.2.6)可知,其扭转截面系数则为

$$W_{\mathrm{p}} = \frac{I_{\mathrm{p}}}{D/2} = \frac{\pi D^3}{16}(1 - \alpha^4) \qquad (5.2.9)$$

式中,$\alpha = d/D$,代表内、外径的比值。

　　将式(5.2.10)代入式(5.2.7)可得空心圆截面的最大扭转切应力为

$$\tau_{\max} = \frac{T_{\max}}{W_{\mathrm{p}}} = \frac{16 T_{\max}}{\pi D^3 (1 - \alpha^4)} \qquad (5.2.10)$$

2. 实心圆截面

　　对于直径为 d 的圆截面,可以取 $\alpha = 0$,由空心圆截面的表达式得到实心圆截面的极惯性矩为

$$I_{\mathrm{p}} = \frac{\pi d^4}{32} \qquad (5.2.11)$$

而其相应的扭转截面系数为

$$W_{\mathrm{p}} = \frac{\pi d^3}{16} \qquad (5.2.12)$$

由式(5.2.7)、式(5.2.12)或式(5.2.10)可得直径为 d 的实心圆截面的最大扭转切应力为

$$\tau_{max} = \frac{T_{max}}{W_p} = \frac{16T_{max}}{\pi d^3} \tag{5.2.13}$$

【例 5.2.1】 图 5.2.6(a)所示轴，左段 AB 为实心圆截面，直径为 $d = 20$ mm；右段 BC 为空心圆截面，内、外径分别为 $d = 15$ mm 与 $D = 25$ mm。轴承受扭力偶矩 M_A、M_B 与 M_C 作用，且 $M_A = M_B = 100$ N·m，$M_C = 200$ N·m。试计算轴内的最大扭转切应力。

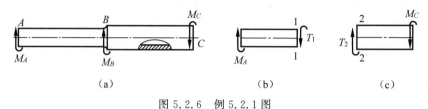

图 5.2.6　例 5.2.1 图

【解】　（1）内力分析

设 AB 与 BC 段的扭矩均为正，并分别用 T_1 与 T_2 表示，则由图 5.2.6(b)与(c)可知

$$T_1 = M_A = 100 \text{ N·m}, \quad T_2 = M_C = 200 \text{ N·m}$$

（2）应力分析

由式(5.2.13)可知，AB 段内的最大扭转切应力为

$$\tau_{1,max} = \frac{16T_1}{\pi d^3} = \frac{16 \times 100 \times 10^3 \text{ N·mm}}{\pi \times (20 \text{ mm})^3} = 63.7 \text{ MPa}$$

根据式(5.2.10)得 BC 段内的最大扭转切应力为

$$\tau_{2,max} = \frac{16T_2}{\pi D^3(1-\alpha^4)} = \frac{16 \times 200 \times 10^3 \text{ N·mm}}{\pi \times (25 \text{ mm})^3 \times \left[1 - \left(\frac{15 \text{ mm}}{25 \text{ mm}}\right)^4\right]} = 74.9 \text{ MPa}$$

故轴内的最大扭转切应力为 74.9 MPa。

5.3　受扭圆轴的强度与刚度条件

5.3.1　圆轴扭转的强度条件

通过对轴的内力分析可作出扭矩图并求出最大扭矩 T_{max}，最大扭矩所在截面称为轴的危险截面。由此可得圆轴扭转的强度条件为

$$\tau_{max} = \frac{T_{max}}{W_p} \leqslant [\tau] \tag{5.3.1}$$

式中 $[\tau]$ 为材料的**许用切应力**。不同材料的许用切应力 $[\tau]$ 各不相同，它通常由扭转试验测得各种材料的**扭转极限应力** τ_u，并除以适当的安全因数 n 得到，即

$$[\tau] = \frac{\tau_u}{n} \tag{5.3.2}$$

扭转试验时，塑性材料和脆性材料的破坏形式不完全相同。塑性材料试件在外力偶作

用下先出现屈服,最后沿横截面被剪断,如图 5.3.1(a)所示;脆性材料试件受扭时变形很小,最后沿与轴线约成 45°方向的螺旋面断裂,如图 5.3.1(b)所示。塑性材料的扭转屈服极限 τ_s 与脆性材料的扭转强度极限 τ_b 统称为材料的扭转极限应力,用 τ_u 表示。

（a）　　　　　　　　　　　　　　　　　（b）

图 5.3.1　塑性材料与脆性材料圆轴受扭破坏的断裂面形状

【例 5.3.1】　图 5.3.2(a)所示阶梯状圆轴,AB 段直径 $d_1=120$ mm,BC 段直径 $d_2=100$ mm。外力偶矩分别为 $M_A=22$ kN·m,$M_B=36$ kN·m,$M_C=14$ kN·m。已知材料的许用切应力 $[\tau]=80$ MPa,试校核该轴的强度。

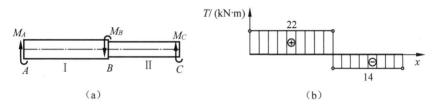

（a）　　　　　　　　　　　　　　　　　（b）

图 5.3.2　例 5.3.1 图

【解】　用截面法求得 AB、BC 段的扭矩分别为 $T_1=22$ kN·m,$T_2=-14$ kN·m。据此绘出扭矩图如图 5.3.2(b)所示。

由扭矩图可见,AB 段的扭矩比 BC 段的扭矩大,但因两段轴的直径不同,因此,需要分别校核两段轴的强度。由式(5.3.1)可得

AB 段:$\tau_{1,\max}=\dfrac{T_1}{W_{p1}}=\dfrac{16T_1}{\pi d_1^3}=\dfrac{16\times22\times10^6\ \text{N}\cdot\text{mm}}{\pi\times(120\ \text{mm})^3}=64.8\ \text{MPa}\leqslant[\tau]$

BC 段:$\tau_{2,\max}=\dfrac{T_2}{W_{p2}}=\dfrac{16T_2}{\pi d_2^3}=\dfrac{16\times14\times10^6\ \text{N}\cdot\text{mm}}{\pi\times(100\ \text{mm})^3}=71.3\ \text{MPa}\leqslant[\tau]$

因此,该轴满足强度条件的要求。

【例 5.3.2】　某传动轴承受 $M_e=2.0$ kN·m 的外力偶作用,轴材料的许用切应力为 $[\tau]=60$ MPa。试分别按横截面为实心圆截面及横截面为 $\alpha=0.8$ 的空心圆截面确定轴的截面尺寸,并比较其重量。

【解】　(1) 横截面为实心圆截面。设轴的直径为 d,由式(5.3.1)得

$$W_p=\frac{\pi d^3}{16}\geqslant\frac{T}{[\tau]}=\frac{M_e}{[\tau]}$$

所以有

$$d\geqslant\sqrt[3]{\frac{16M_e}{\pi[\tau]}}=\sqrt[3]{\frac{16\times2.0\times10^6\ \text{N}\cdot\text{mm}}{\pi\times60\ \text{MPa}}}=55.4\ \text{mm}$$

取 $d=56$ mm。

(2) 横截面为空心圆截面。设横截面的外径为 D,由式(5.2.9)、式(5.3.1)可得

$$W_p=\frac{\pi D^3}{16}(1-\alpha^4)\geqslant\frac{M_e}{[\tau]}$$

所以有

$$D \geqslant \sqrt[3]{\frac{16M_e}{\pi(1-\alpha^4)[\tau]}} = \sqrt[3]{\frac{16 \times 2.0 \times 10^6 \text{ N} \cdot \text{mm}}{\pi \times (1-0.8^4) \times 60 \text{ MPa}}} = 66.0 \text{ mm}$$

取 $D = 66$ mm。

（3）重量比较。由于两根轴的材料和长度相同，所以其重量之比就等于两者的横截面面积之比，利用以上计算结果得

$$重量比 = \frac{A_1}{A} = \frac{D^2 - d_1^2}{d^2} = \frac{66^2 - 55^2}{55^2} = 0.44$$

结果表明，在满足强度的条件下，空心圆轴的重量不足实心圆轴重量的一半。

【思考】 试分析承受相同外力偶情况下，空心圆轴的重量要比实心圆轴的重量轻的原因。

5.3.2 圆轴扭转的变形

如前所述，轴的扭转变形用横截面间绕轴线的相对角位移即扭转角 φ 表示。由式(5.2.4)可知，微段 dx 的扭转变形为 $d\varphi = \dfrac{T}{GI_p}dx$。因此，相距 l 的两横截面间的扭转角为

$$\varphi = \int_l \frac{T}{GI_p} dx \tag{5.3.3}$$

由此可见，对于长为 l、扭矩 T 为常数的等截面圆轴，其两端横截面间的相对转角即扭转角为

$$\varphi = \frac{Tl}{GI_p} \tag{5.3.4}$$

上式表明，相对扭转角 φ 与扭矩 T、轴长 l 成正比，与 GI_p 成反比。乘积 GI_p 称为圆轴截面的**扭转刚度**，简称扭转刚度。

对于截面之间的扭矩、横截面面积或切变模量沿杆轴逐段变化的圆截面轴，两端截面间的相对转角则为

$$\varphi = \sum_{i=1}^{n} \frac{T_i l_i}{G_i I_{pi}} \tag{5.3.5}$$

式中，T_i、l_i、G_i 与 I_{pi} 分别表示对应于第 i 段圆轴的扭矩、长度、切变模量与极惯性矩；n 为杆件的总段数。

【例 5.3.3】 图 5.3.3 所示圆截面轴 AC 承受扭力偶矩 M_A、M_B 与 M_C 作用。已知 $M_A = 180$ N·m，$M_B = 320$ N·m，$M_C = 140$ N·m，$I_p = 3.0 \times 10^5$ mm^4，$l = 2$ m，$G = 80$ GPa。试计算截面 C 对截面 A 的相对转角。

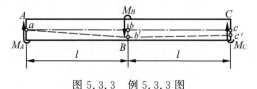

图 5.3.3　例 5.3.3 图

【解】　利用截面法,易得 AB 段与 BC 段的扭矩分别为

$$T_1 = 180 \text{ N} \cdot \text{m}, \quad T_2 = -140 \text{ N} \cdot \text{m}$$

设截面 B 相对截面 A 的扭转角为 φ_{BA},截面 C 相对截面 B 的扭转角为 φ_{CB},则有

$$\varphi_{BA} = \frac{T_1 l}{G I_p} = \frac{(180 \times 10^3 \text{ N} \cdot \text{mm}) \times (2 \times 10^3 \text{ mm})}{(80 \times 10^3 \text{ MPa}) \times (3.0 \times 10^5 \text{ mm}^4)} = 1.50 \times 10^{-2} \text{ rad}$$

$$\varphi_{CB} = \frac{T_2 l}{G I_p} = \frac{(-140 \times 10^3 \text{ N} \cdot \text{mm}) \times (2 \times 10^3 \text{ mm})}{(80 \times 10^3 \text{ MPa}) \times (3.0 \times 10^5 \text{ m}^4)} = -1.17 \times 10^{-2} \text{ rad}$$

由此得截面 C 对截面 A 的相对转角为

$$\varphi_{CA} = \varphi_{BA} + \varphi_{CB} = 1.50 \times 10^{-2} \text{ rad} - 1.17 \times 10^{-2} \text{ rad} = 0.33 \times 10^{-2} \text{ rad}$$

【说明】　由本例可以看出,各段扭转角的转向由相应扭矩的转向来确定。图 5.3.3 中同时画出了扭转时母线 abc 的位移情况,它由直线 abc 变为折线 $ab'c'$,由此可更清晰地显示该轴的扭转变形。

【例 5.3.4】　图 5.3.4 所示圆锥形轴,两端承受扭力偶矩 M 作用。设轴长为 l,左、右端的直径分别为 d_1 和 d_2,切变模量为 G,试计算轴的总扭转角 φ。

【解】　求解过程请扫描对应的二维码获得。

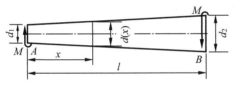

图 5.3.4　例 5.3.4 图　　　　　　　　例 5.3.4 的求解过程

【例 5.3.5】　如图 5.3.5 所示的薄壁圆轴 AC,承受集度为 m 的均布扭力偶与矩为 $M = ml$ 的集中扭力偶作用。若该轴的平均半径为 r_0,厚度为 δ,切变模量为 G,试计算该圆轴截面 C 相对截面 A 的扭转角 φ_{CA}。

【解】　求解过程请扫描对应的二维码获得。

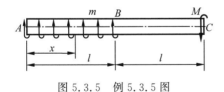

图 5.3.5　例 5.3.5 图　　　　　　　　例 5.3.5 的求解过程

5.3.3　圆轴扭转的刚度条件

在实际工程中,多数情况下不仅对受扭圆轴的强度有所要求,而且对变形也有要求,即要满足扭转刚度条件。由于实际中的轴长度不同,因此通常将轴的扭转角变化率 $\dfrac{\mathrm{d}\varphi}{\mathrm{d}x}$ 或单位长度内的扭转角作为扭转变形指标,要求它不超过规定的许用值 $[\varphi']$。由式(5.2.4)知,扭转角的变化率为

$$\varphi' = \frac{\mathrm{d}\varphi}{\mathrm{d}x} = \frac{T}{GI_{\mathrm{p}}} \quad (\mathrm{rad/m})$$

所以,圆轴扭转的刚度条件为

$$\varphi'_{\max} = \left(\frac{\mathrm{d}\varphi}{\mathrm{d}x}\right)_{\max} \leqslant [\varphi'] \quad (\mathrm{rad/m}) \tag{5.3.6}$$

对于等截面圆轴,其刚度条件为

$$\varphi'_{\max} = \frac{T_{\max}}{GI_{\mathrm{p}}} \leqslant [\varphi'] \quad (\mathrm{rad/m \ 或 \ rad/mm}) \tag{5.3.7}$$

或

$$\varphi'_{\max} = \frac{T_{\max}}{GI_{\mathrm{p}}} \times \frac{180°}{\pi} \leqslant [\varphi'] \quad ((°)/\mathrm{m \ 或} (°)/\mathrm{mm}) \tag{5.3.8}$$

【说明】　①如果所给$[\varphi']$的单位为 $\mathrm{rad/m}$,则在计算 $\varphi'_{\max}$ 时应使用式(5.3.7),其中力的单位用 N,长度用 m,应力用 Pa;也可以力的单位用 N,长度用 mm,应力用 MPa,但所得$[\varphi']$的单位为 $\mathrm{rad/mm}$,需要将其转换为 $\mathrm{rad/m}$ 才能比较。②如果所给$[\varphi']$的单位为 $(°)/\mathrm{m}$,则在计算 $\varphi'_{\max}$ 时应使用式(5.3.8),上述单位的使用方法一致。

【例 5.3.6】　设某实心传动轴,其传递的最大扭矩 $T_{\max} = 114.6 \ \mathrm{N \cdot m}$,材料的许用切应力$[\tau] = 50 \ \mathrm{MPa}$,切变模量 $G = 80 \ \mathrm{GPa}$,许用单位长度扭转角$[\varphi'] = 0.3 \ (°)/\mathrm{m}$,试设计该轴的直径 d。

【解】　根据强度条件式(5.3.1)得出

$$d \geqslant \sqrt[3]{\frac{16T_{\max}}{\pi[\tau]}} = \sqrt[3]{\frac{16 \times 114.6 \times 10^3 \ \mathrm{N \cdot mm}}{\pi \times 50 \ \mathrm{MPa}}} = 22.7 \ \mathrm{mm}$$

再根据刚度条件设计直径,将已知的$[\varphi']$、$T_{\max}$、G 等值代入刚度条件式(5.3.8)。并注意:若运算中力、长度的量分别以 N、mm 作为单位,则可将$[\varphi']$值乘以 10^{-3},其单位化为 $(°)/\mathrm{mm}$ 进行计算,于是

$$d \geqslant \sqrt[4]{\frac{32T_{\max}}{\pi G[\varphi']} \times \frac{180°}{\pi}} = \sqrt[4]{\frac{32 \times 114.6 \times 10^3 \ \mathrm{N \cdot mm}}{\pi \times 80 \times 10^3 \ \mathrm{MPa} \times 0.3°/(10^3 \ \mathrm{mm})} \times \frac{180°}{\pi}} = 40.9 \ \mathrm{mm}$$

两个直径中应选较大者,即实心轴直径 $d \geqslant 40.9 \ \mathrm{mm}$,可选取 $d = 41 \ \mathrm{mm}$。

【说明】　由例 5.3.6 求解的结果可以看出,在该传动轴的设计中刚度条件是决定性因素。

5.4　非圆截面杆的扭转

具体内容请扫描下面的二维码获得。

5.4

选择题与思考题

5-1 两根长度相等、直径不等的圆轴承受相同的扭转外力偶矩作用后,轴表面上母线转过相同的角度。设直径大的轴和直径小的轴的横截面上的最大切应力分别为 $\tau_{1,\max}$ 和 $\tau_{2,\max}$,材料的切变模量分别为 G_1 和 G_2。关于 $\tau_{1,\max}$ 和 $\tau_{2,\max}$ 的大小,有下列四种结论,正确的是(   )。

A. $\tau_{1,\max} > \tau_{2,\max}$

B. $\tau_{1,\max} < \tau_{2,\max}$

C. 若 $G_1 > G_2$,则有 $\tau_{1,\max} > \tau_{2,\max}$

D. 若 $G_1 > G_2$,则有 $\tau_{1,\max} < \tau_{2,\max}$

5-2 将两端受扭转外力偶矩作用的空心圆轴改为横截面面积相同的实心圆轴,则其最大切应力是增大了还是减小了?

5-3 长为 l、直径为 d 的两根由不同材料制成的圆轴,在其两端作用相同的扭转力偶矩 M,试问:(1)最大切应力是否相同? 为什么?(2)两端截面的相对扭转角是否相同? 为什么?

5-4 一外径为 D、内径为 d 的空心圆轴,它的极惯性矩 I_p 和扭转截面系数 W_p 是否可以分别按下式计算?

$$I_p = \frac{\pi}{32}(D^4 - d^4), \quad W_p = \frac{\pi}{16}(D^3 - d^3)$$

5-5 试问图中所画切应力分布图是否正确? 其中 T 为截面扭矩。

(a)　　　　　(b)　　　　　(c)　　　　　(d)　　　　　(e)

思考题 5-5 图

5-6 从承受扭转的空心圆轴上切出实线所示的部分,如图所示。试画出该部分各截面上的切应力分布图。

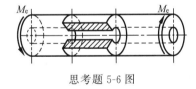

思考题 5-6 图

5-7 如果两端作用扭转力偶矩 M_e 的实心圆轴的直径 D 增大一倍而其他情况不变,那么最大切应力和两端截面的相对扭转角有什么变化?

5-8 普通低碳钢制圆轴受扭后,单位长度相对扭转角超过许用数值(即 $\varphi' > [\varphi']$),需采取措施使其满足刚度要求(即 $\varphi' \leq [\varphi']$),现有四种答案,请判断哪一种是正确的。(   )

A. 减小轴的长度

B. 用铝合金代替低碳钢

C. 用高强合金钢代替低碳钢

D. 在用料不变的条件下,将实心轴改为空心轴

5-9 低碳钢制圆轴受扭破坏的原因是(   )。
A. 沿横截面拉断   B. 沿 45°螺旋面拉断
C. 沿横截面切断   D. 沿 45°螺旋面切断

习题

5-1 试求如下图所示各轴的扭矩,并指出其最大值。

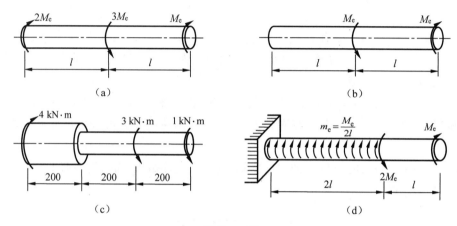

习题 5-1 图

5-2 如图所示某传动轴,转速 $n=500$ r/min,轮 A 为主动轮,输入功率 $P_A=70$ kW,轮 B、轮 C 与轮 D 均为从动轮,输出功率分别为 $P_B=10$ kW,$P_C=P_D=30$ kW。(1)试求轴内的最大扭矩;(2)若将轮 A 与轮 C 的位置对调,试分析对轴的受力是否有利。

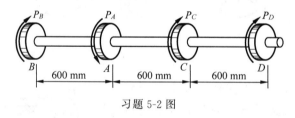

习题 5-2 图

5-3 如图所示,实心轴的直径 $d=100$ mm,$l=1$ m,其两端所受外力偶矩 $M_e=14$ kN·m,材料的切变模量 $G=80$ GPa。求:(1)最大切应力及两端截面间的相对扭转角;(2)图示截面 A、B、C 三点处切应力的大小和方向。

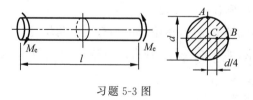

习题 5-3 图

5-4 图示圆截面橡胶棒的直径 $d=40$ mm,受扭后原来表面上互相垂直的圆周线和纵向线间夹角变为 86°,如果杆长 $L=300$ mm,试求端截面的扭转角;如果材料的切变模量

$G=2.7$ MPa,试求杆件横截面上的最大切应力和杆上的外力偶矩 M。

5-5 图示传动轴的直径 $d=100$ mm,材料的切变模量 $G=80$ GPa。(1)求 τ_{max} 值,并指出其产生在何处;(2)求 C、D 两截面间的扭转角 φ_{CD} 与 A、D 两截面间的扭转角 φ_{AD}。

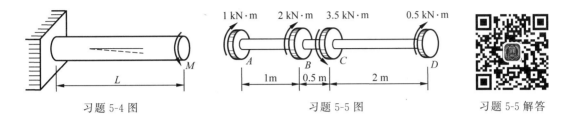

习题 5-4 图　　　习题 5-5 图　　　习题 5-5 解答

5-6 一钢制圆轴受力如图所示,其直径 $D=100$ mm。AC 段为实心轴,CD 段为空心轴,内径 $d=50$ mm。两段的材料相同,其切变模量 $G=80$ GPa,试求:(1)实心轴的最大切应力和空心轴的最大、最小切应力;(2)D 截面相对于 A 截面的扭转角 φ_{AD}。

5-7 等截面圆轴输入与输出的功率如图示,已知转速 $n=900$ r/min,$[\tau]=40$ MPa,$[\varphi']=0.3$ (°)/m,$G=80$ GPa。试设计轴的直径。

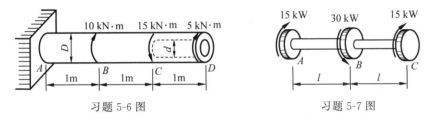

习题 5-6 图　　　习题 5-7 图

5-8 图示实心轴与空心轴通过离合器相连,已知轴的转速 $n=96$ r/min,传递功率 $P=7.5$ kW,许用切应力 $[\tau]=40$ MPa,空心轴的 $d_2/D_2=1/2$。试选择实心轴直径 d_1 和空心轴外径 D_2,并比较两轴的截面积。

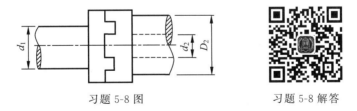

习题 5-8 图　　　习题 5-8 解答

5-9 图示左端固支的空心轴,外径 $D=60$ mm,内径 $d=50$ mm,在均布力偶 $t=0.2$ kN·m/m 作用下受到扭转。轴的许用切应力 $[\tau]=40$ MPa,$G=80$ GPa,$[\varphi']=0.3$ (°)/m。轴的长度 $l=4$ m。试校核该轴的强度与刚度。

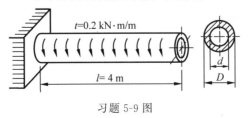

习题 5-9 图

5-10　图示圆轴,AC 段是空心的,CE 段是实心的,若切变模量 $G = 80$ GPa,试求:(1)轴内的最大切应力;(2)如轴的材料为钢,圆轴自由端的扭转角。(几何尺寸单位:mm)

5-11　一根长 2.5m 的钢轴,伸入一根长 1.5 m 的空心青铜轴中并与之结合,如图所示。两轴均固定于墙上。青铜的切变模量为 40 GPa,钢的为 80 GPa。已知 $D = 120$ mm, $d = 80$ mm,试求:(1)每一材料内的最大切应力;(2)杆轴右端的扭转角。

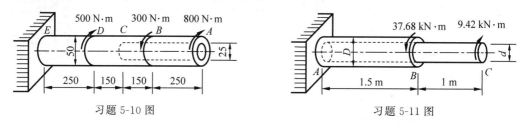

习题 5-10 图　　　　　　　　　习题 5-11 图

5-12　一钢轴直径 $d_1 = 160$ mm,在右端内部有一长度为 3 m,直径 $d_2 = 100$ mm 的青铜芯子($G_c = 40$ GPa),其与钢轴紧密地结合。钢的切变模量 $G_s = 80$ GPa。当轴受到如图所示的扭矩作用时,试求:(1)钢轴内的最大切应力;(2)轴自由端的转角。

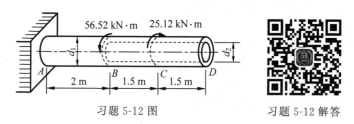

习题 5-12 图　　　　　　　　　习题 5-12 解答

5-13　已知实心圆轴的转速 $n = 300$ r/min,传递的功率 $P = 330$ kW,轴材料的许用切应力 $[\tau] = 60$ MPa,切变模量 $G = 80$ MPa。若要求在 2 m 长度的相对扭转角不超过 1°,试求该轴所需的直径。

5-14　图示传动轴作匀速转动,转速 $n = 200$ r/min,轴上装有五个轮子,主动轮 Ⅱ 的输入功率为 60 kW,从动轮 Ⅰ、Ⅲ、Ⅳ、Ⅴ 的输出功率依次为 18 kW、12 kW、22 kW 和 8 kW。若许用切应力 $[\tau] = 20$ MPa,切变模量 $G = 80$ GPa,许用单位长度扭转角 $[\varphi'] = 0.25(°)/m$。试按强度及刚度条件选择圆轴的直径。

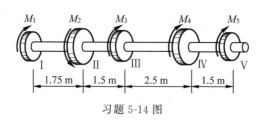

习题 5-14 图

5-15　如图所示阶梯形圆杆,AE 段为空心,外直径 $D = 140$ mm,内直径 $d = 100$ mm;BC 段为实心,直径 $d = 100$ mm。外力偶矩 $M_A = 18$ kN · m,$M_B = 32$ kN · m,$M_C = 14$ kN · m。已知:$[\tau] = 80$ MPa,$[\varphi'] = 1.2(°)/m$,$G = 80$ GPa。试校核该轴的强度和刚度。

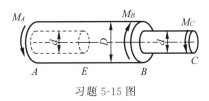

习题 5-15 图　　　　　　　习题 5-15 解答

*5-16　图示受扭轴承受扭力偶矩 M_1 与 M_2 作用。轴由薄壁圆管 AB、实心圆轴 CD 并用刚性环形圆盘 BC 固接而成。设圆管 AB 的外径 $D_1 = 33$ mm，内径 $d_1 = 30$ mm，管长 $l_1 = 200$ mm，圆轴 CD 的直径 $d_2 = 20$ mm，轴长 $l_2 = 200$ mm，扭力偶矩 $M_1 = M_2 = 90$ N·m，许用切应力 $[\tau] = 80$ MPa，切变模量 $G = 80$ GPa，试校核轴的强度，并计算轴端截面 D 的扭转角。如果环形圆盘 BC 不是刚性的，如何计算其对强度和扭转角的影响。

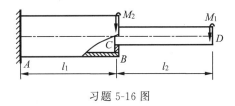

习题 5-16 图　　　　　　　习题 5-16 解答

第 5 章客观题答案　　　　　　徐芝纶 简介

第6章

平面弯曲

6.1 梁的内力及内力图

6.1.1 平面弯曲的基本概念

当杆件受到垂直于杆轴线的外力(通常称为横向力)或外力偶(外力偶的矢量垂直于杆轴线)作用时,杆件将主要发生**弯曲变形**。弯曲变形的特点是:①直杆的轴线变弯;②任意两横截面绕垂直于杆轴的轴作相对转动。如桥式吊车大梁(图6.1.1(a))可以简化为两端铰支的简支梁。在重物的重力及大梁的自重作用下,大梁产生如图6.1.1(b)所示的弯曲变形。在风荷载的作用下,高耸结构物(图6.1.2(a))可以视为悬臂梁,并产生如图6.1.2(b)所示的弯曲变形。凡以弯曲为主要变形的杆件通常均称为**梁**。

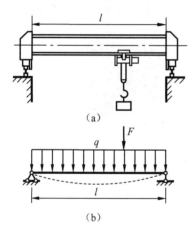

（a）

（b）

图 6.1.1　桥式吊车大梁及其受力

工程中常用的梁,其横截面一般都具有一个对称轴(图6.1.3),例如矩形、圆形、工字形、T形等,因而梁就有一个通过轴线的纵向对称平面。当所有的横向力和外力偶都作用在此纵向对称平面内时,梁的轴线也将在该纵向对称平面内弯曲成一条平面曲线。梁变形后的轴线所在平面与外力所在平面相重合的弯曲称为**平面弯曲**,也称为**对称弯曲**。它是工程中最常见也是最基本的弯曲问题。

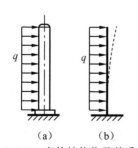

（a）　　　（b）

图 6.1.2　高耸结构物及其受力

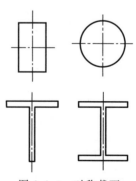

图 6.1.3　对称截面

梁是土木工程与机械工程中最常见的构件之一。在分析计算时通常用轴线代表梁,例如图 6.1.4(a)所示的梁,其计算简图如图 6.1.4(b)所示。

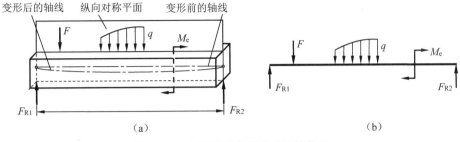

图 6.1.4 平面弯曲的梁及其计算简图

本章研究梁的外力与内力,为简单起见,主要研究所有外力均作用在同一平面内的梁,实际上,这也是最常见的梁。

6.1.2 梁的约束及类型

为计算梁的内力,首先要知道作用在梁上的外力。外力包括荷载及支座反力(简称支反力),其中的支反力与梁的支座形式及梁的长度有关,为此,应该先对实际的梁进行简化,得到梁的计算简图。在计算简图中,不论梁的截面形状如何,均以梁的轴线代表梁。根据支座对梁的不同约束情况,支座可简化为 3 种典型支座,即**固定铰支座**(图 6.1.5(a))、**可动铰支座**(图 6.1.5(b))和**固定端支座**(图 6.1.5(c))。梁在固定铰支座处可以转动,但不能移动,其支反力通过铰心,常分解为竖向支反力和水平支反力。梁在可动铰支座处可以转动和水平移动,但不能竖向移动,因此只有一个竖向支反力。梁在固定端处既不能转动,也不能移动,其约束反力为 3 个,即竖向支反力、水平支反力和约束力偶。

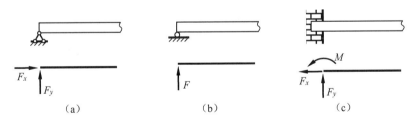

图 6.1.5 常见支座的形式及约束力

工程中,简单而常见的梁的计算简图有下列 3 种形式:

(1) **悬臂梁**——梁的一端为固定端,另一端为自由端,如图 6.1.6(a)所示;

图 6.1.6 常见梁的计算简图

(2) **简支梁**——梁的一端为固定铰支座,另一端为可动铰支座,如图 6.1.6(b)所示;

（3）**外伸梁**——梁由铰支座支承，但是梁的一端或两端伸出支座之外，如图 6.1.6(c)、(d)所示。

上述 3 种梁的支反力均可利用平衡条件求出，这 3 种梁均为**静定梁**。

6.1.3 剪力和弯矩

设所有的横向力和外力偶都作用在梁的纵向对称平面内，在求得约束反力（或称支反力）之后，利用截面法，由隔离体的平衡条件，即可求得梁任一横截面上的内力。

现以图 6.1.7(a)所示的简支梁为例，说明求梁横截面上内力的方法。梁在荷载和支反力的共同作用下是处于平衡状态的，因而由整个梁的平衡条件可求得支反力为

$$F_A = \frac{b}{l}F, \quad F_B = \frac{a}{l}F$$

当研究任一横截面 $m—m$ 上的内力时，可假想地沿 $m—m$ 截面将梁截开，任选一段梁为研究对象。若以左段梁为隔离体来分析（图 6.1.7(b)），由于整个梁处于平衡状态，故该隔离体也应保持平衡。可见在 $m—m$ 横截面上必定有一个作用线与 F_A 平行，而指向与 F_A 相反的切向内力 F_S 存在。F_A 与 F_S 形成力偶矩 $F_A x$，使该隔离体有顺时针转动的趋势，故该横截面上必定还有一个位于纵向对称平面内的逆时针转动的内力偶矩 M 存在。也就是说，在移去右段梁之后，它对左段梁的作用可以用截开面上的内力 F_S 和内力偶矩 M 来替代。它们的大小，根据隔离体的平衡条件，由下列两个平衡方程求出，即

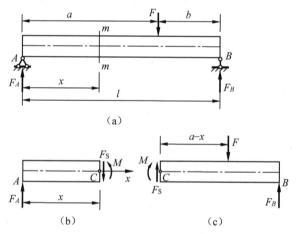

图 6.1.7 受集中力作用的简支梁横截面上的内力

$$\sum F_{iy} = 0, \quad F_A - F_S = 0, \quad F_S = F_A$$
$$\sum M_C(\boldsymbol{F}_i) = 0, \quad M - F_A x = 0, \quad M = F_A x$$

F_S 称为 $m—m$ 横截面上的**剪力**，它实际上是该截面上切向分布内力的合力；M 称为 $m—m$ 横截面上的**弯矩**，它实际上是该截面上法向分布内力的合力偶矩。形象地说，该梁在弯曲变形后，梁下部的纵向纤维伸长而上部的纵向纤维缩短，因而横截面上的法向分布内力将合成为一个拉力和一个与之等值的压力，它们就构成了弯矩 M。

也可取右段梁为隔离体（图 6.1.7(c)）来计算 $m—m$ 横截面上的内力，所得剪力和弯矩

的大小必与上述结果分别相等,但剪力 F_S 的指向和弯矩 M 的转向则与取左段梁为隔离体时相反(图 6.1.7(b)、(c)),因为它们是作用力与反作用力的关系。为了使得无论取左段或右段为隔离体,所得同一横截面上的内力不仅大小相等,而且正负号也一致,就有必要根据变形情况来规定剪力与弯矩的正负号。为此,在该横截面处截取微段梁 dx ,规定使该微段梁发生左边向上、右边向下的相对错动时的剪力为正(图 6.1.8(a)),反之为负(图 6.1.8(b));使该微段梁发生上凹下凸的弯曲变形,亦即梁的上部纵向纤维受压,下部纵向纤维受拉时,其弯矩为正(图 6.1.8(c)),反之为负(图 6.1.8(d))。则按此规定,图 6.1.7中 m—m 横截面上的剪力和弯矩都为正值。

【说明】　由图 6.1.8(c)、(d)可以看出,弯矩箭头开始的一侧是截面纵向纤维受拉的一侧。

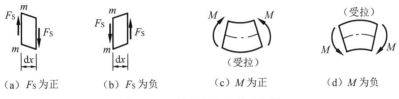

(a) F_S 为正　　　(b) F_S 为负　　　(c) M 为正　　　(d) M 为负

图 6.1.8　梁的内力及其正负号

【例 6.1.1】　求图 6.1.9(a)所示外伸梁在 1—1、2—2、3—3 和 4—4 横截面上的剪力和弯矩。已知 $M=3Fa$ 。

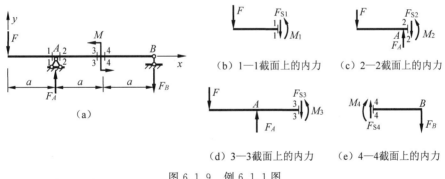

(a)

(b) 1—1 截面上的内力　　　(c) 2—2 截面上的内力

(d) 3—3 截面上的内力　　　(e) 4—4 截面上的内力

图 6.1.9　例 6.1.1 图

【解】　(1) 求支反力。

首先取整个梁为研究对象,由平衡条件 $\sum M_A(\boldsymbol{F}_i)=0$ 和 $\sum F_{iy}=0$ 求得支反力

$$F_B=2F, \quad F_A=3F$$

求出支反力后,可用 $\sum M_B(\boldsymbol{F}_i)=0$ 是否得到满足来进行校核。

(2) 求 1—1 横截面上的剪力 F_{S1} 和弯矩 M_1 。

欲求横截面 1—1 上的内力,假想将梁沿该截面截开。现取左段梁为隔离体,并假设该截面上的 F_{S1} 和 M_1 均为正,如图 6.1.9(b)所示。根据隔离体的平衡条件,由平衡方程

$$\sum F_{iy}=0, \quad -F-F_{S1}=0$$

$$\sum M_{C_1}(\boldsymbol{F}_i)=0, \quad M_1+Fa=0$$

可解得 $F_{S1}=-F$，$M_1=-Fa$。式中，C_1 为截面 1—1 的形心，下文中其他截面类推。F_{S1} 和 M_1 均为负值，说明 1—1 横截面上实际的剪力指向和弯矩转向均与所设的相反，即该截面上的内力应是负剪力和负弯矩。

（3）求 2—2 横截面上的剪力 F_{S2} 和弯矩 M_2。

沿 2—2 截面将梁截开，仍取左段梁为隔离体，并设 F_{S2} 和 M_2 均为正（图 6.1.9(c)），由平衡方程

$$\sum F_{iy}=0，\quad F_A-F-F_{S2}=0$$
$$\sum M_{C_2}(\boldsymbol{F}_i)=0，\quad M_2+Fa=0$$

求解可得 $F_{S2}=F_A-F=2F$，$M_2=-Fa$。

所得结果 F_{S2} 为正，说明原先假定的剪力指向是正确的，即该剪力是正值；而弯矩 M_2 为负，说明它的实际转向与假定的相反，即应是负弯矩。

（4）求 3—3 横截面上的剪力 F_{S3} 和弯矩 M_3。

仍取 3—3 截面以左的一段梁为隔离体，并设 F_{S3} 和 M_3 均为正，如图 6.1.9(d)所示。由平衡方程

$$\sum F_{iy}=0，\quad F_A-F-F_{S3}=0$$
$$\sum M_{C_3}(\boldsymbol{F}_i)=0，\quad M_3+F\times 2a-F_A\times a=0$$

求解可得 $F_{S3}=F_A-F=2F$，$M_3=F_A\times a-F\times 2a=Fa$。

（5）求 4—4 横截面上的剪力 F_{S4} 和弯矩 M_4。

为计算简便，取 4—4 截面以右的一段梁为隔离体，设 F_{S4} 和 M_4 均为正，如图 6.1.9(e)所示。由平衡方程可得

$$F_{S4}=F_B=2F$$
$$M_4=-F_Ba=-2Fa$$

【说明】 ①在求梁横截面上的内力时，可直接由该横截面任一边梁上的外力来计算，即：梁任一横截面上的剪力在数值上等于该截面左边（或右边）梁上所有外力的代数和，左边梁上向上的外力（或右边梁上向下的外力）引起正剪力；反之，引起负剪力。②梁任一横截面上的弯矩在数值上等于该截面左边（或右边）梁上所有外力对该截面形心的力矩之代数和。左边梁上向上的外力及顺时针转向的外力偶（或右边梁上向上的外力及逆时针转向的外力偶）引起正弯矩；反之，引起负弯矩。③比较 F_{S1} 和 F_{S2} 的值可知，在集中力 F_A 作用处的两侧，横截面上的剪力值发生突变，且突变值等于该集中力的大小。④比较 M_3 和 M_4 的值可知，在集中力偶 M 作用处的两侧，横截面上的弯矩值发生突变，且突变值等于该集中力偶的力偶矩。⑤以上这些"规律"其实都是平衡条件所要求的，所以要注意从平衡的角度来理解这些规律。

6.1.4 剪力方程和弯矩方程 剪力图和弯矩图

从 6.1.3 小节的例题可以看出，一般情况下，梁横截面上的剪力和弯矩随横截面位置不同而变化。若沿梁轴方向选取坐标 x 表示横截面的位置，则梁的各横截面上的剪力和弯矩均可以表示为 x 的函数，即

$$F_S = F_S(x), \quad M = M(x)$$

上述两个函数表达式分别称为梁的**剪力方程**和**弯矩方程**。

为能一目了然地看出梁各横截面上的剪力和弯矩随截面位置变化的情况,可仿照轴力图和扭矩图的作法绘出**剪力图**和**弯矩图**。绘图时,以 x 为横坐标,表示各横截面的位置,以 F_S 或 M 为纵坐标,表示相应横截面上的剪力值或弯矩值,并在图上加上正负号。

下面举例说明列剪力方程和弯矩方程以及绘制剪力图和弯矩图的方法。

【例 6.1.2】 图 6.1.10(a)所示为在自由端受集中力 F 作用的悬臂梁,试列出该梁的剪力方程和弯矩方程,并作出剪力图和弯矩图。

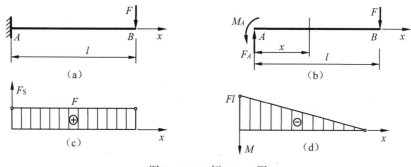

图 6.1.10　例 6.1.2 图

【解】 取梁的轴线为 x 轴,并以梁的左端为坐标原点,变量 x 表示任意横截面的位置,如图 6.1.10(b)所示。在写梁的剪力方程和弯矩方程时,若取 x 截面左边一段梁为隔离体,则需先求支反力。由平衡条件 $\sum F_{iy} = 0$ 及 $\sum M_A(\boldsymbol{F}_i) = 0$,可求得固定端的支反力和约束力矩分别为

$$F_A = F, \quad M_A = Fl$$

根据 x 截面左边梁段上的外力直接求得该截面上的剪力和弯矩分别为

$$F_S = F_A = F, \quad 0 < x < l \tag{a}$$

$$M(x) = F_A x - M_A = Fx - Fl, \quad 0 < x \leqslant l \tag{b}$$

这就是适用于全梁的剪力方程和弯矩方程。

式(a)表明梁各横截面上的剪力均相同,其值为 F,所以剪力图是一条在 x 轴上方且平行于 x 轴的直线,如图 6.1.10(c)所示。

由式(b)可知,$M(x)$ 为 x 的线性函数,因而弯矩图为一斜直线。只需确定直线上的两个点,例如

$$x = 0, \quad M(0) = -Fl$$
$$x = l, \quad M(l) = 0$$

即可绘出弯矩图,如图 6.1.10(d)所示。由图可见,在固定端处右侧横截面上的弯矩值最大,即 $|M|_{\max} = Fl$,而剪力值在各横截面上均相同。

【说明】 ①剪力方程中,在集中力作用处,自变量 x 不取"=";在弯矩方程中,在集中力偶作用处,自变量 x 不取"="。②建筑力学中,正弯矩一般画在纵向纤维受拉一侧。

【例 6.1.3】 图 6.1.11(a)所示简支梁受向下均布荷载 q 作用,试列出该梁的剪力方程和弯矩方程,并作出剪力图和弯矩图。

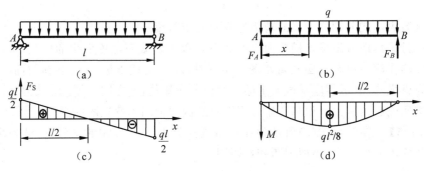

图 6.1.11　例 6.1.3 图

【解】　由对称关系可知,此梁的支反力为 $F_A = F_B = \dfrac{ql}{2}$。

取距左端(横坐标的原点)为 x 的任意横截面,如图 6.1.11(b)所示,按该截面左边梁段上的外力直接计算此截面上的剪力和弯矩,即得梁的剪力方程和弯矩方程分别为

$$F_S(x) = F_A - qx = \frac{ql}{2} - qx, \quad 0 < x < l \tag{a}$$

$$M(x) = F_A x - qx \times \frac{x}{2} = \frac{ql}{2}x - \frac{qx^2}{2}, \quad 0 \leqslant x \leqslant l \tag{b}$$

由式(a)知 $F_S(x)$ 是 x 的线性函数,因而剪力图为一斜直线,只需确定其上两点(例如取 $F_S(0) = \dfrac{ql}{2}$,$F_S(l) = -\dfrac{ql}{2}$),即可绘出剪力图,如图 6.1.11(c)所示。

由式(b)知 $M(x)$ 是 x 的二次函数,弯矩图为二次抛物线,要绘出此曲线,至少需确定曲线上的三个点。对于梁的两端有 $M(0) = 0$ 及 $M(l) = 0$,因为外力对称于跨度的中点,故抛物线的顶点必在跨中,该横截面上的弯矩 $M\left(\dfrac{l}{2}\right) = \dfrac{ql^2}{8}$。据此即可绘出弯矩图,如图 6.1.11(d)所示。

由内力图可见,跨中横截面上的弯矩值为最大,即 $M_{\max} = \dfrac{ql^2}{8}$,而在该截面上剪力 $F_S = 0$;两支座内侧横截面上剪力值为最大,即 $F_{S,\max} = \dfrac{ql}{2}$。

【例 6.1.4】　图 6.1.12(a)所示简支梁在 C 点处受集中力 F 作用,试列出此梁的剪力方程和弯矩方程,并作出剪力图和弯矩图。

【解】　由 $\sum M_B(\boldsymbol{F}_i) = 0$ 及 $\sum M_A(\boldsymbol{F}_i) = 0$ 的平衡条件求得支反力(图 6.1.12(b))为

$$F_A = \frac{b}{l}F, \quad F_B = \frac{a}{l}F$$

由于集中力 F 将梁分为 AC 和 CB 两段,在 AC 段内任意横截面左侧的外力只有支反力 F_A,而在 CB 段内任意横截面左侧的外力有支反力 F_A 和集中力 F,所以两段梁的内力方程不会相同,应将它们分段写出。

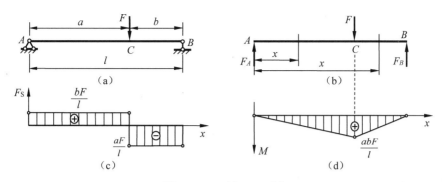

图 6.1.12　例 6.1.4 图

AC 段：

$$F_S(x) = F_A = \frac{Fb}{l}, \quad 0 < x < a \tag{a}$$

$$M(x) = F_A x = \frac{Fb}{l}x, \quad 0 \leqslant x \leqslant a \tag{b}$$

CB 段：

$$F_S(x) = F_A - F = -\frac{Fa}{l}, \quad a < x < l \tag{c}$$

$$M(x) = F_A x - F(x-a) = \frac{Fb}{l}x - F(x-a), \quad a \leqslant x \leqslant l \tag{d}$$

根据式(a)、式(c)作剪力图，AC 和 CB 段的剪力图各是一条平行于 x 轴的直线，如图 6.1.12(c)所示。当 $a>b$ 时，在 CB 段内的剪力值取最大，即 $|F_S|_{max} = \dfrac{Fa}{l}$。

根据式(b)、式(d)作弯矩图，两段梁的弯矩图各是一条斜直线，如图 6.1.12(d)所示。在集中力 F 作用处的横截面上弯矩值取最大，即 $M_{max} = \dfrac{Fab}{l}$。若 $a=b=\dfrac{1}{2}l$，即集中荷载 F 作用在梁的跨中时，则最大弯矩发生在梁的跨中截面，其值为 $M_{max} = \dfrac{1}{4}Fl$。

从剪力图和弯矩图可以看出，在集中力和集中力偶作用处的左、右侧的截面上，剪力图和弯矩图分别产生突变。具体分析如下。

假若在集中力或集中力偶作用处两侧对称地取一长为 Δ 的微段，由于作用截面处内力不一定连续，故以"$-$"和"$+$"作为下标分别表示该截面的左侧和右侧所对应的物理量。

如图 6.1.13(a)所示，对于指向向下的集中力作用处，列平衡方程：

$$\sum F_{iy} = 0, F_{S+} + F - F_{S-} = 0, \ F_{S+} = F_{S-} - F$$

即指向向下的集中力 F 作用处，右侧截面剪力比左侧截面剪力小 F。

$$\sum M(\boldsymbol{F}_i) = 0, \quad M_+ + F \cdot \frac{\Delta}{2} - F_{S-}\Delta - M_- = 0, \quad M_+ = M_- \ (\Delta \to 0)$$

即只有集中力作用处的弯矩图连续。

如图 6.1.13(b)所示，对于指向向上的集中力作用处，也可得出对应的结论。

如图 6.1.14(a)所示，对于顺时针集中力偶作用处，列平衡方程

$$\sum F_{iy}=0, \quad F_{S+}-F_{S-}=0, \quad F_{S+}=F_{S-}$$

即在集中力偶作用处剪力图连续。

$$\sum M(\boldsymbol{F}_i)=0, \quad M_+-M_e-F_{S-}\Delta-M_-=0, \quad M_+=M_-+M_e(\Delta\to0)$$

即弯矩图有突变，顺时针作用的外力偶 M_e，其右侧截面的弯矩比左侧截面的弯矩大，二者差值为 M_e。

对于逆时针作用的集中力偶，如图 6.1.14(b) 所示，也可得出对应的结论。

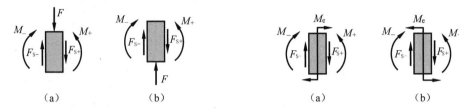

图 6.1.13　集中力作用的左右侧截面的内力　　　图 6.1.14　集中力偶作用的左右侧截面的内力

根据上述平衡方程，可以得出以下结论：

（1）对于集中力作用处的剪力图，左、右两侧会产生突变，以剪力向上为正，自左向右绘制时，则向下作用的外力，右侧的剪力相对左侧要向下突变；向上作用的外力，右侧的剪力相对左侧要向上突变（即沿外力作用的方向产生外力大小的突变）。但只有集中力作用而没有集中力偶作用处的弯矩图保持连续。

（2）对于集中力偶作用处的弯矩图，左、右两侧会产生突变，以弯矩向下为正，自左向右绘制时，则逆时针作用的外力偶，其右侧截面的弯矩相对左侧要向上突变（即弯矩减小）；顺时针作用的外力偶，右侧的弯矩相对左侧要向下突变（即弯矩增加）。但只有集中力偶作用而没有集中力作用处的剪力图则保持连续。

【评注】　对于图 6.1.14 中集中力偶作用处右侧截面的弯矩相对于左侧截面是增加或者减小，也可以通过考察力偶使作用处右边截面的上、下侧中哪一侧的纵向纤维受拉来判断。如图 6.1.14(a) 所示，M_e 使右边截面的下侧纵向纤维拉伸，自左向右绘制弯矩图时 M_e 右边截面的弯矩应在左边弯矩值的基础上向下跳跃。反之，如图 6.1.14(b) 所示，其中的 M_e 则使右边截面上侧的纵向纤维受拉，M_e 右边截面的弯矩应在左边弯矩值的基础上向上跳跃。

6.1.5　叠加法绘制弯矩图

如前所述，处于线弹性状态下的梁受荷载作用时，由于产生的变形极其微小，从而得到的支反力与内力均与梁上的荷载呈线性关系。在这种情况下，当梁上受几种荷载共同作用时，某一横截面上的内力（如弯矩）就等于该梁在各荷载单独作用下同一横截面上的同一内力（如弯矩）的代数和。此即为**叠加原理**。于是可先分别画出每一种荷载单独作用下的弯矩图，然后将各弯矩图叠加起来就得到总弯矩图。

【说明】　①叠加原理在线弹性和小变形的前提下，不仅对于求解构件内力适用，对于求解截面的位移、应力等力学量也适用；②如果各个荷载单独作用产生的内力方向不在同一直线上,则合成后的内力应为其矢量和;③叠加原理在建筑力学中起着非常重要的作用,但需要注意该原理适用的前提条件。

【例 6.1.5】 试用叠加法作图 6.1.15(a)所示简支梁在均布荷载 q 和集中力偶 M_e 作用下的弯矩图。设 $M_e = \dfrac{1}{8}ql^2$。

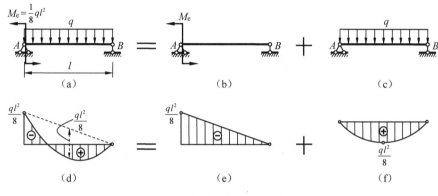

图 6.1.15 例 6.1.5 图

【解】 (1)先考虑梁上只有集中力偶 M_e 作用(图 6.1.15(b)),画出弯矩图如图 6.1.15(e)所示;再考虑梁上只有均布荷载 q 作用(图 6.1.15(c)),画出弯矩图如图 6.1.15(f)所示。

(2) 将以上两个弯矩图中相同截面上的弯矩值相加,便得到总的弯矩图如图 6.1.15(d)所示。

在叠加弯矩图时,也可以以图 6.1.15(e)的斜直线(即图 6.1.15(d)中的虚线)为基线,画出均布荷载 q 作用下的弯矩图。于是两图的共同部分正负抵消,剩下的即为叠加后的弯矩图。

【说明】 ①用叠加法画弯矩图,一般要求梁在荷载单独作用下的弯矩图能够比较方便地画出,且梁受的荷载也不太复杂;②在分布荷载作用的范围内,用叠加法有时不易直接求出弯矩的极值(如果弯矩存在极值的话),如需求出弯矩极值,仍需求出剪力为零的位置后,再计算确定;③本书 10.1 节中的分段叠加(或拟简支梁法)绘制弯矩图与本节的叠加法实质上是一致的。这里的叠加是指弯矩值的叠加,不是几何图形的简单叠加,都需要线性体系的前提条件。

6.2 弯矩、剪力与荷载集度之间的关系及其应用

6.2.1 弯矩、剪力与荷载集度之间的关系

图 6.2.1(a)表示受横向力及外力偶矩作用的梁。坐标原点取在梁的左端,分布荷载集度 $q(x)$ 是 x 的连续函数,并规定**以向上为正**。现用两个横截面从梁中取出长为 dx 的微段来研究,如图 6.2.1(b)所示。设距坐标原点为 x 的截面上的剪力和弯矩分别为 $F_S(x)$ 和 $M(x)$,该处的荷载集度为 $q(x)$,而距原点为 $x + dx$ 的截面上的剪力和弯矩分别为 $F_S(x) + dF_S(x)$ 和 $M(x) + dM(x)$。以上各内力均设为正的,由于 dx 非常小,故可略去

$q(x)$在 dx 长度上的改变量。在上述各力作用下,该微段梁应保持平衡。

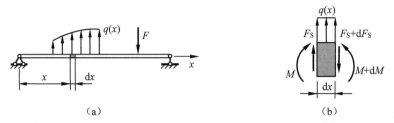

图 6.2.1　梁的受力与微段的平衡

可列出平衡方程(记微段右侧截面的形心为 C)

$$\sum F_{iy}=0, \quad F_S(x)-[F_S(x)+dF_S(x)]+q(x)dx=0 \tag{a}$$

$$\sum M_C(F_i)=0, \quad [M(x)+dM(x)]-M(x)-F_S(x)dx-q(x)dx \cdot \frac{dx}{2}=0 \tag{b}$$

由式(a)得

$$\frac{dF_S(x)}{dx}=q(x) \tag{6.2.1}$$

由式(b),并略去二阶微量 $[q(x)/2](dx)^2$ 后,可得

$$\frac{dM(x)}{dx}=F_S(x) \tag{6.2.2}$$

将式(6.2.2)代入式(6.2.1),则得

$$\frac{d^2M(x)}{dx^2}=q(x) \tag{6.2.3}$$

以上三式就是弯矩 $M(x)$、剪力 $F_S(x)$ 和荷载集度 $q(x)$ 三函数间的关系式。

【说明】 ①在推导式(6.2.1)～式(6.2.3)时,x 轴以指向右为正,若将 x 轴的原点取在梁的右端,即 x 以指向左为正时,则式(6.2.1)和式(6.2.2)在等号的右边应加一个负号。式(6.2.3)则不会因坐标原点的改动而影响其正负号。②在推导式(6.2.1)～式(6.2.3)时,微段内没有集中力和集中力偶作用。如果有集中荷载作用,此时内力方程可能不是连续函数,式(6.2.1)～式(6.2.3)原则上不再成立。这时应在集中荷载作用处分段,内力图在集中荷载作用处的变化按照图 6.1.13 或图 6.1.14 中对应的关系处理。

上述三式反映了弯矩、剪力与荷载集度之间的内在联系。对弯矩图和剪力图来说,这些关系式的几何意义如下:式(6.2.1)表明,剪力图上某点处的切线斜率等于该点处荷载集度的大小;式(6.2.2)表明,弯矩图上某点处的切线斜率等于该点处剪力的大小。利用这些关系式有利于绘制或校核剪力图和弯矩图。下面结合常见的荷载情况,并结合上述例题,对 F_S、M 图的某些几何特征作一些说明。

(1)若梁上某区段内无分布荷载,即 $q(x)=0$,则该区段内的剪力图为水平直线(或该区段内剪力均为零),弯矩图为倾斜直线(或为水平直线)。

(2)若梁上某区段内有向下的均布荷载作用,即 $q(x)=$ 负常量,如图 6.2.2(a)所示,则该区段内的剪力图为向右下方倾斜的直线,弯矩图为向下凸的二次抛物线。当 $q(x)$ 为正的常量时,如图 6.2.2(b)所示,剪力图为向右上方倾斜的直线,弯矩图为向上凸的二次抛物线。在剪力等于零的截面处,弯矩有极值,此处弯矩图切线的斜率为零。

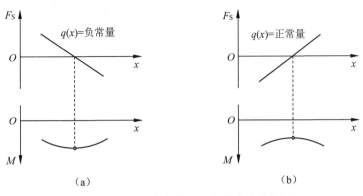

图 6.2.2 均布荷载作用区段的内力趋势图

(3) 在集中力作用处,剪力图有突变,突变量等于该集中力的大小,弯矩图有尖角;在集中力偶作用处,弯矩图有突变,突变量等于该力偶矩的数值。这些可从例 6.1.4、例 6.1.5 的剪力图和弯矩图中看出。

【思考】 ①在推导关系式(6.2.1)~式(6.2.3)时,如果作用在梁上的荷载除横向分布荷载 $q(x)$ 之外,还有矢量方向垂直于 Oxy 平面的分布外力偶 $m_1(x)$,微分关系式(6.2.1)~式(6.2.3)有没有变化?具体形式如何?②如果存在轴向分布外荷载,或者矢量方向平行于 x 轴的分布外力偶 $m_2(x)$,情况又会怎样?

若将式(6.2.1)和式(6.2.2)改写成微分形式:
$$\mathrm{d}F_{\mathrm{S}}(x) = q(x)\mathrm{d}x, \quad \mathrm{d}M(x) = F_{\mathrm{S}}(x)\mathrm{d}x$$
并在 $x=a$ 到 $x=b$ 的区间(该区间内无集中力和集中力偶作用)积分,可分别得到
$$\int_a^b \mathrm{d}F_{\mathrm{S}}(x) = \int_a^b q(x)\mathrm{d}x, \quad \int_a^b \mathrm{d}M(x) = \int_a^b F_{\mathrm{S}}(x)\mathrm{d}x$$
可写为
$$F_{\mathrm{S},b} - F_{\mathrm{S},a} = \int_a^b q(x)\mathrm{d}x, \quad M_b - M_a = \int_a^b F_{\mathrm{S}}(x)\mathrm{d}x$$
或
$$F_{\mathrm{S},b} = F_{\mathrm{S},a} + \int_a^b q(x)\mathrm{d}x \tag{6.2.4}$$
$$M_b = M_a + \int_a^b F_{\mathrm{S}}(x)\mathrm{d}x \tag{6.2.5}$$

式中,$F_{\mathrm{S},a}$ 和 $F_{\mathrm{S},b}$ 分别为 $x=a$ 和 $x=b$ 处两个横截面上的剪力;M_a 和 M_b 则分别为这两个截面上的弯矩;积分项 $\int_a^b q(x)\mathrm{d}x$ 和 $\int_a^b F_{\mathrm{S}}(x)\mathrm{d}x$ 分别为这两个截面间的分布荷载图的面积和剪力图的面积,因为 $q(x)$ 和 $F_{\mathrm{S}}(x)$ 是有正负的,所以在这两个面积的前面也应带有相应的正负号。

利用荷载集度、剪力和弯矩三个函数之间的微分关系来判断每一区段剪力图和弯矩图的规律,然后算出(可以利用平衡方程或积分关系)某些控制截面的剪力和弯矩值,即可作出梁的剪力图和弯矩图,而不必写出剪力方程和弯矩方程,从而使作图过程简化;也可以利用这些关系校核内力图的正确性。

6.2.2 利用微分关系绘制静定梁的剪力图和弯矩图

【例 6.2.1】 利用 M、F_S 和 q 间的关系作图 6.2.3 所示简支梁的 F_S 图、M 图。

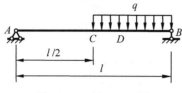

图 6.2.3 例 6.2.1 图

例 6.2.1 的求解过程

【解】 求解过程请扫描对应的二维码获得。

【例 6.2.2】 利用 M、F_S 和 q 间的关系作图 6.2.4 所示外伸梁的 F_S 图、M 图。

【解】 求解过程请扫描对应的二维码获得。

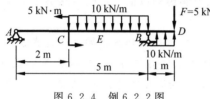

图 6.2.4 例 6.2.2 图

例 6.2.2 的求解过程

6.3 惯性矩 惯性积和惯性半径

6.3.1 截面的静矩

设任一截面如图 6.3.1 所示,其面积为 A,y 轴和 z 轴是截面所在平面内的任意一对直角坐标轴。在截面内任取微面积 dA,其坐标分别为 y 和 z,则称 $y dA$ 和 $z dA$ 分别为微面积 dA 对 z 轴和 y 轴的**静面积矩**(若将 dA 看作力,则 $y dA$ 和 $z dA$ 在形式上相当于静力学中的力矩);遍及整个截面面积 A 的积分

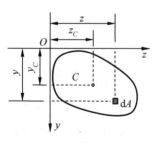

图 6.3.1 静矩的概念

$$\begin{cases} S_z = \int_A y \, dA \\ S_y = \int_A z \, dA \end{cases} \qquad (6.3.1)$$

分别定义为该截面对 z 轴和 y 轴的**静面积矩**(或**面积矩**),简称**静矩**。

截面的静矩不仅与截面的形状和尺寸大小有关,而且与所选坐标轴的位置有关,同一截面对于不同坐标轴的静矩是不相同的。静矩的数值可正、可负,也可等于零。静矩的量纲为[长度]^3,常用单位为立方米(m^3)或立方毫米(mm^3)。

由面积的形心坐标公式及上述静矩的概念,可得形心坐标与静矩之间的关系为

$$\begin{cases} y_C = \dfrac{S_z}{A} \\[3mm] z_C = \dfrac{S_y}{A} \end{cases} \tag{6.3.2}$$

或利用形心坐标,将静矩改写为

$$\begin{cases} S_z = y_C A \\[2mm] S_y = z_C A \end{cases} \tag{6.3.3}$$

6.3.2　惯性矩　惯性积和惯性半径

对于图 6.3.1 中取的微面积 dA,$y^2 dA$ 和 $z^2 dA$ 分别称为微面积 dA 对 z 轴和 y 轴的**惯性矩**(若将 dA 看作质量,则 $y^2 dA$ 和 $z^2 dA$ 即相当于动力学中的转动惯量,故称为惯性矩),遍及整个截面面积 A 的积分

$$\begin{cases} I_z = \displaystyle\int_A y^2 \, dA \\[4mm] I_y = \displaystyle\int_A z^2 \, dA \end{cases} \tag{6.3.4}$$

则分别定义为该截面对 z 轴和 y 轴的**惯性矩**。

微面积 dA 与两坐标 y、z 的乘积 $yz\,dA$ 称为微面积 dA 对 y、z 轴的**惯性积**;而遍及整个截面面积 A 的积分

$$I_{yz} = \int_A yz \, dA \tag{6.3.5}$$

则定义式(6.3.5)为该截面对 y、z 轴的**惯性积**。

【**说明**】①同一截面对不同坐标轴的惯性矩或惯性积是不相同的。②由于积分式中的 y^2 和 z^2 总是正的,故惯性矩的值恒为正值,而坐标 yz 的乘积可正可负,所以惯性积的值可能为正或为负,也可能等于零。③惯性矩和惯性积的量纲相同,均为[长度]^4,其常用单位为四次方米(m^4)或四次方毫米(mm^4)。

对于由若干个简单图形所组成的组合截面,根据惯性矩的定义可知,组合截面对于某轴的惯性矩等于它的各组成部分对同一轴的惯性矩之和,惯性积也类同,故它们可表示为

$$\begin{cases} I_z = \displaystyle\sum_{i=1}^{n} I_{z_i} \\[4mm] I_y = \displaystyle\sum_{i=1}^{n} I_{y_i} \\[4mm] I_{yz} = \displaystyle\sum_{i=1}^{n} I_{y_i z_i} \end{cases} \tag{6.3.6}$$

式中,I_{y_i}、I_{z_i} 和 $I_{y_i z_i}$ 分别为组合截面中第 i 个面积对 y、z 轴的惯性矩和惯性积。

在某些场合,还把惯性矩写成截面面积 A 与某一长度平方的乘积,即

$$\begin{cases} I_y = A i_y^2 \\[2mm] I_z = A i_z^2 \end{cases} \tag{6.3.7}$$

或改写为

$$\begin{cases} i_y = \sqrt{\dfrac{I_y}{A}} \\ i_z = \sqrt{\dfrac{I_z}{A}} \end{cases} \qquad (6.3.8)$$

式中，i_y 和 i_z 分别称为截面对 y 轴和 z 轴的**惯性半径**。惯性半径的量纲为[长度]，常用单位为毫米(mm)或米(m)等。

【例 6.3.1】 试计算图 6.3.2 所示矩形截面对其对称轴 y 和 z 的惯性矩 I_y、I_z 和惯性积 I_{yz}。

【解】 取平行于 z 轴的窄长条作为微面积 dA，则 $dA = b\,dy$，根据惯性矩的定义得

$$I_z = \int_A y^2 dA = \int_{-\frac{h}{2}}^{+\frac{h}{2}} y^2 \cdot b\,dy = \frac{bh^3}{12}$$

用完全相同的方法取 $dA = h\,dz$，可求得 $I_y = \dfrac{hb^3}{12}$。惯性积为

$$I_{yz} = \int_A yz\,dA = \int_{-\frac{h}{2}}^{+\frac{h}{2}} \int_{-\frac{b}{2}}^{\frac{b}{2}} yz\,dz\,dy = \int_{-\frac{b}{2}}^{\frac{b}{2}} z\,dz \cdot \int_{-\frac{h}{2}}^{+\frac{h}{2}} y\,dy = 0$$

【例 6.3.2】 试计算图 6.3.3 所示圆截面对其形心轴的惯性矩。

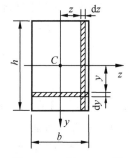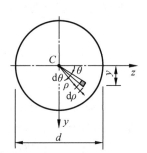

图 6.3.2　例 6.3.1 图　　　　图 6.3.3　例 6.3.2 图

【解】 解法一：直接进行二次积分来求。

$$I_z = \int_A y^2 dA = \int_0^{2\pi} \int_0^{d/2} \rho^2 \sin^2\theta \cdot \rho\,d\rho\,d\theta$$

$$= \int_0^{2\pi} \sin^2\theta\,d\theta \cdot \int_0^{2\pi} \int_0^{d/2} \rho^3 d\rho = \frac{2\pi}{2} \cdot \frac{1}{4}\left(\frac{d}{2}\right)^4 = \frac{\pi d^4}{64}$$

由于圆截面对圆心是极对称的，它对任意形心轴的惯性矩均应相等，所以 $I_y = I_z = \pi d^4 / 64$。

解法二：利用圆形截面的极惯性矩来求。已知圆截面对形心 C 的极惯性矩 $I_p = \int_A \rho^2 dA = \pi d^4 / 32$，由于 $\rho^2 = y^2 + z^2$，所以

$$I_p = \int_A \rho^2 dA = \int_A (y^2 + z^2)\,dA = \int_A y^2 dA + \int_A z^2 dA$$

即

$$I_\text{p} = I_y + I_z \tag{6.3.9}$$

考虑到圆截面的极对称性,故有 $I_y = I_z$,即 $I_y = I_z = \dfrac{1}{2} I_\text{p} = \dfrac{\pi d^4}{64}$。

图 6.3.4 中所示的各空心截面可看作大实心截面的面积与小实心截面的负面积的组合,从而对 y、z 轴的惯性矩可分别求得如下:

空心圆截面:

$$I_y = I_z = \frac{\pi D^4}{64} - \frac{\pi d^4}{64} = \frac{\pi D^4}{64}(1 - \alpha^4)$$

式中,$\alpha = \dfrac{d}{D}$。

箱形截面:

$$I_z = \frac{BH^3}{12} - \frac{bh^3}{12}$$

$$I_y = \frac{HB^3}{12} - \frac{hb^3}{12}$$

【例 6.3.3】 试计算图 6.3.5 所示三角形截面对平行于底边的形心轴 z 的惯性矩 I_z。

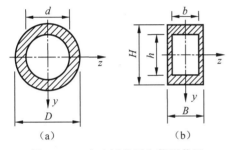

图 6.3.4 空心圆截面和箱形截面

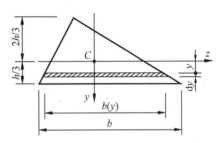

图 6.3.5 例 6.3.3 图

【解】 取平行于 z 轴的窄长条为微面积,其长度为 $b(y)$。由比例关系可得

$$b(y) : b = \left(\frac{2h}{3} + y\right) : h$$

$$b(y) = \frac{b}{h}\left(\frac{2h}{3} + y\right)$$

微面积为

$$\mathrm{d}A = b(y)\mathrm{d}y = \frac{b}{h}\left(\frac{2h}{3} + y\right)\mathrm{d}y$$

三角形对 z 轴的惯性矩为

$$I_z = \int_A y^2 \mathrm{d}A = \int_{-2h/3}^{h/3} y^2 \frac{b}{h}\left(\frac{2h}{3} + y\right)\mathrm{d}y = \int_{-2h/3}^{h/3}\left(\frac{2}{3}by^2 + \frac{b}{h}y^3\right)\mathrm{d}y = \frac{bh^3}{36}$$

6.3.3 平行移轴公式

同一截面对于不同坐标轴的惯性矩和惯性积一般是不相同的,但当两对坐标轴平行,且其中的一对坐标轴是截面的形心轴时,截面对这两对坐标轴的惯性矩和惯性积存在着比较

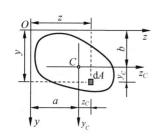

图 6.3.6 截面对平行轴的惯性矩之间的关系

简单的关系。可以利用这种关系,简化对组合截面的惯性矩和惯性积的计算。

设任一截面如图 6.3.6 所示,C 为形心,y_C、z_C 轴为截面的形心轴,y、z 轴分别与 y_C、z_C 轴平行,a 和 b 是截面形心 C 在 y、z 坐标系中的坐标值。现在研究截面对这两对坐标轴的惯性矩以及惯性积间的关系。

显然,截面上任一微面积 dA 在两坐标系中的坐标之间的关系为

$$y = y_C + b, \quad z = z_C + a$$

代入式(6.3.4)和式(6.3.5),可得

$$I_y = \int_A z^2 \, dA = \int_A (z_C + a)^2 \, dA = \int_A z_C^2 \, dA + 2a \int_A z_C \, dA + a^2 \int_A dA$$

$$I_z = \int_A y^2 \, dA = \int_A (y_C + b)^2 \, dA = \int_A y_C^2 \, dA + 2b \int_A y_C \, dA + b^2 \int_A dA$$

$$I_{yz} = \int_A yz \, dA = \int_A (y_C + b)(z_C + a) \, dA$$

$$= \int_A y_C z_C \, dA + a \int_A y_C \, dA + b \int_A z_C \, dA + ab \int_A dA$$

式中,$\int_A z_C^2 \, dA = I_{y_C}$,$\int_A y_C^2 \, dA = I_{z_C}$,$\int_A y_C z_C \, dA = I_{y_C z_C}$,$\int_A dA = A$。$\int_A z_C \, dA$ 和 $\int_A y_C \, dA$ 分别为截面对其形心轴 y_C、z_C 的静矩,故均应等于零。于是,上列三式简化为

$$\begin{cases} I_y = I_{y_C} + a^2 A \\ I_z = I_{z_C} + b^2 A \\ I_{yz} = I_{y_C z_C} + abA \end{cases} \tag{6.3.10}$$

式(6.3.10)即为惯性矩和惯性积的**平行移轴公式**。应用第三个式子时,应注意 a 和 b 两坐标值的正、负号,其符号由形心 C 在 y、z 坐标系中所在象限决定。

【例 6.3.4】 试计算图 6.3.7 所示截面对 y 轴的惯性矩 I_y。

【解】 可把该截面看成是由矩形截面减去两个直径为 d 的圆截面所组成。

矩形截面对 y 轴的惯性矩 $I_{y_1} = \dfrac{hb^3}{12}$。

利用平行移轴公式可求得每个圆截面对 y 轴的惯性矩。

已知左侧圆截面对本身形心轴 y_{C_1} 的惯性矩 $I_{y_{C_1}} = \dfrac{\pi d^4}{64}$,面积 $A = \dfrac{\pi d^2}{4}$,则左侧圆截面对 y 轴的惯性矩为

$$I_{y_2} = \frac{\pi d^4}{64} + \left(\frac{b}{4}\right)^2 \cdot \frac{\pi d^2}{4}$$

故

$$I_y = I_{y_1} - 2I_{y_2} = \frac{hb^3}{12} - 2\left[\frac{\pi d^4}{64} + \left(\frac{b}{4}\right)^2 \cdot \frac{\pi d^2}{4}\right] = \frac{hb^3}{12} - \frac{\pi d^2}{32}(d^2 + b^2)$$

【例 6.3.5】 求图 6.3.8 所示半圆形截面对平行于底边的 z 轴的惯性矩 I_z。

【解】 求解过程请扫描对应的二维码获得。

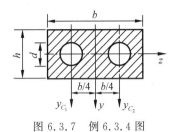

图 6.3.7 例 6.3.4 图

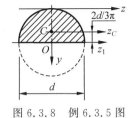

图 6.3.8 例 6.3.5 图

例 6.3.5 的求解过程

6.3.4 主惯性轴与形心主惯性轴

设某一截面对通过平面内任一点 O 的 y_1、z_1 轴的惯性积 $I_{y_1z_1}=0$，这一对坐标轴就称为**主惯性轴**（简称**主轴**）。截面对主轴的惯性矩称为**主惯性矩**。

可以证明，当坐标系绕坐标原点旋转时，截面对过同一坐标原点的任意一对正交轴的两惯性矩之和为一常数。由于惯性矩的非负性和惯性矩对转角的连续性，平面图形对过同一坐标原点的两个坐标轴的惯性矩中，存在一个惯性矩最大，另一个惯性矩最小。此时截面对这一对轴的惯性积为零，即这一对坐标轴为主惯性轴。截面一般对主惯性轴中的一个轴的惯性矩取极大值，而对与其垂直的另外一个轴的惯性矩取极小值。

当主轴的交点与截面的形心重合时，这对坐标轴就称为**形心主惯性轴**（简称**形心主轴**）。截面对形心主轴的惯性矩称为**形心主惯性矩**。如上所述，截面对两个形心主惯性轴的惯性矩中，一个为最大值，另一个为最小值。一般可根据截面面积离形心主轴的远近，直观判定对哪个轴的惯性矩为最大值，对哪一个为最小值。在弯曲问题的计算中，都需要确定形心主轴的位置，并算出形心主惯性矩的值。

若截面有两个对称轴，这两个对称轴就是截面的形心主轴。因为对称轴必通过截面的形心，且截面对于对称轴的惯性积等于零。当截面只有一个对称轴时，则该对称轴及过形心并与对称轴相垂直的轴即为截面的形心主轴。

6.4 梁的弯曲正应力与强度计算

6.4.1 纯弯曲与横力弯曲

本章前面主要讨论的是弯曲内力，即弯曲内力与外部荷载之间的关系及规律。从本节开始，在弯曲内力的基础上讨论与弯曲内力对应的弯曲应力，即如何确定弯曲应力的大小及其服从的分布规律。当梁横截面上只有弯矩而剪力为零时，梁的弯曲只与弯矩有关，称为**纯弯曲**。例如悬臂梁在纵向对称平面内的自由端处作用一集中力偶时，梁内任意截面上的剪力为零，但弯矩不等于零，故此时整个梁就发生纯弯曲。但对梁的内力分析表明，在一般情况下，梁横截面上同时存在弯矩和剪力，梁的弯曲不仅与弯矩有关，还与剪力有关，梁除了弯曲变形外，还有剪切变形，称梁的这种弯曲为**横力弯曲**。例如图 6.4.1(a)所示简支梁，在两个对称集中荷载作用下，其剪力图和弯矩图如图 6.4.1(b)、(c)所示，可见该梁的 AC 段和

DB 段的剪力和弯矩均不等于零,故发生的是横力弯曲;而 CD 段的剪力为零,弯矩不等于零,故发生的是纯弯曲。结合静力学关系可知,弯矩是杆件受力而弯曲时横截面上法向分布内力系的合力偶矩,剪力是横截面上切向分布内力系的合力。所以,梁纯弯曲时,横截面上只有正应力,没有切应力;梁横力弯曲时,其横截面上同时存在正应力和切应力。通常将梁弯曲时横截面上的正应力与切应力分别称为弯曲正应力与弯曲切应力。

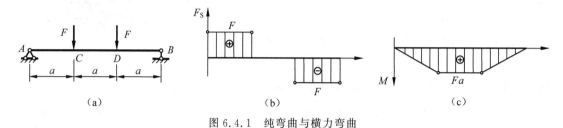

图 6.4.1 纯弯曲与横力弯曲

6.4.2 纯弯曲时横截面上的正应力

实际工程表明,梁强度的主要控制因素是与弯矩有关的弯曲正应力。所以,对梁弯曲正应力的研究是本章的主要内容之一。为此,首先讨论梁在纯弯曲情况下正应力的计算。

与圆轴扭转问题相似,要取得梁弯曲正应力的计算公式,必须综合考虑几何、物理和静力学三方面的关系。

1. 几何关系

首先观察梁的变形情况。取一根具有纵向对称面的等截面直梁,加载前,在其表面画上与轴线平行的纵向线 ab 和 cd,以及垂直于纵向线的横向线 mm 和 nn,如图 6.4.2(a)所示,然后,在梁的纵向对称面内施加一对大小相等、方向相反的力偶,如图 6.4.2(b)所示,使梁处于纯弯曲状态。由此可观察到:

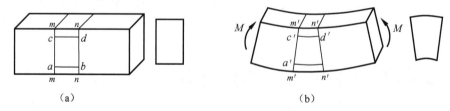

图 6.4.2 梁的纯弯曲

(1)梁表面的横向线变形后仍为直线,仍与纵线正交,只是转动了一个小角度。

(2)梁表面的纵向线变形后均成为曲线,但仍与转动后的横向线保持垂直,且靠近凹边的纵向线缩短,而靠近凸边的纵向线伸长。

(3)纵线伸长区,截面宽度减小;纵线缩短区,截面宽度增大。

根据梁表面的上述变形现象,考虑到材料的连续性、均匀性,以及从梁的表面到其内部并无使其变形突变的作用因素,可以由表及里对梁的变形作如下假设:①平面假设。变形前为平面的横截面,变形后仍为平面,且仍与弯曲了的纵向线保持垂直,只是绕横截面内某根轴转了一个角度。②单向受力假设。将梁设想成由众多平行于梁轴线的纵向纤维所组成,梁内各纵向纤维之间无挤压,仅承受拉应力或压应力。

根据上述假设,梁弯曲时,一部分纤维伸长,
另一部分纤维缩短,而梁本身的结构和受力相对
于纵向对称面对称,故在梁的上、下纤维之间必存
在一既不伸长也不缩短的过渡层,称为**中性层**。
中性层与横截面的交线称为**中性轴**,如图 6.4.3
所示。由前述关于梁变形的平面假设可知,梁弯
曲时,横截面即绕其中性轴转动,且中性轴必垂直
于纵向对称面。

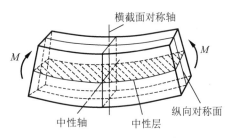

图 6.4.3　中性层位置的确定

上面对梁的变形作了定性分析,为了得到弯曲正应力的计算公式,还需对与弯曲正应力
有关的纵向线应变作定量分析。为此,沿横截面的法线方向取 x 轴,如图 6.4.4(a)所示,用
相距 dx 的左、右两个横截面 $m—m'$ 与 $n—n'$ 从梁中取出一微段,并在微段梁的横截面上取
荷载作用面与横截面的交线为 y 轴(横截面的对称轴),取中性轴为 z 轴。由于中性轴垂
直于荷载作用面,故 z 轴垂直于 y 轴,如图 6.4.4(b)所示。

根据平面假设,微段梁变形后,其左、右横截面 $m—m'$ 与 $n—n'$ 仍保持平面,只是相对转
动了一个角度 $d\theta$,如图 6.4.4(c)所示。设微段梁变形后中性层 O_1O_2 的曲率半径为 ρ,由单向
受力假设可知,平行于中性层的同一层上各纵向纤维的伸长量或缩短量相同。故距中性层
O_1O_2 为 y 的各点处的纵向线应变均相等,并且可以用纵向线 $a'b'$ 的纵向线应变来度量,即

$$\varepsilon = \frac{\widehat{a'b'} - \overline{ab}}{\overline{ab}} = \frac{(\rho + y)d\theta - \rho d\theta}{\rho d\theta} = \frac{y}{\rho} \tag{6.4.1}$$

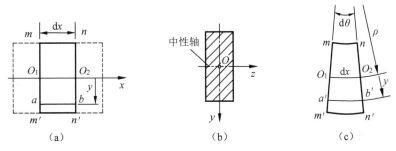

（a）　　　　　　　　　（b）　　　　　　　　　（c）

图 6.4.4　平面假设及横截面上任一点的纵向线应变

对任一指定横截面,ρ 为常量,因此,式(6.4.1)表明,横截面上任一点处的纵向线应变
与该点到中性轴的距离 y 成正比,中性轴上各点处的线应变为零。

【说明】　式(6.4.1)是根据平面假设,由梁的变形几何关系导出的,与梁材料的力学性
质无关,故无论材料的应力、应变关系如何,只要满足平面假设,式(6.4.1)都是适用的。

2. 物理关系

根据单向受力假设,梁上各点皆处于单向应力状态。在应力不超过材料的比例极限即
材料为线弹性,以及材料在拉(压)时弹性模量相同的条件下,由胡克定律,得

$$\sigma = E\varepsilon = E \cdot \frac{y}{\rho} \tag{6.4.2}$$

对任一指定的横截面,E/ρ 为变量,因此式(6.4.2)表明,横截面上任一点处的弯曲正

应力与该点到中性轴的距离 y 成正比,即弯曲正应力沿截面高度按线性分布,中性轴上各点处的弯曲正应力为零。据此可绘出梁横截面上正应力沿高度的分布规律如图 6.4.5 所示。图中,$\sigma_{c,max}$ 和 $\sigma_{t,max}$ 分别表示最大压应力和最大拉应力。

3. 静力学关系

图 6.4.6 中示出了横截面上各点处的法向微内力。σdA 组成一空间平行力系,而且由于弯曲时横截面上没有轴力,仅有位于 xy 面内的弯矩 M,故按静力学关系,有

$$\int_A \sigma dA = 0 \qquad (6.4.3)$$

$$\int_A z\sigma dA = 0 \qquad (6.4.4)$$

$$\int_A y\sigma dA = M \qquad (6.4.5)$$

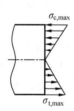

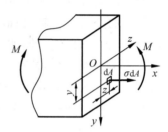

图 6.4.5　梁横截面上正应力的分布规律　　　图 6.4.6　梁的内力与应力

将式(6.4.2)代入式(6.4.3)得

$$\int_A E\frac{y}{\rho}dA = \frac{E}{\rho}\int_A ydA = \frac{E}{\rho}S_z = 0$$

式中,$S_z = \int_A ydA$,为截面 A 对中性轴 z 的静矩。由于 $E/\rho \neq 0$,故必有

$$S_z = 0 \qquad (6.4.6)$$

式(6.4.6)表明,中性轴 z 为横截面的形心轴。

将式(6.4.2)代入式(6.4.4)得

$$\int_A \sigma z dA = \frac{E}{\rho}\int_A yz dA = \frac{E}{\rho}I_{yz} = 0$$

式中,$I_{yz} = \int_A yz dA$,为横截面 A 对 y、z 轴的惯性积。由于 $E/\rho \neq 0$,故必有

$$I_{yz} = 0 \qquad (6.4.7)$$

式(6.4.7)表明,y、z 轴为横截面上一对相互垂直的主轴。由于 y 轴为横截面的对称轴,对称轴必为主轴,而 z 轴又通过横截面形心,所以 y、z 轴为形心主轴。

至此,x 轴的位置亦可确定,即 x 轴沿梁轴线方向。

将式(6.4.2)代入式(6.4.5)得

$$\int_A \sigma y dA = \frac{E}{\rho}\int_A y^2 dA = \frac{E}{\rho}I_z = M$$

式中,$I_z = \int_A y^2 dA$,为横截面 A 对中性轴 z 的惯性矩。由此得

$$\frac{1}{\rho} = \frac{M}{EI_z} \tag{6.4.8}$$

式(6.4.8)即用曲率 $1/\rho$ 表示的梁弯曲变形的计算公式。它表明,梁的 EI_z 越大,曲率 $1/\rho$ 越小,故将乘积 EI_z 称为梁的**弯曲刚度**,它表示梁抵抗弯曲变形的能力。

将式(6.4.8)代入式(6.4.2)得

$$\sigma = \frac{My}{I_z} \tag{6.4.9}$$

式(6.4.9)即为直梁纯弯曲时横截面上的正应力计算公式。其中 M 为横截面上的弯矩。

当弯矩为正值时,以中性层为界,梁的下部纵向纤维伸长,上部纵向纤维缩短,故该横截面上中性轴以下各点的应力均为拉应力,而以上各点的应力均为压应力;当弯矩为负值时,则与上述情况相反。因此,横截面上任一点的弯曲正应力 σ 的正负号与该截面上的弯矩 M 及该点坐标 y 的正、负号有关。在具体计算时,可以采取两种方法:①同时考虑弯矩 M 及坐标 y 的正负号,最后得出的结果为正就是拉应力;否则,就是压应力。②将弯矩 M 和坐标 y 均以绝对值代入计算公式,所求点的正应力是拉应力还是压应力,可根据该截面弯矩的正负及点的位置或梁的变形情况直接判定。

6.4.3 横力弯曲时横截面上的正应力

工程中的梁大都属于横力弯曲的情况。纯弯曲的情况也只有在不考虑梁自重的影响时才有可能发生。对于横力弯曲的梁,由于剪力及切应力的存在,梁的横截面将不再保持平面而产生翘曲。此外,由于横向力的作用,在梁的纵向截面上还将产生挤压应力。但弹性理论分析表明,对于一般的细长梁(梁的跨度 l 与横截面高度 h 之比 $\frac{l}{h} > 5$),横截面上的正应力分布规律与纯弯曲时几乎相同(例如,对均布荷载作用下的矩形截面简支梁,当其跨度与截面高度之比 $\frac{l}{h} > 5$ 时,按式(6.4.9)所得的最大弯曲正应力的误差不超过 1%),即切应力和挤压应力对正应力的影响很小,可以忽略不计。所以,纯弯曲的公式(6.4.8)、式(6.4.9)可以推广应用于横力弯曲时的细长梁。

对一指定截面而言,弯矩 M、惯性矩 I_z 为常量,y 值越大,则正应力越大,所以最大正应力发生在距离中性轴最远处,其值为

$$\sigma_{max} = \frac{My_{max}}{I_z} \tag{6.4.10}$$

若令 $W_z = \dfrac{I_z}{y_{max}}$,称为**弯曲截面系数**,则有

$$\sigma_{max} = \frac{M}{W_z} \tag{6.4.11}$$

根据 W_z 的定义,对于直径为 d 的圆形截面,对过形心的任一 z 轴,均有

$$W_z = \frac{I_z}{d/2} = \frac{\pi d^3}{32}$$

对截面为 $b \times h$ 的矩形截面,如图 6.4.7(a)所示,则有

$$W_z = \frac{I_z}{h/2} = \frac{bh^2}{6}, \quad W_y = \frac{I_y}{b/2} = \frac{hb^2}{6}$$

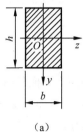 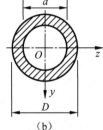 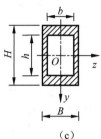

（a）　　　　　　　（b）　　　　　　　（c）

图 6.4.7　部分常见截面形状

【思考】　请写出图 6.4.7(b)、(c)两截面对 y 轴和 z 轴的惯性矩和弯曲截面系数。

6.4.4　梁的正应力强度条件

梁内最大弯矩所在的截面距中性轴最远的点处弯曲正应力取到最大,由于该点为单向应力状态,可仿照轴向拉(压)杆的强度条件形式建立梁的正应力强度条件,即

$$\sigma_{\max} \leqslant [\sigma] \tag{6.4.12}$$

对于等截面梁,可以表示为

$$\frac{M_{\max}}{W_z} \leqslant [\sigma] \tag{6.4.13}$$

由以上强度条件可知,当梁上危险截面危险点处的最大正应力超过材料的极限应力时,梁将处于危险状态。因此,根据强度条件可校核梁的强度,选择截面或计算许用荷载。

【注意】　由于脆性材料的许用拉应力远小于许用压应力,故由脆性材料(如铸铁)制成的梁横截面通常不采用有双对称轴的截面,使横截面上最大拉应力降低。从而在计算时要保证梁的最大拉应力和最大压应力(二者的位置常常不在同一截面上)分别不超过材料的许用拉应力和许用压应力。

【说明】　许用弯曲正应力的确定,一般以材料的许用拉应力作为其许用弯曲正应力。但由于弯曲与轴向拉压时杆件截面上的正应力分布是不同的,所以材料在弯曲与轴向拉、压时的强度并不相同,例如在设计时一些规范规定许用弯曲正应力略高于许用拉应力。

【例 6.4.1】　宽为 30 mm、厚为 4 mm 的钢带,绕装在一个半径为 R 的圆筒上,如图 6.4.8 所示。已知钢带的弹性模量 $E = 200$ GPa,比例极限 $\sigma_p = 400$ MPa,若要求钢带在绕装过程中应力不超过 σ_p,试问圆筒的最小半径 R 应为多少?

【解】　钢带在绕装过程中,轴线由直线变成半径近似为 R 的圆弧($R \gg \delta$),由式(6.4.1)得

$$\varepsilon_{\max} = \frac{y_{\max}}{\rho} = \frac{\delta}{2}/R = \frac{\delta}{2R}$$

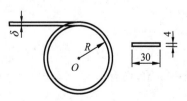

图 6.4.8　例 6.4.1 图

又由式(6.4.2)得,$\sigma_{\max} = E\varepsilon_{\max} = \dfrac{E\delta}{2R} \leqslant \sigma_p$。所以有

$$R \geqslant \frac{E\delta}{2\sigma_p} = \frac{200 \times 10^3 \text{ MPa} \times 4 \text{ mm}}{2 \times 400 \text{ MPa}} = 1 \times 10^3 \text{ mm} = 1 \text{ m}$$

即应力不超过比例极限时的圆筒最小半径为 1 m。

【例 6.4.2】 工字形截面梁的尺寸及荷载情况如图 6.4.9(a)、(b) 所示。已知许用拉应力 $[\sigma_t] = 40$ MPa，许用压应力 $[\sigma_c] = 80$ MPa。(1) 试求截面 B 及截面 C 上 a、b 两点处的正应力；(2) 作出截面 B、截面 C 上正应力沿高度的分布规律图；(3) 求梁的最大拉应力和最大压应力；(4) 校核梁的强度。截面尺寸单位为 mm。

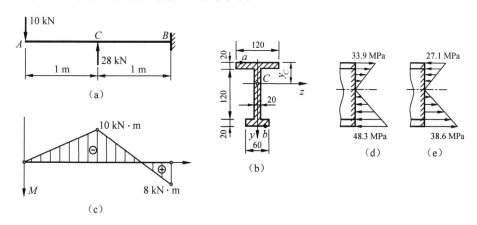

图 6.4.9　例 6.4.2 图

【解】 (1) 求截面 B 及截面 C 上 a、b 两点处的正应力。

① 分别求梁截面 B 和 C 上的弯矩。作梁的弯矩图，如图 6.4.9(c) 所示，可见，截面 C 为最大负弯矩所在截面，其弯矩（绝对值）为 $M_C = 10$ kN·m；截面 B 为最大正弯矩所在截面，其弯矩为 $M_B = 8$ kN·m。

② 确定中性轴的位置并计算截面对中性轴的惯性矩。

如图 6.4.9(b) 所示，由于

$$y_C = \frac{\sum A_i y_i}{\sum A_i} = \frac{(120 \times 20 \times 10 + 120 \times 20 \times 80 + 60 \times 20 \times 150) \text{ mm}^3}{(120 \times 20 + 120 \times 20 + 60 \times 20) \text{ mm}^2} = 66 \text{ mm}$$

利用惯性矩的平行移轴公式 (6.3.10)，可计算得该截面对中性轴的惯性矩为

$$I_z = \left(\frac{120 \times 20^3}{12} + 120 \times 20 \times 56^2 + \frac{20 \times 120^3}{12} \right) \text{mm}^4 +$$

$$\left(20 \times 120 \times 14^2 + \frac{60 \times 20^3}{12} + 60 \times 20 \times 84^2 \right) \text{mm}^4 = 19.46 \times 10^6 \text{ mm}^4$$

③ 分别计算截面 C 和 B 上 a、b 两点处的正应力。由弯矩图 6.4.9(c) 可见 M_C 为负，由弯矩的正负号规定可知，截面 C 中性轴以上各点受拉，中性轴以下各点受压。显然 a 点位于受拉区，所以 a 点处的正应力为拉应力；b 点位于受压区，所以 b 点的正应力为压应力。

由图 6.4.9(b) 可见，a、b 两点到中性轴的距离分别为 $y_a = y_c = 66$ mm，$y_b = 94$ mm。

将 M_C、y_a、I_z 代入弯曲正应力公式 (6.4.9)，得截面 C 上 a 点处的正应力为

$$\sigma_{C,a} = \frac{M_C y_a}{I_z} = \frac{(10 \times 10^6 \text{ N·mm}) \times (66 \text{ mm})}{19.46 \times 10^6 \text{ mm}^4} = 33.9 \text{ MPa}（拉应力）$$

将 M_C、y_b、I_z 代入弯曲正应力公式,得截面 C 上 b 点处的正应力为

$$\sigma_{C,b} = \frac{M_C y_b}{I_z} = \frac{(10 \times 10^6 \ \text{N} \cdot \text{mm}) \times (94 \ \text{mm})}{19.46 \times 10^6 \ \text{mm}^4} = 48.3 \ \text{MPa(压应力)}$$

由弯矩图 6.4.9(c)可见 M_B 为正,结合弯矩的正负号规定可知,B 截面中性轴以下各点受拉,中性轴以上各点受压。显然 a 点位于受压区,所以 a 点处的正应力为压应力;而 b 点位于受拉区,所以 b 点处的正应力为拉应力。

将 M_B、y_a、I_z 代入弯曲正应力公式,可得截面 B 上 a 点处的正应力为

$$\sigma_{B,a} = \frac{M_B y_a}{I_z} = \frac{(8 \times 10^6 \ \text{N} \cdot \text{mm}) \times (66 \ \text{mm})}{19.46 \times 10^6 \ \text{mm}^4} = 27.1 \ \text{MPa(压应力)}$$

将 M_B、y_b、I_z 代入弯曲正应力公式,得截面 B 上 b 点处的正应力为

$$\sigma_{B,b} = \frac{M_B y_b}{I_z} = \frac{(8 \times 10^6 \ \text{N} \cdot \text{mm}) \times (94 \ \text{mm})}{19.46 \times 10^6 \ \text{mm}^4} = 38.6 \ \text{MPa(拉应力)}$$

(2) 绘制截面 B、截面 C 上正应力沿高度的分布规律图。

由式(6.4.9)可知弯曲正应力沿截面高度线性分布,故根据上述计算和分析的结论绘出截面 C、截面 B 上正应力沿高度的分布规律分别如图 6.4.9(d)、(e)所示。

(3) 求梁的最大拉应力和最大压应力。

此梁横截面关于中性轴不是对称的,所以同一截面上最大拉应力和最大压应力的数值并不相等。再结合梁的弯矩图有正负最大弯矩的情况可知,梁的最大拉应力和最大压应力只可能发生在正负弯矩所在截面的上、下边缘处。

将上述正负最大弯矩所在截面(即截面 B、截面 C)的上边缘及下边缘处的正应力计算结果加以比较,可知梁的最大拉应力发生在截面 B 的下边缘处,梁的最大压应力发生在截面 C 的下边缘处,其值分别为

$$\sigma_{t,max} = \sigma_{B,b} = 38.6 \ \text{MPa}, \quad \sigma_{c,max} = \sigma_{C,b} = 48.3 \ \text{MPa}$$

(4) 校核梁的强度。

由于

$$\sigma_{t,max} = 38.6 \ \text{MPa} < [\sigma_t] = 40 \ \text{MPa}, \quad \sigma_{c,max} = 48.3 \ \text{MPa} < [\sigma_c] = 80 \ \text{MPa}$$

故该梁的强度足够。

【说明】①若梁的横截面关于中性轴对称,则同一截面上最大拉应力与最大压应力的数值相等。所以,对中性轴是截面对称轴的梁,其绝对值最大的正应力必定发生在绝对值最大的弯矩所在截面的上、下边缘处。②对于中性轴不是对称轴的截面,在计算弯曲正应力前必须确定中性轴的位置,进而计算截面对中性轴的惯性矩 I_z 及上、下边缘离中性轴的距离 y。③对于截面关于中性轴不对称且有正负最大弯矩的梁,不能简单断定梁的最大拉、压应力必然发生在梁弯矩绝对值最大的截面上。例如,在例 6.4.2 中,虽然截面 B 的弯矩绝对值较截面 C 的小,但由于截面 B 的弯矩是正值,该截面最大拉应力发生在截面的下边缘各点,而这些点到中性轴距离比较远,其值有可能大于截面 C 的最大拉应力,因而需要将正负最大弯矩所在截面(即截面 B、截面 C)的上、下边缘处的正应力分别进行计算并加以比较,才能得出正确的结论。④对于等截面梁,考虑到 I_z 相同,也可以综合比较 My 来确定最大拉(压)应力所在截面的位置。

【例 6.4.3】 如图 6.4.10(a)所示,长度 $l = 3$ m 的外伸梁,其外伸部分长 1 m,梁上作

用均布荷载 $q=20$ kN/m,许用应力 $[\sigma]=140$ MPa,试选工字钢型号。

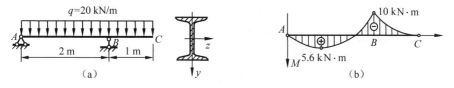

图 6.4.10 例 6.4.3 图

【解】 作梁的弯矩图,如图 6.4.10(b)所示。梁横截面上最大弯矩值的绝对值为 $M_{\max}=10$ kN·m。根据强度条件,截面的弯曲截面系数应满足

$$W_z \geqslant \frac{M_{\max}}{[\sigma]} = \frac{10 \times 10^6 \text{ N·mm}}{140 \text{ MPa}} = 71\ 428.6 \text{ mm}^3$$

根据 W_z 值在型钢表上查得型号为 12.6 工字钢的 $W_z=77.5 \text{ cm}^3=77\ 500 \text{ mm}^3$,与 71 428.6 mm^3 相近,故选工字钢型号为 12.6。

6.5 梁的弯曲切应力与强度计算

如前所述,横力弯曲时,梁横截面上既有与弯矩有关的弯曲正应力,又有与剪力有关的弯曲切应力。对一般的实心截面或非薄壁截面的细长梁,弯曲正应力对其强度的影响是主要的,而弯曲切应力的影响较小,一般可以不予考虑。但对非细长梁,或支座附近作用有较大的横向荷载,或对抗剪能力差的梁,其弯曲切应力对梁强度的影响一般不能忽视,甚至可能是关键因素。

6.5.1 弯曲切应力

一般而言,横截面上弯曲切应力的分布情况比弯曲正应力的分布情况要复杂得多。因此对弯曲切应力,不再用几何、物理和静力学关系进行推导,而是在确定弯曲正应力公式仍然适用的基础上,假设切应力在横截面上的分布规律,然后根据平衡条件得出弯曲切应力的近似计算公式。下面按梁截面的形状分情况介绍梁的弯曲切应力的计算方法。

1. 矩形截面梁

图 6.5.1(a)所示高度为 h、宽度为 b 的矩形截面梁,在其纵向对称面 xy 内作用有横向荷载。现用相距 dx 的两个横截面 1—1 与 2—2 从梁中截取一微段,如图 6.5.1(b)所示。由于微段梁上无荷载,故在其左、右两横截面上剪力大小相等,均为 F_S,而弯矩不等,分别为 M 和 $M+dM$。在任一横截面上,剪力 F_S 的作用线皆与对称轴 y 重合。在 h 大于 b 时,对弯曲切应力沿横截面的分布规律(图 6.5.1(c))作如下假设:①横截面上各点处的切应力皆平行于剪力 F_S 或截面侧边;②切应力沿截面宽度均匀分布,即 y 坐标相等的各点处的切应力相等。

因此,在微段梁左、右横截面上距中性轴等高的对应点处,切应力大小相等,以 $\tau(y)$ 表示,而正应力不等,分别用 σ_1 与 σ_2 表示,如图 6.5.2(a)所示。为得到横截面上距中性轴为 y 的各点处的切应力 $\tau(y)$,再用一距中性层为 y 的纵向截面 m—n 将此微段纵向截开,取

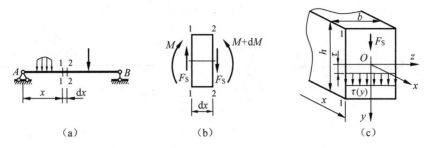

图 6.5.1　矩形截面梁横截面上各点的切应力

其下部的微块作为研究对象,如图 6.5.2(b)所示。设微块横截面 m—1 与横截面 n—2 的面积为 A^*,见图 6.5.2(c),则在横截面 m—1 上作用着由法向微内力 $\sigma_1 \mathrm{d}A$ 组成的合力 F_1^*(其方向平行于 x 轴),如图 6.5.2(d)所示,其值为

$$F_1^* = \int_{A^*} \sigma_1 \mathrm{d}A = \int_{A^*} \frac{My^*}{I_z} \mathrm{d}A = \frac{M}{I_z} \int_{A^*} y^* \mathrm{d}A = \frac{M}{I_z} S_z^* \tag{a}$$

式中,$S_z^* = \int_{A^*} y^* \mathrm{d}A$,为微块横截面 A^* 对中性轴 z 轴的静矩。

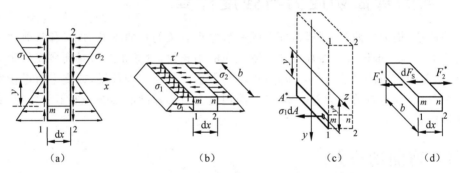

图 6.5.2　矩形截面梁横截面上一点处切应力的计算

同理,在微块的横截面 n—2 上也作用着由微内力 $\sigma_2 \mathrm{d}A$ 组成的合力 F_2^*(其方向平行于 x 轴),其值为

$$F_2^* = \frac{M + \mathrm{d}M}{I_z} S_z^* \tag{b}$$

此外,根据切应力互等定律,并结合上述两个假设,以及微段梁上无荷载,因而任一横截面上剪力相同的情况可知,在微块的纵向截面 m—n 上作用着均匀分布且与 $\tau(y)$ 大小相等的切应力 τ',如图 6.5.2(b)所示。故该微小截面上切应力形成的合力(微剪力)为

$$\mathrm{d}F_\mathrm{S} = \tau(y) b \mathrm{d}x \tag{c}$$

由于 F_1^*、F_2^* 及 $\mathrm{d}F_\mathrm{S}$ 的方向都平行于 x 轴,如图 6.5.2(d)所示,由平衡条件 $\sum F_{ix} = 0$,可得

$$F_2^* - F_1^* - \mathrm{d}F_\mathrm{S} = 0 \tag{d}$$

将式(a)、(b)、(c)代入式(d),并利用剪力与弯矩的微分关系式,得

$$\tau(y) = \frac{F_\mathrm{S} S_z^*}{b I_z} \tag{6.5.1}$$

式(6.5.1)即为矩形截面上任一点的弯曲切应力计算公式。式中，F_S 为横截面上的剪力；b 为所求点处截面宽度；I_z 为整个横截面对中性轴的惯性矩；S_z^* 为所求点坐标 y 处截面宽度一侧的部分截面对中性轴的静矩。

对于矩形截面，由图 6.5.3(a)有

$$S_z^* = A^* y_C^* = b\left(\frac{h}{2} - y\right) \times \frac{1}{2}\left(\frac{h}{2} + y\right) = \frac{b}{2}\left(\frac{h^2}{4} - y^2\right) \qquad (e)$$

将式(e)及 $I_z = \dfrac{1}{12}bh^3$ 代入式(6.5.1)，得

$$\tau(y) = \frac{3F_S}{2bh}\left(1 - \frac{4y^2}{h^2}\right) \qquad (6.5.2)$$

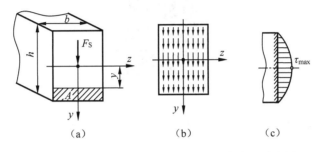

图 6.5.3　矩形截面梁横截面上各点切应力的分布图

式(6.5.2)表明，在矩形截面上，弯曲切应力沿截面高度按二次抛物线分布，如图 6.5.3(b)、(c)所示。在横截面上、下边缘各点，即 $y = \pm\dfrac{h}{2}$ 处，弯曲切应力为零；在中性轴上各点处 $(y = 0)$，弯曲切应力最大，其值为

$$\tau_{\max} = \frac{3F_S}{2bh} = \frac{3}{2} \cdot \frac{F_S}{A} \qquad (6.5.3)$$

其中，$A = bh$ 为矩形截面面积。由式(6.5.3)可知，矩形截面上最大弯曲切应力为其在横截面上平均切应力 $\dfrac{F_S}{A}$ 的 1.5 倍。

2. 工字形截面梁

对工字形、T 形、箱形等截面，由于腹板为狭长矩形，关于矩形截面上的切应力分布规律的假设依然成立，因此可用式(6.5.1)计算腹板上各点处的弯曲切应力，并且截面上最大弯曲切应力均发生在中性轴上各点处。

计算结果表明，工字形截面梁横截面上的剪力 F_S 几乎全部为腹板所承担，所以，也可用剪力除以腹板面积来近似计算腹板的切应力，即

$$\tau \approx \frac{F_S}{A_f} \qquad (6.5.4)$$

其中，A_f 为截面腹板部分的面积(即腹板宽度与高度的乘积)。具体计算过程请扫描右侧的二维码获得。

6.5.1(2)

3. 圆形截面梁

研究表明,在一定的假设前提下,圆形截面梁横截面上任意一点切应力沿剪力方向的分量 τ_y 的计算公式,形式上也与式(6.5.1)一致,只是对应的量 b 取为横截面在中性轴处的宽度,其他量的含义也与式(6.5.1)中对应的量一致。圆形截面梁横截面上的最大弯曲切应力仍发生在中性轴上,可以认为在中性轴上各点切应力大小相等,方向平行于剪力 F_S,其值用式(6.5.1)计算可得

$$\tau_{max} = \frac{4}{3} \cdot \frac{F_S}{A} \tag{6.5.5}$$

其中,A 为圆形截面的面积。具体计算过程请扫描下面的二维码获得。

6.5.1(3)

【例 6.5.1】 图 6.5.4(a)所示矩形截面悬臂梁,设 q、l、b、h 为已知,试求梁中的最大正应力及最大切应力,并比较两者的大小。

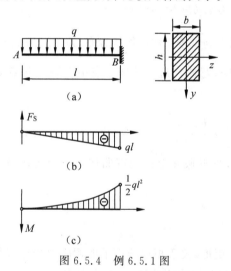

图 6.5.4 例 6.5.1 图

【解】 (1)求梁中的最大剪力和最大弯矩。作梁的剪力图和弯矩图(图 6.5.4(b)、(c)),由图可见,该梁的危险截面在固定端处,其端截面上的内力值(绝对值)为 $M_{max} = \dfrac{ql^2}{2}$,$F_{S,max} = ql$。

(2)求梁中的最大正应力及最大切应力。由式(6.4.11)可得梁的最大弯曲正应力为

$$\sigma_{max} = \frac{M_{max}}{W_z} = \frac{3ql^2}{bh^2}$$

由式(6.5.3)可得梁的最大弯曲切应力为

$$\tau_{max} = \frac{3}{2} \cdot \frac{F_{S,max}}{A} = \frac{3ql}{2bh}$$

(3)最大正应力及最大切应力之比为

$$\frac{\sigma_{max}}{\tau_{max}} = \frac{2l}{h}$$

【说明】 由此例可见,当 $l \geqslant 5h$ 时,$\sigma_{max} \geqslant 10\tau_{max}$,即切应力值相对较小。进一步计算表明,对于非薄壁截面细长梁,弯曲切应力与弯曲正应力的比值的数量级约等于梁的高跨比。

【例 6.5.2】 槽形截面简支梁的尺寸及荷载情况如图 6.5.5 所示,已知截面对中性轴的惯性矩 $I_z = 4.65 \times 10^7 \text{ mm}^4$。试:(1)计算最大剪力所在截面上 a,b,c,d 各点的切应力;(2)绘制出最大剪力所在截面的腹板上切应力沿腹板高度的分布规律图。图中截面尺寸单位:mm。

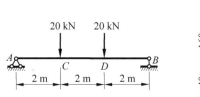
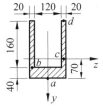

图 6.5.5　例 6.5.2 图　　　　　　　　　　　例 6.5.2 的求解过程

【解】　求解过程见二维码。

6.5.2　弯曲切应力强度条件

具体内容请扫描下面的二维码获得。

6.5.2

6.6　梁的弯曲变形

6.6.1　弯曲变形的基本概念

弯曲问题是工程实际中经常遇到的问题,也是构件设计时主要考虑的因素之一。直梁在平面弯曲时,其轴线将在形心主惯性平面内弯成一条连续光滑的平面曲线 AC_1B,如图 6.6.1 所示,该曲线称为梁的挠曲线。任一横截面的形心在垂直于原来轴线方向的线位移称为该截面的**挠度**,常用 w 或 Δ 表示。工程中常用梁的挠度均远小于跨度,挠曲线是一条非常平缓的曲线,所以任一横截面的形心在轴线方向的位移分量都可略去,认为它仅有前述的线位移 w。任一横截面对其原方位的角位移称为

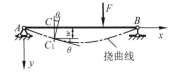

图 6.6.1　简支梁的挠度与转角

该截面的**转角**,常用 θ 或 φ 表示。由于在一般细长梁中可忽略剪力对变形的影响,所以横截面在梁弯曲变形后仍垂直于挠曲线,这样,任一横截面的转角 θ 也就等于挠曲线在该截面处的切线与轴线的夹角。

为了表示挠度和转角随截面位置不同而变化的规律,取变形前的轴线为 x 轴,与轴线垂直向下的轴为 y 轴(图 6.6.1),则**挠曲线的方程**(或称为**挠度方程**)可表示为

$$w = w(x)$$

因 θ 是非常小的角,故**转角方程**可表示为

$$\theta \approx \tan\theta = \frac{\mathrm{d}w(x)}{\mathrm{d}x} = w'(x) \tag{6.6.1}$$

即挠曲线上任一点处切线的斜率等于该点处横截面的转角。

挠度和转角是度量梁的位移的两个基本量,反映了梁的弯曲程度。在图 6.6.1 所示的坐标系中,向下的挠度为正,向上的挠度为负;顺时针方向的转角为正,逆时针方向的转角为负。

如前所述,变形和位移是两个不同的概念,但又互相联系。例如有两根梁,其长度、材料、横截面的形状和尺寸以及受力情况等均相同,但一根为悬臂梁,另一根为简支梁,如图 6.6.2(a)、(b)所示。这两根梁的弯曲变形程度是相同的,因为它们的中性层曲率 $\frac{1}{\rho}=\frac{M}{EI_z}$ 相同,但其相应横截面的位移却明显不同。这是因为梁的弯曲程度仅与弯矩和梁的弯曲刚度有关,而各横截面的位移量不仅取决于弯矩和梁的弯曲刚度,还与梁的约束条件有关。

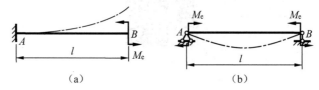

图 6.6.2　约束条件对位移的影响

研究梁的位移主要有两个目的:①对梁作刚度校核,即检查梁弯曲时的最大挠度和转角是否超过按使用要求所规定的许用值;②求解超静定梁。本章主要讨论杆件的基本弯曲变形,复杂的结构变形将在第 11 章中讨论。

6.6.2　梁的挠曲线近似微分方程及其积分

在推导纯弯曲梁的正应力公式时,曾导出梁弯曲后中性层曲率的表达式为 $\frac{1}{\rho}=\frac{M}{EI_z}$。

但应指出,该式中的曲率 $\frac{1}{\rho}$ 是指绝对值,而实际上挠曲线的曲率是有正负的,它与坐标系的选取有关。在如图 6.6.3 所示的坐标系中,挠曲线向下凸出时的曲率为负,它与正值的弯矩相对应;而挠曲线向上凸出时的曲率为正,却与负值的弯矩相对应。故可将式(6.4.8)重新写成如下形式:

$$\frac{1}{\rho} = -\frac{M}{EI_z} \tag{a}$$

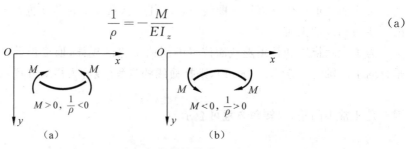

图 6.6.3　弯矩与曲率的关系

横力弯曲时,梁的横截面上除了有弯矩 M 之外,还有剪力 F_S,若梁的跨度远大于横截面高度时,剪力 F_S 对梁位移的影响很小,可忽略不计。所以式(a)仍然适用,不过这时各横截面上的弯矩和曲率都是截面位置 x 的函数,从而有

$$\frac{1}{\rho(x)} = -\frac{M(x)}{EI_z} \tag{b}$$

由高等数学可知,式(b)中平面曲线的曲率在直角坐标系中又可写成

$$\frac{1}{\rho(x)} = \frac{w''(x)}{[1+w'(x)^2]^{3/2}} \tag{c}$$

因为挠曲线通常是一条极其平坦的曲线,$w'(x)$ 的值很小,故 $w'(x)^2$ 与 1 相比可略去不计,于是式(c)可近似地写成

$$\frac{1}{\rho(x)} = w''(x) \tag{d}$$

将式(d)代入式(b),即得

$$w''(x) = -\frac{M(x)}{EI_z} \tag{6.6.2}$$

或

$$EI_z w''(x) = -M(x) \tag{6.6.3}$$

式(6.6.2)和式(6.6.3)均称为梁的**挠曲线近似微分方程**。它略去了剪力 F_S 对位移的影响,并略去了高阶微量 $w'(x)^2$。但由此方程求得的挠度和转角对土建或机械等实际工程来说一般已足够精确。

对梁的挠曲线近似微分方程分别积分一次和两次,再由已知的位移条件来定出积分常数,这样便可得到梁的转角方程和挠度方程。这种计算梁的位移的方法称为**积分法**。

对于等直梁,EI_z 为常量(为方便起见,下面用 I 表示 I_z)。如果荷载非常简单,不需分段列出弯矩方程时,将式(6.6.3)的两边乘以 $\mathrm{d}x$,积分可得

$$EIw'(x) = -\int M(x)\mathrm{d}x + C_1$$

$$EIw(x) = -\int \left[\int M(x)\mathrm{d}x\right]\mathrm{d}x + C_1 x + C_2$$

式中,C_1、C_2 为积分常数,它们可通过已知的位移条件来确定。例如,固定端处的挠度和转角均应等于零;固定铰支座或可动铰支座处的挠度应等于零;若在端部有弹性约束,则该端部的挠度应等于弹性约束的变形。这种已知的位移条件通常称为**位移边界条件**。而当梁的弯矩方程需要分段列出时,挠曲线的近似微分方程也应分段建立。分别积分两次之后,每一段均含有两个积分常数。此时除了要应用位移边界条件之外,还需利用分段处挠曲线的连续、光滑条件,即在分段处左右两段梁应具有相等的挠度和相等的转角。这种位移条件通常称为**位移连续条件**。

【**说明**】①位移边界条件由对应的约束条件所决定。②由于梁受力变形后的挠曲线一般都是具有高阶连续光滑性的样条曲线,所以对于梁跨度内的任一截面,其左、右侧的挠度和转角必然相等。③若多跨梁中存在中间铰,则中间铰连接的两个梁,在中间铰处的挠度一定相等,但两侧截面的转角一般不相等。

【**例 6.6.1**】 求图 6.6.4 所示悬臂梁的转角方程和挠度方程,并确定其最大挠度 $w_{\max}$

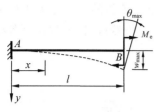

图 6.6.4　例 6.6.1 图

和最大转角 $\theta_{\max}$。已知该梁的弯曲刚度 EI 为常量。

【解】　首先建立图示坐标系。弯矩方程为

$$M(x) = -M_e, \quad 0 < x < l$$

由梁的挠曲线近似微分方程可得 $EIw''(x) = M_e$。

积分一次得

$$EIw'(x) = M_e x + C_1$$

再积分一次得

$$EIw(x) = \frac{1}{2}M_e x^2 + Cx + D$$

由于该梁的位移边界条件是固定端 A 处的转角和挠度均为零,即

$$x = 0 \text{ 时}, w'(0) = 0; \quad x = 0 \text{ 时}, w(0) = 0$$

将它们分别代入积分式,可得 $C = 0, D = 0$。从而梁的转角方程和挠度方程分别为

$$\theta(x) = w'(x) = \frac{M_e x}{EI}, \quad w(x) = \frac{M_e x^2}{2EI}$$

根据梁的受力情况和边界条件,可画出挠曲线的大致形状如图 6.6.4 虚线所示。可知最大转角 $\theta_{\max}$ 和最大挠度 $w_{\max}$ 均在自由端 B 处,故以 $x = l$ 代入 $\theta(x)$、$w(x)$ 的表达式,可得

$$\theta_{\max} = w'(l) = \frac{M_e l}{EI}(\text{顺时针}), \quad w_{\max} = w(l) = \frac{M_e l^2}{2EI}(\downarrow)$$

【例 6.6.2】　求图 6.6.5 所示悬臂梁的转角方程和挠度方程,并确定其最大挠度 $w_{\max}$ 和最大转角 $\theta_{\max}$。已知该梁的弯曲刚度 EI 为常量。

【解】　求解过程请扫描对应的二维码获得。

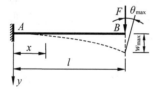

图 6.6.5　例 6.6.2 图

例 6.6.2 的求解过程

【例 6.6.3】　求图 6.6.6 所示悬臂梁在均布荷载 q 作用下的转角方程和挠度方程,并确定其最大挠度 $w_{\max}$ 和最大转角 $\theta_{\max}$。已知该梁的弯曲刚度 EI 为常量。

【解】　求解过程请扫描对应的二维码获得。

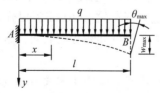

图 6.6.6　例 6.6.3 图

例 6.6.3 的求解过程

【例 6.6.4】　求图 6.6.7 所示简支梁的转角方程和挠度方程,并确定其最大挠度和最大转角。已知该梁的 EI 为常量,且 $a \geqslant b$。

【解】 求解过程请扫描对应的二维码获得。

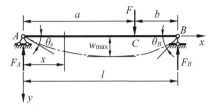

图 6.6.7 例 6.6.4 图

例 6.6.4 的求解过程

6.7 叠加法计算梁的变形

6.7.1 叠加法基础

积分法是求梁位移的基本方法,但当梁上的荷载比较复杂,需要分成 n 段来列出弯矩方程时,就要确定 $2n$ 个积分常数。而实际应用中,常常只需确定某些特定截面的位移值,因而可将梁在某些简单荷载作用下的位移值列成表格,见表 6.7.1。若干荷载同时作用下梁的变形可用叠加法计算,应用表 6.7.1 计算就比较简捷。其中又以悬臂梁的三种情况为基础,掌握这些梁的基本变形的有关结论,并灵活加以应用,对求解相关问题会带来很大方便,其他情况下的挠度和转角可以据此计算。

表 6.7.1　等截面梁在简单荷载作用下的挠度和转角

序　号	梁的形式及荷载	转角和挠度
（1）		$\theta_B = \dfrac{M_e l}{EI},\ w_B = \dfrac{M_e l^2}{2EI}$
（2）		$\theta_B = \dfrac{F l^2}{2EI},\ w_B = \dfrac{F l^3}{3EI}$
（3）		$\theta_B = \dfrac{q l^3}{6EI},\ w_B = \dfrac{q l^4}{8EI}$
（4）		$\theta_A = \dfrac{M_e l}{3EI},\ \theta_B = -\dfrac{M_e l}{6EI},\ w\,|_{0.5l} = \dfrac{M_e l^2}{16EI}$

续表

序　号	梁的形式及荷载	转角和挠度
(5)	 （图）	当 $a=b$ 时：$\theta_A=-\theta_B=\dfrac{Fl^2}{16EI}$，$w\mid_{0.5l}=\dfrac{Fl^3}{48EI}$ 当 $a\geqslant b$ 时：$\theta_A=\dfrac{Fab(l+b)}{6EIl}$，$\theta_B=-\dfrac{Fab(l+a)}{6EIl}$， $w\mid_{0.5l}=\dfrac{Fb(3l^2-4b^2)}{48EI}$
(6)	 （图）	$\theta_A=-\theta_B=\dfrac{ql^3}{24EI}$，$w\mid_{0.5l}=\dfrac{5ql^4}{384EI}$

用叠加法求梁位移的限制条件是：梁的位移很小，且材料工作在线弹性范围内。这是因为在这两个条件下才能得到方程(6.6.3)，即 $EI_zw''(x)=-M(x)$。同样地，由于挠度远小于跨度，轴线上任一点沿轴线方向的位移可以略去不计，这样，在列弯矩方程时可使用原始尺寸原理。在这种情况下，由方程式(6.6.3)所求得的挠度与转角均与荷载成正比，亦即每一荷载对位移的影响是各自独立的。所以当梁上同时有若干荷载作用时，可分别求出每一荷载单独作用时所引起的位移，然后进行叠加，即得这些荷载共同作用下的位移。

6.7.2　叠加法举例

【例 6.7.1】　用叠加法求图 6.7.1 所示简支梁跨中截面的挠度 w_C 和两端截面的转角 θ_A、θ_B。已知 EI 为常量。

【解】　在 q 单独作用下，由表 6.7.1(6)查得

$$w_{C,q}=\frac{5ql^4}{384EI}$$

$$\theta_{A,q}=-\theta_{B,q}=\frac{ql^3}{24EI}$$

在 M_e 单独作用下，由表 6.7.1(4)查得

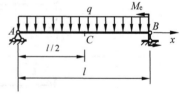

图 6.7.1　例 6.7.1 图

$$w_{C,M_e}=\frac{M_el^2}{16EI},\quad \theta_{A,M_e}=\frac{M_el}{6EI},\quad \theta_{B,M_e}=-\frac{M_el}{3EI}$$

将相应的位移值进行叠加，求出其代数和，即为所求的位移值

$$w_C=w_{C,q}+w_{C,M_e}=\frac{5ql^4}{384EI}+\frac{M_el^2}{16EI}(\downarrow)$$

$$\theta_A=\theta_{A,q}+\theta_{A,M_e}=\frac{ql^3}{24EI}+\frac{M_el}{6EI}(\text{顺时针})$$

$$\theta_B=\theta_{B,q}+\theta_{B,M_e}=-\frac{ql^3}{24EI}-\frac{M_el}{3EI}(\text{逆时针})$$

【说明】　这种先分别计算每一个荷载产生的变形，然后将每一段各荷载的影响叠加求解变形的方法简称**荷载分解法**。它是求解变形的一种常用方法。

【例 6.7.2】　用叠加法求图 6.7.2(a)所示悬臂梁自由端截面的挠度 w_B 和转角 θ_B,已知 EI 为常量。

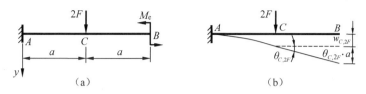

图 6.7.2　例 6.7.2 图

【解】　在 M_e 单独作用下,由表 6.7.1(1)查得

$$w_{B,M_e} = -\frac{M_e(2a)^2}{2EI} = -\frac{2M_e a^2}{EI}, \quad \theta_{B,M_e} = -\frac{M_e \cdot 2a}{EI} = -\frac{2Fa^2}{EI}$$

在 $2F$ 单独作用下(图 6.7.2(b)),由表 6.7.1(2)查得

$$w_{C,2F} = \frac{2Fa^3}{3EI}, \quad \theta_{C,2F} = \frac{2Fa^2}{2EI} = \frac{Fa^2}{EI}$$

此时 CB 段仍为直线,所以由 $2F$ 引起的 B 截面的转角 $\theta_{B,2F} = \theta_{C,2F}$;由于 $\theta_{C,2F}$ 是一个很小的角度,故由 $2F$ 引起的 B 截面的挠度可写为

$$w_{B,2F} = w_{C,2F} + \theta_{C,2F} \cdot a$$

将相应的位移值进行叠加,求出其代数和,即为所求的位移值:

$$w_B = w_{B,M_e} + w_{B,2F} = -\frac{2Fa^3}{EI} + \frac{2Fa^3}{3EI} + \frac{Fa^2}{EI} \times a = -\frac{Fa^3}{3EI}(\uparrow)$$

$$\theta_B = \theta_{B,M_e} + \theta_{B,2F} = -\frac{2Fa^2}{EI} + \frac{Fa^2}{EI} = -\frac{Fa^2}{EI}(逆时针)$$

【例 6.7.3】　用叠加法求图 6.7.3 所示简支梁跨中截面的挠度 w_C 和两端截面的转角 θ_A、θ_B,已知 EI 为常量。

【解】　求解过程请扫描对应的二维码获得。

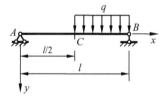

图 6.7.3　例 6.7.3 图　　　　　　　　　例 6.7.3 的计算过程

【例 6.7.4】　用叠加法求图 6.7.4 所示外伸梁在外伸端的挠度 w_D 和转角 θ_D 以及跨中挠度 w_C,已知 EI 为常量。

【解】　求解过程请扫描对应的二维码获得。

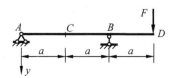

图 6.7.4　例 6.7.4 图　　　　　　　　　例 6.7.4 的计算过程

选择题与填空题

6-1　用一个假想截面把杆件切开分为左右两部分，则左右两部分截面上的内力大小相等，（　　）。

A. 方向相反，符号相反　　　　　　B. 方向相同，符号相反

C. 方向相反，符号相同　　　　　　D. 方向相同，符号相同

6-2　在梁集中力作用处（该处无集中力偶作用），其左、右两侧无限接近的横截面上的弯矩是（　　）的。

A. 相同　　　　　　　　　　　　B. 数值相等，符号相反

C. 不相同　　　　　　　　　　　D. 符号一致，数值不相等

6-3　具有中间铰的静定梁如图所示。若将集中力偶 M 从铰链 C 的右侧移至左侧，则梁的（　　）。

A. 剪力图不变，弯矩图变化　　　　B. 剪力、弯矩图均变化

C. 剪力图变化，弯矩图不变　　　　D. 剪力、弯矩图均不变

6-4　图示图形的面积为 A，轴 z_0 通过形心 C，轴 z_0 和 z_1 平行，相距 a。已知图形对轴 z_1 的惯性矩为 I_1，则对轴 z_0 的惯性矩为（　　）。

A. $I_{z_0} = 0$　　　　　　　　　B. $I_{z_0} = I_1 - Aa^2$

C. $I_{z_0} = I_1 + Aa$　　　　　　D. $I_{z_0} = I_1 + Aa^2$

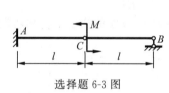

选择题 6-3 图

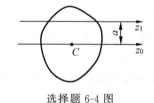

选择题 6-4 图

6-5　承受相同弯矩 M_z 的三根直梁，其截面组成方式如图（a）、（b）、（c）所示。图（a）中的截面为一边长为 a 的正方形整体；图（b）中的截面由两相同矩形截面（$0.5a \times a$）并列而成（未粘接）；图（c）中的截面由两相同矩形截面（$0.5a \times a$）上下叠合而成（未粘接）。三根梁中的最大正应力分别为 $\sigma_{max}(a)$、$\sigma_{max}(b)$、$\sigma_{max}(c)$。关于三者之间的关系有四种答案，正确的是（　　）。

A. $\sigma_{max}(a) < \sigma_{max}(b) < \sigma_{max}(c)$　　　B. $\sigma_{max}(a) = \sigma_{max}(b) < \sigma_{max}(c)$

C. $\sigma_{max}(a) < \sigma_{max}(b) = \sigma_{max}(c)$　　　D. $\sigma_{max}(a) = \sigma_{max}(b) = \sigma_{max}(c)$

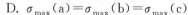

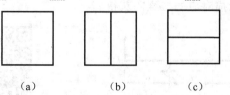

（a）　　　　（b）　　　　（c）

选择题 6-5 图

6-6 纯弯曲的 T 形截面铸铁梁如图所示,其放置方式最合理的是(　　)。

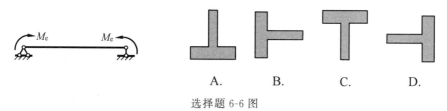

选择题 6-6 图

6-7 若槽形截面梁横截面上的剪力沿 y 轴向下,则切应力的分布规律是(　　)。图中 C 为形心。

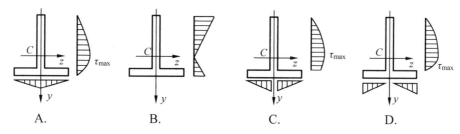

选择题 6-7 图

6-8 图中各梁的弯曲刚度均为 EI,图(a)中 BC 杆的拉压刚度为 EA,图(b)和图(c)中弹簧的刚度系数为 k。图(a)所示梁的边界条件为(　　);图(b)所示梁的边界条件为(　　),连续条件为(　　);图(c)所示梁的边界条件为(　　),连续条件为(　　)。

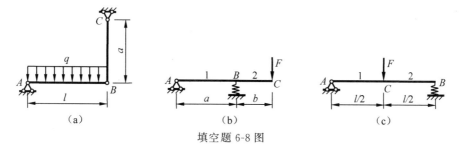

填空题 6-8 图

6-9 梁上弯矩等于零的点处(　　)。

　　A. 转角为零 　　　　　　　　　　B. 挠度为零

　　C. 挠曲线的曲率为零 　　　　　　D. 挠曲线上出现拐点

6-10 外伸梁的受力和弯矩图如图所示。梁挠曲线的大致形状应是(　　)。

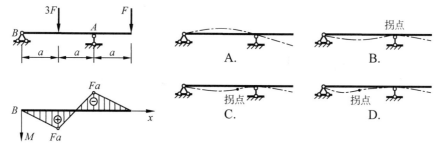

选择题 6-10 图

习题

6-1　试列出图示各梁的剪力方程和弯矩方程,作剪力图及弯矩图。并求出具有特征性的值(包括$|F_\text{S}|_\text{max}$及$|M|_\text{max}$)。

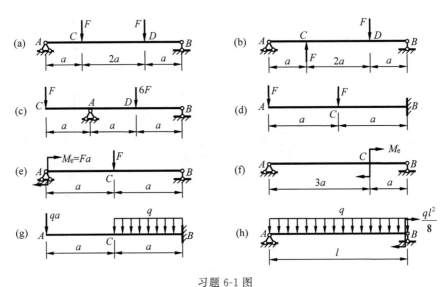

习题 6-1 图

6-2　试绘出图示各梁的剪力图和弯矩图,求出具有特征性的值(包括$|F_\text{S}|_\text{max}$及$|M|_\text{max}$)。

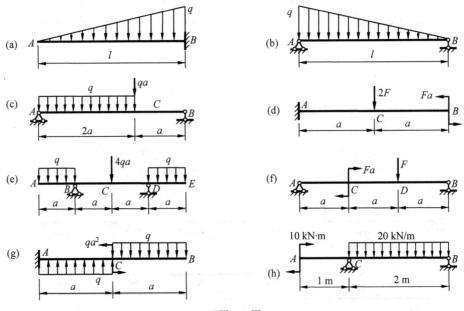

习题 6-2 图

6-3 试用叠加法绘制习题 6-2 图(c)、(d)、(e)、(h)所示梁的弯矩图。

6-4 试利用 q、F_S、M 之间的微分、积分关系绘制图示各梁的剪力图、弯矩图。

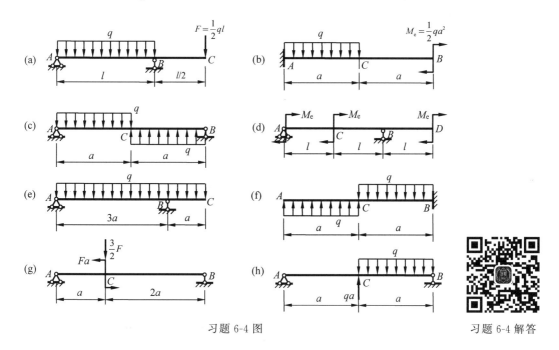

习题 6-4 图 　　　　　习题 6-4 解答

6-5 试利用 q、F_S、M 之间的微分、积分关系,判断并改正图示各梁的剪力图和弯矩图中的错误。

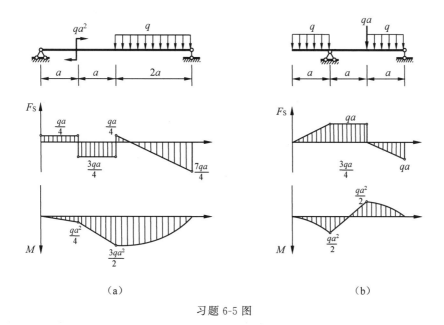

习题 6-5 图

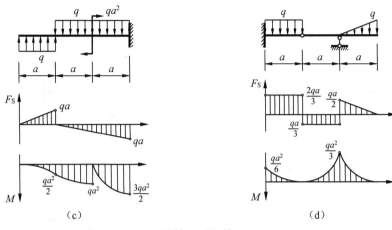

（c）　　　　　　　　　　　　　（d）

习题 6-5 图（续）

6-6　简支梁的剪力图如图所示，试作该梁的弯矩图和荷载图。已知梁上无集中力偶作用。

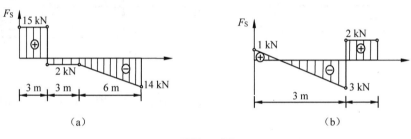

（a）　　　　　　　　　　　　　（b）

习题 6-6 图

6-7　根据图示简支梁的弯矩图作出该梁的剪力图和荷载图。

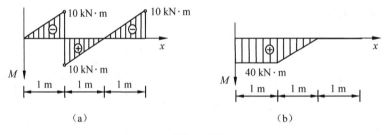

（a）　　　　　　　　　　　　　（b）

习题 6-7 图

6-8　长度为 l 的书架横梁由一块对称放置在两个支架上的木板构成，如图所示。设书的重量可视为均布荷载 q，为使木板内的最大弯矩最小，求两支架的间距 a。

6-9　如图所示独轮车过跳板，车的重量为 W。若跳板的 B 端由固定铰支座支撑，试从弯矩方面考虑：活动铰支座 A 在什么位置时，跳板的受力最合理？

6-10　如图所示，工人在木板中点工作，为了使木板中的弯矩最小，把砖块堆放在板的两端，试问：这种做法是否正确？若两端堆放同等重量的砖块，砖堆重量 W 为多少时，板中的最大弯矩为最小？

习题 6-8 图　　习题 6-8 解答　　习题 6-9 图　　习题 6-9 解答

6-11　图示悬臂梁承受均布力 q 的作用,由于弯矩最大绝对值过大,可在其自由端加上一个向上的集中力 F。要使梁中弯矩最大绝对值为最小,F 应为多大?加上了这样的 F 后,梁中弯矩最大绝对值减小的百分数为多少?

习题 6-10 图　　习题 6-10 解答　　习题 6-11 图　　习题 6-11 解答

6-12　试求如图所示平面阴影部分面积对形心轴 z 轴的静矩。图(c)截面尺寸单位为 mm。

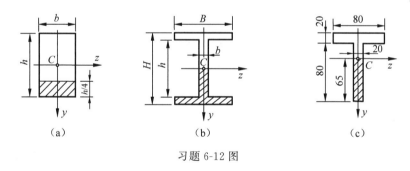

(a)　　　　(b)　　　　(c)

习题 6-12 图

6-13　试计算图示截面对 z 轴的惯性矩。图(b)截面尺寸单位为 mm。

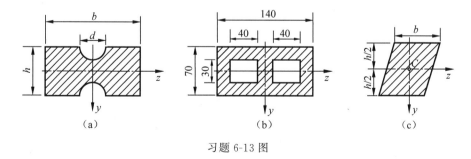

(a)　　　　(b)　　　　(c)

习题 6-13 图

6-14　试计算图示各截面对水平形心轴 z 的惯性矩。图(c)中已知 $a = 40$ mm,$\delta = 2$ mm。

6-15　试计算如图所示截面对 y 轴和 z 轴的惯性矩。截面尺寸单位为 mm。

6-16　试计算如图所示截面对 z 轴的惯性矩。

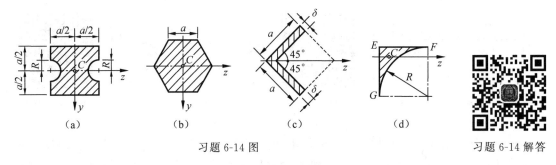

（a） （b） （c） （d） 习题 6-14 解答

习题 6-14 图

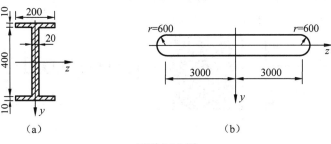

（a） （b）

习题 6-15 图

6-17　如图所示由两个 20a 号槽钢构成的组合截面,若要使 $I_y=I_z$,试求间距 a 应为多大。

6-18　矩形截面梁的截面尺寸如图所示。已知梁横截面上作用有正弯矩 $M=16$ kN·m 及剪力 $F_S=6$ kN,试求图中阴影区域Ⅰ及Ⅱ上的法向内力及切向内力。

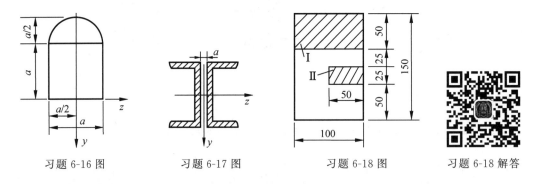

习题 6-16 图　　　习题 6-17 图　　　习题 6-18 图　　　习题 6-18 解答

6-19　如图所示纯弯曲梁,作用的弯矩为 M,截面为矩形,宽为 b,高 $h=2b$。（1）试求截面竖放和平放时的应力比；（2）如截面竖放,且 h 增大到 $4h$ 时,应力是原来的多少倍?

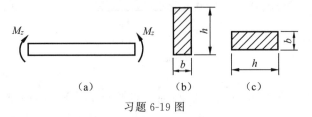

习题 6-19 图

6-20　倒 T 形截面纯弯梁尺寸如图示。若弯矩 $M=31$ kN·m,截面对中性轴 z 的惯性矩 $I_z=53.13\times10^6$ mm^4,（1）试求该梁上的最大拉应力和最大压应力；（2）证明横截面上法向内力的合力为零,而合力矩等于截面上的弯矩。截面尺寸单位为 mm。

6-21 图示为受均布荷载的简支梁,试计算:(1)1—1 截面 A—A 线上 2、3 两点处的正应力;(2)此截面的最大正应力;(3)全梁最大正应力。截面尺寸单位为 mm。

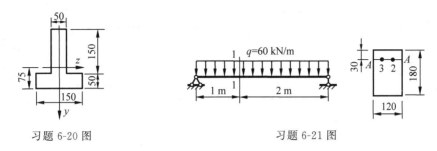

习题 6-20 图 　　　　　　　　　　　习题 6-21 图

6-22 已知一跨度为 4 m 的简支梁承受 $q = 10$ kN/m 的均布荷载,试设计该梁截面。已知材料的 $[\sigma] = 160$ MPa。(1)设计圆截面直径 d;(2)设计 $b : h = 1 : 2$ 的矩形截面;(3)设计工字型截面。最后说明哪种截面最省材料。

6-23 矩形截面的悬臂梁受集中力和集中力偶作用如图所示。试求截面 m—m 和固定端截面 n—n 上 A、B、C、D 四点处的正应力。截面尺寸单位为 mm。

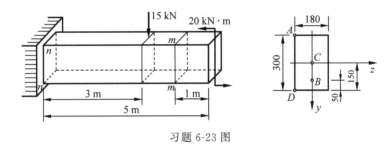

习题 6-23 图

6-24 T 形截面外伸梁尺寸及荷载如图所示,求梁内最大拉应力和最大压应力。截面尺寸单位为 mm。

6-25 如图所示矩形截面悬臂梁,已知 $l = 4$ m,$b/h = 2/3$,$q = 10$ kN/m,$[\sigma] = 10$ MPa。试确定该梁的横截面尺寸。

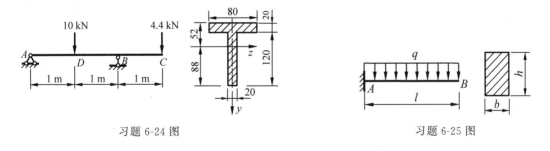

习题 6-24 图 　　　　　　　　　　　习题 6-25 图

6-26 如图所示结构,梁 AB 为 10 号工字钢,CD 杆直径 $d = 15$ mm,梁与杆的许用应力均为 $[\sigma] = 160$ MPa。试按正应力强度条件确定许用分布荷载 $[q]$。

6-27 我国北宋的营造法式中,给出梁截面的高、宽比约为 3∶2,如图所示。试从理论上证明这是从直径为 d 的圆木中能锯出的强度最大的矩形截面梁的最佳比值,即证明所得

截面的 W_z 必是极大值。

6-28　图示为矩形截面悬臂梁,试求轴向 ac 纤维的伸长量。设材料的弹性模量为 E。

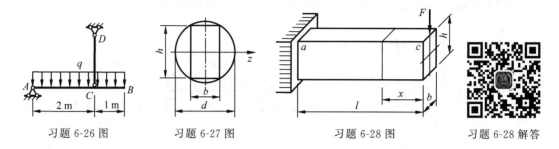

习题 6-26 图　　习题 6-27 图　　习题 6-28 图　　习题 6-28 解答

6-29　图(a)所示简支梁中点 C 受集中荷载作用,该梁原用 20a 号工字钢制造,跨度长 $L=6$ m。现欲提高其承载能力,在梁中间的上、下两面各焊上一块长度 $L'=2$ m、宽 $b=120$ mm、厚 $\delta=10$ mm 的钢板,如图(b)所示。若钢板与工字钢的许用应力相同,问梁的承载能力提高多少?

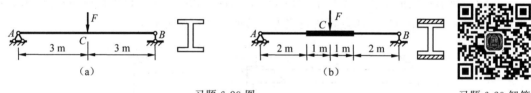

习题 6-29 图　　习题 6-29 解答

6-30　在图中如沿虚线所示的纵向面和横向面从梁中截取一部分 $mnn'm'$。试求在纵向面 $mnn'm'$ 上由切应力 τ' 组成的合力的大小,并说明它与什么力平衡,用图表示。

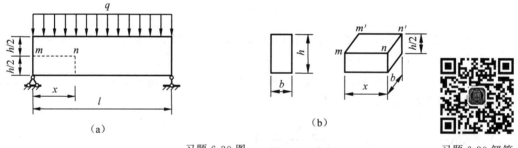

习题 6-30 图　　习题 6-30 解答

6-31　图示槽形截面悬臂梁,C 为截面形心,惯性矩 $I_z=101.7\times10^6$ mm^4,荷载 $F=30$ kN,$M_e=70$ kN·m。材料许用拉应力 $[\sigma_t]=50$ MPa,许用压应力 $[\sigma_c]=120$ MPa,许用切应力 $[\tau]=30$ MPa,试校核其强度。截面尺寸单位为 mm。

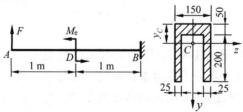

习题 6-31 图

6-32 木制悬臂梁受载如图所示,试求中性层上的最大切应力及此层水平方向的总切向力。截面尺寸单位为 mm。

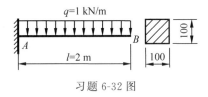

习题 6-32 图

6-33 试求图示梁横截面上的最大正应力和最大切应力,并绘出危险截面上正应力和切应力的分布图。

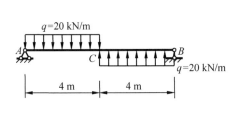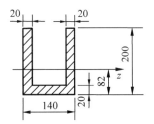

习题 6-33 图

6-34 外伸梁 AC 承受荷载如图所示,$M = 40$ kN·m,$q = 20$ kN/m。材料的许用弯曲正应力$[\sigma] = 170$ MPa,许用切应力$[\tau] = 100$ MPa。试选择工字钢型号。

6-35 由三根木条胶合而成的悬臂梁截面尺寸如图所示,跨长 $l = 1$ m。若胶合面上的许用切应力$[\tau_{胶}] = 0.34$ MPa,木材的许用弯曲正应力为$[\sigma] = 10$ MPa,许用切应力$[\tau] = 1$ MPa,试求许可荷载$[F]$。截面尺寸单位为 mm。

习题 6-34 图　　　　　　　　　习题 6-35 图

6-36 试用积分法求图示各梁的转角方程和挠度方程,并求 A 截面转角和 C 截面挠度。

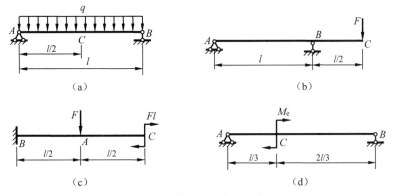

（a）　　　　　　　　　（b）

（c）　　　　　　　　　（d）

习题 6-36 图

6-37 用积分法求图示梁的挠曲线方程时,要分几段积分?将出现几个积分常数?根据什么条件确定其积分常数?(图(b)中右端支于弹簧上,其刚度系数为 k)

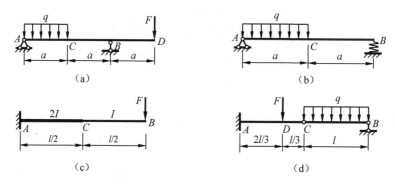

习题 6-37 图

6-38 求图示阶梯状简支梁的跨中挠度 w_C,已知 $I_1 = 2I_2$。

6-39 试用叠加法求图示梁 D 截面的挠度 w_D 及转角 θ_D。已知弯曲刚度为 EI。

习题 6-38 图　　习题 6-38 解答　　习题 6-39 图　　习题 6-39 解答

6-40 用叠加法求图示梁中 C、D 两点的挠度(EI 已知)。

6-41 用叠加法确定图示梁中 C 点的挠度和 A、B 截面的转角(EI 已知),并画出梁挠曲线的大致形状。

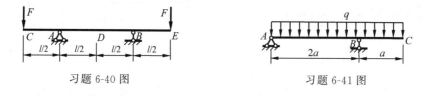

习题 6-40 图　　　　　　　　习题 6-41 图

6-42 试用叠加法求图示梁的挠度 w_C 和 w_B。

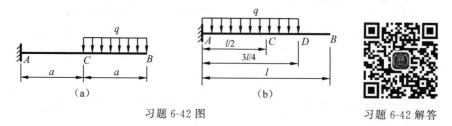

习题 6-42 图　　　　　　　习题 6-42 解答

6-43 用叠加法求简支梁在图示荷载作用下跨度中点的挠度。设 EI 为常数。

6-44 试确定图示梁在中间铰 B 处及 D 处的挠度 w_B 和 w_D。设 AB 和 BC 两梁的 EI

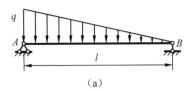

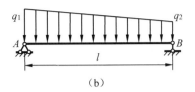

（a）　　　　　　　　　　　　　　（b）

习题 6-43 图

相同。

6-45　图示梁右端 C 由拉杆吊起。已知梁的截面为 $200\ \text{mm} \times 200\ \text{mm}$ 的正方形，其弹性模量 $E_1 = 10\ \text{GPa}$。拉杆的横截面面积 $A = 2500\ \text{mm}^2$，其弹性模量 $E_2 = 200\ \text{GPa}$，试用叠加法求梁中间截面 D 的铅垂位移。

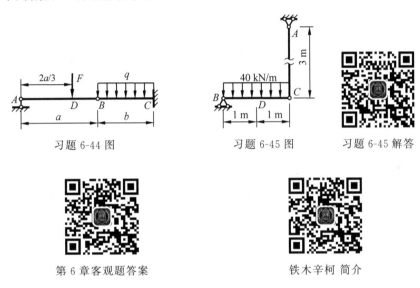

习题 6-44 图　　　　　习题 6-45 图　　　　习题 6-45 解答

第 6 章客观题答案　　　　　　　铁木辛柯 简介

第7章

应力状态与强度理论及其应用

7.1 应力状态的概念及分类

在第 4 章中曾指出,直杆任意斜截面上的应力会随所取截面的方位的变化而变化,最大切应力发生在与轴线成 45°的斜截面上,并解释了低碳钢拉伸试样发生屈服时沿 45°方向出现滑移线的现象。由后面的分析可知,对于纯剪切时的应力状态,最大拉应力和压应力发生在±45°的斜截面上,从而可以较好地解释铸铁圆杆扭转破坏的现象。

事实上,工程中的很多受力构件,其危险点处的应力要比上述两种情况复杂得多。因而有必要研究这些危险点处各个截面上的应力情况,从而对危险点处的材料可能发生什么形式的破坏作出正确的判断。过构件内一点各截面上的应力情况统称为该点处的**应力状态**。其研究方法与前面曾使用过的方法一样,围绕受力构件内某点假想地取出一个各边长均为无限小的正六面体。连续体内的应力一般来说是连续变化的,由于单元体边长取得无限小,因而可以认为每个面上的应力都是均匀分布的,并且认为每对互相平行的面上的应力,其大小和性质分别是相同的。这样,微小正六面体上只有三个互相垂直的面上的应力是独立的。当受力物体处于平衡状态时,从物体中截取的单元体施加上对应的应力后,也是平衡的;对单元体再截开同样处理后也必然处于平衡状态。当单元体各面上的应力已知时,就可以用截面法求出任一斜截面上的应力,并由此确定该点处的最大正应力和最大切应力及其所在截面方位,用以作为强度计算的依据。

单元体上切应力等于零的平面称为该点处的**主平面**。主平面的外法线方向称为**主方向**。主平面上的正应力称为该点处的**主应力**。

弹性力学证明:在受力构件内的任一点处一定可以找到三个互相垂直的主平面,即一定存在一个由主平面构成的单元体,称为**主单元体**。因而一般来说每一点处都有三个主应力,通常用 σ_1、σ_2 和 σ_3 表示,并按它们代数值的大小顺序排列,即规定 $\sigma_1 \geqslant \sigma_2 \geqslant \sigma_3$。

实际问题中,一点处的三个主应力有的可能等于零。按照不为零的主应力数目,将一点处的应力状态分为三类:只有一个主应力不等于零的称为**单向应力状态**,例如拉(压)杆和纯弯曲梁内各点处的应力状态就属于这一类;有两个主应力不等于零的称为**平面(二向)应力状态**,这是实际问题中最常见的一类,例如纯剪切应力状态就属于平面应力状态;三个主应力都不等于零的称为**空间(三向)应力状态**,例如车轮与钢轨接触处(图 7.1.1(a)),因横向变形受到周围材料的阻碍,故该处单元体的侧面上也将有压应力作用,即该单元体处于空间应力状态(图 7.1.1(b)),单向应力状态又称**简单应力**状态,而平面和空间应力状态又统称为**复杂应力状态**。

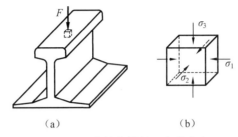

(a) 　　　　　　　　(b)

图 7.1.1　轮轨接触处一点的应力

7.2　平面应力状态分析

7.2.1　解析法

设从受力物体内某点处取出一单元体,如图 7.2.1(a)所示。其前后两个面上的应力等于零,其他两对互相垂直的面上分别作用着已知的应力,即在 x 截面(外法线与 x 轴平行的截面)上作用着应力 σ_x、τ_{xy},在 y 截面(外法线与 y 轴平行的截面)上作用着应力 σ_y、τ_{yx}。这些应力均与 xy 平面相平行。后文将证明,这种应力状态一般为**平面应力状态**,或者**二向应力状态**。为方便起见,将该单元体用平面图表示,如图 7.2.1(b)所示。对于应力的符号规定仍与以前相同,即正应力以拉应力为正而压应力为负,切应力以对单元体内任一点顺时针转为正,反之为负。图 7.2.1 中的 σ_x、σ_y 和 τ_{xy} 皆为正值,而 τ_{yx} 为负值,且根据切应力互等定理有 $\tau_{yx} = -\tau_{xy}$。

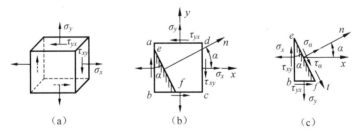

(a) 　　　　　　　(b) 　　　　　　　(c)

图 7.2.1　平面应力状态下任一斜截面上的应力

现在研究与单元体前后面垂直的斜截面 ef 上的应力,如图 7.2.1(b)所示。假设 ef 截面的外法线 n 和 x 轴的夹角为 α,则此截面为 α 截面。规定:角 α 由 x 轴逆时针转到截面法线 n 时为正,顺时针转到 n 时为负。设想用 ef 截面将单元体截开,并取 ebf 部分来研究其平衡,如图 7.2.1(c)所示。α 截面上的正应力和切应力分别用 σ_α 和 τ_α 表示,并均设为正值。若 ef 截面的面积用 $\mathrm{d}A$ 表示,则 eb 和 bf 截面的面积分别为 $\mathrm{d}A\cos\alpha$ 和 $\mathrm{d}A\sin\alpha$。分别将各截面上的微力在图 7.2.1(c)中的轴 n 和 t 上投影,可写出力的平衡方程为

$$\sum F_{in} = 0, \quad \sigma_\alpha \mathrm{d}A + (\tau_{xy}\mathrm{d}A\cos\alpha)\sin\alpha - (\sigma_x\mathrm{d}A\cos\alpha)\cos\alpha +$$

$$(\tau_{yx}\mathrm{d}A\sin\alpha)\cos\alpha - (\sigma_y\mathrm{d}A\sin\alpha)\sin\alpha = 0$$

$$\sum F_{it}=0, \quad \tau_\alpha \mathrm{d}A - (\tau_{xy}\mathrm{d}A\cos\alpha)\cos\alpha - (\sigma_x\mathrm{d}A\cos\alpha)\sin\alpha +$$
$$(\tau_{yx}\mathrm{d}A\sin\alpha)\sin\alpha + (\sigma_y\mathrm{d}A\sin\alpha)\cos\alpha = 0$$

由此可得

$$\sigma_\alpha = \sigma_x\cos^2\alpha + \sigma_y\sin^2\alpha - (\tau_{xy}+\tau_{yx})\sin\alpha\cos\alpha \qquad (a)$$

$$\tau_\alpha = (\sigma_x-\sigma_y)\sin\alpha\cos\alpha + \tau_{xy}\cos^2\alpha - \tau_{yx}\sin^2\alpha \qquad (b)$$

因为 τ_{xy} 和 τ_{yx} 大小相等(它们的指向已表示在图 7.2.1 中),所以式中的 τ_{yx} 可用 τ_{xy} 代替。再利用三角公式

$$\cos^2\alpha = \frac{1+\cos2\alpha}{2}, \quad \sin^2\alpha = \frac{1-\cos2\alpha}{2}, \quad 2\sin\alpha\cos\alpha = \sin2\alpha$$

可将式(a)、(b)简化为

$$\sigma_\alpha = \frac{\sigma_x+\sigma_y}{2} + \frac{\sigma_x-\sigma_y}{2}\cos2\alpha - \tau_{xy}\sin2\alpha \qquad (7.2.1)$$

$$\tau_\alpha = \frac{\sigma_x-\sigma_y}{2}\sin2\alpha + \tau_{xy}\cos2\alpha \qquad (7.2.2)$$

由式(7.2.1)和式(7.2.2)可知,当 σ_x、σ_y、τ_{xy} 已知时,可由该两式求出 σ_α 和 τ_α。

若求与 ef 垂直截面上的应力,只要将式(7.2.1)和式(7.2.2)中的 α 用 $\alpha+90°$ 代入,即可得到

$$\sigma_{\alpha+90°} = \frac{\sigma_x+\sigma_y}{2} - \frac{\sigma_x-\sigma_y}{2}\cos2\alpha + \tau_{xy}\sin2\alpha$$

$$\tau_{\alpha+90°} = -\frac{\sigma_x-\sigma_y}{2}\sin2\alpha - \tau_{xy}\cos2\alpha$$

由此可见,$\sigma_\alpha + \sigma_{\alpha+90°} = \sigma_x + \sigma_y =$ 常数,即任意两个互相垂直平面上的正应力之和为常数;$\tau_\alpha = -\tau_{\alpha+90°}$,即切应力互等定理。

【例 7.2.1】 直径 $d=100$ mm 的等直圆杆,受轴向拉力 $F=500$ kN 及外扭矩 $M_e = 7$ kN·m 作用,如图 7.2.2(a)所示。试求杆表面上 C 点处由横截面、径向截面和周向截面取出的单元体各面上的应力,如图 7.2.2(b)所示,并确定该点处 $\alpha=-30°$ 截面上的应力 $\alpha_{-30°}$ 和 $\tau_{-30°}$。

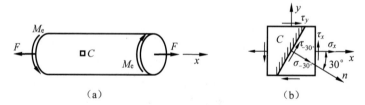

图 7.2.2 例 7.2.1 图

【解】 该杆横截面上 C 点处的拉应力和切应力分别为

$$\sigma_x = \frac{F}{A} = \frac{4\times500\times10^3\ \mathrm{N}}{\pi\times(100\ \mathrm{mm})^2} = 63.7\ \mathrm{MPa}$$

$$\tau_{xy} = \frac{T}{W_p} = \frac{16\times(-7\times10^6\ \mathrm{N\cdot mm})}{\pi\times(100\ \mathrm{mm})^3} = -35.7\ \mathrm{MPa}$$

由式(7.2.1)和式(7.2.2)可得 C 点处 $\alpha=-30°$ 的斜截面上应力为

$$\sigma_{-30°}=\frac{63.7\text{ MPa}+0}{2}+\frac{63.7\text{ MPa}-0}{2}\cos[2\times(-30°)]-$$

$$(-35.7\text{ MPa})\sin[2\times(-30°)]=16.9\text{ MPa}$$

$$\tau_{-30°}=\frac{63.7\text{ MPa}-0}{2}\sin[2\times(-30°)]+$$

$$(-35.7\text{ MPa})\cos[2\times(-30°)]=-45.4\text{ MPa}$$

应力 $\alpha_{-30°}$ 和 $\tau_{-30°}$ 的方向如图 7.2.2(b)所示。

7.2.2　应力圆法(图解法)

平面应力状态下,除了用解析式(7.2.1)和式(7.2.2)确定斜截面上的应力 σ_α 和 τ_α 之外,还可应用由解析式演变而来的图解法求解。

式(7.2.1)和式(7.2.2)中,σ_x、σ_y、τ_{xy} 为已知值,σ_α、τ_α 为变量,2α 为参数。可见这两个式子是圆的参数方程,消去参数 2α 之后即可得到圆的直角坐标方程。为此,先将式(7.2.1)和式(7.2.2)分别改写为

$$\sigma_\alpha-\frac{\sigma_x+\sigma_y}{2}=\frac{\sigma_x-\sigma_y}{2}\cos 2\alpha-\tau_{xy}\sin 2\alpha \tag{c}$$

$$\tau_\alpha=\frac{\sigma_x-\sigma_y}{2}\sin 2\alpha+\tau_{xy}\cos 2\alpha \tag{d}$$

再将式(c)和式(d)各自取平方,然后相加,得

$$\left(\sigma_\alpha-\frac{\sigma_x+\sigma_y}{2}\right)^2+\tau_\alpha^2=\left(\frac{\sigma_x-\sigma_y}{2}\right)^2+\tau_{xy}^2 \tag{e}$$

可以看出,若以 σ 为横坐标、τ 为纵坐标,则式(e)就是所求的圆的直角坐标方程。圆心坐标为 $\left(\dfrac{\sigma_x+\sigma_y}{2},0\right)$,半径为

$\sqrt{\left(\dfrac{\sigma_x-\sigma_y}{2}\right)^2+\tau_{xy}^2}$,其图形如图 7.2.3 所示,此圆称为**应力圆**或**莫尔**(O. Mohr,1835—1918)**圆**。上述推导过程表明,应力圆的圆周上某点的坐标值 $(\sigma_\alpha,\tau_\alpha)$ 代表单元体 α 截面上的应力。所以单元体任一截面上的正应力和切应力与应力圆上该点的坐标存在一一对应的关系。

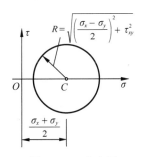

图 7.2.3　应力圆

现在说明应力圆的绘制方法及其应用。

由于应力圆的圆心坐标为 $\left(\dfrac{\sigma_x+\sigma_y}{2},0\right)$,即圆心一定在 σ 轴上,因此,一般只要知道应力圆上任意两点(即单元体上任意两个截面上的正应力和切应力),就可以作出应力圆。例如,图 7.2.4(a)所示的单元体,已知 σ_x、τ_{xy} 和 σ_y,且 $\sigma_x>\sigma_y$,其作图步骤如下:

(1) 如图 7.2.4(b)所示,在 $O\sigma\tau$ 直角坐标系内,按照选定的比例尺,量取 $\overline{OB_1}=\sigma_x$,$\overline{B_1D_x}=\tau_{xy}$ 得 D_x 点,量取 $\overline{OB_2}=\sigma_y$,$\overline{B_2D_y}=\tau_{yx}$ 得 D_y 点;

（2）连接 D_x、D_y 两点，其连线与 σ 轴交于 C 点；

（3）以 C 点为圆心，$\overline{CD_x}$（或 $\overline{CD_y}$）为半径画圆。

上面所画的圆就是所要作的应力圆。因为 $\triangle CB_1D_x \cong \triangle CB_2D_y$，故有

$$\overline{OC} = \frac{1}{2}(\overline{OB_1} + \overline{OB_2}) = \frac{1}{2}(\sigma_x + \sigma_y)$$

$$\overline{CB_1} = \frac{1}{2}(\overline{OB_1} - \overline{OB_2}) = \frac{1}{2}(\sigma_x - \sigma_y)$$

$$\overline{CD_x} = R = \sqrt{\overline{CB_1}^2 + \overline{B_1D_x}^2} = \sqrt{\left(\frac{\sigma_x - \sigma_y}{2}\right)^2 + \tau_{xy}^2}$$

可见，圆心的坐标及半径的大小均与式（e）所对应的圆相同。

在应力圆作出之后，如欲求图 7.2.4(a) 所示单元体某 α 截面上的应力 σ_α、τ_α，在给定的 α 角为正值时，只需以 C 为圆心，将半径 $\overline{CD_x}$ 沿逆时针转 2α 的圆心角到半径 $\overline{CD_\alpha}$（图 7.2.4(b)），则 D_α 点的纵坐标、横坐标就分别代表该 α 截面上的应力 τ_α 和 σ_α。按照比例尺量取 D_α 点的坐标值，即得所求的 σ_α 和 τ_α 值。

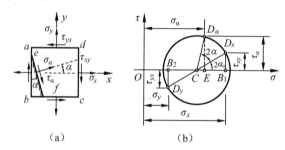

图 7.2.4   单元体与应力圆的对应关系

上述作图法的正确性可证明如下：设图 7.2.4(b) 中的 $\angle B_1CD_x = 2\alpha_0$，则点 D_α 的横坐标为

$$\overline{OE} = \overline{OC} + \overline{CE} = \overline{OC} + \overline{CD_\alpha}\cos(2\alpha + 2\alpha_0)$$

$$= \overline{OC} + \overline{CD_\alpha}(\cos 2\alpha_0 \cos 2\alpha - \sin 2\alpha_0 \sin 2\alpha)$$

$$= \overline{OC} + (\overline{CD_x}\cos 2\alpha_0)\cos 2\alpha - (\overline{CD_x}\sin 2\alpha_0)\sin 2\alpha$$

$$= \frac{\sigma_x + \sigma_y}{2} + \frac{\sigma_x - \sigma_y}{2}\cos 2\alpha - \tau_{xy}\sin 2\alpha$$

由式（7.2.1）可知 $\overline{OE} = \sigma_\alpha$。同理可证，$D_\alpha$ 点的纵坐标 $\overline{ED_\alpha} = \tau_\alpha$。

利用应力圆对平面应力状态作应力分析的方法称为**图解法**。

【说明】   在应用应力圆时，应当注意应力圆上的点与平面应力状态的单元体任意斜截面上的应力有以下的对应关系：①点、面对应，即应力圆上点的坐标与某一斜截面上的正应力和切应力的值对应；②转向对应，即应力圆半径 CD_x 绕圆心 C 旋转的转向与单元体斜截面外法线的转向一致；③二倍角对应，即应力圆半径 CD_x 绕圆心 C 旋转的角度应等于斜截面外法线旋转角度的二倍。

【例 7.2.2】   利用应力圆求例 7.2.1 所示单元体的 $\alpha = -30°$ 斜截面（图 7.2.5(a)）上的应力。

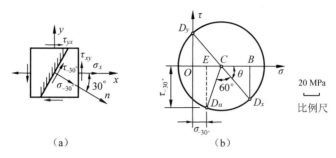

图 7.2.5　例 7.2.2 图

【解】　在 $O\sigma\tau$ 坐标系中,按选定的比例尺,由坐标 $(63.7,-35.7)$ 和 $(0,35.7)$ 分别确定 D_x 和 D_y 两点,连接 D_x、D_y 两点的直线与 σ 轴交于 C 点,以 C 点为圆心、$\overline{CD_x}$ 为半径画出应力圆,如图 7.2.5(b)所示。

在应力圆上,将半径 $\overline{CD_x}$ 沿顺时针方向转动 $60°$ 至 $\overline{CD_a}$,按比例尺分别量取可得

$$\overline{OE}=17\text{ MPa},\overline{D_aE}=46\text{ MPa},即 \sigma_{-30°}=17\text{ MPa},\tau_{-30°}=-46\text{ MPa}$$

【说明】　①比较例 7.2.1 与例 7.2.2 可见,用应力圆求任意斜截面上的应力还是基本正确的,但需要在作图时保持一定的精度。②计算斜截面上的应力时,一般均用解析法求解,因为解析法能保证精度,但也可以根据对应关系,并结合应力圆进行求解。例如例 7.2.1 和例 7.2.2 均可以根据应力圆及对应关系进行求解,无须测量,请读者尝试。③在理解相关公式的含义时,图解法可以给出很多公式和物理量的几何解释,方便对照记忆。

7.2.3　主平面和主应力

用应力圆确定主应力值及主平面方位比用解析法更为直观。现以图 7.2.6(a)所示的平面应力状态为例,相应的应力圆示于图 7.2.6(b)中,在应力圆上 A_1 及 A_2 两点的横坐标分别为最大及最小值,而纵坐标均为零。因此,这两点的横坐标就分别代表单元体两个主平面上的主应力。按比例尺量取这两点的横坐标值,即得主应力 σ_1 和 σ_2 的值。也可由应力圆导出主应力的计算公式如下:

$$\sigma_1=\sigma_{\max}=\overline{OA_1}=\overline{OC}+\overline{CA_1},\quad \sigma_2=\sigma_{\min}=\overline{OA_2}=\overline{OC}-\overline{A_2C}$$

式中

$$\overline{OC}=\frac{1}{2}(\sigma_x+\sigma_y),\quad \overline{CA_1}=\overline{A_2C}=\overline{CD_x}=\sqrt{\left(\frac{\sigma_x-\sigma_y}{2}\right)^2+\tau_{xy}^2}$$

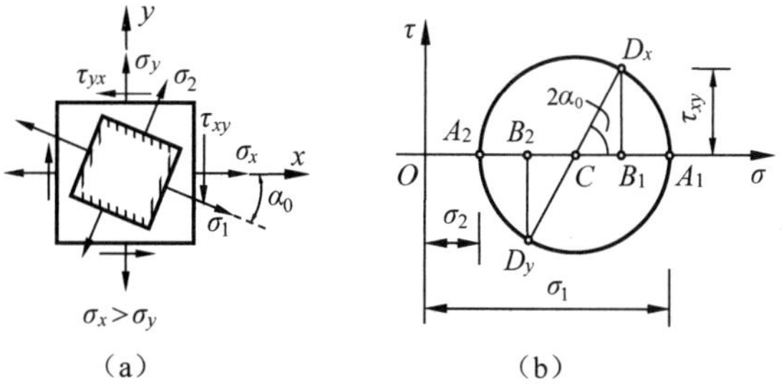

图 7.2.6　单元体与应力圆上的主应力

于是可得

$$\sigma_{\substack{\max \\ \min}} = \frac{1}{2}(\sigma_x + \sigma_y) \pm \sqrt{\left(\frac{\sigma_x - \sigma_y}{2}\right)^2 + \tau_{xy}^2} \qquad (7.2.3)$$

现在确定主平面的方位。由于 A_1、A_2 两点位于应力圆同一直径的两端,因而在单元体上它们对应的两个主平面是互相垂直的。圆周上 D_x 点到 A_1 点所对的圆心角为顺时针的 $2\alpha_0$,则在单元体上也应由 x 轴按顺时针量取 α_0,就确定了 σ_1 所在主平面的外法线,而 σ_2 所在主平面的外法线则与之垂直(图 7.2.6(a))。也可以由应力圆导出 α_0 的计算公式。按照关于 α 的符号规定,上述顺时针转的 $2\alpha_0$ 应是负值,故由图 7.2.6(b)中的直角三角形 CB_1D_x 可得

$$\tan(-2\alpha_0) = \frac{\overline{D_xB_1}}{\overline{CB_1}} = \frac{2\tau_{xy}}{\sigma_x - \sigma_y}$$

考虑到 $2\alpha_0$ 为第四象限角,故可表示为

$$2\alpha_0 = \arctan\left(\frac{-2\tau_{xy}}{\sigma_x - \sigma_y}\right) \qquad (7.2.4)$$

由式(7.2.4)算出 α_0 值,即可确定 σ_1 所在主平面的方位。

【思考】 式(7.2.3)、式(7.2.4)也可由式(7.2.1)和式(7.2.2)用解析法导出,试推导之。

【说明】 ①由式(7.2.4)算出 α_0 值确定 σ_1 所在主平面的方位时,可以通过 $\arctan\left(\dfrac{-2\tau_{xy}}{\sigma_x - \sigma_y}\right)$ 中分子($-2\tau_{xy}$)与分母($\sigma_x - \sigma_y$)的正负来判断 $2\alpha_0$ 所在的象限,经过计算来确定主应力 σ_1 所在平面的 α_0 值。②主应力 σ_1 所在平面的大体位置可以通过切应力 τ_{xy} 的方向判断,读者可以仔细观察。

【例7.2.3】 一焊接工字钢梁的受力和横截面如图 7.2.7(a)、(b)所示,其剪力图和弯矩图如图 7.2.7(c)、(d)所示,已知横截面对中性轴的惯性矩 $I_z = 8.8 \times 10^7 \ \text{mm}^4$。试求截面 C 左侧上 a、b 两点处的主应力值及主平面方位。横截面尺寸单位为 mm。

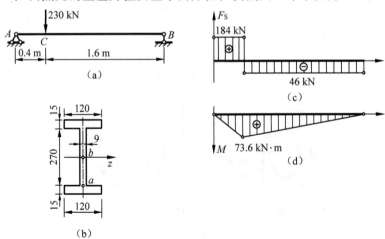

图 7.2.7 例 7.2.3 图

【解】　求解过程请扫描对应的二维码获得。

例 7.2.3 的求解过程

7.3　空间应力状态与广义胡克定律

具体内容请扫描下面的二维码获得。

7.3

7.4　强度理论

当材料处于单向应力状态时,其极限应力 σ_u 可利用拉伸与压缩实验测定。但如前所述,实际构件危险点的应力状态往往不是单向的,而是处于平面或空间应力状态,模拟复杂应力状态下的实验比较困难。一个典型的实验是在封闭的薄壁圆筒中施加内压,同时配以轴力和扭矩,这样可以得到不同主应力比的实验结果。尽管如此,仍不能重现实际中遇到的各种复杂应力状态。由于主应力 σ_1、σ_2 与 σ_3 之间存在无数种数值组合或比例,要测出每种组合下的相应极限应力 σ_{1u}、σ_{2u} 与 σ_{3u} 实际上很难实现,因此,研究材料在复杂应力状态下的破坏或失效的规律极为必要。

各种材料因强度不足引起的破坏或失效现象是不同的,试验表明,材料在静荷作用下的破坏形式主要有两种:一种为断裂,另一种为屈服。例如,铸铁试样拉伸时沿横截面断裂,扭转时沿与轴线约成 45° 倾角的螺旋面断裂;低碳钢试样拉伸屈服时在与轴线约成 45° 的方向产生滑移,扭转屈服时沿纵、横方向滑移。大量的实验结果与工程构件强度破坏的实例表明,复杂应力状态虽然各式各样,但无论在复杂应力状态还是简单应力状态下材料的破坏形式却是有限的。衡量受力和变形程度的参量有应力、应变和应变能,对于同一种破坏形式,可能存在相同的破坏原因。于是假定材料的失效(断裂或屈服)是由于应力、应变和应变能等因素中某一个因素引起的。长期以来人们根据破坏形式提出了种种关于破坏原因的假说,根据这些假说就可以通过简单的实验结果建立材料在复杂应力状态下的破坏判据,预测材料在复杂应力状态下何时发生破坏,进而建立复杂应力状态下的强度条件。经过实验研究及工程实践检验证实了的有关破坏原因的假说被称为强度理论。

由于材料的破坏形式分为两类,因而强度理论也分为两类,即关于脆性断裂的强度理论和关于塑性屈服的强度理论。下面介绍比较经典的四个基本的强度理论。

7.4.1　脆性断裂的强度理论

1. 最大拉应力理论（第一强度理论）

对铸铁、石料等脆性材料进行单向拉伸时的破坏性试验发现，断裂面总是垂直于最大拉应力的方向。正是基于这个基本的试验结果，人们提出了最大拉应力是引起材料破坏的主要因素的假说，这就是最大拉应力理论或称为第一强度理论。它认为材料的断裂决定于最大拉应力，当危险点处的最大拉应力 σ_1 达到该种材料在轴向拉伸时的强度极限 σ_b，即 $\sigma_1 = \sigma_b$ 时，材料将发生断裂。为了进行强度储备，应引入安全因数 n，要求

$$\sigma_1 \leqslant [\sigma] = \frac{\sigma_b}{n} \tag{7.4.1}$$

式中，$[\sigma]$ 为单向拉伸时材料的许用应力。这一理论基本上能正确地反映出某些脆性材料的特性。如果用铸铁圆筒做试验，给铸铁圆筒同时加内压力和轴向拉力，其试验结果与最大拉应力理论符合得较好。所以，这一理论可用于承受拉应力的某些脆性材料，如铸铁。

2. 最大拉应变理论（第二强度理论）

该理论的失效准则可表述为：无论材料处于何种应力状态，只要这一应变值达到该种材料在单向拉伸断裂时的应变值 ε_{1u}，材料就发生脆性断裂。对于铸铁等脆性材料，从受载到断裂，其应力-应变关系基本上服从胡克定律，所以利用空间应力状态的胡克定律可写出断裂条件

$$\varepsilon_1 = \frac{\sigma_1 - \nu(\sigma_2 + \sigma_3)}{E} = \frac{\sigma_b}{E}$$

引入安全因数，写出强度条件，即

$$\sigma_1 - \nu(\sigma_2 + \sigma_3) \leqslant [\sigma] \tag{7.4.2}$$

式中，$[\sigma]$ 为单向拉伸时材料的许用应力。相比于第一强度理论，在第二强度理论中，考虑了三个主应力对材料破坏的影响，从形式上更加完美了。但是薄壁圆筒铸铁试件在内压、轴力和扭矩联合作用下的试验表明，第二强度理论并不比第一强度理论更符合试验结果。

7.4.2　塑性屈服的强度理论

1. 最大切应力理论（第三强度理论）

试验发现，低碳钢的屈服与最大切应力有关，例如，第 4 章曾说明等直杆拉伸时在与杆轴成 45°的方向上出现滑移线而显现出屈服现象，目前认为这是沿最大切应力方向滑移的结果，即塑性变形是由于金属晶格沿剪切面滑移的结果。因此，该理论认为处于复杂应力状态下的材料，只要其最大切应力 τ_{max} 达到该材料在简单拉伸下出现屈服时的最大切应力值 τ_s，材料就发生屈服而进入塑性状态。因此材料在复杂应力状态下的屈服条件为 $\tau_{max} = \tau_s$，空间应力状态时的最大切应力为 $\tau_{max} = \dfrac{\sigma_1 - \sigma_3}{2}$。而简单拉伸下出现屈服时的最大切应力值 $\tau_s = \dfrac{\sigma_s}{2}$。故屈服条件变为 $\sigma_1 - \sigma_3 = \sigma_s$。引入安全因数 n，取许用应力为 $[\sigma] = \dfrac{\tau_s}{n}$，那么第三强度理论的强度条件为

$$\sigma_1 - \sigma_3 \leqslant [\sigma] \tag{7.4.3}$$

人们用塑性金属材料做试验,证实了当材料出现塑性变形时最大切应力基本上保持为常值。这一理论将金属材料的屈服视为材料发生破坏,它适用于具有明显屈服平台的金属材料。由于最大切应力理论与试验结果比较接近,因此在工程上得到了广泛应用。但它的缺点是没有考虑主应力 σ_2 对材料屈服的影响。事实上,主应力 σ_2 对材料屈服的确有一定的影响。

2. 畸变能理论(第四强度理论)

通过分析可知,单元体在空间应力状态下储存的应变能密度可分为体积改变能密度 v_v 和畸变能密度 v_d,如果材料处于三向等值压缩状态,即 $\sigma_1 = \sigma_2 = \sigma_3 = -p$,人们发现三向压应力可达到很大,而材料并不过渡到失效状态,这时单元体只有体积改变能,而无畸变能。这表明体积改变能的大小与材料的失效无关,于是有人提出畸变能理论。该理论认为:当单元体储存的畸变能密度 v_d 达到单向拉伸发生屈服的畸变能密度 v_ds 时,材料就进入塑性屈服,即屈服条件为 $v_\mathrm{d} = v_\mathrm{ds}$。有关畸变能密度 v_d 的表达式不再给出证明过程,有兴趣的读者请参考文献[5]。这里直接给出第四强度理论的强度条件为

$$\sqrt{\frac{1}{2}\left[(\sigma_1 - \sigma_2)^2 + (\sigma_2 - \sigma_3)^2 + (\sigma_3 - \sigma_1)^2\right]} \leqslant [\sigma] \tag{7.4.4}$$

第四强度理论有时也被称为**形状改变比能理论**。

7.4.3 强度理论的应用

上面介绍了四种基本的强度理论,以及每种强度理论的强度条件,即式(7.4.1)～式(7.4.4),这些强度条件可以写成统一的形式,即

$$\sigma_\mathrm{r} \leqslant [\sigma] \tag{7.4.5}$$

式中,σ_r 称为复杂应力状态的**相当应力**,这里 σ_r 只是按不同强度理论得出的主应力的综合值,并不是真实存在的应力;$[\sigma]$ 代表材料的许用应力,可以通过拉伸试验获得。

式(7.4.5)表明,可以将一复杂应力状态转换为一相当强度的单向应力状态,并与许用应力 $[\sigma]$ 作比较,进行强度校核。

显然,四种基本强度理论对应的相当应力分别为

第一强度理论:$\sigma_{\mathrm{r},1} = \sigma_1$

第二强度理论:$\sigma_{\mathrm{r},2} = \sigma_1 - \nu(\sigma_2 + \sigma_3)$

第三强度理论:$\sigma_{\mathrm{r},3} = \sigma_1 - \sigma_3$

第四强度理论:$\sigma_{\mathrm{r},4} = \sqrt{\dfrac{1}{2}\left[(\sigma_1 - \sigma_2)^2 + (\sigma_2 - \sigma_3)^2 + (\sigma_3 - \sigma_1)^2\right]}$

【说明】 强度理论一直是一个开放性课题,除了以上四种强度理论之外,还有莫尔强度理论等。我国学者在这一领域取得了可喜的成果。例如,俞茂宏教授1961年提出了双剪强度理论、统一强度理论等;中南大学丁发兴教授团队自2000年以来,创立了材料损伤比强度理论等。有兴趣的读者可参考相关著作或论文。

有了强度条件,就可对危险点处于复杂应力状态的杆件进行强度计算。但是,在实际工程中,解决具体问题时选用哪一个强度理论是比较复杂的问题,需要根据杆件的材料种类、受力情况、荷载的性质(静荷载还是动荷载)以及温度等因素决定。一般来说,在常温静载

下,脆性材料多发生断裂破坏(包括拉断和剪断),所以通常采用最大拉应力理论或莫尔强度理论,有时也采用最大拉应变理论;塑性材料多发生屈服破坏,所以通常采用最大切应力理论或形状改变能密度理论,前者偏于安全,后者偏于经济。

【说明】 选取强度理论不仅取决于材料的性质(脆性材料或塑性材料),而且与材料的应力状态有密切关系。即使是同一种材料,在不同的应力状态下,也可能有不同的失效形式,所以也不能采用同一种强度理论。例如低碳钢在单向拉伸时呈现屈服破坏,宜用第三强度理论或第四强度理论;但在三向拉伸状态下的三个主应力数值接近时,屈服很难出现,构件会因脆性断裂而破坏(此时最大切应力和形状改变比能均很小,无法应用),宜用最大拉应力理论或最大拉应变理论。对于脆性材料,在三向压应力相近的情况下,都可发生屈服破坏,故宜用第三强度理论或第四强度理论(此时不出现拉应力和伸长线应变,自然无法应用第一强度理论或第二强度理论)。

总之,强度理论的研究使人们认识到了物体破坏的一些基本规律,并在工程上得到了广泛应用。另外,构件内部可能还存在一些细小裂纹,在荷载作用下裂纹尖端附近会产生应力场和位移场,从而造成裂纹的扩展,最终断裂破坏。针对含裂纹构件的强度及其寿命问题的研究已经形成一门新的学科,即断裂力学,有兴趣的读者可以参考相关教材。

使用式(7.4.5)进行强度问题的有关计算,一般均应遵照如下步骤进行:①根据构件受力与变形的特点,判断危险截面和危险点的可能位置;②在危险点上选择并截取单元体,并根据构件的受力情况计算单元体上的应力;③利用主应力的计算公式或图解法计算危险点处的主应力 σ_1、σ_2、σ_3;④根据材料的类型和应力状态判断可能发生的破坏现象,选择合适的强度理论,进行有关的强度计算,包括强度校核、设计截面、计算许可荷载等。

【例 7.4.1】 图 7.4.1 所示的单向受力与纯剪切的组合应力状态是一种常见的应力状态,试分别根据第三强度理论与第四强度理论建立相应的强度条件。

【解】 由式(7.2.3)可得该单元体的最大与最小正应力

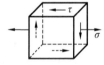

$$\sigma_{\substack{\max \\ \min}} = \frac{1}{2}(\sigma \pm \sqrt{\sigma^2 + 4\tau^2})$$

又无论 σ、τ 为正或为负,相应的主应力均为 $\sigma_{1,3} = \frac{1}{2}(\sigma \pm$

图 7.4.1 例 7.4.1 图

$\sqrt{\sigma^2 + 4\tau^2})$,$\sigma_2 = 0$。

根据第三强度理论,由式(7.4.3)得

$$\sigma_{r,3} = \sqrt{\sigma^2 + 4\tau^2} \leqslant [\sigma] \tag{7.4.6}$$

根据第四强度理论,由式(7.4.4)得

$$\sigma_{r,4} = \sqrt{\sigma^2 + 3\tau^2} \leqslant [\sigma] \tag{7.4.7}$$

【说明】 图 7.4.1 所示的平面应力状态,在梁的弯曲、圆轴的扭转与弯曲或扭转与拉伸组合作用时会经常遇到,所以对应的相当应力的表达式(7.4.6)和式(7.4.7)需要掌握。

【例 7.4.2】 如图 7.4.2(a)、(b)所示的圆柱形薄壁容器的内径 $d = 1$ m,内部的蒸汽压强 $p = 3.6$ MPa,材料的许用应力$[\sigma] = 160$ MPa,试按第三强度理论和第四强度理论设计容器的壁厚 δ 并比较它们的差别。

【解】 求解过程请扫描对应的二维码获得。

【例 7.4.3】　如图 7.4.3 所示简支梁 AB，荷载 $F = 12$ kN，距离 $a = 0.8$ m，材料的许用应力 $[\sigma] = 120$ MPa，$[\tau] = 80$ MPa。试选择工字钢型号，并对梁强度作全面校核。截面尺寸单位为 mm。

【解】　求解过程请扫描对应的二维码获得。

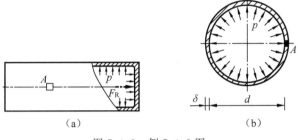

图 7.4.2　例 7.4.2 图　　　　　　　　　　　　　例 7.4.2 的求解过程

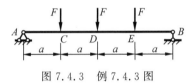

图 7.4.3　例 7.4.3 图　　　　　　　　　　　　　例 7.4.3 的求解过程

7.5　梁的斜弯曲

7.5.1　斜弯曲及横截面上的正应力

对于如槽钢截面的梁，如果横向力沿非对称主轴作用并通过截面形心，由于切应力的存在会使杆件产生扭转，形成弯曲和扭转的组合变形。如果横向力改变作用位置，将扭转成分消除，杆件将只发生平面弯曲。这时的作用位置，称为**弯曲中心**，简称**弯心**。在实际工程中，有时横向力通过弯心，但不与形心主轴平行，例如屋架上倾斜放置的矩形截面檩条，如图 7.5.1(a) 所示，它所承受的屋面荷载 q 就不沿截面的形心主轴方向(图 7.5.1(b))。试验结果以及下面的分析均表明此时挠曲线不再位于外力所在的纵向平面内，这种弯曲称为**斜弯曲**。

现以图 7.5.2 所示的矩形截面悬臂梁为例，说明斜弯曲时的应力与位移的计算方法。设作用在梁自由端的集中力 F 通过截面形心，且与竖直对称轴之间的夹角为 φ。

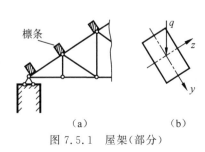

图 7.5.1　屋架(部分)

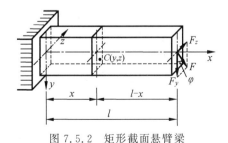

图 7.5.2　矩形截面悬臂梁

将力 F 沿截面的两个对称轴 y 和 z 方向分解,得 $F_y = F\cos\varphi$,$F_z = F\sin\varphi$。

在 F_y 单独作用下,梁在竖直平面内发生平面弯曲,z 轴为中性轴;而在 F_z 单独作用下,梁在水平平面内发生平面弯曲,y 轴为中性轴。可见斜弯曲是两个互相垂直方向的平面弯曲的组合。

F_y 和 F_z 各自单独作用时,距固定端为 x 的横截面上,绕 z 轴和 y 轴的弯矩分别为

$$M_z = F_y(l-x) = F\cos\varphi(l-x) = M\cos\varphi$$

$$M_y = F_z(l-x) = F\sin\varphi(l-x) = M\sin\varphi$$

可见,弯矩 M_y 和 M_z 也可通过分解矢量 $\boldsymbol{M}$(总弯矩)来求得。

若材料在线弹性范围内工作,则对于其中的每一个平面弯曲,均可用弯曲正应力的计算公式计算其正应力。在 x 截面上第一象限内某点 $C(y,z)$ 处,与弯矩 M_z 和 M_y 对应的正应力 σ' 和 σ'' 都是压应力,如图 7.5.3(a)、(b)所示,故

$$\sigma' = -\frac{M_z}{I_z}y = -\frac{M\cos\varphi}{I_z}y$$

$$\sigma'' = -\frac{M_y}{I_y}z = -\frac{M\sin\varphi}{I_y}z$$

在以上两式中弯矩均采用绝对值。

当 F_y 和 F_z 共同作用时,应用叠加法,取 σ' 和 σ'' 的代数和,即为 C 点处由集中力 F 引起的正应力 σ,即

$$\sigma = \sigma' + \sigma'' = -M\left(\frac{\cos\varphi}{I_z}y + \frac{\sin\varphi}{I_y}z\right) \tag{7.5.1}$$

式(7.5.1)表明,横截面上的正应力是坐标 y、z 的线性函数,即式(7.5.1)是平面方程。x 截面上的正应力变化规律如图 7.5.3(c)所示。

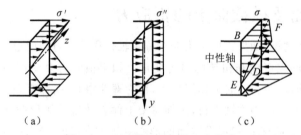

(a)　　　　　　(b)　　　　　　(c)

图 7.5.3　矩形截面上的应力分布

7.5.2　斜弯曲时梁的中性轴方程与强度条件

由图 7.5.3(c)可知,在 x 截面上角点 B 处作用有最大拉应力,角点 D 处作用有最大压应力,它们的绝对值相等。点 E 和点 F 处的正应力为零,它们的连线即是中性轴,从而点 B 和点 D 就是离中性轴最远的点。

由式(7.5.1)可知,任意 x 截面的中性轴方程应满足下式:

$$\frac{\cos\varphi}{I_z}y_0 + \frac{\sin\varphi}{I_y}z_0 = 0 \tag{7.5.2}$$

其中,(y_0, z_0) 是中性轴上点的坐标。显然,中性轴通过截面形心。若记中性轴与 y 轴的夹

角为 α，则有

$$\tan\alpha = \frac{z_0}{y_0} = -\left(\frac{I_y}{I_z}\right)\cot\varphi \tag{7.5.3}$$

式(7.5.3)说明，除非 $I_y = I_z$，否则中性轴不会与荷载的作用线垂直。

对整个梁来说，横截面上的最大正应力应在危险截面的角点处，其值为

$$\sigma_{max} = \frac{M_{y,max}}{W_y} + \frac{M_{z,max}}{W_z} = M_{max}\left(\frac{\sin\varphi}{W_y} + \frac{\cos\varphi}{W_z}\right) \tag{7.5.4}$$

由于角点处的切应力为零，所以按单向应力状态来建立强度条件。设材料的抗拉和抗压强度相同，则斜弯曲时的强度条件为

$$\sigma_{max} \leqslant [\sigma]$$

若梁的横截面没有外棱角，例如图 7.5.4 所示的椭圆形截面，y 轴和 z 轴均为形心主轴，为确定斜弯曲时危险点的位置，可利用横截面上的中性轴方程(7.5.2)来确定。

确定了中性轴的位置后，作两条与中性轴平行而与横截面周边相切的直线，将所得切点的坐标分别代入式(7.5.1)，就可求得指定横截面上的最大拉应力和最大压应力。而弯矩最大横截面上的切点就是整个梁的危险点。

【例 7.5.1】　跨长 $l = 4$ m 的简支梁由 25a 号工字钢制成，受力如图 7.5.5 所示。F 力的作用线通过截面形心，且与 y 轴间的夹角 $\varphi = 15°$，材料的许用应力 $[\sigma] = 170$ MPa，试校核此梁的强度。

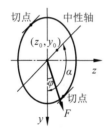

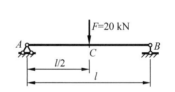

图 7.5.4　没有外棱角截面的危险点　　　　图 7.5.5　例 7.5.1 图

【解】　梁跨中截面上的弯矩最大，故为危险截面，该截面上的弯矩值为

$$M_{max} = \frac{Fl}{4} = \frac{1}{4} \times 20 \text{ kN} \times 4 \text{ m} = 20 \text{ kN} \cdot \text{m}$$

在两个形心主惯性平面内的弯矩分量分别为

$$M_{y,max} = M_{max}\sin\varphi = 20 \text{ kN} \cdot \text{m} \times \sin15° = 5.18 \text{ kN} \cdot \text{m}$$

$$M_{z,max} = M_{max}\cos\varphi = 20 \text{ kN} \cdot \text{m} \times \cos15° = 19.32 \text{ kN} \cdot \text{m}$$

从附录 I 的型钢表中查得 25a 号工字钢的弯曲截面系数 $W_y = 48.3 \times 10^3$ mm^3，$W_z = 402 \times 10^3$ mm^3。将 W_y、W_z 的值代入式(7.5.4)，可得

$$\sigma_{max} = \frac{5.18 \times 10^6 \text{ N} \cdot \text{mm}}{48.3 \times 10^3 \text{ mm}^3} + \frac{19.32 \times 10^6 \text{ N} \cdot \text{mm}}{402 \times 10^3 \text{ mm}^3} = 107.25 \text{ MPa} + 48.06 \text{ MPa}$$

$$= 155.31 \text{ MPa} < 170 \text{ MPa}$$

故此梁满足正应力强度条件。

7.6 拉压与弯曲的组合变形

7.6.1 拉压与弯曲组合的强度条件

现以图 7.6.1(a)所示的矩形截面直杆为例说明拉(压)弯组合变形时的强度计算方法。

在横向力 q 和轴向拉力 F 的作用下,杆除发生弯曲变形外,还会产生轴向伸长变形。如果杆件的弯曲刚度 EI 较大,由横向力产生的挠度远小于截面尺寸,则轴向拉力由于挠度而引起的附加弯矩可略去不计,如图 7.6.1(b)所示。本节只限于研究弯曲刚度较大的杆,若材料在线弹性范围内工作,可分别计算横向力和轴向拉力所引起的横截面上的正应力,然后叠加求其代数和,即得拉弯组合变形下的解。

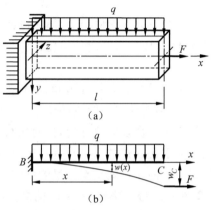

图 7.6.1 受轴向拉力和均布荷载
作用的悬臂梁

在轴向拉力 F 作用下,杆的各横截面上有相同的轴力 $F_N = F$,而在横向力 q 作用下,固定端 B 截面上弯矩的绝对值最大,为 $|M|_{max} = \dfrac{ql^2}{2}$,因此危险截面为 B 截面。B 截面上的应力变化规律如图 7.6.2 所示。

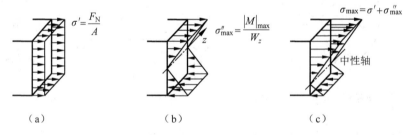

图 7.6.2 拉弯组合件截面上的应力

由图 7.6.2(c)可见,B 截面的上边缘各点作用有最大拉应力,这些点处于单向应力状态。设材料的抗拉和抗压强度相同,则拉伸与弯曲组合时的强度条件为

$$\sigma_{t,max} = \frac{F_N}{A} + \frac{|M|_{max}}{W_z} \leqslant [\sigma] \tag{7.6.1}$$

【说明】 拉弯组合变形时,略去轴向拉力所引起的附加弯矩是偏于安全的。因为附加弯矩与横向力产生的弯矩是反向的。对于压弯组合变形,情况则相反,此时附加弯矩与横向力产生的弯矩是同向的。故只有当弯曲刚度较大(即小变形)时,才能略去附加弯矩的影响。

7.6.2 偏心拉伸(压缩)

当外力作用线与杆件的轴线平行,但不重合时,杆件的变形称为**偏心拉压**,这实际是一种拉(压)与弯曲的组合变形。现以矩形截面直杆为例,讨论偏心压缩问题。

1. 单向偏心压缩

如图 7.6.3 所示,立柱在上端受到集中力 F 作用,集中力 F 的作用点 K 在 z 轴上,偏心即是 e。将力 F 向形心简化,得到轴向压力 F 和对 y 轴的力偶矩 $M_{ey}=Fe$。在这个等效力系作用下,柱发生压缩与弯曲的组合变形。由截面法,柱内任一截面上的内力中,轴力 $F_N=-F$,弯矩 $M_y=Fe$。x 横截面上任一点 $P(y,z)$ 上由轴力和弯矩引起的正应力分别为

$$\sigma' = \frac{F_N}{A} = -\frac{F}{A}$$

$$\sigma'' = \frac{M_y z}{I_y} = \pm \frac{Fez}{I_y}$$

式中,σ'' 的正、负号由弯曲变形直接判断。根据叠加原理,可得点 P 处的总应力 σ 为

$$\sigma = \sigma' + \sigma'' = -\frac{F}{A} \pm \frac{Fez}{I_y} \tag{7.6.2}$$

2. 双向偏心压缩

如图 7.6.4 所示,立柱所受的集中力 F 不在形心主轴 y 或 z 上,对两个轴都有偏心,设偏心距分别为 e_y、e_z。将力 F 向形心简化,得到轴向压力 F 和对 y、z 轴的力偶矩 M_{ey}、M_{ez},在这样的等效力系作用下,任一截面处的轴力和弯矩分别为

$$F_N = -F$$

$$M_y = M_{ey} = Fe_z$$

$$M_z = M_{ez} = Fe_y$$

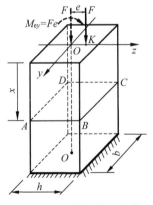

图 7.6.3　单向偏心压缩

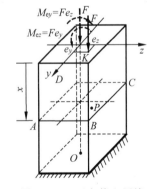

图 7.6.4　双向偏心压缩

根据叠加原理,可得任一点 $P(y,z)$ 处的正应力为

$$\sigma = \sigma' + \sigma'' + \sigma''' = \frac{F_N}{A} - \frac{M_y z}{I_y} - \frac{M_z y}{I_z} = -\frac{F}{A} - \frac{Fe_z z}{I_y} - \frac{Fe_y y}{I_z} \tag{7.6.3}$$

式中,σ'' 与 σ''' 的正、负号可根据点的位置直观判断。

7.6.3　截面核心

由于中性轴上各点的正应力等于零,为了确定中性轴位置,令式(7.6.3)为零,即 $\sigma=0$,

设中性轴上任一点坐标为(z_0, y_0),则有

$$\frac{F}{A} + \frac{Fe_z z_0}{I_y} + \frac{Fe_y y_0}{I_z} = 0$$

将 $I_y = Ai_y^2$,$I_z = Ai_z^2$ 代入上式,其中 i_y、i_z 为惯性半径,可得中性轴方程为

$$1 + \frac{e_z z_0}{i_y^2} + \frac{e_y y_0}{i_z^2} = 0 \qquad\qquad (7.6.4)$$

显然,式(7.6.4)表示的是关于 z_0 和 y_0 的一直线方程。

设 a_y、a_z 分别为中性轴在 y、z 轴上的截距,则由式(7.6.4)可得

$$a_y = -\frac{i_z^2}{e_y}, \qquad a_z = -\frac{i_y^2}{e_z} \qquad\qquad (7.6.5)$$

【说明】 由式(7.6.4)和式(7.6.5)可以看出偏心压缩时,中性轴有以下特点:① 中性轴是一条不过形心的直线;② a_y 与 e_y 符号相反,a_z 与 e_z 符号相反,说明中性轴与荷载作用点在形心两侧,有可能在截面以外;③ 荷载越接近截面形心,中性轴离形心越远。

这样,当外荷载作用于截面形心附近的一个区域时,就可以保证中性轴在横截面边缘以外,从而截面上不出现拉应力,形心附近的这个区域称为**截面核心**。

工程上,常用的材料如砖、石、混凝土、铸铁等抗压性能好而抗拉能力差,因而由这些材料制成的偏心受压构件,应力求使全截面上只出现压应力而不出现拉应力,即 F 应尽量作用于截面核心之内。现以图 7.6.5(a)所示矩形截面为例,说明确定截面核心的方法。

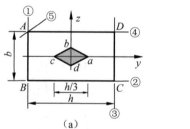 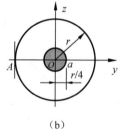

图 7.6.5 截面核心示例

若中性轴与 AB 边重合,则其截距 $a_y = -\dfrac{h}{2}$,$a_z \to \infty$;又知矩形截面 $i_y^2 = \dfrac{b^2}{12}$,$i_z^2 = \dfrac{h^2}{12}$。

代入式(7.6.5),得力 F 的作用点 a 的坐标为 $e_{y_1} = \dfrac{h}{6}$,$e_{z_1} = 0$。用同样的方法可以确定点 b、c、d 的坐标。考虑过点 A 的中性轴①④⑤等,由于点 A 是这些中性轴的共同点,如将其坐标 y_A 和 z_A 代入中性轴方程式(7.6.4),可以得到

$$e_z = -\frac{i_y^2}{z_A} - \frac{i_y^2 y_A}{i_z^2 z_A} e_y$$

由于截面形状不变,故上式中的惯性半径 i_y、i_z 也都是常数,e_y 与 e_z 间的关系是线性关系。过点 A 的 3 条中性轴①④⑤分别对应的力作用点必定在一条直线上,由此得到绕定点(如 A 点)转动的诸中性轴,所对应的力作用点移动的轨迹为一直线。根据这个结论,将已得的 a、b、c、d 点依次连成 4 条直线,所围成的菱形就是该矩形的截面核心。同理可以确

定圆形等截面的截面核心,如图 7.6.5(b)所示。

【说明】 由图 7.6.5(a)可见,矩形截面的截面核心为位于截面中心、对角线分别沿对称轴且长度为矩形边长三分之一的菱形所围成的区域,这也称为"**中间三分之一法则**"。由石材、水泥、钢筋等材料制成的混凝土矩形截面柱或拱受压时,在设计中牢记该法则是非常重要的。

【例 7.6.1】 图 7.6.6(a)所示矩形截面短柱受偏心压力 F 的作用,作用点在 y 轴上,偏心距 $e=60$ mm,试求任一截面上的最大拉压应力。

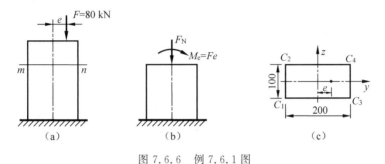

图 7.6.6 例 7.6.1 图

【解】 将力 F 向截面形心简化,如图 7.6.6(b)所示,得 m—n 截面上的内力分量为

$$F_N = -80 \text{ kN}$$

$$M_z = 80 \text{ kN} \times 60 \times 10^{-3} \text{m} = 4.8 \text{ kN} \cdot \text{m}$$

最大拉应力发生在 $C_1 C_2$ 边界上,且

$$\sigma_{\max} = \frac{F_N}{A} + \frac{M_z}{W_z} = -\frac{80 \times 10^3 \text{ N}}{100 \times 200 \text{ mm}^2} + \frac{6 \times 4.8 \times 10^6 \text{ N} \cdot \text{mm}}{100 \times 200^2 \text{mm}^3}$$

$$= -4 \text{ MPa} + 7.2 \text{ MPa} = 3.2 \text{ MPa}$$

最大压应力发生在 $C_3 C_4$ 边界上,如图 7.6.6(c)所示,且

$$\sigma_{\max} = \frac{F_N}{A} - \frac{M_z}{W_z} = -4 \text{ MPa} - 7.2 \text{ MPa} = -11.2 \text{ MPa}$$

【例 7.6.2】 如图 7.6.7(a)所示,短柱受荷载 F_1 和 F_2 作用,试求固定端截面上角点 A、B、C、D 处的正应力。图中几何尺寸单位为 mm。

【解】 柱的固定端截面上的内力分量为

$$F_N = -25 \text{ kN(压)}$$

$$M_z = 5 \times 0.6 \text{ kN} \cdot \text{m} = 3 \text{ kN} \cdot \text{m}$$

$$M_y = 25 \times 0.025 \text{ kN} \cdot \text{m} = 0.625 \text{ kN} \cdot \text{m}$$

在 F_N 单独作用下,截面上各点的应力均为大小相等的压应力,且为

$$\sigma' = \frac{F_N}{A} = -\frac{25 \times 10^3 \text{ N}}{100 \text{ mm} \times 150 \text{ mm}} = -1.67 \text{ MPa}$$

而在 M_z 单独作用下,截面上 AB 一侧各点的应力均为拉应力,CD 一侧各点的应力均为压应力,如图 7.6.7(b)所示,且最大拉应力与最大压应力分别为

$$\sigma''_{\substack{\max \\ \min}} = \pm \frac{M_z}{W_z} = \pm \frac{6 \times 3 \times 10^6 \text{ N} \cdot \text{mm}}{100 \times 150^2 \text{mm}^3} = \pm 8 \text{ MPa}$$

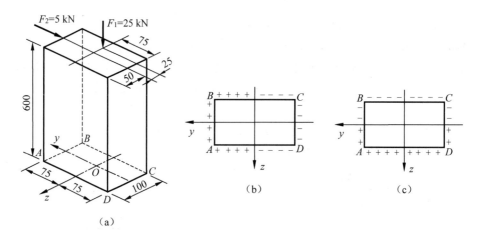

图 7.6.7 例 7.6.2 图

在 M_y 单独作用下,截面上 AD 一侧各点的应力均为拉应力,BC 一侧各点的应力均为压应力,如图 7.6.7(c)所示,且最大拉应力与最大压应力分别为

$$\sigma'''^{\max}_{\min} = \pm \frac{M_y}{W_y} = \pm \frac{6 \times 0.625 \times 10^6 \text{ N} \cdot \text{mm}}{150 \times 100^2 \text{ mm}^3} = \pm 2.5 \text{ MPa}$$

于是可得固定端截面上角点 A、B、C、D 处的正应力分别为

$$\sigma_A = -1.67 \text{ MPa} + 8 \text{ MPa} + 2.5 \text{ MPa} = 8.83 \text{ MPa}$$

$$\sigma_B = -1.67 \text{ MPa} + 8 \text{ MPa} - 2.5 \text{ MPa} = 3.83 \text{ MPa}$$

$$\sigma_C = -1.67 \text{ MPa} - 8 \text{ MPa} - 2.5 \text{ MPa} = -12.17 \text{ MPa}$$

$$\sigma_D = -1.67 \text{ MPa} - 8 \text{ MPa} + 2.5 \text{ MPa} = -7.17 \text{ MPa}$$

【评注】 求解拉伸(压缩)与弯曲的组合变形问题的关键是确定轴力与弯矩的方向或转向,并进行叠加计算。

7.7 弯曲与扭转的组合受力

弯曲与扭转的组合变形是机械工程中最常见的情况。机器中的大多数转轴都是以弯曲与扭转组合的方式工作的。现以图 7.7.1(a)所示曲拐中的 AB 段圆杆为例,介绍弯曲与扭转组合时的强度计算方法。

将外力 F 向截面 B 形心简化,得 AB 段计算简图如图 7.7.1(b)所示。横向力 F 使轴发生平面弯曲,而力偶矩 $M_e = Fa$ 使轴发生扭转。其弯矩图和扭矩图如图 7.7.1(c)、(d)所示。可见,危险截面在固定端 A,其上的内力分别为

$$M = Fl$$

$$T = M_e = Fa$$

截面 A 的弯曲正应力和扭转切应力的分布图分别如图 7.7.1(e)、(f)所示(忽略弯曲切应力),可以看出,点 C_1 和点 C_2 为危险点。点 C_1 的单元体如图 7.7.1(g)所示。由应力计算公式得点 C_2 的正应力与切应力分别为

$$\sigma = \frac{M}{W_z}, \quad \tau = \frac{T}{W_p} \tag{a}$$

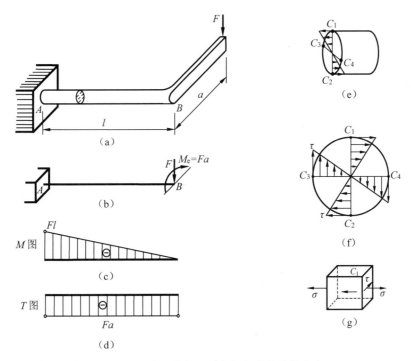

图 7.7.1 水平曲拐的受力与危险点处的应力

式中，$W_z = \dfrac{\pi d^3}{32}$，$W_p = 2W_z = \dfrac{\pi d^3}{16}$ 分别为圆轴的弯曲截面系数和扭转截面系数。危险点 C_1 或点 C_2 处于平面应力状态。故按第三强度理论，其强度条件为 $\sqrt{\sigma^2 + 4\tau^2} \leqslant [\sigma]$。将式(a) 代入，可得圆杆弯扭组合变形下与第三强度理论对应的强度条件为

$$\sigma_{r,3} = \frac{\sqrt{M^2 + T^2}}{W_z} \leqslant [\sigma] \tag{7.7.1}$$

若按第四强度理论，其强度条件为 $\sqrt{\sigma^2 + 3\tau^2} \leqslant [\sigma]$，将式(a)代入，可得圆杆弯扭组合变形下与第四强度理论对应的强度条件为

$$\sigma_{r,4} = \frac{\sqrt{M^2 + 0.75T^2}}{W_z} \leqslant [\sigma] \tag{7.7.2}$$

当圆形危险截面有两个弯矩 M_y 和 M_z 同时作用时，如图 7.7.2(a)所示，应按矢量求和的方法，确定危险截面上总弯矩 M 的大小和方向。根据截面上的总弯矩 M 和扭矩 T 的实际方向，以及它们分别产生的正应力和切应力分布(图 7.7.2(b))，即可确定危险点及其应力状态，如图 7.7.2(c)所示。

由于承受弯矩组合的圆轴一般由塑性材料制成，故可采用第三强度理论或第四强度理论。由如图 7.7.2(c)所示应力状态及相应强度条件可得

$$\sigma_{r,3} = \frac{\sqrt{M^2 + T^2}}{W_z} = \frac{\sqrt{M_y^2 + M_z^2 + T^2}}{W_z} \leqslant [\sigma] \tag{7.7.3}$$

$$\sigma_{r,4} = \frac{\sqrt{M^2 + 0.75T^2}}{W_z} = \frac{\sqrt{M_y^2 + M_z^2 + 0.75T^2}}{W_z} \leqslant [\sigma] \tag{7.7.4}$$

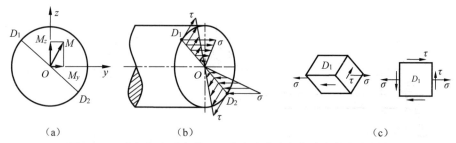

图 7.7.2　弯扭组合受力截面上的应力分布与危险点的应力状态

【说明】　①对于圆形截面,式(7.7.3)、式(7.7.4)分别与式(7.4.3)、式(7.4.4)等价,但式(7.7.3)、式(7.7.4)对于等截面圆轴受到弯曲和扭转时的情况应用起来更方便,因为它们都是用内力来表示的,只需确定危险截面的内力即可。②对于非圆截面杆件,如矩形截面杆件,由于一般不存在 $W_p = 2W_z$,所以不能使用式(7.7.3)或式(7.7.4),必须使用式(7.4.3)或式(7.4.4)进行计算。

【例 7.7.1】　一钢制实心圆轴,轴上齿轮的受力如图 7.7.3 所示。齿轮 C 的节圆直径 $d_C = 500$ mm,齿轮 D 的节圆直径 $d_D = 300$ mm,许用应力 $[\sigma] = 100$ MPa,试按第四强度理论设计该轴的直径。

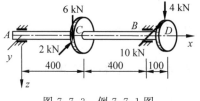

图 7.7.3　例 7.7.1 图

例 7.7.1 的求解过程

【解】　求解过程请扫描对应的二维码获得。

【例 7.7.2】　尺寸为 2.0 m×1.2 m 的矩形广告牌,由内径 $d = 180$ mm、外径 $D = 220$ mm 的空心圆钢管支承,如图 7.7.4 所示。若不计钢管和广告牌的质量,已知钢管的许用应力 $[\sigma] = 160$ MPa,垂直作用在广告牌上的风压为 2 kPa,试按第三强度理论校核该钢管的强度。

【解】　求解过程请扫描对应的二维码获得。

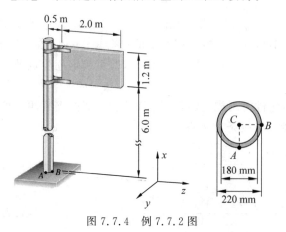

图 7.7.4　例 7.7.2 图

例 7.7.2 的求解过程

选择题

7-1　在单元体上,可以认为(　　)。

    A. 每个面上的应力是均匀分布的,一对平行面上的应力数值相等

    B. 每个面上的应力是均匀分布的,一对平行面上的应力数值不等

    C. 每个面上的应力是非均匀分布的,一对平行面上的应力相等

    D. 每个面上的应力是非均匀分布的,一对平行面上的应力不等

7-2　单元体的应力状态如图所示。其 σ_1 的方向(　　)。

    A. 在一、三象限内,且与 x 轴成小于 $45°$ 的夹角

    B. 在一、三象限内,且与 y 轴成小于 $45°$ 的夹角

    C. 在二、四象限内,且与 x 轴成小于 $45°$ 的夹角

    D. 在二、四象限内,且与 y 轴成小于 $45°$ 的夹角

7-3　受扭圆轴上贴有三个应变片,如图所示,实测时应变片的读数几乎为零的是(　　)。

    A. 1 和 2　　　　　　B. 2 和 3　　　　　　C. 1 和 3　　　　　　D. 1、2 和 3

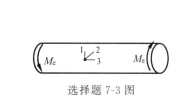

选择题 7-2 图　　　　　　　　　　选择题 7-3 图

7-4　厚壁玻璃杯因沸水倒入而破裂,破裂的过程应是(　　)。

    A. 内、外壁同时破裂　　　　　　　　B. 内壁先裂

    C. 壁厚的中间先裂　　　　　　　　　D. 外壁先裂

7-5　铸铁水管冬天结冰时会因冰膨胀而被胀裂,而管内的冰却不会破坏。这是因为(　　)。

    A. 冰的强度较铸铁高　　　　　　　　B. 冰的温度较铸铁高

    C. 冰处于三向受压应力状态　　　　　D. 冰的应力等于零

7-6　若构件内危险点的应力状态为二向等拉状态,则除(　　)强度理论以外,利用其他三个强度理论得到的等效应力是相等的。

    A. 第一　　　　　　B. 第二　　　　　　C. 第三　　　　　　D. 第四

7-7　某低碳钢受力构件危险点的应力状态如图所示。对其进行强度校核时,应选用(　　)强度理论。

    A. 第一　　　　　　B. 第二　　　　　　C. 第三　　　　　　D. 第四

7-8　若将一钢球放入热油中,则它的(　　)。

    A. 芯部会因拉应力而脆裂　　　　　　B. 表层会因拉应力而脆裂

C. 芯部会因拉应力而屈服   D. 表层会因压应力而脆裂

7-9 工字钢的一端固定,一端自由,自由端受集中力 F 的作用。梁的横截面和 F 力作用线如图所示,则该梁的变形状态为(   )。

A. 平面弯曲   B. 斜弯曲

C. 平面弯曲与扭转的组合   D. 斜弯曲与扭转的组合

7-10   图示矩形截面的截面核心为菱形 $abcd$。当一与杆轴线平行的集中力从 a 点沿 ab 线移动到 b 点时,相应的中性轴(   )。

A. 绕 A 点顺时针方向转动   B. 绕 B 点顺时针方向转动

C. 绕 A 点逆时针方向转动   D. 绕 B 点逆时针方向转动

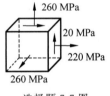
选择题 7-7 图

选择题 7-9 图

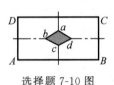
选择题 7-10 图

习题

7-1   试说明如图所示梁中 A、B、C、D、E 点各处于什么应力状态,并用单元体表示。

7-2   杆件受力如图所示。设 F、M_e、d 及 l 为已知,试用单元体表示点 A、B 的应力状态。

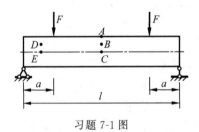
习题 7-1 图

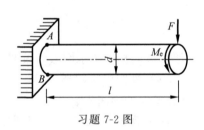
习题 7-2 图

7-3   在如图所示应力状态中,试求出指定斜截面上的应力(图中应力单位为 MPa)。

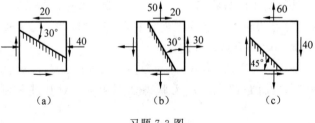

(a)   (b)   (c)

习题 7-3 图

7-4   已知应力状态如图所示,图中应力单位均为 MPa。(1)试求主应力大小、主平面位置;(2)在单元体上绘出主平面位置及主应力方向;(3)求最大切应力。

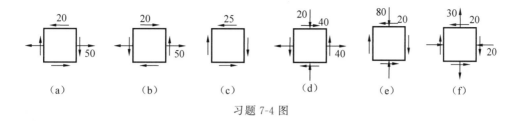

习题 7-4 图

7-5　对如图所示的单元体,试用应力圆求解,并讨论以下各量:(1)主应力值;(2)主平面的方位;(3)最大切应力值及作用面的方位。

7-6　如图所示,锅炉直径 $D=1$ m,壁厚 $t=10$ mm,内受蒸汽压力 $p=3$ MPa。试求:(1)壁内主应力 σ_1、σ_2 及最大切应力 $\tau_{\max}$;(2)斜截面 ab 上的正应力及切应力。

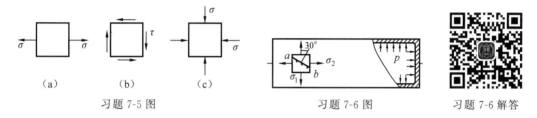

习题 7-5 图　　　　　　　　习题 7-6 图　　　　　　习题 7-6 解答

7-7　如图所示,已知矩形截面梁某截面上的弯矩及剪力分别为 $M=10$ kN·m,$F_S=120$ kN,试绘出截面上表示 1、2、3、4 各点应力状态的单元体,并求其主应力。图中几何尺寸单位为 mm。

7-8　从构件中取出的微元如图所示,AC 为自由表面,无外力作用,试求 σ_x 和 τ_{xy}。

7-9　如图所示,构件表面 AC 上作用有数值为 14 MPa 的压应力,求 σ_x 和 τ_{xy}。

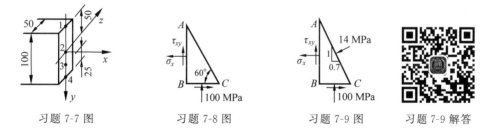

习题 7-7 图　　　　习题 7-8 图　　　　习题 7-9 图　　　　习题 7-9 解答

7-10　在平面应力状态的受力物体中取出一单元体,其受力状态如图所示。试求主应力和最大切应力,并指出其方位。图中应力单位为 MPa。

7-11　图示平面应力状态的应力单位为 MPa,试求其主应力。

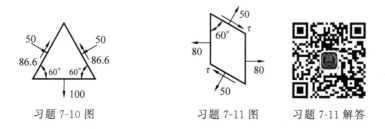

习题 7-10 图　　　　习题 7-11 图　　　习题 7-11 解答

7-12 通过一点的两个平面上,应力如图所示,单位为 MPa,试求主应力的大小和主平面的位置。

7-13 薄壁圆筒作扭转-拉伸试验时的受力如图所示。已知 $F=20$ kN,$M_e=600$ N·m,$d=5$ cm,$\delta=2$ mm。试求:(1)点 A 在指定斜截面上的应力;(2)点 A 的主应力大小。

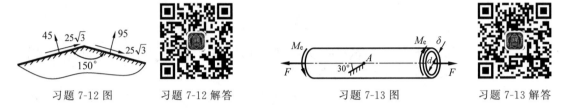

习题 7-12 图   习题 7-12 解答   习题 7-13 图   习题 7-13 解答

7-14 试求如图所示各单元体的主应力及最大切应力(应力单位为 MPa)。

7-15 如图所示,一体积较大的钢块上开一个贯穿的槽,其宽度和深度都是 10 mm。在槽内紧密无隙地嵌入一铝质立方块,它的尺寸为 10 mm×10 mm×10 mm。当铝块受到压力 $F=6$ kN 的作用时,假设钢块不变形。铝的弹性模量 $E=70$ GPa,$\nu=0.33$。试求铝块的 3 个主应力及相应的变形。

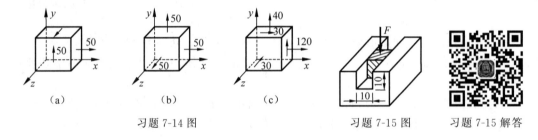

(a)   (b)   (c)

习题 7-14 图   习题 7-15 图   习题 7-15 解答

7-16 如图所示的受拉圆杆,直径 $d=2$ cm,现测得与轴线成 30°方向上的线应变 $\varepsilon_{30°}=410\times10^{-6}$。已知材料的 $E=200$ GPa,$\nu=0.3$,试求其轴向拉力 F。

7-17 如图所示为直径 $d=2$ cm 的受扭圆轴,现测得与轴线成 45°方向上的线应变 $\varepsilon_{45°}=520\times10^{-6}$。已知材料的 $E=200$ GPa,$\nu=0.3$,试求其外力偶 M_e。

7-18 构件中危险点的应力状态如图所示,试选择合适的准则对以下两种情形进行强度校核:

(1) 构件由钢制成,$\sigma_x=45$ MPa,$\sigma_y=135$ MPa,$\sigma_z=0$,$\tau_{xy}=0$,材料许用应力 $[\sigma]=160$ MPa。

(2) 构件材料为铸铁,$\sigma_x=20$ MPa,$\sigma_y=-25$ MPa,$\sigma_z=30$ MPa,$\tau_{xy}=0$,材料许用应力 $[\sigma]=30$ MPa。

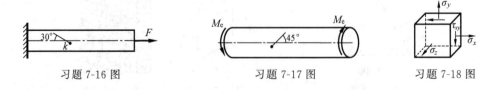

习题 7-16 图   习题 7-17 图   习题 7-18 图

7-19 简支梁如图所示,梁为 25b 号工字钢。试用第四强度理论对其进行校核。已知

$F=200$ kN,$q=10$ kN/m,$l=2$ m,$a=0.2$ m,$[\sigma]=160$ MPa。

7-20　圆杆如图所示。已知直径 $d=10$ mm,$M_{\mathrm{e}}=\dfrac{1}{10}Fd$,试求杆的许用荷载$[F]$。

(1)圆杆材料为钢,$[\sigma]=160$ MPa;(2)圆杆材料为铸铁,$[\sigma]=30$ MPa。

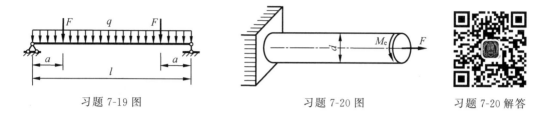

习题 7-19 图　　　　　　　习题 7-20 图　　　　　　　习题 7-20 解答

7-21　图示 16 号工字钢梁所受荷载为 $F=7$ kN,求 C 截面 1、2、3、4 四点处的正应力。如截面改用 10 号(厚 10 mm)等边角钢,承受竖直力 $F=2$ kN,求梁跨中 C 截面上 1、2、3 三点处的正应力。

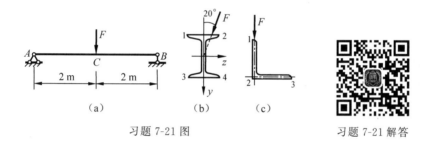

习题 7-21 图　　　　　　　习题 7-21 解答

7-22　悬臂梁 AC 受力如图示,已知 $F=10$ kN,$a=1$ m,$[\sigma]=160$ MPa,$E=200$ GPa,试按强度条件设计 b 和 h(设 $h=2b$)。

7-23　图示梁 AB 的截面为 100 mm$\times100$ mm 的正方形,$F=3$ kN,其作用点通过梁轴线的中点。试绘出轴力图和弯矩图,并求最大拉应力及最大压应力。

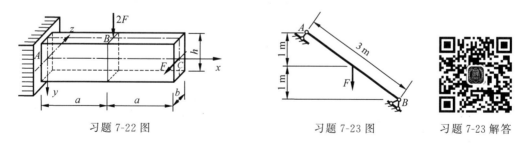

习题 7-22 图　　　　　　　习题 7-23 图　　　　　　　习题 7-23 解答

7-24　图示钢板,在一侧切去 40 mm 的缺口,试求 A—B 截面的 $\sigma_{\max}$。若两侧各切去宽 40 mm 的缺口,此时 $\sigma_{\max}$ 是多少?

7-25　图示钢板受力 $F=100$ kN,试求局部挖空处 A—B 截面的 $\sigma_{\max}$ 值,并画出其正应力分布图。若缺口移至板宽的中央位置,且使 $\sigma_{\max}$ 保持不变,则挖空宽度可为多少?

7-26　图示单臂水压机,公称压力为 5 MN,设计时考虑 25% 超载,故设计压力 $F=1.25\times5$ MN$=6.25$ MN。立柱截面如图所示,材料为铸钢,$[\sigma]=80$ MPa。试校核其强度。图中几何尺寸单位为 mm。

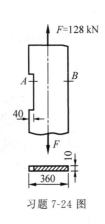

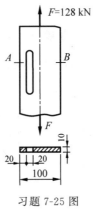

习题 7-24 图　　　　　　习题 7-25 图　　　　　习题 7-25 解答

7-27　图示直杆受偏心压力 F 作用,已知 $b=60$ mm, $h=100$ mm, $E=200$ GPa,若测得 a 点竖直方向应变 $\varepsilon=-2\times10^{-5}$,试求力 F。

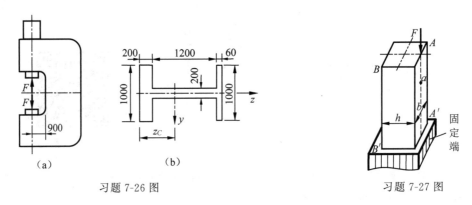

习题 7-26 图　　　　　　　　习题 7-27 图

7-28　图示矩形截面钢杆,用应变片测得其上、下表面的轴向正应变分别为 $\varepsilon_a=1.0\times10^{-3}$ 与 $\varepsilon_b=0.4\times10^{-3}$,材料的弹性模量 $E=210$ GPa。试绘制横截面上的正应力分布图,并求拉力 F 及其偏心距 e 的值。

7-29　曲拐受力如图所示,其圆杆部分的直径 $d=50$ mm。试画出表示点 A 处应力状态的单元体,并求其主应力及最大切应力。

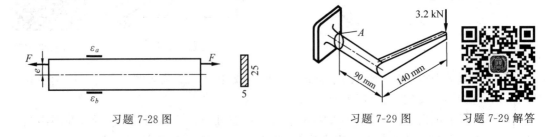

习题 7-28 图　　　　　　习题 7-29 图　　　　习题 7-29 解答

7-30　如图所示,直径均为 600 mm 的两个皮带轮,在转速 $n=100$ r/min 时传递功率 $P=7.36$ kW。C 轮上的皮带是水平的,D 轮上是垂直的。皮带拉力 $F_2=1.5$ kN, $F_1>F_2$。$[\sigma]=80$ MPa,试按第三强度理论选择轴的直径。

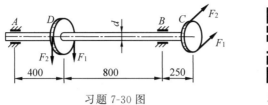

习题 7-30 图　　　　　　　　习题 7-30 解答

7-31　矩形截面柱受力如图所示。(1)已知 $\beta=5°$，求图示横截面上 a、b、c 三点处的正应力。(2)求使点 b 应力为零时的角度 β，并计算这时 a、c 两点处的正应力。

7-32　试分别求出如图所示不等截面及等截面杆内的最大正应力，并进行比较。已知 $F=3000$ kN。截面尺寸单位为 mm。

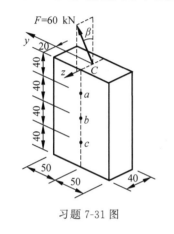

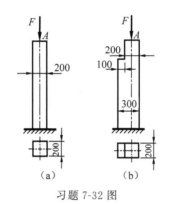

习题 7-31 图　　　　　　习题 7-32 图　　　　习题 7-32 解答

第 7 章客观题答案　　　　　　　孙训方 简介

第8章

压杆稳定

8.1 压杆稳定的概念

绪论中曾经指出,当作用在细长杆上的轴向压力达到或超过一定限度时,杆件可能突然变弯,即产生失稳现象。杆件失稳往往产生很大的变形甚至导致系统破坏。因此,对于轴向受压杆件,除应考虑其强度与刚度问题外,还应考虑其稳定性问题。

稳定问题是一类很大的问题,在各类学科中均不同程度地存在。以小球在曲面或平面中平衡的情形来说明,可知存在如图 8.1.1 中所示的三种情形。图 8.1.1(a)中,当给小球一微小位移使之偏离原来的平衡位置并释放后,小球仍可回到原来的平衡位置,这类平衡位置称为**稳定平衡位置**;图 8.1.1(b)中,当给小球一微小位移使之偏离原来的平衡位置并释放后,小球则不会回到原来的平衡位置,而是继续远离平衡位置,这类平衡位置称为**不稳定平衡位置**;图 8.1.1(c)中,当小球偏离原来的位置释放后则一直不再运动,就在释放的位置平衡,这类平衡位置称为**中性平衡**(或称**随遇平衡**)位置。

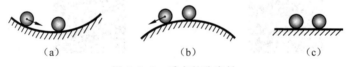

（a）   （b）   （c）

图 8.1.1　质点的稳定性

轴向受压的细长弹性直杆也存在类似情况。对图 8.1.2(a)所示两端铰支细长直杆施加轴向压力,若杆件是理想直杆,则杆受力后将保持直线形状。如果给杆以微小侧向干扰使其稍微弯曲,以偏离原来的直线平衡状态,则在去掉干扰后将出现两种不同情况:当轴向压力较小时,压杆最终将恢复其原有直线形状,如图 8.1.2(b)所示;当轴向压力较大时,则压杆不仅不能恢复直线形状,而且将继续弯曲,产生显著的弯曲变形甚至破坏,如图 8.1.2(c)所示。

上述情况表明,在轴向压力逐渐增大的过程中,压杆经历了两种不同性质的平衡。当轴向压力较小时,压杆直线形式的平衡是稳定的;而当轴向压力较大时,压杆直线形式的平衡则是不稳定的。使压杆直线形式的平衡开始由稳定转变为不稳定的轴向压力值称为压杆的**临界力**,用 F_{cr} 表示。压杆在临界力作用下,既可在直线状态下保持平衡,也可在微弯状态下保持平衡。所以,当轴向压力达到或超过压杆的临界力时,压杆将失去稳定性(失稳)。

如上所述,无论是用弹簧支撑的刚性直杆,或者是轴向受压的细长弹性直杆,其稳定性均与压力的大小有关。当压力小于临界力时,杆件的平衡是稳定的;当压力大于临界力时,杆件的平衡是不稳定的;而压力等于临界力时,杆件的平衡则是中性的,可以在微小位移或微小变形后处于平衡。如图 8.1.3 所示,当 $F=F_{cr}$ 时,对应于 B 点的中性平衡,位于稳定平衡与不稳定平衡的边界,称为**分叉点**。

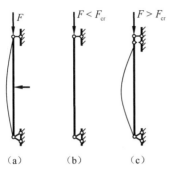

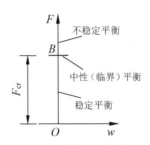

图 8.1.2　弹性杆件的稳定性　　　　　图 8.1.3　平衡位置的稳定性

显然,解决压杆稳定问题的关键是确定其临界力。如果将压杆的工作压力控制在由临界力所确定的许用范围内,则压杆不致失稳。

本章主要研究压杆临界力的确定,约束方式对临界力的影响,压杆的稳定条件及合理设计等。

8.2　欧拉公式

由 8.1 节内容可知,解决压杆稳定问题的关键是确定其临界力(临界荷载)。如果将压杆的工作压力控制在由临界力所确定的许用范围内,则压杆不致失稳。下面研究如何确定压杆的临界力。由图 8.1.3 可知,计算临界力归结于计算压杆处于微弯状态临界平衡时的平衡方程及荷载值。用静力法计算临界力时应按以下思路来考虑:①细长压杆失稳模态是弯曲,所以必须考虑弯曲变形(不再适用原始尺寸原理);②假设压杆处在线弹性状态;③临界平衡时压杆处于微弯状态,即挠度远小于杆长,于是,梁近似挠曲线的微分方程仍然适用;④压杆存在纵向对称面,且在纵向对称面内弯曲变形。

8.2.1　两端铰支细长压杆的临界力

现以两端铰支、长度为 l 的等截面细长中心受压直杆为例,推导其临界力的计算公式。如图 8.2.1(a)所示,假设压杆在临界力作用下轴线处于微弯状态下的平衡,若记压杆任意 x 截面沿 y 方向的挠度为 w,如图 8.2.1(b)所示,则该截面上的弯矩为

$$M(x)=F_{cr}w$$

弯矩以沿 y 轴正方向一侧杆件受拉为正,反之为负,压力 F_{cr} 取为正值,挠度 w 以沿 y 轴正值方向为正。则杆的挠曲线近似微分方程为

$$\frac{\mathrm{d}^2 w}{\mathrm{d}x^2}=-\frac{M(x)}{EI}$$

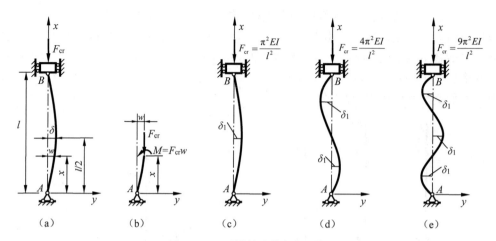

图 8.2.1 两端铰支的细长压杆

将弯矩方程 $M(x)$ 代入挠曲线近似微分方程,得

$$\frac{\mathrm{d}^2 w}{\mathrm{d}x^2} = -\frac{F_{cr}}{EI}w$$

令 $k = \sqrt{\dfrac{F_{cr}}{EI}}$,则有

$$\frac{\mathrm{d}^2 w}{\mathrm{d}x^2} + k^2 w = 0 \tag{a}$$

式(a)为二阶齐次常系数线性微分方程,其通解为

$$w = A\sin kx + B\cos kx \tag{b}$$

其中,A、B 和 k 为三个待定的积分常数,可由压杆的边界条件确定。

图 8.2.1(a)所示压杆的边界条件为 $w\big|_{x=0} = 0$,$w\big|_{x=l} = 0$。

当 $x=0$ 时,$w=0$,代入式(b),可得 $B=0$。于是式(b)为

$$w = A\sin kx \tag{c}$$

当 $x=l$ 时,$w=0$,代入式(c),可得

$$A\sin kl = 0 \tag{d}$$

满足式(d)的条件是 $A=0$,或者 $\sin kl = 0$。若 $A=0$,由式(c)可知 $w \equiv 0$,这与题意(轴线呈微弯状态)不符。因此,$A \neq 0$,故只有

$$\sin kl = 0 \tag{e}$$

即得 $kl = n\pi$。考虑到 kl 为正,故 $n=1,2,3,\cdots$。于是有

$$kl = \sqrt{\frac{F_{cr}}{EI}} \cdot l = n\pi$$

$$F_{cr} = \frac{n^2 \pi^2 EI}{l^2} \tag{f}$$

工程上可取其最小非零解,即 $n=1$ 时的解,作为构件的临界力。即

$$F_{cr} = \frac{\pi^2 EI}{l^2} \tag{8.2.1}$$

式(8.2.1)即两端铰支(球铰)等截面细长中心受压直杆临界力 F_{cr} 的计算公式。由于式(8.2.1)最早是由欧拉(L. Euler,1707—1783 年)导出的,所以称为**临界力的欧拉公式**。

【说明】 ①杆的弯曲必然发生在抗弯能力最小的平面内,所以,式(8.2.1)中的惯性矩 I 应为压杆横截面的最小惯性矩。②在式(8.2.1)所示的临界力作用下,式(c)可写为 $w = A \sin\left(\dfrac{\pi}{l} x\right)$,即两端铰支、细长压杆的挠曲线为半波正弦曲线。其中常数 A 为压杆跨中截面的挠度,令 $x = \dfrac{l}{2}$,则有 $\delta = w\big|_{x=0.5l} = A \sin\left(\dfrac{\pi}{l} \cdot \dfrac{l}{2}\right) = A$,其中 A 的值可以是任意微小的位移值。之所以没有确定值,是因为在建立压杆的挠曲线微分方程式时使用了近似微分方程。③临界状态的压力恰好等于临界力,而所处的微弯状态称为屈曲模态,临界力的大小与屈曲模态有关,例如图 8.2.1(c)所示的模态对应于 $n=1$ 时的临界力,而图 8.2.1(d)、(e)所示的模态分别对应于 $n=2,3$ 时的临界力。④ $n=2,3$ 所对应的屈曲模态事实上是不存在的,除非在拐点处增加支座。这些结论对后面讨论的其他情况同样成立。

【思考】 试从能量的角度分析两端铰支、细长压杆的稳定性,并推导其临界力的计算公式。

8.2.2　一端固定、一端自由细长压杆的临界力

如图 8.2.2 所示,一端固定、一端自由并在自由端受轴向压力作用的等直细长压杆,杆长为 l,在临界力作用下,假定杆件在 xy 平面内维持微弯状态下的平衡,其弯曲刚度为 EI,则该压杆临界力 F_{cr} 的欧拉公式为

$$F_{cr} = \frac{\pi^2 EI}{(2l)^2} \tag{8.2.2}$$

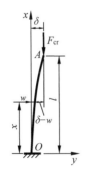
图 8.2.2　一端固定、一端自由的细长压杆

一端固定、一端自由压杆临界力的推导过程

具体推导过程请扫描对应的二维码获得。

8.2.3　两端固定细长压杆的临界力

如图 8.2.3 所示,两端固定的压杆,当轴向力达到临界力 F_{cr} 时,杆处于微弯平衡状态。与 8.2.1 节的推导过程类似,可得该压杆临界力 F_{cr} 的欧拉公式为

$$F_{cr} = \frac{\pi^2 EI}{(0.5l)^2} \tag{8.2.3}$$

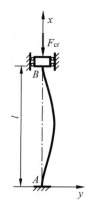

图 8.2.3 两端固定的细长压杆

两端固定的细长压杆临界力的推导过程

具体推导过程请扫描对应的二维码获得。

8.2.4 细长中心受压直杆临界力的统一公式

比较上述 3 种典型压杆的欧拉公式可以看出,这些公式的形式是一样的:临界力与 EI 成正比(这与 8.1 节中所述的细长压杆的承载能力与构件受压后变弯有关相一致),与 l^2 成反比,只是相差一个系数。显然,此系数与约束形式有关。故临界力的表达式可统一写为

$$F_{\mathrm{cr}} = \frac{\pi^2 EI}{(\mu l)^2} \tag{8.2.4}$$

式中,μ 称为**长度系数**;μl 称为压杆的**相当长度**,即相当的两端铰支压杆的长度,或压杆挠曲线拐点之间的距离;I 则应取为 $\min\{I_y, I_z\}$。

不同杆端约束情况下的长度系数的值见表 8.2.1。值得指出的是,表中给出的都是理想约束情况。实际工程问题中,杆端约束多种多样,要根据具体约束的性质和相关设计规范选定 μ 值的大小。

表 8.2.1 不同杆端约束情况下的长度系数

支承情况	两端铰支	一端固定一端铰支	两端固定	一端固定一端自由	两端固定但可沿横向相对移动
失稳时挠曲线形状					
临界力公式	$F_{\mathrm{cr}} = \dfrac{\pi^2 EI}{l^2}$	$F_{\mathrm{cr}} \approx \dfrac{\pi^2 EI}{(0.7l)^2}$	$F_{\mathrm{cr}} = \dfrac{\pi^2 EI}{(0.5l)^2}$	$F_{\mathrm{cr}} = \dfrac{\pi^2 EI}{(2l)^2}$	$F_{\mathrm{cr}} = \dfrac{\pi^2 EI}{l^2}$

续表

支 承 情 况	两端铰支	一端固定 一端铰支	两 端 固 定	一端固定 一端自由	两端固定但可沿 横向相对移动
长度系数	$\mu=1$	$\mu=0.7$	$\mu=0.5$	$\mu=2$	$\mu=1$
相当长度	l	$0.7l$	$0.5l$	$2l$	l

【说明】　①表 8.2.1 中的相当长度是指相当于两端铰支压杆的长度(挠曲线拐点处的弯矩为零),见表 8.2.1 中的图所标注。②在实际构件中,还常常遇到柱状铰,如图 8.2.4 所示。可以看出,当杆件的轴线在垂直于圆柱状销钉轴线的平面内(即 xz 平面)弯曲时,销钉对杆件的约束相当于铰支;而当杆件的轴线在包含圆柱状销钉轴线的平面内(即 xy 平面)弯曲时,销钉对杆件的约束相当于固定端。

【思考】　对于两端铰支的细长压杆,在截面面积相等的前提下,下面的这些截面中哪个截面对应的临界力最大?　①圆形;②正方形;③正三角形;④矩形;⑤正六边形。

【例 8.2.1】　一端固定另一端自由的细长压杆如图 8.2.5 所示,已知其弹性模量 $E=200\ \mathrm{GPa}$,杆长度 $l=2\ \mathrm{m}$,矩形截面的尺寸为 $b=20\ \mathrm{mm}$,$h=45\ \mathrm{mm}$。试计算此压杆的临界力。若 $b=h=30\ \mathrm{mm}$,长度不变,此压杆的临界力又为多少?

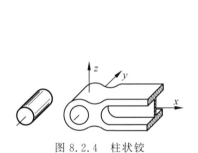

图 8.2.4　柱状铰　　　　　图 8.2.5　例 8.2.1 图

【解】　(1)计算截面的惯性矩。

此压杆对 z 轴的惯性矩为

$$I_z=\frac{bh^3}{12}=\frac{20\ \mathrm{mm}\times(45\ \mathrm{mm})^3}{12}=15.2\times10^4\ \mathrm{mm}^4$$

对 y 轴的惯性矩为

$$I_y=\frac{hb^3}{12}=\frac{45\ \mathrm{mm}\times(20\ \mathrm{mm})^3}{12}=3.0\times10^4\ \mathrm{mm}^4$$

由于压杆的弯曲发生在抗弯能力最小的平面内,$I_y<I_z$,所以此压杆必在 xz 平面内失稳,惯性矩 I 取 I_y。

(2)计算临界力。

由表 8.2.1 可知 $\mu=2$,由此计算其临界力为

$$F_{\mathrm{cr}}=\frac{\pi^2EI}{(2l)^2}=\frac{\pi^2\times(200\times10^3\ \mathrm{MPa})\times(3.0\times10^4\ \mathrm{mm}^4)}{(2\times2\times10^3\ \mathrm{mm})^2}=3701\ \mathrm{N}=3.7\ \mathrm{kN}$$

(3)当截面尺寸为 $b=h=30\ \mathrm{mm}$ 时,计算压杆的临界力。截面的惯性矩为

$$I_y = I_z = \frac{bh^3}{12} = \frac{(30 \text{ mm})^4}{12} = 6.75 \times 10^4 \text{ mm}^4$$

代入欧拉公式,可得临界力

$$F_{cr} = \frac{\pi^2 EI}{(2l)^2} = \frac{\pi^2 \times (200 \times 10^3 \text{ MPa}) \times (6.75 \times 10^4 \text{ mm}^4)}{(2 \times 2 \times 10^3 \text{ mm})^2}$$

$$= 8327 \text{ N} = 8.33 \text{ kN}$$

8.3　压杆的临界应力

8.3.1　临界应力

当压杆受临界力 F_{cr} 作用而在直线平衡形式下维持不稳定平衡时,横截面上的压应力可按公式 $\sigma = \dfrac{F}{A}$ 计算。于是,可得各种支承情况下压杆横截面上的应力为

$$\sigma_{cr} = \frac{F_{cr}}{A} = \frac{\pi^2 E}{(\mu l)^2} \cdot \frac{I}{A} = \frac{\pi^2 E}{(\mu l / i)^2} \tag{8.3.1}$$

式中,σ_{cr} 称为**临界应力**;$i = \sqrt{\dfrac{I}{A}}$,为压杆横截面对中性轴的惯性半径。

令

$$\lambda = \frac{\mu l}{i} \tag{8.3.2}$$

则压杆的临界应力可表示为

$$\sigma_{cr} = \frac{\pi^2 E}{\lambda^2} \tag{8.3.3}$$

式(8.3.3)为临界应力的欧拉公式。

λ 称为压杆的**长细比**或**柔度**,是一个无量纲量,它综合地反映了压杆的长度、截面的形状与尺寸以及杆件的支承情况对临界应力的影响。式(8.3.3)表明,λ 值越大,σ_{cr} 就越小,即压杆越容易失稳。

8.3.2　欧拉公式的适用范围

在推导临界力的欧拉公式(8.2.1)过程中,使用了挠曲线近似微分方程。而挠曲线近似微分方程的适用条件是小变形、线弹性范围内,即材料服从胡克定律时欧拉公式才成立,因此,临界应力的欧拉公式(8.3.3)只适用于小变形且临界应力 σ_{cr} 不超过材料比例极限 σ_p 的情况,亦即

$$\sigma_{cr} \leqslant \sigma_p$$

将式(8.3.3)代入上式,得

$$\frac{\pi^2 E}{\lambda^2} \leqslant \sigma_p$$

或

$$\lambda \geqslant \sqrt{\frac{\pi^2 E}{\sigma_p}} = \lambda_p \qquad (8.3.4)$$

式中,λ_p 为应用欧拉公式的压杆柔度的界限值,称为**判别柔度**。当 $\lambda \geqslant \lambda_p$ 时,才能满足 $\sigma_{cr} \leqslant \sigma_p$,欧拉公式才适用,这种压杆称为**大柔度压杆**或**细长压杆**。

例如,对于用 Q235 钢制成的压杆,$E = 200$ GPa,$\sigma_p = 200$ MPa,其判别柔度为

$$\lambda_p = \sqrt{\frac{\pi^2 E}{\sigma_p}} = \sqrt{\frac{\pi^2 \times 200 \text{ MPa} \times 10^3}{200 \text{ MPa}}} \approx 100$$

不同材料的判别柔度见表 8.3.1。

表 8.3.1　不同材料的 a、b 值及 λ_0、λ_p 的值

材料(σ_s,σ_b/MPa)	a/MPa	b/MPa	λ_p	λ_0
Q235 钢($\sigma_s = 235$,$\sigma_b \geqslant 372$)	304	1.12	100	60
优质碳钢($\sigma_s = 306$,$\sigma_b \geqslant 470$)	460	2.57	100	60
硅钢($\sigma_s = 353$,$\sigma_b \geqslant 510$)	577	3.74	100	60
铬钼钢	980	5.29	55	
硬铝	392	3.26	50	
铸铁	332	1.45	80	
松木	28.7	0.2	59	

若压杆的柔度 λ 小于 λ_p,则称其为**小柔度杆**或**非细长杆**。当小柔度杆的临界应力 σ_{cr} 大于材料的比例极限 σ_p 时,压杆的临界应力 σ_{cr} 不能用欧拉公式(8.3.3)计算。

8.3.3　超过比例极限 σ_p 时压杆的临界应力

对临界应力超过比例极限的压杆($\sigma_{cr} > \sigma_p$,即 $\lambda < \lambda_p$)的情形,欧拉公式(8.2.4)和式(8.3.3)不再适用,此时压杆的临界应力常用经验公式计算。常用的经验公式有直线公式和抛物线公式。

1. 直线公式

直线公式可分两种情况考虑,即中柔度杆和小柔度杆。

1)中柔度杆

中柔度杆在工程实际中是最常见的。关于这类杆的临界应力计算,有基于理论分析的公式,如切线模量公式;还有以试验为基础,考虑压杆存在偏心率等因素的影响而整理得到的经验公式。目前在设计中多采用经验公式确定临界应力。

对于柔度 $\lambda < \lambda_p$ 的压杆,通过试验发现,其临界应力 σ_{cr} 与柔度之间的关系可近似地用如下直线公式表示:

$$\sigma_{cr} = a - b\lambda \qquad (8.3.5)$$

式中,a、b 均为与压杆材料力学性能有关的常数,其单位均为 MPa。一些常用材料的 a、b 值见表 8.3.1。

经验公式(8.3.5)也是有其适用范围的,即临界应力 σ_{cr} 不应超过材料的压缩极限应力 σ_u。这是由于当临界应力 σ_{cr} 达到压缩极限应力 σ_u 时,压杆不会因发生弯曲变形而失稳,而是因强度不足而失效破坏。若以 λ_0 表示对应于 $\sigma_{cr} = \sigma_u$ 时的柔度,则有

$$\sigma_{cr} = \sigma_u = a - b\lambda_0$$

或

$$\lambda_0 = \frac{a - \sigma_u}{b} \tag{8.3.6}$$

其中,压缩极限应力 σ_u,对于塑性材料制成的杆件可取材料的抗压屈服强度 σ_s,对于脆性材料制成的杆件可取材料的抗压强度 σ_b。

λ_0 是可用直线公式的最小柔度,不同材料的 λ_0 值见表 8.3.1,也可参考有关规范或设计手册。

因此,直线经验公式的适用范围为

$$\lambda_0 \leqslant \lambda < \lambda_p \tag{8.3.7}$$

满足上式的压杆称为**中柔度压杆**。λ_0 依材料的不同而不同,如表 8.3.1 所示,也可按式(8.3.6)计算。

2) 小柔度杆(或短粗杆)

对于 $\lambda < \lambda_0$ 的小柔度杆,当其临界应力 σ_{cr} 达到材料的压缩极限应力 σ_u 时,杆件就会因强度不足而发生破坏,即认为失效。所以有

$$\sigma_{cr} = \sigma_u \tag{8.3.8}$$

综上所述,可将压杆的临界应力依柔度的不同归结如下:

(1) 大柔度压杆(细长杆): $\lambda \geqslant \lambda_p$,$\sigma_{cr} = \dfrac{\pi^2 E}{\lambda^2}$

(2) 中柔度压杆(中长杆): $\lambda_0 \leqslant \lambda < \lambda_p$,$\sigma_{cr} = a - b\lambda$

(3) 小柔度压杆(粗短杆): $\lambda < \lambda_0$,$\sigma_{cr} = \sigma_u$

若以柔度 λ 为横坐标、临界应力 σ_{cr} 为纵坐标,将临界应力与柔度的关系曲线绘于图中,即得到全面反映大、中、小柔度压杆的临界应力随柔度变化情况的**临界应力总图**,如图 8.3.1 所示。

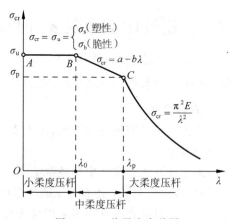

图 8.3.1　临界应力总图

【说明】 ①稳定计算中,无论是欧拉公式或是经验公式,都是以杆件的整体变形为基础的,即压杆在临界力作用下可保持微弯状态的平衡,以此作为压杆失稳时的整体变形状态。②局部削弱(如螺钉孔等)对杆件的整体变形影响很小,计算临界应力时,应采用未经削弱的横截面面积 A 和惯性矩 I。而在小柔度杆中作强度计算时,自然应该使用削弱后的横截面面积。

2. 抛物线公式

抛物线公式是指对于中小柔度杆件的临界应力,用关于柔度 λ 的二次函数表示为

$$\sigma_{cr} = a_1 - b_1 \lambda^2 \tag{8.3.9}$$

式中,a_1、b_1 为与材料性质有关的常数。例如我国钢结构规范中,对于非细长杆件的临界应力采用如下形式的抛物线公式:

$$\sigma_{cr} = \sigma_s \left[1 - 0.43 \left(\frac{\lambda}{\lambda_c} \right)^2 \right], \quad \lambda \leqslant \lambda_c \tag{8.3.10}$$

式中 λ_c 为

$$\lambda_c = \sqrt{\frac{\pi^2 E}{0.57 \sigma_s}} \tag{8.3.11}$$

比较式(8.3.4)与式(8.3.11)可知,λ_p 与 λ_c 稍有差别。以 Q235 钢为例,$\lambda_c = 123$。由式(8.3.10),Q235 钢的抛物线公式为

$$\sigma_{cr} = 235 \text{ MPa} - 0.006\,68 \text{ MPa} \times \lambda^2, \quad \lambda \leqslant 123 \tag{8.3.12}$$

【说明】　对于非弹性屈曲时的临界力的分析,常见的理论有切线模量理论、折减模量理论和 Shanley 理论,相关分析可参考 James M. Gere 的文献[25]。

【思考】　①如果压杆承受的压力存在小偏心,试确定其最大挠度、最大弯矩和最大压应力与压力 F 之间的关系。②如果压杆未受力时,轴线具有微小的初始变形,曲线为正弦半波曲线,试讨论其临界力。

【例 8.3.1】　材料为 Q235 钢的三根轴向受压圆杆,长度 l 分别为 0.25 m、0.5 m 和 1 m,直径分别为 20 mm、30 mm 和 50 mm,$E = 210 \text{ GPa}$,$\lambda_p = 100$,$\lambda_0 = 60$。对于中柔度杆,σ_{cr} 服从直线规律,且参数 $a = 304 \text{ MPa}$,$b = 1.12 \text{ MPa}$。各杆支承如图 8.3.2 所示。试求各杆的临界应力。

【解】　(1) 计算各杆的柔度。

杆 a(图 8.3.2(a)):$\mu_1 = 2$,$l_1 = 0.25$ m,$d_1 = 20$ mm,则

$$i_1 = \sqrt{\frac{I}{A}} = \frac{d_1}{4} = 5.0 \text{ mm}$$

$$\lambda_1 = \frac{\mu_1 l_1}{i_1} = \frac{2 \times 250 \text{ mm}}{5.0 \text{ mm}} = 100$$

杆 b(图 8.3.2(b)):$\mu_2 = 1$,$l_2 = 0.5$ m,$d_2 = 30$ mm,则

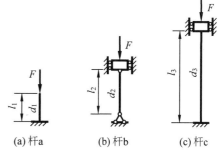

图 8.3.2　例 8.3.1 图

$$i_2 = \sqrt{\frac{I}{A}} = \frac{d_2}{4} = 7.5 \text{ mm}$$

$$\lambda_2 = \frac{\mu_2 l_2}{i_2} = \frac{1 \times 500 \text{ mm}}{7.5 \text{ mm}} = 66.7$$

杆 c(图 8.3.2(c)):$\mu_3 = 0.5$,$l_3 = 1$ m,$d_3 = 50$ mm,则

$$i_3 = \sqrt{\frac{I}{A}} = \frac{d_3}{4} = 12.5 \text{ mm}, \quad \lambda_3 = \frac{\mu_3 l_3}{i_3} = \frac{0.5 \times 1000 \text{ mm}}{12.5 \text{ mm}} = 40$$

(2) 计算各杆的临界应力。

杆 a:$\lambda_1 = \lambda_p$,属于大柔度压杆,其临界应力为

$$\sigma_{cr} = \frac{\pi^2 E}{\lambda^2} = \frac{3.14^2 \times 210 \times 10^3 \text{ MPa}}{100^2} = 207.1 \text{ MPa}$$

杆 b:$\lambda_0 = 60 < \lambda_2 = 66.7 < \lambda_p = 100$,属于中柔度压杆,其临界应力为

$$\sigma_{cr} = a - b\lambda = 304 \text{ MPa} - 1.12 \text{ MPa} \times 66.7 = 229.3 \text{ MPa}$$

杆 c：$\lambda_3 = 40 < \lambda_0 = 60$，属于小柔度压杆，其临界应力为

$$\sigma_{cr} = \sigma_s = 235 \text{ MPa}$$

【注意】 在计算临界力之前必须计算杆件的柔度，并判断杆件的类型，然后根据不同的类型套用不同的计算公式。

【例 8.3.2】 某施工现场脚手架搭设，第一种搭设是有扫地杆形式，第二种搭设是无扫地杆形式，如图 8.3.3(a)所示。对于这两种情况，可以将其中的杆分别简化为图 8.3.3(b)、(c)所示的压杆。已知压杆是外径为 48 mm、内径为 41 mm 的焊接钢管，材料的弹性模量 $E = 200$ GPa，$\lambda_p = 100$，$\lambda_0 = 60$，排距为 1.8 m。对于中柔度杆，σ_{cr} 服从直线公式的规律，且参数 $a = 304$ MPa，$b = 1.12$ MPa。试比较两种情况下压杆的临界应力。

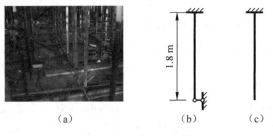

图 8.3.3　例 8.3.2 图　　　　　　　　　例 8.3.2 的求解过程

【解】 求解过程请扫描对应的二维码获得。

8.4　压杆的稳定计算

8.4.1　稳定安全因数法

当压杆中的应力达到(或超过)其临界应力 σ_{cr} 时，压杆会丧失稳定。所以，在工程中，为确保压杆正常工作，并具有足够的稳定性，其横截面上的应力 σ 应小于临界应力 σ_{cr}。同时还必须考虑一定的安全储备，这就要求横截面上的应力不能超过压杆的临界应力的许用值$[\sigma_{cr}]$，即

$$\sigma = \frac{F_N}{A} \leqslant [\sigma_{cr}] \qquad (8.4.1)$$

$[\sigma_{cr}]$ 为临界应力的许用值，又称为**稳定许用应力**，其值为

$$[\sigma_{cr}] = \frac{\sigma_{cr}}{n_{st}} \qquad (8.4.2)$$

式中，n_{st} 为**稳定安全因数**。常见压杆的稳定安全因数见表 8.4.1。式(8.4.1)即为稳定安全因数法的稳定条件。对于机械工程案例，相关设计常使用稳定安全因数法。

由式(8.4.1)和式(8.4.2)可得，与式(8.4.1)等价、用临界力和杆件轴向压力表示的稳定条件为

$$\frac{F_{cr}}{F_N} \geqslant n_{st} \qquad (8.4.3)$$

【说明】　稳定安全因数 n_{st} 一般都大于强度计算时的安全因数 n_s 或 n_b,这是因为在确定稳定安全因数时,除了应遵循确定安全因数的一般原则以外,还必须考虑实际压杆并非理想的轴向压杆这一情况。例如,在制造过程中,杆件不可避免地存在微小的弯曲(即存在初曲率);同时外力的作用线也不可能绝对准确地与杆件的轴线相重合(即存在初偏心);另外,也必须考虑杆件的细长程度,杆件越细长,其稳定安全性越重要,稳定安全因数 n_{st} 应越大等,这些因素都应加以考虑。

表 8.4.1　常见压杆的稳定安全因数

实 际 压 杆	稳定安全因数 n_{st}
金属结构中的压杆	$1.8 \sim 3.0$
矿山和冶金设备中的压杆	$4 \sim 8$
机床的走刀丝杠	$2.5 \sim 4$
磨床油缸活塞杆	$4 \sim 6$
高速发动机挺杆	$2.5 \sim 5$
起重螺旋	$3.5 \sim 5$

【例 8.4.1】　如图 8.4.1 所示的结构中,梁 AB 为 14 号普通热轧工字钢,CD 为圆截面直杆,其直径 $d = 20$ mm,二者材料均为 Q235 钢。结构受力如图所示,A、C、D 三处均为球铰约束。已知 $F = 25$ kN,$l_1 = 1.25$ m,$l_2 = 0.55$ m,$\sigma_s = 235$ MPa。强度安全因数 $n_s = 1.45$,稳定安全因数 $n_{st} = 1.8$。试校核此结构是否安全。

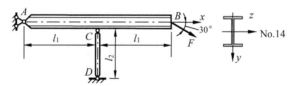

图 8.4.1　例 8.4.1 图

【解】　在给定的结构中共有两个构件:梁 AB,承受拉伸与弯曲的组合作用,属于强度问题;杆 CD,承受压缩荷载,属稳定问题。现分别校核如下。

(1) 校核梁 AB 的强度。

梁 AB 在截面 C 处的弯矩最大,该处横截面为危险截面。截面 C 处的弯矩和轴力分别为

$$M_{max} = F \sin 30° l_1 = (25 \text{ kN} \times 0.5) \times 1.25 \text{ m} = 15.63 \text{ kN} \cdot \text{m}$$

$$F_N = F \cos 30° = 25 \text{ kN} \times \cos 30° = 21.65 \text{ kN}$$

由附录 I 的型钢表查得 14 号普通热轧工字钢的 W_z 为

$$W_z = 102 \text{ cm}^3 = 102 \times 10^3 \text{ mm}^3, A = 2150 \text{ mm}^2$$

由此得到大梁 AB 危险截面的最大正应力为

$$\sigma_{max} = \frac{M_{max}}{W_z} + \frac{F_N}{A} = \frac{15.63 \times 10^6 \text{ N} \cdot \text{mm}}{102 \times 10^3 \text{ mm}^3} + \frac{21.65 \times 10^3 \text{ N}}{2150 \text{ mm}^2} = 163.2 \text{ MPa}$$

Q235 钢的许用应力为

$$[\sigma] = \frac{\sigma_s}{n_s} = \frac{235 \text{ MPa}}{1.45} = 162 \text{ MPa}$$

σ_{max} 略大于$[\sigma]$,但$\dfrac{\sigma_{max}-[\sigma]}{[\sigma]}\times100\%=0.74\%<5\%$,工程上仍可认为强度足够。

（2）校核压杆 CD 的稳定性。

由平衡方程求得压杆 CD 的轴向压力为

$$F_{N,CD}=2F\sin30°=2\times25\ kN\times0.5=25\ kN$$

$$\sigma=\frac{F_{N,CD}}{A}=\frac{4\times F_{N,CD}}{\pi d^2}=\frac{4\times25\times10^3\ N}{\pi\times(20\ mm)^2}=79.62\ MPa$$

因为是圆截面杆,故惯性半径为

$$i=\sqrt{\frac{I}{A}}=\frac{d}{4}=\frac{20\ mm}{4}=5\ mm$$

又因为两端为球铰约束,$\mu=1.0$,所以杆件的柔度为

$$\lambda=\frac{\mu l}{i}=\frac{1.0\times550\ mm}{5\ mm}=110>\lambda_p=100$$

这表明压杆 CD 为细长杆,故需采用式(8.3.3)计算其临界应力,有

$$F_{cr}=\sigma_{cr}A=\frac{\pi^2 E}{\lambda^2}\times\frac{\pi d^2}{4}=\frac{\pi^2\times210\times10^3\ MPa}{110^2}\times\frac{\pi\times(20\ mm)^2}{4}=53\ 813\ N$$

由于稳定许用应力

$$[\sigma_{cr}]=\frac{\sigma_{cr}}{n_{st}}=\frac{F_{cr}}{An_{st}}=\frac{4\times F_{cr}}{\pi d^2\cdot n_{st}}=\frac{4\times53\ 813\ N}{\pi\times(20\ mm)^2\times1.8}=95.2\ MPa$$

于是,压杆 CD 的工作应力

$$\sigma=79.62\ MPa<[\sigma_{cr}]=95.2\ MPa$$

说明压杆是稳定的。

上述两项计算结果表明,整个结构是安全的。

8.4.2　折减系数法

在结构工程的相关设计中,经常将压杆的稳定许用应力$[\sigma_{cr}]$写成材料的强度许用应力$[\sigma]$乘以一个小于1的系数 φ 的形式,即

$$[\sigma_{cr}]=\frac{\sigma_{cr}}{n_{st}}=\varphi[\sigma] \tag{8.4.4}$$

其中,φ 称为**折减系数**,又称稳定系数。由式(8.4.4)可知,折减系数 φ 值为

$$\varphi=\frac{\sigma_{cr}}{n_{st}[\sigma]} \tag{8.4.5}$$

由式(8.4.5)可知,当$[\sigma]$一定时,φ 取决于 σ_{cr} 与 n_{st}。由于临界应力 σ_{cr} 值随压杆的柔度 λ 而改变,而不同柔度的压杆一般又采用不同的稳定安全因数 n_{st},所以折减系数 φ 是柔度 λ 的函数。当材料一定时,φ 值取决于柔度 λ 的值。

临界应力 σ_{cr} 依据压杆的屈曲失效试验确定,试验中还涉及实际压杆存在的初曲度、压力的偏心度、涉及实际材料的缺陷、涉及型钢轧制、加工留下的残余应力及其分布规律等因素。《钢结构设计标准》(GB 50017—2017)根据我国常用构件的截面形状、尺寸和加工条件,规定了相应的残余应力变化规律,并考虑 1/1000 的初弯曲度,计算了 96 根压杆的折减

系数 φ 与柔度 λ 的关系值,并按截面分 a、b、c、d 四类列表,供设计应用。其中 a 类的残余应力影响较小,稳定性较好;c 类的残余应力影响较大,其稳定性较差;多数情况可归为 b 类。表 8.4.2 中只给出了圆管和工字形截面的分类,其他截面分类见《钢结构设计标准》(GB 50017—2017)。表 8.4.3~表 8.4.5 中分别给出 Q235 钢常用的 a、b、c 三类截面的 φ 值。

表 8.4.2　轴压杆件的截面分类

截面类别	截面形状和对应轴	
a 类	轧制,对任意轴	轧制,$b/h \leqslant 0.8$,对 z 轴
b 类	焊接,对任意轴	轧制,$b/h \leqslant 0.8$,对 y 轴
		$b/h > 0.8$,对 y、z 轴
		焊接,翼缘为轧制边,对 z 轴
c 类	—	焊接,翼缘为轧制边,对 y 轴

表 8.4.3　Q235 钢 a 类截面中心受压直杆稳定的折减系数 φ

λ	0	1.0	2.0	3.0	4.0	5.0	6.0	7.0	8.0	9.0
0	1.000	1.000	1.000	1.000	0.999	0.999	0.998	0.998	0.997	0.996
10	0.995	0.994	0.993	0.992	0.991	0.989	0.988	0.986	0.985	0.983
20	0.981	0.979	0.977	0.976	0.974	0.972	0.970	0.968	0.966	0.964
30	0.963	0.961	0.959	0.957	0.955	0.952	0.950	0.948	0.946	0.944
40	0.941	0.939	0.937	0.934	0.932	0.929	0.927	0.924	0.921	0.919
50	0.916	0.913	0.910	0.907	0.904	0.900	0.897	0.894	0.890	0.886
60	0.883	0.879	0.875	0.871	0.867	0.863	0.858	0.851	0.849	0.844
70	0.839	0.834	0.829	0.824	0.818	0.813	0.807	0.801	0.795	0.789
80	0.783	0.776	0.770	0.763	0.757	0.750	0.743	0.736	0.728	0.721
90	0.714	0.706	0.699	0.691	0.684	0.676	0.668	0.661	0.653	0.645
100	0.638	0.630	0.622	0.615	0.607	0.600	0.592	0.585	0.577	0.570
110	0.563	0.556	0.548	0.541	0.534	0.527	0.520	0.514	0.507	0.500
120	0.494	0.488	0.481	0.475	0.469	0.463	0.457	0.451	0.445	0.440
130	0.434	0.429	0.423	0.418	0.412	0.407	0.402	0.397	0.392	0.387
140	0.383	0.378	0.373	0.369	0.364	0.360	0.356	0.351	0.347	0.343
150	0.339	0.335	0.331	0.327	0.323	0.320	0.316	0.312	0.309	0.305
160	0.302	0.298	0.295	0.292	0.289	0.285	0.282	0.279	0.276	0.273
170	0.270	0.267	0.264	0.262	0.259	0.256	0.253	0.251	0.248	0.246
180	0.243	0.241	0.238	0.236	0.233	0.231	0.229	0.226	0.224	0.222
190	0.220	0.218	0.215	0.213	0.211	0.209	0.207	0.205	0.203	0.201
200	0.199	0.198	0.196	0.194	0.192	0.190	0.189	0.187	0.185	0.183
210	0.182	0.180	0.179	0.177	0.175	0.174	0.172	0.171	0.169	0.168
220	0.166	0.165	0.164	0.162	0.161	0.159	0.158	0.157	0.155	0.154

λ	0	1.0	2.0	3.0	4.0	5.0	6.0	7.0	8.0	9.0
230	0.153	0.152	0.150	0.149	0.148	0.147	0.146	0.144	0.143	0.142
240	0.141	0.140	0.139	0.138	0.136	0.135	0.134	0.133	0.132	0.131
250	0.130	—	—	—	—	—	—	—	—	—

表 8.4.4 Q235 钢 b 类截面中心受压直杆稳定的折减系数 φ

该表请扫描对应的二维码获得。

表 8.4.4

表 8.4.5 Q235 钢 c 类截面中心受压直杆稳定的折减系数 φ

该表请扫描对应的二维码获得。

表 8.4.5

对于木制压杆的折减系数 φ 值,我国《木结构设计标准》(GB 50005—2017)中按照树种的强度等级分别给出了两组计算公式。

树种强度等级为 TC17、TC15 及 TB20 时:

$$\lambda \leqslant 75 \text{ 时}, \varphi = \frac{1}{1+\left(\dfrac{\lambda}{80}\right)^2}; \quad \lambda > 75 \text{ 时}, \varphi = \frac{3000}{\lambda^2}$$

树种强度等级为 TC13、TC11、TB17 及 TB15 时:

$$\lambda \leqslant 91 \text{ 时}, \varphi = \frac{1}{1+\left(\dfrac{\lambda}{65}\right)^2}; \quad \lambda > 91 \text{ 时}, \varphi = \frac{2800}{\lambda^2}$$

上述等级代号后的数字为树种的弯曲强度(单位为 MPa)。

【说明】 $[\sigma_{cr}]$ 与 $[\sigma]$ 虽然都是"许用应力",但两者却有很大的不同。$[\sigma]$ 只与材料有关,当材料一定时,其值为定值;而 $[\sigma_{cr}]$ 除了与材料有关以外,还与压杆的长细比有关,所以,相同材料制成的不同(柔度)的压杆,其 $[\sigma_{cr}]$ 值是不同的。

将式(8.4.4)代入式(8.4.1)可得

$$\sigma = \frac{F}{A} \leqslant \varphi[\sigma] \tag{8.4.6}$$

或

$$\frac{F}{\varphi A} \leqslant [\sigma] \tag{8.4.7}$$

式(8.4.7)即为压杆需要满足的稳定条件。由于折减系数 φ 可按 λ 的值直接查相关的表格确定,因此,按式(8.4.6)的稳定条件进行压杆的稳定计算十分方便。该方法为一种实用计算方法。

【说明】 与前面的说明一样,在稳定计算中,压杆的横截面面积 A 均采用毛截面面积计算,即当压杆在局部有横截面削弱(如钻孔、开口等)时,可不予考虑。因为压杆的稳定性取决于整个杆件的弯曲刚度,而局部的截面削弱对整个杆件的整体刚度来说影响甚微。但是,对截面的削弱处则应当进行强度验算。

应用压杆的稳定条件,可以解决三个方面的问题:

(1) 稳定校核 即已知压杆的几何尺寸、所用材料、支承条件以及承受的压力,验算是否满足式(8.4.6)的稳定条件。这类问题一般应首先计算出压杆的柔度 λ,根据 λ 值查出相应的折减系数 φ,再按照式(8.4.6)进行校核。

(2) 计算稳定时的许用荷载 即已知压杆的几何尺寸、所用材料及支承条件,按稳定条件计算其能够承受的许用荷载 F 值。这类问题一般也要首先计算出压杆的柔度 λ,根据 λ 值查出相应的折减系数 φ,再按照 $F \leqslant \varphi A[\sigma]$ 进行计算。

(3) 进行截面设计 即已知压杆的长度、所用材料、支承条件以及承受的压力 F,按照稳定条件计算压杆所需的截面尺寸。这类问题一般采用"试算法"。这是因为在稳定条件式(8.4.6)中,折减系数 φ 是根据压杆的柔度 λ 值查表得到的,而在压杆的截面尺寸尚未确定之前,压杆的柔度 λ 不能确定,所以也就不能确定折减系数 φ。因此,只能采用试算法。首先假定一折减系数 φ 值(0 与 1 之间一般可采用 0.5),由稳定条件计算所需要的截面面积 A,然后计算出压杆的柔度 λ,根据压杆的柔度值查表得到折减系数 φ,再按照式(8.4.6)验算是否满足稳定条件。如果不满足稳定条件,则应重新假定折减系数 φ 值,重复上述过程,直到满足稳定条件为止。

【例 8.4.2】 如图 8.4.2 所示,由 Q235 钢加工成的工字形截面链杆,两端为柱形铰,即在 xy 平面内失稳时,杆端约束情况接近于两端铰支,长度系数 $\mu_z = 1.0$;而在 xz 平面内失稳时,杆端约束情况接近于两端固定,长度系数 $\mu_y = 0.6$。已知链杆在工作时承受的最大压力为 $F = 35$ kN,材料的强度许用应力 $[\sigma] = 206$ MPa,并符合《钢结构设计标准》(GB 50017—2017)中 a 类中心受压杆的要求。试校核其稳定性。图中几何尺寸单位为 mm。

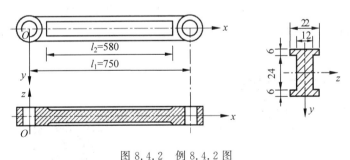

图 8.4.2 例 8.4.2 图

【解】 (1) 横截面的面积和形心主惯性矩分别为

$$A = 12 \text{ mm} \times 24 \text{ mm} + 2 \times 6 \text{ mm} \times 22 \text{ mm} = 552 \text{ mm}^2$$

$$I_z = \left[\frac{12 \times 24^3}{12} + 2 \times \left(\frac{22 \times 6^3}{12} + 22 \times 6 \times 15^2 \right) \right] \text{ mm}^4 = 7.4 \times 10^4 \text{ mm}^4$$

$$I_y = \left(\frac{24 \times 12^3}{12} + 2 \times \frac{6 \times 22^3}{12} \right) \text{mm}^4 = 1.41 \times 10^4 \text{ mm}^4$$

（2）横截面对 z 轴和 y 轴的惯性半径分别为

$$i_z = \sqrt{\frac{I_z}{A}} = \sqrt{\frac{7.4 \times 10^4 \text{ mm}^4}{552 \text{ mm}^2}} = 11.58 \text{ mm}$$

$$i_y = \sqrt{\frac{I_y}{A}} = \sqrt{\frac{1.41 \times 10^4 \text{ mm}^4}{552 \text{ mm}^2}} = 5.05 \text{ mm}$$

（3）计算链杆的柔度 λ 及稳定系数 φ。

$$\lambda_z = \frac{\mu_z l_1}{i_z} = \frac{1.0 \times 750 \text{ mm}}{11.58 \text{ mm}} = 64.8$$

$$\lambda_y = \frac{\mu_y l_2}{i_y} = \frac{0.6 \times 580 \text{ mm}}{5.05 \text{ mm}} = 68.9$$

在两个柔度值中，应按较大的柔度值 $\lambda_y = 68.9$ 来确定压杆的折减系数 φ。查表 8.4.3，并用内插法求得折减系数为

$$\varphi = 0.844 + \frac{69 - 68.9}{69 - 68} \times (0.849 - 0.844) = 0.845$$

（4）链杆的稳定性校核。

由式（8.4.7）得

$$\frac{F}{\varphi A} = \frac{35 \times 10^3 \text{ N}}{0.845 \times 552 \text{ mm}^2} = 75.04 \text{ MPa} < [\sigma] = 206 \text{ MPa}$$

故链杆满足稳定性要求。

【例 8.4.3】 厂房的钢柱长 7 m，上、下两端分别与基础和梁连接。由于与梁连接的一端可发生侧移，因此，根据柱顶和柱脚的连接刚度，钢柱的长度系数取为 $\mu = 1.3$。钢柱由两根 Q235 钢的槽钢组成，如图 8.4.3 所示，符合《钢结构设计标准》（GB 50017—2017）中的实腹式 b 类截面中心受压杆的要求。在柱脚和柱顶处用螺栓借助于连接板与基础和梁连接，同一横截面上有四个直径为 $d_0 = 30$ mm 的螺栓孔。钢柱承受的轴向压力为 270 kN，材料的强度许用应力为 $[\sigma] = 170$ MPa。（1）试为钢柱选择槽钢号码；（2）计算槽钢间距 h 的最小值。

【解】 求解过程请扫描对应的二维码获得。

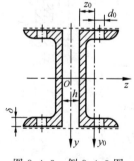

图 8.4.3 例 8.4.3 图

例 8.4.3 的计算过程

【例 8.4.4】 图 8.4.4 所示的压杆，在高 4.5 m 处沿 z 轴平面内有横向支撑。压杆截

面为焊接工字形,翼缘为轧制边,材料为 Q235 钢,$F = 800$ kN,压杆的柔度不得超过 150,$[\sigma] = 215$ MPa,试校核其稳定性。

【解】　求解过程请扫描对应的二维码获得。

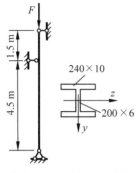

图 8.4.4　例 8.4.4 图　　　　　　　例 8.4.4 的计算过程

8.5　提高压杆承载力的措施

由以上各节的讨论可知,压杆的临界应力或临界压力的大小直接反映压杆稳定性的高低。提高压杆稳定性的关键在于提高压杆的临界压力或临界应力。从临界力或临界应力的表达式可以看出,影响临界力或临界应力的因素主要有压杆的截面形状、压杆的长度、约束情况及材料性质等。因而,本节从这几方面入手,讨论如何提高压杆的稳定性。

1. 合理选择材料

欧拉公式表明,大柔度杆的临界力与材料的弹性模量 E 成正比。选择弹性模量高的材料制成的压杆,可以提高压杆的临界应力,相应地提高其稳定性。因此,钢制压杆比铜、铸铁或铝制压杆的临界应力大,稳定性好。但各种钢材的 E 基本相同,所以对大柔度杆选用优质钢材对提高压杆的稳定性作用不大。

对中小柔度杆,由临界应力总图可以看到,材料的屈服极限 σ_u 和比例极限 σ_p 越高,其临界应力就越大,即临界应力与材料的强度指标有关,强度高的材料其临界力也大,所以选择高强度材料对提高中小柔度杆的稳定性有一定作用。

对于小柔度压杆,本来就是强度问题,优质钢材的强度高,其承载能力的提高是显然的。

2. 选择合理的截面形状

欧拉公式表明,柔度 λ 越小,临界应力越高。由于柔度 $\lambda = \dfrac{\mu l}{i}$,所以提高惯性半径 i 的值就能减小柔度 λ 的值。压杆的临界力与其横截面的惯性矩 I 成正比,因此为了提高压杆的临界应力,应选择截面惯性矩较大的截面形状。如在不增加截面面积 A 的前提下,可尽可能把材料放在离截面形心较远处,以取得较大的截面惯性矩 I。如图 8.5.1 所示的两种压杆截面,在面积相同的情况下,截面(b)比截面(a)合理,因为截面(b)的惯性矩大。另外,当杆端各方向约束相同时,应尽可能使杆截面在各方向的惯性矩相等。例如,由槽钢制成的压杆有两种摆放形式,如图 8.5.2 所示,截面(b)比截面(a)合理,因为(a)中截面对竖轴的惯性矩比另一方向小很多,从而降低了杆的临界力。

除采用上述提高截面的最小惯性矩的方法之外,也可以采用变截面的方法提高构件的临界力。这是因为构件失稳与受压力作用后变弯有关,而采用如图 8.5.3 所示的变截面构件或者在挠度大的部位截面加强的做法,可以达到控制变形、提高抵抗失稳能力和节约材料的目的。

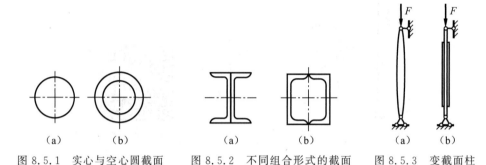

图 8.5.1　实心与空心圆截面　　图 8.5.2　不同组合形式的截面　　图 8.5.3　变截面柱

3. 改善约束条件、减小压杆长度

欧拉公式表明,临界应力 σ_{cr} 与压杆的相当长度 μl 的平方成反比,而压杆的相当长度又与其约束条件有关。由表 8.2.1 可知,两端约束加强,长度系数 μ 减小,因此,改善约束条件可以减小压杆的长度系数 μ。此外,减小长度 l,如设置中间支座以减小跨长,也可大大增大杆件的临界应力 σ_{cr},达到提高压杆稳定性的目的。

选择题与填空题

8-1　关于细长中心受压直杆临界力 F_{cr} 的含义,下列各种说法中正确的有(　　)。

　　A. 压杆横截面上的应力达到材料比例极限时的轴向压力

　　B. 压杆能保持直线平衡状态时的最大轴向压力

　　C. 压杆能保持微弯平衡状态时的最小轴向压力

　　D. 压杆能保持微弯平衡状态时的最大轴向压力

　　E. 压杆由直线平衡状态过渡到微弯平衡状态时的轴向压力

8-2　两端为固定约束的细长中心受压直杆,其失稳时横截面将绕 m—m 轴转动。在下列截面形式中,m—m 轴不正确的有(　　)。其中图 A 为正方形。

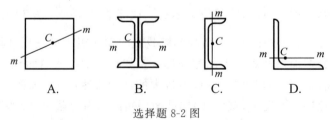

选择题 8-2 图

8-3　如图所示两端球形铰支的矩形截面细长中心受压直杆,已知 $h > b$,则其失稳时应

有（　　　）。

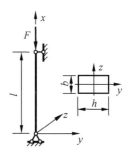

A. $F_{cr} = \dfrac{\pi^2 EI_y}{l^2}$，挠曲线位于 xy 平面内

B. $F_{cr} = \dfrac{\pi^2 EI_y}{l^2}$，挠曲线位于 xz 平面内

C. $F_{cr} = \dfrac{\pi^2 EI_z}{l^2}$，挠曲线位于 xy 平面内

D. $F_{cr} = \dfrac{\pi^2 EI_z}{l^2}$，挠曲线位于 xz 平面内

选择题 8-3 图

8-4　矩形截面细长连杆，两端用柱形铰连接，其在 xy 平面内可视为两端铰支，在 xz 平面内近似视为两端固定，如图所示。从稳定性角度考虑，截面合理的高、宽比 (h/b) 为（　　　）。

A. 2　　　　　　　　B. 1　　　　　　　　C. 0.7　　　　　　　　D. 0.5

8-5　压杆失稳将发生在（　　　）的纵向平面内。

A. 截面惯性半径最小　　　　　　　　　B. 长度系数最大

C. 柔度最大　　　　　　　　　　　　　D. 柔度最小

8-6　两端球形铰支的细长受压等截面直杆，若截面面积相同，则选择下列哪一种截面形状，其临界荷载最大？（　　　）

A. 圆形　　　　　　B. 正方形　　　　　　C. 等边三角形　　　　D. 正五边形

8-7　边长为 a 的正方形截面细长压杆，因实际需要在横截面 $m—m$ 处钻一直径为 d 的横向小孔，如图所示。则：(1)在计算压杆的临界力时，所用的惯性矩值为（　　　）；(2)在对杆进行强度计算时，横截面面积应取为（　　　）。

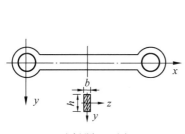

选择题 8-4 图

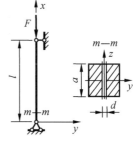

选择题 8-7 图

8-8　由低碳钢制成的细长压杆，经过冷作硬化后，其（　　　）。

A. 稳定性提高，强度不变　　　　　　　B. 稳定性不变，强度提高

C. 稳定性和强度都提高　　　　　　　　D. 稳定性和强度都不变

习题

8-1　两端铰支的 16 号工字型钢压杆，杆长 $l = 3$ m，材料的弹性模量 $E = 210$ GPa，试计算此压杆的临界压力 F_{cr}。

8-2　某钢制空心受压圆管,内、外径分别为 10 mm 和 12 mm,杆长 $l = 383$ mm,钢材的弹性模量 $E = 210$ GPa。此圆管可简化为两端铰支的细长压杆,试计算该杆的临界压力 F_{cr}。

8-3　两端为铰支的压杆,杆长 $l = 2$ m,直径 $d = 60$ mm,材料为 Q235 钢,$E = 206$ GPa,试计算该压杆的临界压力 F_{cr};若在面积不变的条件下,改用外径和内径分别为 $D_1 = 68$ mm 和 $d_1 = 32$ mm 的空心圆截面,问此时压杆的临界压力 F_{cr} 等于多少?

8-4　图示正方形桁架,各杆各截面的弯曲刚度 EI 相同,且均为细长杆。试问:(1)当荷载 F 为何值时结构中的个别杆件将失稳?(2)如果将荷载 F 的方向改为向内,则使杆件失稳的荷载 F 又为何值?

8-5　图示两端固支的 Q235 钢管,长为 6 m,内径为 60 mm,外径为 70 mm,在 $t = 20℃$ 时安装,此时管子不受力。已知钢的线膨胀系数 $\alpha = 12.5 \times 10^{-6}/℃$,弹性模量 $E = 206$ GPa。当温度升高到多少摄氏度时,管子将失稳?

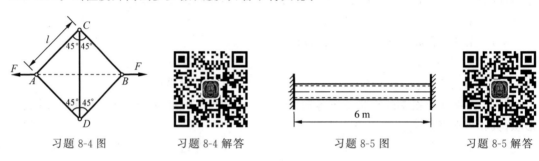

习题 8-4 图　　习题 8-4 解答　　习题 8-5 图　　习题 8-5 解答

8-6　有一强度等级为 TC17 的圆形截面轴向受压木杆 AB,其两端固定,直径 $d = 20$ mm,长度 $l = 1.5$ m,$E = 10$ GPa,$\lambda_p = 59$。试计算该木杆的临界应力 σ_{cr} 和临界压力 F_{cr}。

8-7　图示压杆,型号为 20a 号工字钢,在 Oxz 平面内为两端固定,在 Oxy 平面内为一端固定,一端自由,材料的弹性模量 $E = 200$ GPa,比例极限 $\sigma_p = 200$ MPa,$\lambda_0 = 57$,中柔度杆件临界应力的经验公式为 $\sigma_{cr} = 304$ MPa $- 1.12$ MPa $\cdot \lambda$。试计算此压杆的临界压力 F_{cr}。

8-8　如图所示压杆横截面为空心正方形的立柱,其两端固定,材料为优质钢,许用应力 $[\sigma] = 200$ MPa,$\lambda_p = 100$,$\lambda_0 = 60$,$a = 460$ MPa,$b = 2.57$ MPa,$n_{st} = 2.5$。因构造需要,在压杆中点 C 开一直径为 $d = 5$ mm 的圆孔,断面形状如图(b)所示。当顶部受压力 $F = 40$ kN 时,试校核其稳定性和强度。图中几何尺寸单位为 mm。

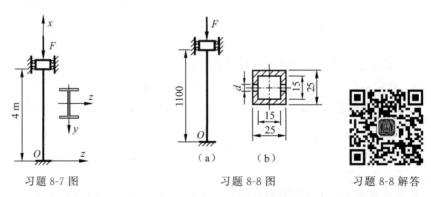

习题 8-7 图　　习题 8-8 图　　习题 8-8 解答

8-9　如图所示,构架由两根直径相同的圆杆构成,杆的材料为 Q235 钢,a 类截面,直径

$d=20$ mm,材料的许用应力$[\sigma]=170$ MPa。已知 $h=0.4$ m,作用力 $F=15$ kN。试在计算平面内校核二杆的稳定性。

8-10 图示两压杆,杆 AB 为边长 $a=30$ mm 的正方形截面,杆 AC 为直径 $d=40$ mm 的圆形截面,两压杆的材料相同,材料的弹性模量 $E=200$ GPa,比例极限 $\sigma_p=200$ MPa,屈服极限 $\sigma_s=240$ MPa,直线经验公式 $\sigma_{cr}=304$ MPa-1.12 MPa$\cdot\lambda$。试计算结构的临界力 F_{cr}。

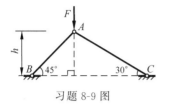

习题 8-9 图

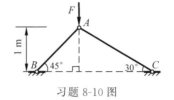

习题 8-10 图

习题 8-10 解答

8-11 如图所示支架,采用一强度等级为 TC17 的正方形截面的木杆 BD,截面边长 $a=0.1$ m,木材的许用应力 $[\sigma]=10$ MPa,其长度 $l=2$ m,试从满足 BD 杆的稳定条件考虑,计算该支架能承受的最大荷载 F_{max}。

8-12 图示矩形截面压杆,$h=60$ mm,$b=40$ mm,杆长 $l=2$ m,材料为 Q235 钢,$E=206$ GPa。两端用柱形铰与其他构件相连接,在 xy 平面内两端铰接,在 xz 平面内两端为弹性固定,长度系数 $\mu_y=0.8$。压杆两端受轴向压力 $F=100$ kN,稳定安全因数 $n_{st}=2.5$。校核该压杆的稳定性;又问 b 与 h 的比值等于多少才是合理的?

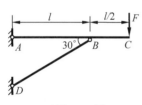

习题 8-11 图

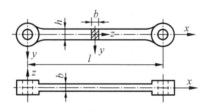

习题 8-12 图

习题 8-12 解答

8-13 图示结构,杆 AB 为直径 $d=80$ mm 的圆杆,杆 BC 为正方形截面杆,边长为 70 mm。杆 AB 和 BC 可以独立发生弯曲变形且互不影响;两杆的弹性模量同为 $E=200$ GPa,比例极限均为 $\sigma_p=160$ MPa。已知 $l=3$ m,稳定安全系数 $n_{st}=2.5$,求许可荷载 $[F]$。

8-14 图示钢质圆形截面 AC 与 BD 两杆,杆 AC 的直径 $D=60$ mm,杆 BD 的直径 $d=30$ mm。已知两杆为同一种材料制成,弹性模量 $E=200$ GPa,比例极限 $\sigma_p=200$ MPa,许用应力 $[\sigma]=160$ MPa,稳定安全系数 $n_{st}=2.5$,该材料采用压杆临界应力的经验公式为 $\sigma_{cr}=304$ MPa-1.2 MPa$\cdot\lambda$。试校核杆 AC 的强度及杆 BD 的稳定性。两杆的屈服极限 $\sigma_s=240$ MPa。

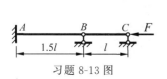

习题 8-13 图

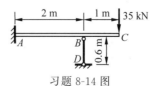

习题 8-14 图

习题 8-14 解答

8-15　如图所示,梁 AB 和杆 BC 材料相同,梁的惯性矩 I 与杆的面积 A 之间的关系为 $A=3I/l^2$,$E=200$ GPa,$\sigma_p=200$ MPa,杆直径 $d=40$ mm,求当杆 BC 处于临界状态时均布荷载 q 的值。

8-16　一结构如图所示,由两根悬臂梁与杆 BC 连接而成。设两梁的截面相同,主惯性矩为 I;杆 BC 的横截面面积为 A,最小主惯性矩为 I_{BC};梁和杆的材料均相同,弹性模量为 E。不计杆件自重。当梁 AB 上作用着均布荷载 q 时,(1)求杆 BC 的内力;(2)若细长压杆 BC 在图示平面内丧失稳定性,此时的荷载 q 应为多少?

8-17　图示结构中,杆 AB 和 BC 皆为圆截面钢杆,直径 $d=80$ mm,材料的许用应力 $[\sigma]=160$ MPa,试求结构的许用竖向荷载 $[F]$。

习题 8-15 图　　　习题 8-16 图　　　习题 8-16 解答　　　习题 8-17 图

8-18　图示结构由曲杆 AB 与直杆 BC 组成。材料为 Q235 钢,截面类型为 a 类,$E=210$ GPa。已知结构所有的连接均为铰连接,在点 B 处承受竖直荷载 $F=20$ kN,木材的许用应力 $[\sigma]=170$ MPa。试校核杆 BC 的稳定性。

8-19　如图所示,杆 AB 为圆截面杆,直径 $d=80$ mm,杆 BC 为长方形截面杆,截面尺寸为 60 mm×40 mm,两杆材料均为钢材,它们可以各自独立发生弯曲而互不影响。已知 $E=200$ GPa,$\sigma_p=200$ MPa,A 端为固定端,B、C 为球铰,稳定安全系数 $n_{st}=2.5$。试求此结构的许用荷载 $[F]$。

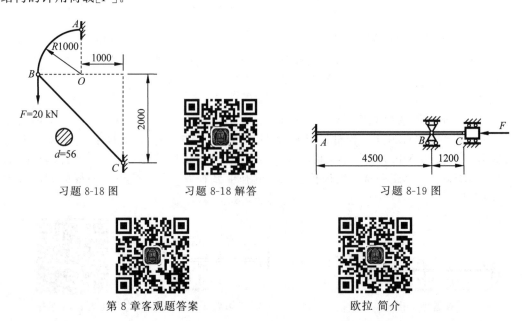

习题 8-18 图　　　习题 8-18 解答　　　习题 8-19 图

第 8 章客观题答案　　　欧拉 简介

第9章

平面体系的几何组成分析

9.1 几何组成分析的基本概念

9.1.1 几何不变体系与几何可变体系

结构受荷载作用时,构件内部会产生内力,弹塑性材料构件会因此而产生变形,从而使结构也产生变形。工程中这种变形一般是很小的。在几何构造分析中,不考虑这种由于构件的内力所产生的变形。这样,杆件体系可以分为两类:几何不变体系和几何可变体系。

所谓**几何不变体系**是指在不考虑材料变形的条件下,体系的位置和形状不能改变的体系,如图 9.1.1(a)、(b)所示。而**几何可变体系**是指在不考虑材料变形的条件下,体系的位置或形状可以改变的体系;如图 9.1.1(c)所示的结构,在荷载 F 的作用下,必定会发生刚体形式的运动。无论 F 值大小如何,其几何位置都会发生变化,如图中虚线所示。一般土木工程中的结构都必须是几何不变体系,而不能采用几何可变体系,因为只有几何不变体系才能承担荷载。

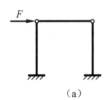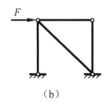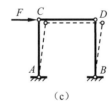

图 9.1.1 平面体系的分类

如图 9.1.2 所示的体系由在一条直线上的三个铰和两个杆件 AB、AC 组成。在外力 F 的作用下,结点 A 在力的方向会产生位移,从而变形后的三个铰不再共线,也就不能继续运动。这种在原来的位置上产生微小位移后不能再继续移动的体系称为**瞬变体系**。反之,如果一个几何可变体系在产生微小的机构运动后仍然几何可变,那么这个体系就称为**常变体系**,如图 9.1.1(c)所示机构。

瞬变体系既然只是瞬时可变,随后即转化为几何不变,那么工程结构中能否采用这种体系呢?为此分析图 9.1.2 所示体系的内力。绘制结点 A 的受力图,如图 9.1.3 所示。由平衡条件易知,1 杆和 2 杆的轴力大小相等,即

$$F_N = F_{N1} = F_{N2} = \frac{F}{2\sin\theta}$$

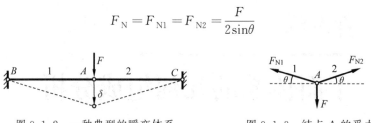

图 9.1.2 一种典型的瞬变体系   图 9.1.3 结点 A 的受力图

当 $\theta \to 0$ 时,便是瞬变体系,此时若 $F \neq 0$,则 $F_N \to \infty$。这表明,瞬变体系即使在很小的荷载作用下也会产生巨大的内力,从而可能导致体系的破坏。另外,瞬变体系的位移只是在理论上为无穷小,实际上在很小的荷载作用下也会产生很大的位移。例如图 9.1.2 所示体系,当 A 点产生微小竖向位移 δ 时,1 杆(或 2 杆)的伸长量 Δl 为

$$\Delta l = \sqrt{l^2 + \delta^2} - l = l\left[1 + \frac{1}{2}\left(\frac{\delta}{l}\right)^2 - \frac{1}{8}\left(\frac{\delta}{l}\right)^4 + \cdots\right] - l \approx \frac{\delta^2}{2l}$$

可见,当 δ 为微量时,Δl 为二阶微量,因而当杆件稍有变形时,结点 A 的位移便极为显著。

瞬变体系的特点是:很小的荷载就能在瞬变体系中引起很大的内力;构件的微小变形能使瞬变体系产生显著的位移。无论从强度方面考虑还是从刚度方面考虑,这对结构而言都是很不利的。因此,在建筑结构设计中不能采用瞬变体系,而且接近于瞬变的体系也应避免采用。

9.1.2 自由度与约束

1. 刚片

体系的几何组成分析不考虑材料的应变,任一杆件(或体系中的一几何不变部分)均可以视为一个刚体,一个平面刚体称为一个刚片。也可以将几何不变的子系统视为一个刚片。地基通常可以作为一个刚片,或者将地基与固定铰支座(或在地基基础上构建的几何不变体系)一起作为一个刚片。

【说明】 对体系进行几何组成分析时,刚片的选择非常重要。

2. 自由度

为了判断一个体系是不是几何不变体系,需要引入自由度的概念。**自由度**是确定体系的运动状态所需要的独立参数(或坐标)的数目。按照这一定义,任何几何不变体系的自由度都等于 0,而任何几何可变体系的自由度都大于 0。本章只涉及平面体系的几何组成分析,因此下面仅对平面体系在其自身所在平面内的自由度进行讨论。

对平面内的一个质点,可以用两个独立的坐标确定其位置。因此,平面内一个质点的自由度为 2。而平面内的一个刚片,如图 9.1.4 所示,如果确定了其上一点 A 的坐标 (x, y),还可以在该平面内绕 A 点转动。为了确定刚片的位置,需要三个独立的参数,例如刚片上一点 A 的坐标 (x, y) 以及 A 点与刚片上另一点 B 的连线与 x 轴的夹角 θ。因此,平面内一个刚片的自由度为 3。

3. 约束

本书第 1 章介绍了约束的概念,那里主要讨论约束力的表示。本章主要讨论约束对体系的位置和运动所加的限制,即对自由度的影响。这里,将减少一个自由度的约束称为一个**联系**。常见的约束如链杆和铰。用一个链杆将刚片与地面相连,刚片将不能沿链杆的方向移动,从而减少了一个自由度,其位置可以通过两个参数(如图 9.1.5 中的 θ_1 和 θ_2)确定。所以,一个链杆为一个联系。若刚片与地面之间用固定铰支座连接,从而刚片只能绕点 A 在平面内转动,如图 9.1.6 所示,从而刚片只有 1 个自由度。所以,一个单铰相当于两个联系。从减少自由度的角度来看,一个连接 n 个刚片的复铰相当于 $n-1$ 个单铰。一个单刚结点相当于三个联系。从减少自由度的角度来看,一个连接 n 个刚片的复刚结点相当于 $n-1$ 个单刚结点。

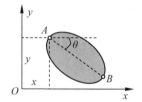 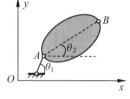 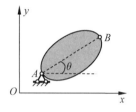

图 9.1.4　平面刚片的自由度　　　　图 9.1.5　链杆连接　　　　图 9.1.6　铰连接

一个几何不变体系,如果去掉任意一个约束就变成几何可变体系,则称之为**无多余约束的几何不变体系**。所谓**多余约束**,是指不改变体系实际自由度的约束;而影响体系实际自由度数目增减的约束则为**必要约束**。

4. 虚铰

如上文所述,从减少自由度的角度来看,连接两个刚片的两根链杆与一个单铰的作用是相当的。下面对这一问题作进一步的讨论。

在图 9.1.7(a)中,刚片通过相交于 A 点的链杆 1 和 2 连接于地基。很明显,刚片能且只能绕 A 点转动,因此链杆 1 和 2 的作用相当于 A 点的一个单铰。在图 9.1.7(b)中,刚片通过链杆 1 和 2 连接于地基,两根链杆的延长线相交于 B 点。在此情况下,刚片上的点 C 和 D 分别只能在垂直于链杆 1 和 2 的方向运动。此时刚片的运动相当于绕 B 点转动,因此链杆 1 和 2 相当于 B 点的一个单铰。这两种情况的不同之处在于,在图 9.1.7(a)中,不管刚片如何转动,两根链杆的交点的位置是不变的;而在图 9.1.7(b)中,随着刚片的转动,两根链杆也会发生相应的转动,它们的交点的位置是变化的。因此,在后一种情况下,说刚片的运动相当于绕 B 点转动,仅对图 9.1.7(b)所示的位置或瞬间才是正确的;与链杆 1 和 2 对应的铰只是在这一瞬间位于 B 点,刚片的位置稍有改变,铰的位置也就改变了。这种在运动中改变位置的铰称为**虚铰**(或**瞬铰**)。如果两根链杆平行,则与它们对应的瞬铰在无穷远处,刚片的位置改变后,两根链杆要么是仍然平行但改变了方向,对应的瞬铰转移到另一个无穷远点;要么是不再平行,对应的瞬铰转移到有限远点。即与两根平行链杆对应的铰也是虚铰。无穷远点的性质,请参照本书 1.2 节中关于三力平衡汇交定理的说明。

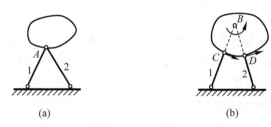

图 9.1.7   单铰与虚铰

5. 体系的计算自由度

1）刚片体系的计算自由度

将平面体系看作若干刚片彼此通过刚结点和铰结点连接而成,再用支座约束在地基上。若体系的刚片数为 m,则其"自由度总和"为 $3m$;又若在这 m 个刚片之间加入的单刚结点个数为 g,单铰结点个数为 h,平面体系与地基之间加入的支杆数为 r,则加入的"全部约束数"为 $3g+2h+r$。因此,以刚片为对象,以地基为参照物,其刚片体系的计算自由度等于自由度总和减去全部约束数,即为

$$W = 3m - 3g - 2h - r \qquad (9.1.1)$$

在应用式(9.1.1)时,应注意以下几点:

(1) 地基是参照物,不计入 m 中。

(2) 计入 m 的刚片,其内部应无多余约束。如果遇到内部有多余约束的刚片,则应把它变成内部无多余约束的刚片,而把它的附加约束在计算体系的"全部约束数"时考虑进去。

(3) 刚片与刚片之间的刚结点或铰结点数目(复刚结点或复铰结点应折算为单刚结点或单铰结点数目)计入 g 和 h。

(4) 刚片与地基之间的固定支座或铰支座的数量不计入 g 和 h,而应作等效代换,即把支杆数 3 或支杆数 2 计入 r。

【例 9.1.1】 试求图 9.1.8(a)所示体系的计算自由度。

【解】 以刚片为对象,地基为参考系,计算该刚片体系的计算自由度。图 9.1.8(b)中,在各杆旁已标注刚片 $m_1 \sim m_9$,故 $m=9$;在复刚结点处已折算并标注 $(3)g$,即三个单刚结点,故 $g=3$;在各铰结点处,已折算并标注相应的单铰数,共计 $(1)h + (3)h + (3)h + (1)h = (8)h$,即八个单铰,故 $h=8$;在两个固端支座处,分别折算并标注 $(3)r$,共计 $(6)r$,故 $r=6$。将以上各已知值代入式(9.1.1),即得

$$W = 3m - 3g - 2h - r = 3 \times 9 - (3 \times 3 + 2 \times 8 + 6) = -4$$

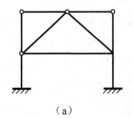

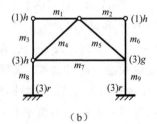

图 9.1.8   例 9.1.1 图

【**例 9.1.2**】 试求图 9.1.9(a)所示体系的计算自由度。

【**解**】 将各个结点之间所有的直杆段或曲杆段都分别看作刚片；对于组合结点,计算单刚结点个数 g 时,可把铰接杆当作不存在,而在计算单铰结点个数 h 时,则把刚接的各杆看作一个刚片。由图 9.1.9(b)中所折算并标注的各值可知: $m=9, g=6, h=4, r=9$。代入式(9.1.1),即得

$$W = 3m - 3g - 2h - r = 3 \times 9 - (3 \times 6 + 2 \times 4 + 9) = -8$$

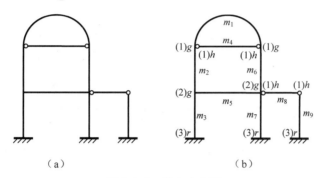

图 9.1.9 例 9.1.2 图

2) 平面铰接链杆体系的计算自由度

若平面体系全由两端铰接的杆件相互连接而成,则称之为**平面铰接链杆体系**。若将铰结点看作运动对象,体系的铰结点数为 j,其"自由度总和"为 $2j$；又若在这 j 个铰结点之间加入的链杆数为 b,在铰结点与地基之间加入的支杆数为 r,则加入的"全部约束数"为 $b+r$。因此,铰接链杆体系的计算自由度为

$$W = 2j - b - r \qquad (9.1.2)$$

应用式(9.1.2)时,应注意：在计算 j 时,凡是链杆的端点都应当算作结点,而且无论一个铰结点上连接几根链杆,都只以 1 计入 j 中；在计算 b 和 r 时,链杆与支杆应当区别开来,因为链杆是内部约束,而支杆则是外部约束,二者不可混淆。

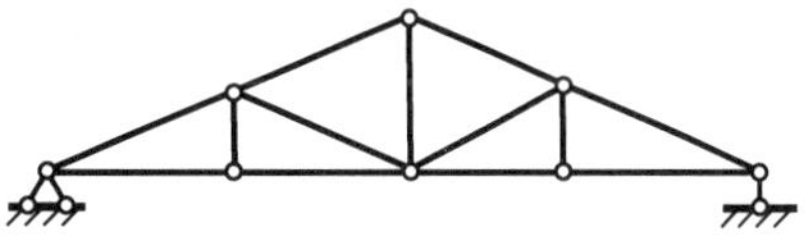

图 9.1.10 所示的平面桁架即为一例。由图可知结点数 $j=8$,杆件数 $b=13$,支座链杆数 $r=3$。

故按式(9.1.2),该体系的计算自由度为

图 9.1.10 平面桁架

$$W = 2j - b - r = 2 \times 8 - 13 - 3 = 0$$

【**例 9.1.3**】 试计算图 9.1.11(a)、(b)所示两个体系的计算自由度。

【**解**】 (1) 在该体系中,D、E 两处除应算作结点外,还要考虑它们都是固定铰支座。因此,体系的结点总数 $j=5$,链杆总数 $b=4$,支座链杆总数 $r=6$,故由式(9.1.2)可得

$$W = 2j - b - r = 2 \times 5 - 4 - 6 = 0$$

表明此体系的计算自由度等于零。

(2) 由图可知 $j=14, b=26, r=0$,故由式(9.1.2)可得

$$W = 2j - b - r = 2 \times 14 - 26 - 0 = 2$$

表明此体系的计算自由度等于 2。

【**说明**】 ① 在计算铰结链杆体系的结点数时,凡是链杆的端点都应当算作结点。例如,

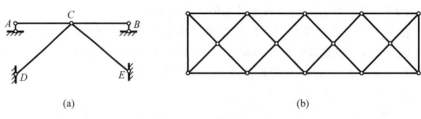

图 9.1.11　例 9.1.3 图

图 9.1.11(a)所示的体系中，A、B、C、D、E 等都应当算作结点。②在计算体系的约束数时，链杆和支杆应当区别开来，因为链杆是内部约束，而支杆则是外部约束，二者不可混淆。

9.2　几何不变体系的组成规则及其应用

平面杆系几何不变的总原则主要有两个：一是刚片本身是几何不变的；二是由刚片所组成的铰结三角形结构是几何不变的。以此为基础，几何构造分析可得如下三个规则。

1. 二元体规则（规则 1）

在一个已知体系上增加或撤去一个二元体，所得体系的几何不变性与原体系相同。

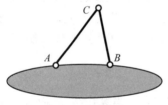

图 9.2.1　二元体的概念

这就是说，如果原已知体系是几何不变的，增加或撤去二元体后的体系仍然是几何不变的；如果原已知体系是几何可变的，增加或撤去二元体后的体系仍然是几何可变的。

所谓二元体，指的是两根不共线的链杆相互铰接而形成的装置。二元体可以用两根链杆的公共结点来表示，例如图 9.2.1 中的 ABC 部分。图中，刚片上的两点 A 和 B 之间的距离以及两根链杆的长度都是不变的，因而三角形 ABC 的形状是唯一确定的，即体系是几何不变的。

利用二元体规则可以使某些体系的几何组成分析得到简化。

2. 两刚片规则（规则 2）

两个刚片用一个铰和一个不通过该铰的链杆连接，所得的体系几何不变，且多余约束的总数保持不变。

这个规则的正确性很容易通过图 9.2.2(a)中三角形 ABC 的形状的唯一性加以说明。

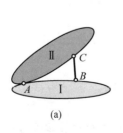

(a)

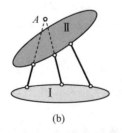

(b)

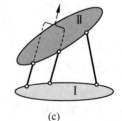

(c)

图 9.2.2　两刚片规则

由于一个单铰与相交于该铰的两根链杆的约束作用相同,两刚片规则也可以表述成图9.2.2(b)、(c)的形式。即:两个刚片用三根不共点(包括无穷远点)的链杆连接,所得的体系几何不变,并且没有多余约束。

3. 三刚片规则(规则3)

三个刚片用三个不共线的铰两两相连,所得的体系几何不变,且没有多余约束。

这个规则的正确性很容易通过图9.2.3(a)中三角形 ABC 的形状的唯一性加以说明。

利用一个单铰与相交于该铰的两根链杆的约束作用相同的性质,将三个铰中的任意一个或几个用相应的链杆代替,规则仍然正确,如图9.2.3(b)所示。

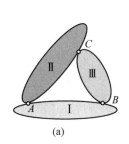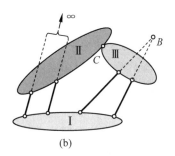

图9.2.3　三刚片规则

如果注意到链杆也是一种特殊的刚片(几何不变),并比较图9.2.1、图9.2.2(a)和图9.2.3(a),就不难理解上述三个规则其实是相通的,它们的证明都归结为边长给定的三角形形状的唯一性这个几何定理的应用。此外也不难理解,这三个规则中分别要求的两根链杆不共线、三根链杆不共点和三个铰不共线等条件在本质上是一致的,即都是为了保证能形成一个三角形。在9.1节曾引入虚铰以及瞬铰在无穷远点的情况。对于有瞬铰在无穷远处的情况,可以利用前面所讲的三种情况分别判断。

【说明】　①关于无穷远点的性质,已经在1.2节的三力平衡汇交定理的说明中进行过介绍。②本章仅讨论平面体系的几何组成分析,而没有介绍空间体系的几何组成分析的规则,对空间问题也有类似的规则,相关问题的讨论,读者可以参考相关文献。

【例9.2.1】　试对图9.2.4所示的体系作几何组成分析。

【解】　体系的计算自由度 $W=5\times2-6-4=0$。体系具备几何不变的条件。如将地基看成一个刚片,从这个刚片出发,依次添加二元体 ACB、CDB、DEB,形成整个体系。按照二元体规则,这个体系是几何不变的,且没有多余约束。

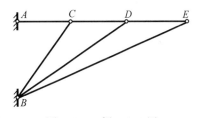

图9.2.4　例9.2.1图

【说明】　上述解题思路是"搭"的思路。与之相反,还可以采用"拆"的思路。从体系上依次去掉二元体 DEB、CDB、ACB,最后剩下地基。又如,在地基上加上二元体 ACB 后,可将所得的几何不变体系看成一个刚片,将三角形 BDE 看成另一个刚片,用两刚片规则进行分析。当然,也可以在这两个刚片之外,将链杆 CD 看成第三个刚片,用三刚片规则进行分析。按照这些思路讨论,请读者思考。

【例 9.2.2】 试对图 9.2.5 所示的体系作几何组成分析。

【解】 体系的计算自由度 $W=7\times3-9\times2-3=0$。体系具备几何不变的条件。在两根曲杆上分别加上二元体 D 和 E,得到图中的刚片 I 和刚片 II;这两个刚片用铰 C 和不通过该铰的链杆 DE 连接,形成一个没有多余约束的几何不变体系(两刚片规则),或者说一个更大的刚片;将地基看成另一个刚片,它和上

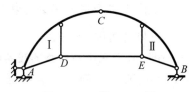

图 9.2.5 例 9.2.2 图

部的大刚片以三根不共点的链杆相连,再次应用两刚片规则,可知整个体系是几何不变的,且无多余约束。

【讨论】 将本题中的刚片 $ADEBC$ 称为"上部结构",它以三根不共点的链杆连接于地基,因此体系的几何不变性完全由上部结构所决定。这种不依赖于地基的几何不变性称为**内部不变性**。按照两刚片规则,内部不变的体系以三根不共点的链杆连接于基础,仍然得到几何不变体系;相反,内部可变的体系以同样的方式连接于基础,所得的体系仍然是几何可变的。因此,凡对于上部结构以三根不共点的链杆连接于基础所形成的体系,都可以脱离基础而只分析其上部结构的几何组成。

【例 9.2.3】 试对图 9.2.6(a)所示的体系作几何组成分析。

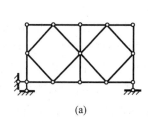
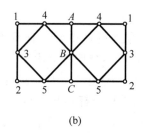

(a)   (b)

图 9.2.6 例 9.2.3 图

【解】 体系的计算自由度 $W=13\times2-22-3=1$,故体系为几何可变体系。

本题还可以利用几何构造分析的三个规则来判断。由例 9.2.2 的讨论可知,本例可以脱离地基而只对图 9.2.6(b)所示的上部结构进行分析。从左右两边对称地依次去掉二元体 1、2、3、4、5,最后剩下仅以一个铰 B 连接在一起的链杆 AB 和 BC,显然其几何可变。因此,整个体系是几何可变的。

【例 9.2.4】 试对图 9.2.7(a)所示的体系作几何组成分析。

【解】 该体系的计算自由度 $W=4\times3-4\times2-4=0$。体系具备几何不变的条件,需要进一步分析。

应该注意的是,此题 B 处的支座链杆并没有将 EBC 段杆件分成两块,因此,将 EBC 段看成一个刚片,记为刚片 I,同样,AFD 段记为刚片 II。由于此题中有四根支座链杆,所以把基础当成刚片 III,如图 9.2.7(b)所示。则刚片 I、II 之间用 DC 和 AE 杆连接,形成无穷远处的瞬铰 O_{12},刚片 I、III 之间用 B 和 C 处支座链杆连接,形成铰 O_{13}(未画出)在 C 处,刚片 II、III 之间用 A 和 D 处支座链杆连接,形成无穷远处的瞬铰 O_{23}。由于 O_{12}、O_{23} 和 C 点不共线,所以体系为几何不变体系,并且无多余约束。

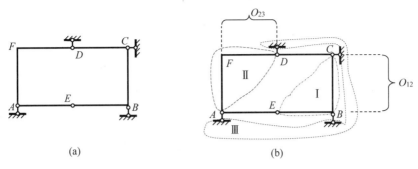

图 9.2.7　例 9.2.4 图

【思考】　例 9.2.4 中可以把 DC 作为刚片,进行几何组成分析吗?

【例 9.2.5】　试对图 9.2.8(a)所示的体系作几何组成分析。

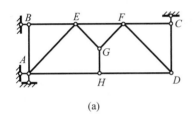 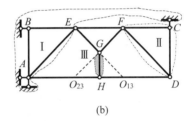

图 9.2.8　例 9.2.5 图

【解】　体系的计算自由度 $W=8\times2-12-4=0$。体系具备几何不变的条件,需要进一步分析。选取刚片如图 9.2.8(b)所示,刚片 Ⅰ、Ⅱ 之间由 EF 杆和 C 处支座链杆形成虚铰 O_{12}(未标注)在 C 点,刚片 Ⅰ、Ⅲ 之间由 EG 和 AH 杆连接,形成虚铰 O_{13},刚片 Ⅱ、Ⅲ 之间由 FG 和 DH 杆连接,形成虚铰 O_{23},三个虚铰不共线。且在整个分析过程中,所有杆件均已经使用,没有多余杆件,也没有重复使用,所以原体系是无多余约束的几何不变体系。

【例 9.2.6】　试分析图 9.2.9(a)所示系统的几何组成。

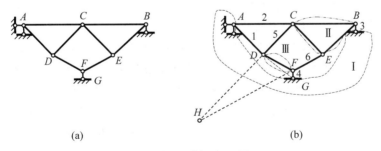

图 9.2.9　例 9.2.6 图

【解】　体系的计算自由度 $W=6\times2-8-4=0$。体系具备几何不变的条件,需要进一步分析。将地基(包括二元体 A)看成刚片 Ⅰ,$\triangle CBE$ 和链杆 DF 分别看成刚片 Ⅱ 和刚片 Ⅲ,如图 9.2.9(b)所示。刚片 Ⅰ 和 Ⅱ 之间的链杆 2 和 3 形成虚铰 B,刚片 Ⅰ 和 Ⅲ 之间的链杆 1 和 4 形成虚铰 G,刚片 Ⅱ 和 Ⅲ 之间的链杆 5 和 6 形成虚铰 H。B、G、H 三铰不共线。

因此,该体系是几何不变,且没有多余约束的体系。

【评注】　在选取刚片时,一定要区别体系与基础间是以单根链杆(可动铰支座)还是两根不共线的连杆(固定铰支座)相连。如果是以单根链杆相连,那么连接支座链杆的杆件(至少一根)需选为刚片。如图9.2.7(b)和图9.2.8(b)中刚片Ⅱ,图9.2.9(b)中的刚片Ⅱ和Ⅲ。与固定铰支座(如图9.2.9中的固定铰支座 A)相连的杆件可以不作为刚片,如图9.2.9(b)中的杆件1、2。形成固定铰支座的两根连杆可以视为地基加二元体组成扩大的地基。

【例9.2.7】　试分析图9.2.10(a)所示系统的几何组成。

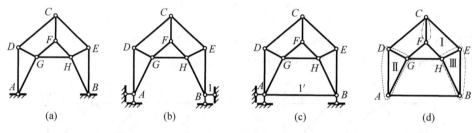

图9.2.10　例9.2.7图

【分析】　该问题似乎不能简单地用基本规则分析。但是,如果将它改画成图9.2.10(b),再将约束等效转化为图9.2.10(c),问题即可解决。

【解】　以与原结构等价的图9.2.10(c)所示体系进行讨论。由于上部结构是用不交于一点的三根链杆与地基相连,故符合两刚片规则,可以撤去地基,只考虑上部结构本身的几何不变性,如图9.2.10(d)所示。将链杆 CF、ADG 和 BEH 分别看成刚片Ⅰ、Ⅱ、Ⅲ,它们两两之间分别以一对平行链杆联系,对应的虚铰都在无穷远处,且三个无穷远铰必定共线,所以图9.2.10(d)所示体系以及与之等效的图9.2.10(a)所示体系都是几何瞬变体系。

【说明】　从以上例题可以看出,虽然掌握、理解上述三个规则比较容易,但灵活应用才是关键。同时,这些规则也不是解决几何组成分析问题的万应灵药,一些几何组成分析问题的解决,除了使用基本规则或者利用计算自由度判断之外,还要求助于其他方法或技巧。一般来说,可以按照以下顺序进行分析。①寻找二元体,通过在刚片上增加二元体扩大为组合刚片,或依次拆除二元体,使所分析的体系简化。②当上部体系与基础之间满足两刚片规则时,只需分析上部体系的机动性即可确定整个体系的性质。③如果体系的计算自由度 $W>0$,则体系为几何可变体系;如果 $W<0$,则体系有多余约束,是否为几何不变体系还需要进一步分析;如果 $W=0$,则体系具备几何不变体系的条件,需要通过规则进一步判断。④不能直接利用规则进行分析的体系,可先作等效变换,即把体系中某个内部无多余约束的几何不变子系统用另一个无多余约束的几何不变子系统(例如铰接三角形等)替换,并按原状况保持与其余构件的连接,或者如例9.2.7所示,将支座作等效变换(结点 B 无水平位移),然后再按规则分析。⑤对于复杂的体系,可考虑逐段分析的方法。即:先分析其中一部分,再在此基础上分析其他部分。⑥对于无法利用常用规则解决的复杂问题,如果其计算自由度等于零,可以尝试利用零载法讨论。有关零载法可以参考文献[7]中第2章的第6节;也可以利用结构力学求解器进行讨论,具体见本书16.2节。作几何组成分析时,应注意体系中的每一部分或每一个约束都不可重复使用。

9.3 体系的几何组成与静力特性的关系

实际工程中,作为结构使用的体系必须能够承受荷载,而能够承受荷载的体系一定是几何不变体系。因此,其结构一定是几何不变体系。

结构可以分为静定结构与超静定结构。静定结构可以通过静力平衡方程完全确定其反力和内力,且解答是唯一的。而超静定结构的全部反力和内力不能仅由平衡条件确定,还必须考虑结构的变形条件。因此,需要研究结构的静力特性与几何组成之间的关系。

1. 无多余约束的几何不变体系

图 9.3.1(a)所示为一简支梁。从几何组成分析可以看出,梁 AB 与基础是通过既不交于一点也不相互平行的三根链杆相连接,组成无多余约束的几何不变体系。若以梁为隔离体,三根链杆的约束用三个反力代替,其受力图如图 9.3.1(b)所示。由平面一般力系的三个静力平衡方程可以求出这三个反力。支座反力求出后,各截面的内力、应力等均可按照前面介绍的方法计算。由于静力平衡方程个数等于未知力的个数,所以解答是唯一的。

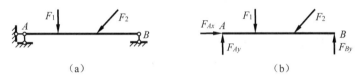

（a） （b）

图 9.3.1 简支梁及其受力图

2. 有多余约束的几何不变体系

对于具有多余约束的几何不变体系,平衡方程的解有无穷多组。例如,如图 9.3.2(a)所示的连续梁在荷载的作用下,其支座反力的未知数有四个,而独立的静力平衡方程只有三个,显然,其解有无穷多组。由几何组成分析知,该连续梁是具有一个多余约束的几何不变体系。多余约束数就等于未知支反力的数目与独立平衡方程个数的差。这种具有多余约束的几何不变体系称为超静定体系,多余约束的数目则称为超静定次数。

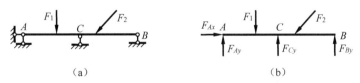

（a） （b）

图 9.3.2 超静定梁及其受力图

3. 几何瞬变体系

本章已经介绍了几何瞬变体系的几何特征和受力特性。从理论上看,瞬变体系只能发生很小的变形,但实际产生的变形一般不会很小。因为它即使承受很小的荷载,亦可能产生很大的内力,以致体系可能发生破坏。瞬变体系的静力特性却具有两重性:其一,在某种特定荷载作用下,体系的反力和内力是超静定的。其二,在其他一般荷载作用下,体系不能保持平衡,因而反力和内力是无解的;当它发生变形之后虽然也有解,但可能会产生很大的反力和内力,以致导致体系发生破坏。因此,瞬变体系不能作为结构使用。

4. 几何可变体系

如果将图9.3.1(a)所示的简支梁去掉一约束,仅有两根支杆与基础相连,如图9.3.3(a)所示,则它就变成具有一个自由度的可变体系。在平面一般力系作用下,它可有两个未知约束反力 F_A 和 F_B,受力如图9.3.3(b)所示。若按照静力学的平衡关系,可建立三个独立的平衡方程。这样,未知约束反力的个数少于静力平衡方程的个数。除特殊情况外,要求两个未知约束反力同时满足三个静力平衡方程一般来说是不可能的。因此在一般情况下,体系不可能保持平衡,即体系是可变的。

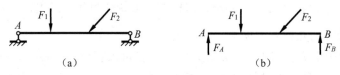

图9.3.3　几何可变体系及其受力图

综上所述,作为结构使用的体系一定是几何不变体系。静定结构为无多余约束的几何不变体系,超静定结构为有多余约束的几何不变体系,且多余约束的个数即为超静定次数。

判断题与选择题

9-1　判断题

(1)如果体系的计算自由度大于零,则体系一定是几何可变体系。(　　)

(2)计算自由度小于等于零是体系几何不变的充要条件。(　　)

(3)体系的组成分析中,链杆都可以看作刚片,刚片有时能看作链杆,有时不能看作链杆。(　　)

(4)几何可变体系在任何荷载作用下都不能平衡。(　　)

(5)在任意荷载作用下,仅用平衡方程即可确定全部约束反力和内力的体系是无多余约束的几何不变体系。(　　)

9-2　瞬变体系在一般荷载作用下(　　)。

　　A. 产生很小的内力　　　　　　　　　　B. 不产生内力

　　C. 产生很大的内力　　　　　　　　　　D. 不存在静力解答

9-3　常变体系在一般荷载作用下(　　)。

　　A. 产生很小的内力　　　　　　　　　　B. 不产生内力

　　C. 产生很大的内力　　　　　　　　　　D. 不存在静力解答

9-4　图示体系为(　　)体系。

　　A. 几何不变无多余约束　　　　　　　　B. 几何不变有多余约束

　　C. 几何常变　　　　　　　　　　　　　D. 几何瞬变

9-5　对图示体系作几何组成分析时,用三刚片组成规则进行分析,则三刚片的组成应是(　　)。

　　A. △143,△325,基础　　　　　　　　　B. △143,△325,△465

　　C. △143,杆65,基础　　　　　　　　　D. △235,杆46,基础

9-6　图示体系为(　　)体系。

A. 几何瞬变有多余约束　　　　　　B. 几何不变

C. 几何常变　　　　　　　　　　　D. 几何瞬变无多余约束

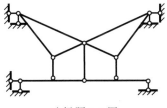

选择题 9-4 图

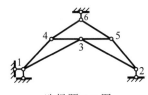

选择题 9-5 图

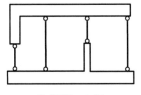

选择题 9-6 图

9-7　图示平面体系是(　　)。

A. 几何可变体系　　　　　　　　　B. 几何瞬变体系

C. 无多余约束的几何不变体系　　　D. 有多余约束的几何不变体系

9-8　图示平面体系是(　　)。

A. 几何可变体系　　　　　　　　　B. 几何瞬变体系

C. 无多余约束的几何不变体系　　　D. 有多余约束的几何不变体系

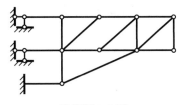

选择题 9-7 图

选择题 9-8 图

9-9　欲使图示体系成为无多余约束的几何不变体系,则需在 A 端加入(　　)。

A. 固定铰支座　　　B. 固定端支座　　　C. 滑动铰支座　　　D. 定向支座

9-10　图所示体系的几何组成是(　　)。

A. 无多余约束的几何不变体系　　　B. 几何可变体系

C. 有多余约束的几何不变体系　　　D. 瞬变体系

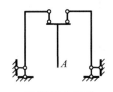

选择题 9-9 图

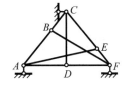

选择题 9-10 图

习题

9-1　试分析图示体系的计算自由度,判断其几何不变性。

9-2　试判断图示体系的几何不变性。

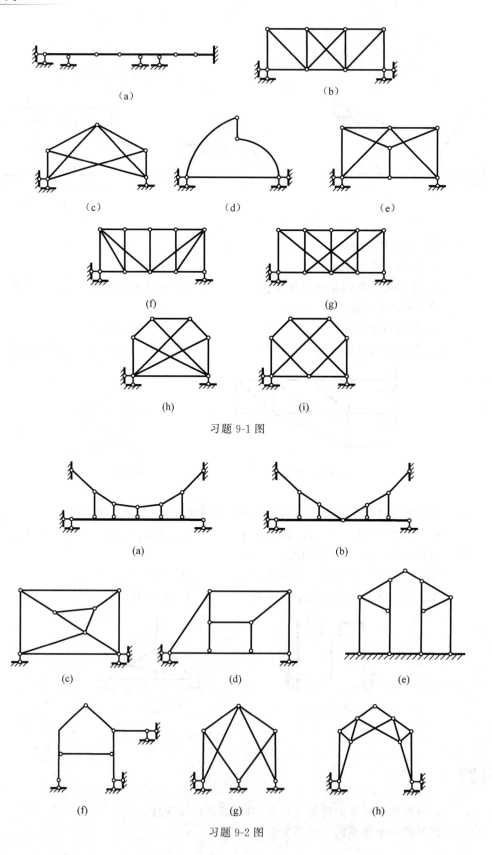

（a）

（b）

（c）

（d）

（e）

（f）

（g）

（h）

（i）

习题 9-1 图

(a)

(b)

(c)

(d)

(e)

(f)

(g)

(h)

习题 9-2 图

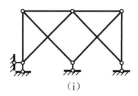 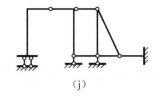 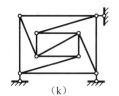

（i） （j） （k）

习题 9-2 图（续）

9-3 试分析图示体系的几何不变性。

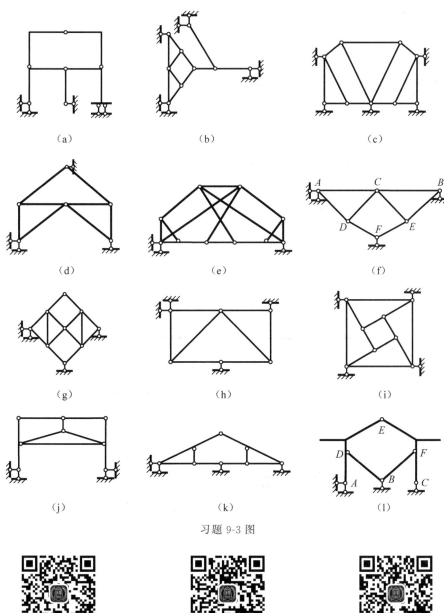

（a） （b） （c）

（d） （e） （f）

（g） （h） （i）

（j） （k） （l）

习题 9-3 图

习题 9-3 解答　　　第 9 章客观题答案　　　钱学森 简介

第10章

静定结构的内力计算

10.1 静定梁的内力计算

10.1.1 单跨静定梁

单跨静定梁是组成各种结构的基本构件之一,其受力分析也是分析其他结构的基础。对单跨静定梁已经在第 6 章中介绍了其内力图的绘制方法。当杆件上的荷载比较多,弯矩图就比较复杂,此时可采用**分段叠加法**,或称**拟简支梁法**。下面以一个简单的简支梁为例来说明。

如图 10.1.1(a)所示水平布置的简支梁,分析 BC 部分,其隔离体如图 10.1.1(b)所示,隔离体上作用有均布荷载,杆端弯矩 M_B、M_C,剪力 F_{SB}、F_{SC}。作弯矩图时可将 BC 段杆看成简支梁,利用叠加法来完成。

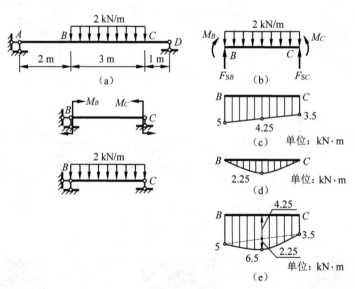

图 10.1.1 分段叠加法示意图

将杆件看成简支梁,简支梁仅作用两端弯矩时的弯矩图如图 10.1.1(c)所示,仅作用均布荷载时的弯矩图如图 10.1.1(d)所示,两者共同作用时如图 10.1.1(e)所示。叠加时先根据杆件两端弯矩做出直线弯矩图,再以此直线为基线叠加上相应简支梁的弯矩图。

叠加法作弯矩图的步骤：①求支座反力；②选定外力的不连续点作为控制截面(集中力作用点、集中力偶作用点以及分布荷载起终点所在截面),求出控制截面的弯矩值；③利用内力图特征和区段叠加法,逐步绘制内力图。

【**例 10.1.1**】 试用分段叠加法作图 10.1.2(a)所示梁的弯矩图。

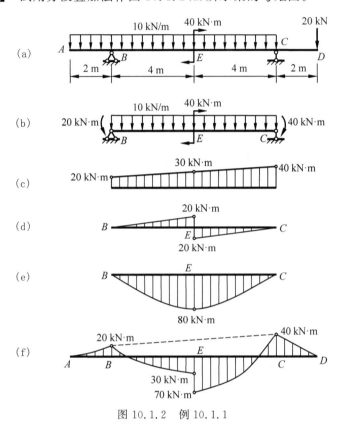

图 10.1.2　例 10.1.1

【**解**】 取 AB、CD 外伸段,对 B、C 截面形心取矩,可求得 B、C 截面的控制弯矩分别为 20 kN · m(上侧受拉)和 40 kN · m(上侧受拉),如图 10.1.2(b)所示。

BEC 段对应简支梁在控制弯矩、单一荷载作用下的弯矩图分别如图 10.1.2(c)、(d)、(e)所示,通过叠加可得整个梁的弯矩图如图 10.1.2(f)所示。

在结构计算中,楼梯等构件一般可简化成斜简支梁的形式求解。如图 10.1.3 所示的斜简支梁,倾角为 α,其上作用的均布荷载 q 沿水平方向布置。现讨论该斜简支梁的内力。

先计算支反力。对斜简支梁和相当简支梁,分别由整体平衡的三个条件 $\sum F_x = 0$,$\sum F_y = 0$,$\sum M = 0$,得

$$F_{Ax} = F_{Ax}^0 = 0, \quad F_{Ay} = F_{Ay}^0 = \frac{ql}{2}, \quad F_{By} = F_{By}^0 = \frac{ql}{2} \tag{10.1.1}$$

【**说明**】 式(10.1.1)中的上标"0"表示该力为相当简支梁的支反力。

然后求梁上任一截面 K 的内力。如图 10.1.4 取隔离体,由平衡条件得斜简支梁 K 点的内力值为

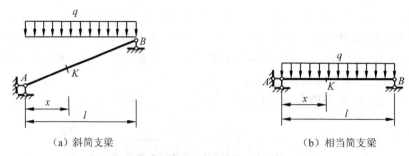

（a）斜简支梁　　　　　　　　　　　　（b）相当简支梁

图 10.1.3　斜简支梁与相当简支梁

$$M_K = \frac{qlx}{2} - qx \cdot \frac{x}{2}, \quad F_{SK} = \left(\frac{ql}{2} - qx\right)\cos\alpha, \quad F_{NK} = \left(\frac{ql}{2} - qx\right)\sin\alpha$$

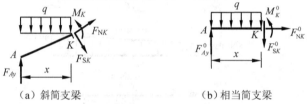

（a）斜简支梁　　　　　　　　　　（b）相当简支梁

图 10.1.4　斜简支梁与相当简支梁的内力

同理，可得简支梁 K 点的内力值为

$$M_K^0 = \frac{qlx}{2} - qx \cdot \frac{x}{2}, \quad F_{SK}^0 = \frac{ql}{2} - qx$$

由此可得

$$\begin{cases} M_K = \dfrac{qlx}{2} - qx \cdot \dfrac{x}{2} = M_K^0 \\[2mm] F_{SK} = \left(\dfrac{ql}{2} - qx\right)\cos\alpha = F_{SK}^0 \cos\alpha \\[2mm] F_{NK} = \left(\dfrac{ql}{2} - qx\right)\sin\alpha = F_{SK}^0 \sin\alpha \end{cases} \tag{10.1.2}$$

最后绘制内力图，如图 10.1.5 所示。注意：内力图竖标要与杆轴线垂直。

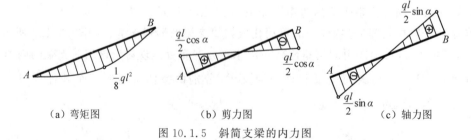

（a）弯矩图　　　　　　　　（b）剪力图　　　　　　　　（c）轴力图

图 10.1.5　斜简支梁的内力图

10.1.2　多跨连续梁

多跨连续梁由两个及其以上单跨梁组成，是常见的结构形式之一。工程中的桥梁、房屋建筑中的单双向楼盖结构均简化成静定多跨连续梁的形式,如图 10.1.6 所示。

图 10.1.6(a)简化成图 10.1.6(b),梁之间的支撑关系如图 10.1.6(c)所示,称之为**层叠图**。AC 部分由三根既不完全平行也不交于一点的三根链杆与基础相连,组成几何不变体系,形成扩大的基础,可作为一个刚片;杆件 CD 和 DF 分别看成两个刚片。三个刚片由不在同一直线上的两个铰两两相连,组成几何不变体系,没有多余约束,为静定结构。

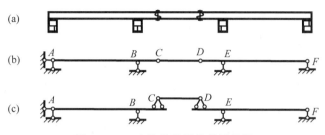

图 10.1.6 多跨连续梁及其层叠图

从几何构造上分析,多跨连续梁由基本部分和附属部分组成。如图 10.1.6(b)所示 AB、DEF 部分与支座组成几何不变体系,不依赖其他部分便可承受荷载,为基本部分;而 CD 部分为附属部分。即多跨连续梁的组成顺序为先固定基本部分,再固定附属部分。因此计算多跨静定梁时应遵循"先附属后基本"的原则。附属部分的支座反力反其指向作用于基本部分(即附属部分的力传给基本部分),这样,把多跨连续梁分成若干个单跨梁,逐一求解,各个单跨梁的内力图连在一起便为多跨连续梁的内力图。

【**例 10.1.2**】 试作图 10.1.7 所示静定多跨梁的内力图。

【**解**】 求解过程请扫描对应的二维码获得。

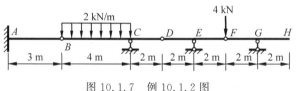

图 10.1.7 例 10.1.2 图

例 10.1.2 的求解过程

10.2 静定平面刚架

平面刚架是由梁柱组成的平面结构。如图 10.2.1 所示的火车站台,梁柱之间为刚性连接,刚架柱子与杯形基础之间用细石混凝土填缝,可以看成固定支座,这样所组成的结构即为刚架。

刚架的基本几何组成形式有悬臂刚架(图 10.2.1)、简支刚架(图 10.2.2)和三铰刚架(图 10.2.3)等。悬臂刚架常用于火车站台、雨棚等;简支刚架常用于起重机的刚支架,渡槽的横向计算简图也为简支刚架形式;三铰刚架常用于小型厂房、仓库等结构。

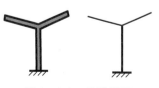

图 10.2.1 悬臂刚架

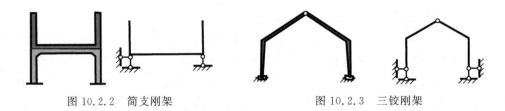

图 10.2.2　简支刚架　　　　　图 10.2.3　三铰刚架

10.2.1　刚架的特点

从几何组成分析来看,刚架由于具有刚结点,使结构内部具有较大的利用空间。

从变形角度来看,刚结点处各杆之间不能发生相对转动,即各杆之间的夹角始终保持不变,如图 10.2.4 所示。

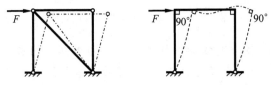

图 10.2.4　铰结点与刚结点的变形比较

从受力角度来看,由于刚结点可以传递弯矩,使结构受力更加均匀合理。如图 10.2.5 所示,简支梁和超静定刚架的杆长均为 l,其横杆上作用均布荷载 q,刚架的弯矩分布更均匀,更能发挥材料的性能。

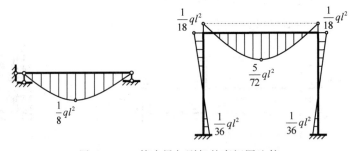

图 10.2.5　简支梁与刚架的弯矩图比较

10.2.2　静定平面刚架内力分析

对刚架进行内力分析时一般先求解支反力,再计算控制截面的内力,最后绘制内力图。

1. 刚架的支反力

对于悬臂刚架和简支刚架,只有三个支座反力,可由刚架的整体平衡方程求出支座反力。而对于三铰刚架等复杂结构的受力,支反力数目较多,直接利用整体的三个平衡方程不能全部计算其支反力,这时需要将物体系统拆开,通过选择合适的子系统建立足够的平衡方程,才能计算出全部的支反力。

2. 刚架各杆杆端内力

对刚架求解内力时将各杆拆成单杆,利用截面法来求解控制截面的内力。

3. 绘制内力图

将刚架拆成单杆,求出各杆杆端内力后,根据求得的杆端弯矩以及荷载与内力之间的各种关系分别做出各杆的内力图,各杆内力图合在一起便组成整个结构的内力图。也可以根据以前介绍的剪力图、弯矩图和轴力图的规律和受力情况直接绘制内力图。

【例 10.2.1】　试作图 10.2.6(a)所示悬臂刚架的内力图。

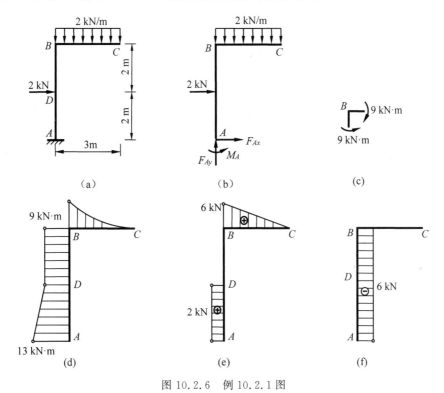

图 10.2.6　例 10.2.1 图

【解】　以悬臂刚架 ABC 为研究对象,受力分析如图 10.2.6(b)所示。列平衡方程可得

$$\sum F_x = 0, \quad F_{Ax} + 2 \text{ kN} = 0, F_{Ax} = -2 \text{ kN}(\leftarrow)$$

$$\sum F_y = 0, \quad F_{Ay} - 2 \text{ kN} \times 3 \text{ m} = 0, F_{Ay} = 6 \text{ kN}(\uparrow)$$

$$\sum M_A = 0, \quad M_A - 2 \text{ kN} \times 2 \text{ m} - 2 \text{ kN/m} \times 3 \text{ m} \times 1.5 \text{ m} = 0, \quad M_A = 13 \text{ kN} \cdot \text{m}(\circlearrowleft)$$

根据结构的受力可知,BC 杆 B 端的弯矩很容易得到:$M_{BC} = 2 \text{ kN/m} \times 3 \text{ m} \times 1.5 \text{ m} = 9 \text{ kN} \cdot \text{m}$(上侧受拉)。BC 杆上向下作用均布荷载,弯矩图应该是抛物线,并且 C 为抛物线的顶点。

AB 杆 B 端弯矩可由 B 结点弯矩平衡(如图 10.2.6(c)所示,剪力和轴力未画出)求得:$M_{BA} = M_{BC} = 9 \text{ kN} \cdot \text{m}$(左侧受拉)。

BD 杆上没有外荷载,且注意到 BC 杆上的均布荷载与杆 BD 平行,可得 BD 杆上各点的弯矩大小相等。A 点弯矩根据已经求得的支反力可得为 13 kN·m(左侧受拉)。

因此刚架的弯矩图如图 10.2.6(d)所示。

剪力图可由弯矩和剪力之间的关系绘制,也可以根据垂直于轴线的荷载情况绘制,如

图 10.2.6(e)所示。轴力图可以根据平衡求解出关键位置截面的轴力绘制，也可以根据沿轴线方向的荷载情况绘制，如图 10.2.6(f)所示。

【说明】　对于悬臂刚架，可以不用求解支反力而快速将弯矩图绘出。

【例 10.2.2】　试作图 10.2.7(a)所示简支刚架的内力图。

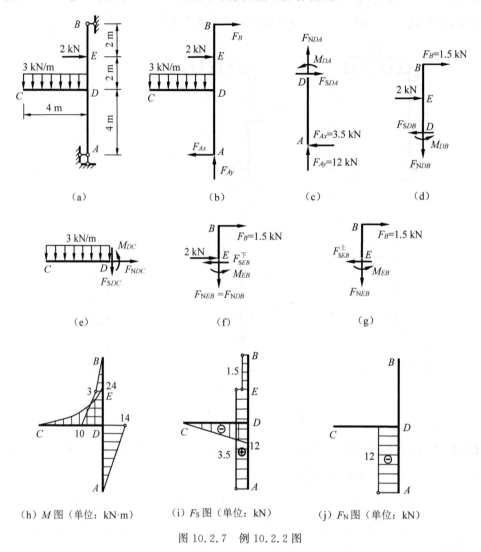

（a）　　　　　（b）　　　　　（c）　　　　　（d）

（e）　　　　　（f）　　　　　（g）

（h）M 图（单位：kN·m）　　　（i）F_S 图（单位：kN）　　　（j）F_N 图（单位：kN）

图 10.2.7　例 10.2.2 图

【解】　以简支刚架 $ABCD$ 为研究对象，受力分析如图 10.2.7(b)所示。列平衡方程即可求得三个支座反力：

$$F_{Ax} = 3.5 \text{ kN}(\leftarrow), \quad F_{Ay} = 12 \text{ kN}(\uparrow), \quad F_B = 1.5 \text{ kN}(\rightarrow)$$

该刚架的控制截面点为 A、B、C、D、E，其中有三根杆件在 D 点刚性连接，为正确区分各杆杆端不同的内力，结点 D 处三杆杆端内力表示可将杆两端结点作为下角标，如 M_{DA}、F_{SDA} 和 F_{NDA} 分别表示 DA 段杆 D 点的弯矩、剪力和轴力。求杆端内力时要正确选取隔离体（一般选择受力比较简单的部分），如图 10.2.7(c)、(d)、(e)所示，利用平衡方程即可求解内力。

图 10.2.7(c)所示隔离体，由 $\sum F_{ix}=0$，得 $F_{SDA}=3.5\ \text{kN}(\rightarrow)$；由 $\sum F_{iy}=0$，得 $F_{NDA}=-12\ \text{kN}(\downarrow)$；由 $\sum M_D=0$，得 $M_{DA}=14\ \text{kN}\cdot\text{m}$(右侧受拉)。

图 10.2.7(d)所示隔离体，由 $\sum F_{ix}=0$，得 $F_{SDB}=3.5\ \text{kN}(\leftarrow)$；由 $\sum F_{iy}=0$，得 $F_{NDB}=0$；由 $\sum M_D=0$，得 $M_{DB}=10\ \text{kN}\cdot\text{m}$(左侧受拉)。

图 10.2.7(e)所示隔离体，由 $\sum F_{ix}=0$，得 $F_{NDC}=0$；由 $\sum F_{iy}=0$，得 $F_{SDC}=-12\ \text{kN}(\uparrow)$；由 $\sum M_D=0$，得 $M_{DC}=-24\ \text{kN}\cdot\text{m}$(上侧受拉)。

由于刚架在 E 点受水平集中荷载作用，所以在 E 点剪力有突变，弯矩图有折点，轴力不变。求解 E 点弯矩值以及 E 点上、下截面剪力值(图 10.2.7(f)、(g))即可绘制内力图。

图 10.2.7(f)所示隔离体，由 $\sum F_{ix}=0$，得 $F_{SEB}^{\text{下}}=3.5\ \text{kN}(\leftarrow)$；由 $\sum F_{iy}=0$，得 $F_{NEB}=0$；由 $\sum M_E=0$，得 $M_{EB}=3\ \text{kN}\cdot\text{m}$(左侧受拉)。

图 10.2.7(g)所示隔离体，由 $\sum F_{ix}=0$，得 $F_{SEB}^{\text{上}}=1.5\ \text{kN}(\leftarrow)$；由 $\sum F_{iy}=0$，得 $F_{NEB}=0$；由 $\sum M_E=0$，得 $M_{EB}=3\ \text{kN}\cdot\text{m}$(左侧受拉)。

基于上面所求的截面内力，可分别绘出刚架的弯矩图、剪力图和轴力图，如图 10.2.7(h)、(i)、(j)所示。

【注意】 杆件切开后，截面处内力的方向一般假设为正方向。但弯矩的转向可以任意假设，且刚架的弯矩图不标注正负号，绘制在杆件纵向纤维受拉一侧。

【例 10.2.3】 试作图 10.2.8(a)所示三铰刚架的内力图。

【解】 (1)求支反力(受力如图 10.2.8(b)所示)：

$$F_{Ax}=\frac{3}{4}ql(\leftarrow),\quad F_{Ay}=\frac{ql}{4}(\downarrow);\quad F_{Bx}=\frac{ql}{4}(\leftarrow),\quad F_{By}=\frac{ql}{4}(\uparrow)$$

(2)求控制截面的内力。

取图 10.2.8(c)所示隔离体，由平衡方程可得

$$F_{SDA}=-\frac{ql}{4}(\leftarrow),\quad F_{NDA}=\frac{ql}{4}(\uparrow),\quad M_{DA}=\frac{ql^2}{4}(右侧受拉)$$

取图 10.2.8(d)所示隔离体，由平衡方程可得

$$F_{NDC}=\frac{ql}{4}(\leftarrow),\quad F_{SDC}=-\frac{ql}{4}(\uparrow),\quad M_{DC}=\frac{ql^2}{4}(下侧受拉)$$

取图 10.2.8(e)所示隔离体，由平衡方程可得

$$F_{NEB}=-\frac{ql}{4}(\downarrow),\quad F_{SEB}=\frac{ql}{4}(\rightarrow),\quad M_{EB}=\frac{ql^2}{4}(右侧受拉)$$

取图 10.2.8(f)所示隔离体，由平衡方程可得

$$F_{NEC}=-\frac{ql}{4}(\rightarrow),\quad F_{SEC}=-\frac{ql}{4}(\downarrow),\quad M_{EC}=\frac{ql^2}{4}(上侧受拉)$$

(3)绘制内力图。

在求出支反力及控制截面的内力后可绘制内力图，如图 10.2.8(g)、(h)、(i)所示。

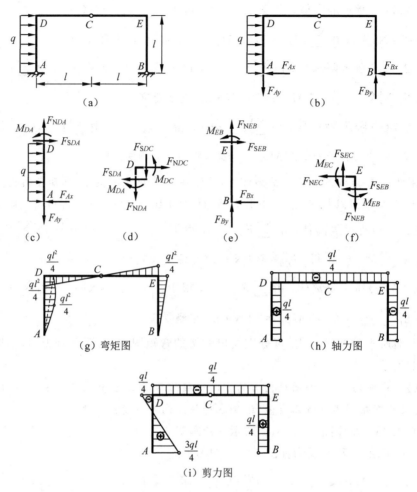

图 10.2.8 例 10.2.3 图

【注意】 ①铰结点 C 弯矩为零。②刚结点 D、E 处两侧的弯矩相等,且同时在刚结点的内侧或外侧,除非刚结点上作用有集中力偶。

【例 10.2.4】 试求图 10.2.9 所示刚架的弯矩图。

【解】 求解过程请扫描对应的二维码获得。

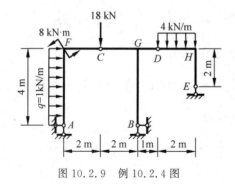

图 10.2.9 例 10.2.4 图

例 10.2.4 的求解过程

【例 10.2.5】 试求图 10.2.10 所示刚架的弯矩图。

【解】 求解过程请扫描对应的二维码获得。

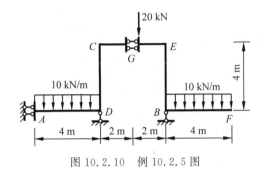

图 10.2.10　例 10.2.5 图

例 10.2.5 的求解过程

【例 10.2.6】 试求图 10.2.11 所示刚架的弯矩图。

【解】 求解过程请扫描对应的二维码获得。

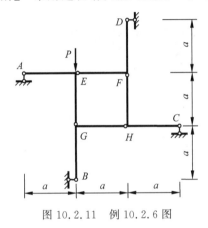

图 10.2.11　例 10.2.6 图

例 10.2.6 的求解过程

10.3　三铰拱

具体内容请扫描下面的二维码获得。

10.3

10.4　静定平面桁架

10.4.1　概述

桁架结构在工程中应用比较广泛,常应用于大跨度的厂房、展览馆和桥梁等公共建筑

中。例如工业与民用建筑的屋架、天窗架以及铁路公路的桁桥等。图 10.4.1 所示为工程中
桁架的实例。

（a）　　　　　　　　　　　　　　（b）

图 10.4.1　工程中桁架的实例

图 10.4.2(a)所示为某大桥的主体桁架结构,图 10.4.2(b)、(c)所示为一钢筋混凝土屋
架及其计算简图。

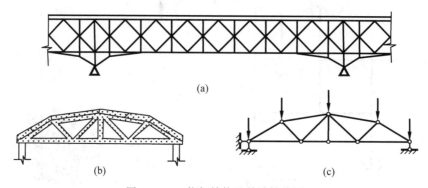

（a）

（b）　　　　　　　　　　　　　　（c）

图 10.4.2　桁架结构及其计算简图

实际桁架的受力情况比较复杂,在分析时常需要抓住主要矛盾进行简化。通常在计算
桁架时采用下列假定:①各杆在两端采用绝对光滑而无摩擦的理想铰相互连接;②各杆的
轴线都是直线并且通过铰的中心;③荷载和支座反力作用在结点上,并且位于桁架的平面
内。在上述理想桁架情况下,桁架各杆均为两端铰接的直杆,只承受轴向力,常称为二力杆。
截面上的应力均匀分布,可以充分发挥材料的性能,具有重量轻、承受荷载大的优点,是大跨
度结构常用的一种结构形式。实际的桁架一般不完全符合上述理想情况。例如,结点具有
一定的刚性,各杆并不一定完全通过几何中心或并不交于一点,杆件上的自重以及作用在杆
件上的风荷载等并非作用在桁架结点上等。但在实际工程中桁架的杆件一般比较细长,以
承受轴力为主,故在计算时可近似简化为理想桁架。本节只讨论理想桁架的计算。

按照几何组成方式,桁架可分成三类。

(1) 简单桁架:由基础或一个基本铰接三角形开始,依次增加二元体所构成的桁架,如
图 10.4.3(a)、(b)所示。

(2) 联合桁架:由几个简单桁架按几何不变体系的组成规律联合组成的桁架,如
图 10.4.3(c)所示。

(3) 复杂桁架:不按上述两种方式组成的其他形式的桁架,如图 10.4.3(d)所示。

按照桁架结构外形不同,静定平面桁架可分为平行弦桁架(图 10.4.3(b))、三角形桁

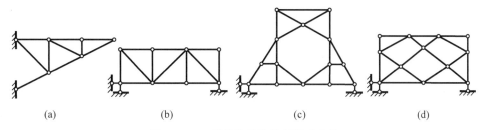

图 10.4.3　桁架结构按几何组成分类

架、折弦桁架和梯形桁架,如图 10.4.4 所示。

三角形桁架　　　　　　折弦桁架　　　　　　梯形桁架

图 10.4.4　桁架结构按外形分类

桁架的杆件按其所在位置不同,分为弦杆和腹杆两大类。弦杆是桁架中上下边缘的杆件,上侧的杆件通常称为**上弦杆**,下侧的杆件称为**下弦杆**;上下弦杆之间的联系称为**腹杆**,斜向的称为**斜杆**,竖向的称为**竖杆**;弦杆上两相邻结点之间的距离称为**节间长度**,上下弦杆之间的最大竖向距离称为**桁高**(图 10.4.5)。

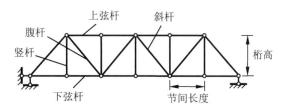

图 10.4.5　桁架结构各组成部分及名称

10.4.2　桁架内力的求解方法

1. 结点法

结点法是取桁架的结点为隔离体,利用结点的静力平衡条件来计算杆件的内力或支座反力。桁架各杆只承受轴力,作用于任一结点的各力组成一个平面汇交力系,可建立两个独立的平衡方程。

对于静定桁架,只要列出全部独立的平衡方程,然后联立求解,便可求出全部的轴力和反力。但是为了避免解联立方程,对于简单桁架用结点法求解时,按照撤除二元体的次序截取结点,可求出全部内力,而不需求解联立方程。

建立平衡方程时,常需要把轴力沿水平和竖向分解。对于任意斜杆 AB,该杆的轴力 F_{NAB} 及其水平分力 F_{ABx} 和竖向分力 F_{ABy} 组成一个直角三角形,与斜杆的长度 l 及其水平投影长度 l_x 和竖向投影长度 l_y 组成的三角形相似,如图 10.4.6 所示。因而存在比例关系 $\dfrac{F_{NAB}}{l} = \dfrac{F_{ABx}}{l_x} = \dfrac{F_{ABy}}{l_y}$,利用这些比例关系,不需要求角度和三角函数即可得到其内力。

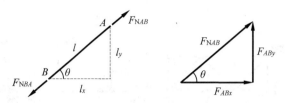

图 10.4.6　桁架斜杆的内力及其分量大小的关系

如果桁架中杆件的内力为零,则称其为**零杆**。在桁架内力计算中,事先准确判断零杆可简化计算。

在利用结点法计算杆件的内力时,常常遇到一些典型的受力结点。熟悉这些结点的特性,对迅速确定构件的内力比较重要。如图 10.4.7(a)所示为 L 形结点,两杆不共线,且结点上没有荷载,则两个杆件均为零杆。图 10.4.7(b)所示为 T 形结点,结点上没有荷载,不共线的杆件内力为零,共线的两杆轴力相等。图 10.4.7(c)所示为 Y 形结点,其中 1、2 两杆与 3 杆的夹角相等,结点上无荷载作用时,1、2 两杆的轴力相等,符号相同。图 10.4.7(d)所示为 K 形结点,其中 3、4 两杆共线,1、2 两杆在此直线的同侧且夹角相同,结点上无荷载作用时,1、2 的两杆轴力相等,但正、负号相反,$F_{N1} = -F_{N2}$。图 10.4.7(e)所示为由四根杆件构成的 X 形结点,各杆两两共线,在无荷载作用时,共线的轴力相等,且符号相同,即 $F_{N1} = F_{N2}$,$F_{N3} = F_{N4}$。

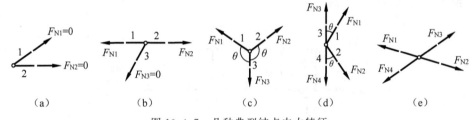

(a)　　　　　(b)　　　　　(c)　　　　　(d)　　　　　(e)

图 10.4.7　几种典型结点内力特征

除上述特殊结点外,还可以根据对称性判断零杆。利用"结构对称,荷载对称,其对称内力和反力一定对称;结构对称,荷载反对称,其对称内力和反力一定也反对称"的特点进行判断。

【例 10.4.1】　试求图 10.4.8 所示桁架各杆的内力。

【解】　(1) 先求支座反力。

$$\sum M_1 = 0, 20 \text{ kN} \times 4 \text{ m} + 20 \text{ kN} \times 8 \text{ m} = F_{8y} \times 16 \text{ m}, \quad F_{8y} = 15 \text{ kN}(\uparrow)$$

$$\sum F_y = 0, F_{1y} + F_{8y} = 20 \text{ kN} + 20 \text{ kN}, \quad F_{1y} = 25 \text{ kN}(\uparrow)$$

(2) 截取各结点求解杆件内力。

结点受力组成平面汇交力系,只能建立两个平衡方程,即最多可以求解出两个未知力。所以一般采用结点法选取结点时,要求切开未知内力的杆件数最多为两个。

结点 1:隔离体如图 10.4.9(a)所示,通常假设杆件的未知力为拉力。计算结果为正则为拉力,为负则为压力。

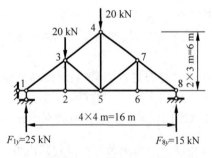

图 10.4.8　例 10.4.1 图

$$\sum F_y = 0, \quad F_{N13} \cdot \sin\alpha + 25 \text{ kN} = 0, \quad F_{N13} = -\frac{125}{3} \text{ kN}$$

$$\sum F_x = 0, \quad F_{N13} \cdot \cos\alpha + F_{N12} = 0, \quad F_{N12} = \frac{100}{3} \text{ kN}$$

结点 2：隔离体如图 10.4.9(b)所示。

$$\sum F_x = 0, \quad F_{N21} - F_{N25} = 0, \quad F_{N25} = \frac{100}{3} \text{kN}; \quad \sum F_y = 0, \quad F_{N23} = 0$$

结点 3：隔离体如图 10.4.9(c)所示。

$$\sum F_x = 0, \quad F_{N34} \cdot \cos\alpha - F_{N31} \cdot \cos\alpha + F_{N35} \cdot \cos\alpha = 0 \qquad \text{①}$$

$$\sum F_y = 0, \quad F_{N34} \cdot \sin\alpha - F_{N31} \cdot \sin\alpha - F_{N35} \cdot \sin\alpha - F_{N32} - 20 \text{ kN} = 0 \qquad \text{②}$$

联立方程式①和式②，可得 $F_{N34} = -25$ kN，$F_{N35} = -\dfrac{50}{3}$ kN。

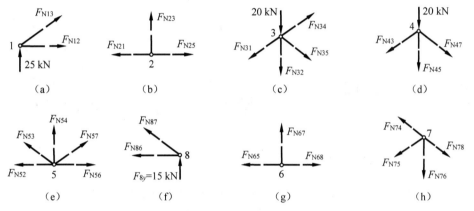

图 10.4.9 例 10.4.1 各结点受力图

结点 4：隔离体如图 10.4.9(d)所示。

$$\sum F_x = 0, \quad F_{N47} \cdot \cos\alpha = F_{N43} \cdot \cos\alpha, \quad F_{N47} = -25 \text{ kN}$$

$$\sum F_y = 0, \quad F_{N47} \cdot \sin\alpha + F_{N43} \cdot \sin\alpha + F_{N45} + 20 \text{ kN} = 0, \quad F_{N45} = 10 \text{ kN}$$

结点 5：隔离体如图 10.4.9(e)所示。

$$\sum F_y = 0, \quad F_{N54} + F_{N57} \cdot \sin\alpha + F_{N53} \cdot \sin\alpha = 0, \quad F_{N57} = 0$$

$$\sum F_x = 0, \quad F_{N52} + F_{N56} - F_{N57} \cdot \cos\alpha + F_{N53} \cdot \cos\alpha = 0, \quad F_{N56} = 20 \text{ kN}$$

结点 8：隔离体如图 10.4.9(f)所示。

$$\sum F_y = 0, \quad F_{N87} \cdot \sin\alpha + 15 \text{ kN} = 0, \quad F_{N87} = -25 \text{ kN}$$

$$\sum F_x = 0, \quad F_{N87} \cdot \cos\alpha + F_{N86} = 0, \quad F_{N86} = 20 \text{ kN}$$

结点 6：隔离体如图 10.4.8(g)所示。

$$\sum F_x = 0, \quad F_{N68} - F_{N65} = 0, \quad F_{N65} = 20 \text{ kN}; \quad \sum F_y = 0, \quad F_{N67} = 0$$

结点 7：隔离体如图 10.4.9(h)所示，由垂直于 78 杆方向的平衡方程，得 $F_{N75} = 0$；由沿 78 杆方向的平衡方程，得 $F_{N78} = F_{N74} = -25$ kN。

（3）校核。

对结点从左向右计算内力和从右向左计算内力相等,满足平衡条件。

【例10.4.2】 试判断图10.4.10所示桁架的零杆。

【解】 此桁架中共有15根零杆（在图10.4.10中以短线示出）。分析如下:

（1）结点3和结点9为L形结点,故1-3杆、3-4杆、8-9杆和9-2杆为零杆。

（2）结点14、18、7和结点8为T形结点,则7-12杆、8-13杆、13-18杆和14-10杆为零杆。

（3）由于8-13杆、13-18杆为零杆,结点13也可视为T形结点,所以17-13杆为零杆;结点17和结点12也可视为T形结点,所以17-12杆和16-12杆均为零杆。

（4）结点4、5可视为X形结点,由于3-4杆为零杆,所以4-5杆和5-6杆也为零杆;同理7-8杆和6-7杆也为零杆。

【注意】 切不可把结点4和结点5看成T形结点,因为结点上有外荷载。

【例10.4.3】 试判断图10.4.11所示对称结构的零杆。

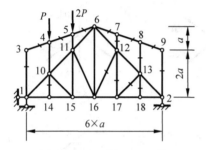
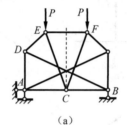
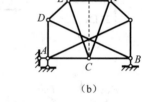

图10.4.10　例10.4.2图　　　（a）　　　　　　（b）

图10.4.11　例10.4.3图

【解】 利用"结构对称,荷载对称,其轴力和支反力一定对称;结构对称,荷载反对称,其轴力和支反力一定也反对称"的特点进行分析。图10.4.11（a）所示为在对称结构上加的对称荷载,那么关于对称轴对称的 EC 杆和 FC 杆的内力一定对称,而结点 C 为 K 形结点,结点上无外荷载,故 EC 杆和 FC 杆的内力必然大小相等,正负号相反,同时满足正负号相反和相等必然使得 EC 杆和 FC 杆为零杆。图10.4.11（b）所示为在对称结构上加的反对称荷载,轴力应相对对称轴反对称,从而 EF 杆是零杆。

【说明】 关于对称结构在对称荷载以及反对称荷载作用下结构一般内力的讨论,将在第12章中进一步进行。

【例10.4.4】 试求图10.4.12所示桁架各杆的轴力。

【解】 求解过程请扫描对应的二维码获得。

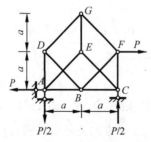

图10.4.12　例10.4.4图　　　　例10.4.4的求解过程

2. 截面法

利用结点法可以计算静定桁架中每一根杆件的轴力,但是实际工作中可能只需要计算某几个杆件的内力即可,全部计算所有杆件的内力既麻烦又不必要。这种情况下利用截面法可以快速得到想要的结果。这里的截面法是指取桁架中的一部分(包含两个或两个以上的结点)为隔离体,其受力图为一平面任意力系,可建立三个独立的平衡方程。为了避免求解联立方程组,所选截面切断的未知轴力杆数一般不多于三根。

【例 10.4.5】　试求图 10.4.13(a)所示桁架中杆 23、37、67 的内力。

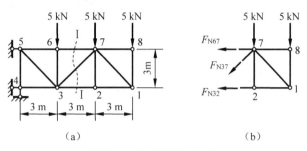

图 10.4.13　例 10.4.5 图

【解】　本题只需求解三根指定杆的内力,故采用截面法比较简单。

用假想的截面 I—I 将桁架沿杆 67、37、32 截开,取右半部分为研究对象,隔离体如图 10.4.13(b)所示。为避免求解联立方程组,可对两两未知力交点取矩。

$$\sum M_7 = 0, \quad 5\ \text{kN} \times 3\ \text{m} + F_{N23} \times 3\ \text{m} = 0, \quad 得\ F_{N23} = -5\ \text{kN};$$

$$\sum M_3 = 0, \quad 5\ \text{kN} \times 3\ \text{m} + 5\ \text{kN} \times 6\ \text{m} - F_{N67} \times 3\ \text{m} = 0, \quad 得\ F_{N67} = 15\ \text{kN};$$

$$\sum F_{iy} = 0, \quad 5\ \text{kN} + 5\ \text{kN} + F_{N37} \sin 45° = 0, \quad 得\ F_{N37} = -10\sqrt{2}\ \text{kN}.$$

【总结】　对两未知力交点取矩或沿与两个平行未知力垂直的方向投影列平衡方程,可使得到的方程中只含一个未知力,从而无须联立方程求解。

使用截面法,如果截断的杆件除一根杆 1 外其他杆件的轴力均交于一点,则对该点取矩可求出杆 1 的内力,如图 10.4.14(a)所示。若截面截断三根以上的杆件,如除了杆 1 外,其余各杆均互相平行,则在垂直于这些平行杆件的方向投影,建立投影方程可求出杆 1 的轴力,如图 10.4.14(b)所示。计算联合桁架和某些复杂桁架时,可以利用这些技巧实现快速求解。

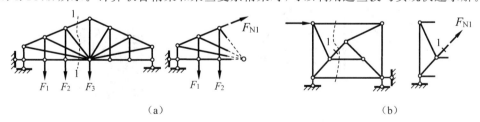

图 10.4.14　截面的选取方法示例 1

例如,图 10.4.15 所示桁架虽然是一个复杂桁架,但不难发现用图中所示 1—1 截面截断 AD、AF、BG 和 CE 杆件后,只有 AF 杆的轴力沿水平方向存在分力,且截面上侧没有水平方向的荷载,故杆 AF 为零杆,其余杆件轴力可通过结点法依次求出。

图 10.4.16 所示桁架为联合桁架,利用结点法求解很困难。仔细观察不难发现该联合桁架由两个简单桁架用三根链杆装配而成,故先采用截面法求解比较简单。

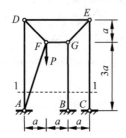
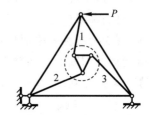

图 10.4.15　截面的选取方法示例 2　　　图 10.4.16　截面的选取方法示例 3

3. 结点法与截面法的联合应用

在桁架计算中,有时联合应用结点法和截面法更为方便。

【例 10.4.6】 试求图 10.4.17(a)所示桁架杆 1、2、3、4 的轴力。

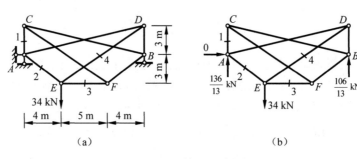

（a）　　　　　　　　　　　　（b）

图 10.4.17　例 10.4.6 图

【解】 先求支座反力,如图 10.4.17(b)所示。

此桁架是由两个基本铰接三角形 AED 和 CFB 用三根链杆 AC、EF 和 DB 相连构成的。利用截面截断 AC、EF 和 DB 三根链杆,对杆 EF 和杆 DB 延长线的交点取矩,可得 $F_{N1}=0$;利用 $\sum F_x=0$,得 $F_{N3}=0$;再取结点 E 即可求得 $F_{N2}=30$ kN,$F_{N4}=28.84$ kN。

【例 10.4.7】 求图 10.4.18 所示桁架中杆 a、b、c 的内力。

【解】 求解过程请扫描对应的二维码获得。

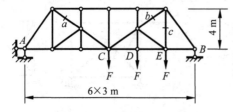

图 10.4.18　例 10.4.7 图　　　　　　例 10.4.7 的求解过程

10.5　静定组合结构

组合结构是由若干链杆(受轴向力)和梁式杆(受弯杆件)混合组成的结构体系,常用于吊车梁、桥梁的承重结构、房屋中的屋架。根据其受力特点,工程上常采用不同的材料制作这两种杆件,以充分发挥材料的性能,达到经济的目的。

如图 10.5.1(a)所示为一下撑式五角屋架,上弦由钢筋混凝土制成,下弦和腹杆所用材料为型钢。计算简图如图 10.5.1(b)所示。

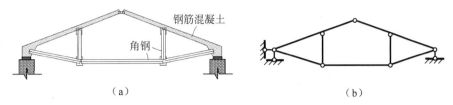

图 10.5.1 五角屋架及其计算简图

静定组合结构受力分析采用的方法仍是截面法,先求解支座反力,计算各链杆的轴力,再分析受弯杆件的内力。分析时要注意:应区分链杆(只受轴力)和梁式杆(受轴力、剪力和弯矩);前面关于桁架结点的一些特性对有梁式杆的结点不再适用;取隔离体时,尽量不截断梁式杆。

【**例 10.5.1**】 试分析图 10.5.2(a)所示组合结构的内力。

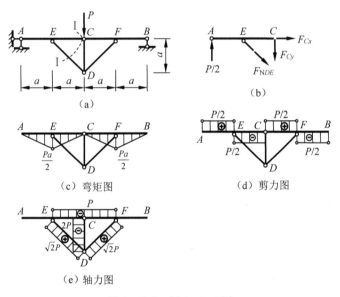

图 10.5.2 例 10.5.1 图

【**解**】 求支座反力:在竖向荷载作用下,对称结构,竖向支座反力相等,$F_{Ax}=0$,$F_{Ay}=F_{By}=0.5F(\uparrow)$。

用假想的 I—I 截面截开结构,取左半部分作为研究对象,隔离体如图 10.5.2(b)所示。有

$$\sum M_C = 0, \quad F_{NED} \cdot \frac{\sqrt{2}}{2}a - \frac{F}{2} \cdot 2a = 0, \quad 得 F_{NED} = \sqrt{2}F(拉力);$$

$$\sum F_{ix} = 0, \quad F_{Cx} + \frac{\sqrt{2}}{2}F_{NED} = 0, \quad 得 F_{Cx} = F(\rightarrow);$$

$$\sum F_{iy} = 0, \quad F_{Cy} + \frac{\sqrt{2}}{2} F_{NED} - \frac{F}{2} = 0, \quad 得\ F_{Cy} = -\frac{F}{2}(\uparrow).$$

由于结构对称，荷载也对称，所以左右两部分受力状态相同。

取结点 D，由 $\sum F_{iy} = 0$，$F_{NCD} + 2F_{NED} \cdot \frac{\sqrt{2}}{2} = 0$，得 $F_{NCD} = -2F(\downarrow)$。

绘制内力图：AC、BC 杆是受弯杆件，同时存在三种内力，而 ED、FD、CD 只受轴力作用。弯矩图、剪力图、轴力图分别如图 10.5.2(c)、(d)、(e)所示。

10.6　静定结构的一般性质

具体内容请扫描下面的二维码获得。

10.6

选择题

10-1　图示为某结构中的 AB 杆段的隔离体受力图，则其弯矩图的形状为（　　）。

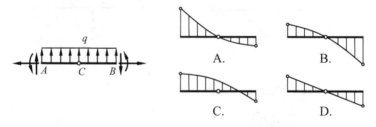

选择题 10-1 图

10-2　若某段杆 AB 的弯矩图如图所示，则可能对应的剪力图为（　　）。

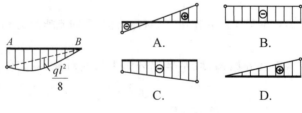

选择题 10-2 图

10-3　假设 $M_{a,max}$、$M_{b,max}$、$M_{c,max}$ 分别为图示三根梁中的最大弯矩，则它们之间的关系为（　　）。

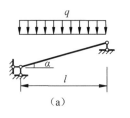 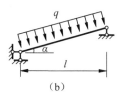 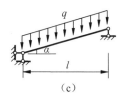

选择题 10-3 图

A. $M_{a,max} > M_{b,max} > M_{c,max}$

B. $M_{a,max} < M_{b,max} < M_{c,max}$

C. $M_{a,max} > M_{b,max} = M_{c,max}$

D. $M_{a,max} < M_{c,max} < M_{b,max}$

10-4 图示为多跨静定梁,则 M_C 为( )。

A. Fa（上侧受拉）

B. Fa（下侧受拉）

C. $Fa/2$（上侧受拉）

D. $Fa/2$（下侧受拉）

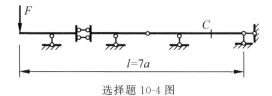

选择题 10-4 图

10-5 图示结构的弯矩图,形状正确的是( )。

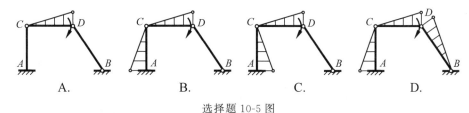

选择题 10-5 图

10-6 图示各结构的弯矩图中,形状正确的是( )。

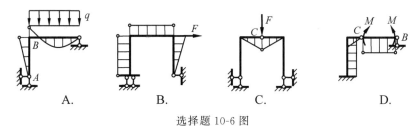

选择题 10-6 图

10-7 下列各弯矩图,正确的是( )。

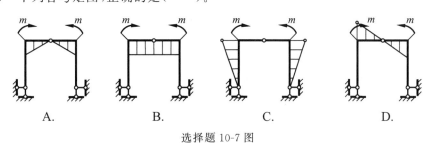

选择题 10-7 图

10-8　已知图示三铰拱的水平推力为 $F_H = \dfrac{3}{2}F$，则该拱的高跨比等于（　　　）。

　　A. 1/8　　　　　　B. 1/6　　　　　　C. 1/4　　　　　　D. 1/3

10-9　图示桁架结构中，内力等于零的杆件的数目（含支座链杆）为（　　）。

　　A. 8　　　　　　　B. 9　　　　　　　C. 11　　　　　　D. 12

10-10　图示桁架中，上弦杆的轴力大小为（　　）。

　　A. F_P　　　　　　B. $2F_P$　　　　　　C. 0　　　　　　D. $-F_P$

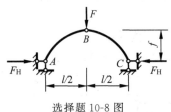

选择题 10-8 图

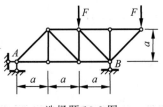

选择题 10-9 图

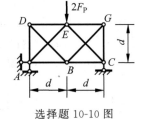

选择题 10-10 图

10-11　图示桁架结构中，杆件 1、2 的轴力大小分别为（　　）。

　　A. 10 kN，10 kN　　　　　　　　B. 0，10 kN

　　C. 0，0　　　　　　　　　　　　D. 7.07 kN，10 kN

10-12　图示桁架结构中，杆件 a 的轴力大小为（　　）。

　　A. F_P　　　　　　B. $0.5F_P$　　　　　　C. 0　　　　　　D. $-F_P$

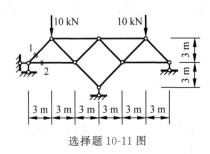

选择题 10-11 图

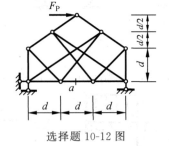

选择题 10-12 图

习题

10-1　试作图示多跨静定梁的内力图。

10-2　试作图示刚架的内力图。

10-3　试作图示刚架的弯矩图。

10-4　指出图示桁架结构中的零杆。

10-5　试用结点法求解桁架中各杆的内力。

10-6　求下列桁架指定杆的内力。

10-7　用适当的方法求下列桁架的指定杆的内力。

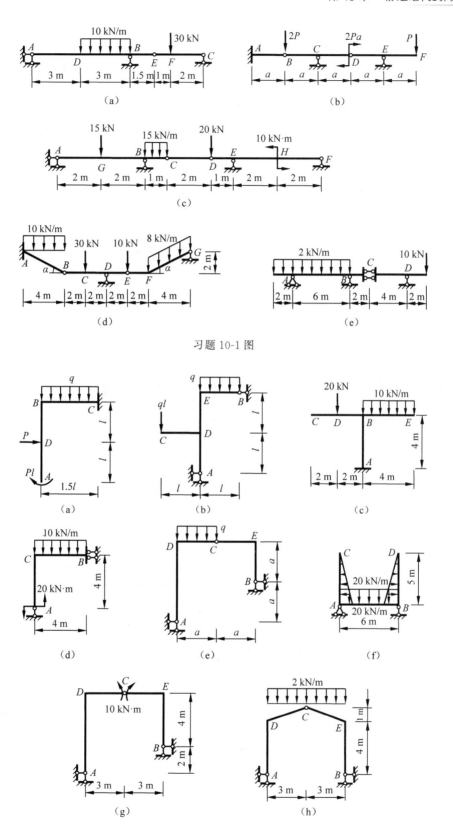

习题 10-1 图

习题 10-2 图

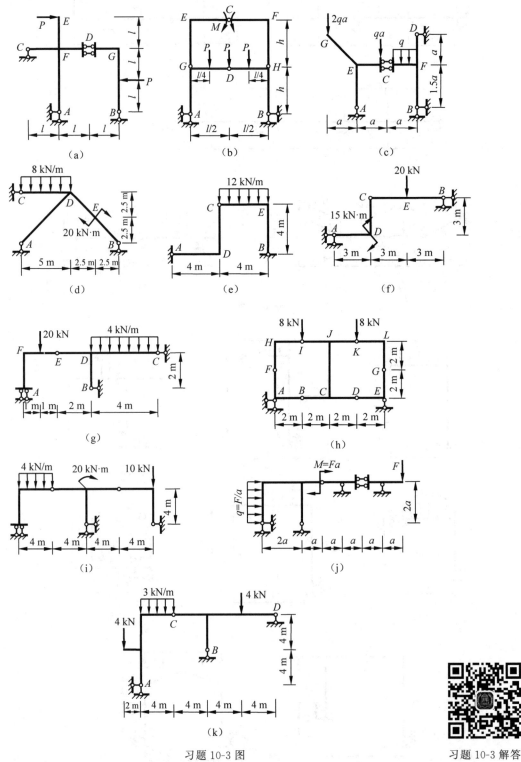

习题 10-3 图

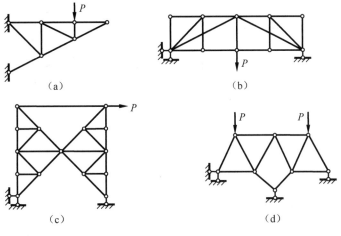

习题 10-4 图

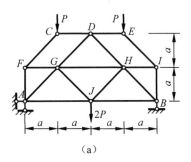

习题 10-5 图

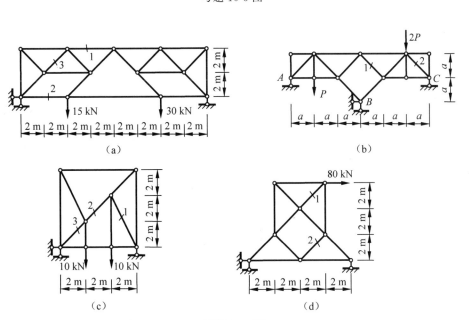

习题 10-6 图

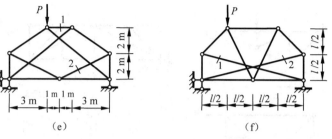

习题 10-6 图(续)

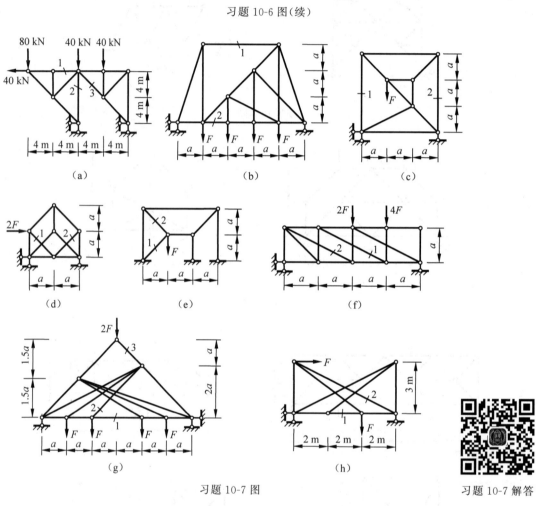

习题 10-7 图

习题 10-7 解答

10-8　试求图示三铰拱 D 截面的内力。设拱轴线为圆,拱高 $f=3$ m,跨度 $l=12$ m。

10-9　试求图示带拉杆拱拉杆的内力和 D 截面的弯矩。已知拱轴线方程为

$$y=\frac{4fx(l-x)}{l^2}。$$

10-10　试求图示圆弧三铰拱截面 K 的内力。

10-11　试求图示组合结构的支座反力、铰 C 的约束力及杆 ED、DF 的内力。

10-12　图示组合屋架承受均布荷载作用,试求各桁架杆的轴力,并绘制梁式杆的弯矩图。

10-13　试绘制图示各结构的弯矩图。

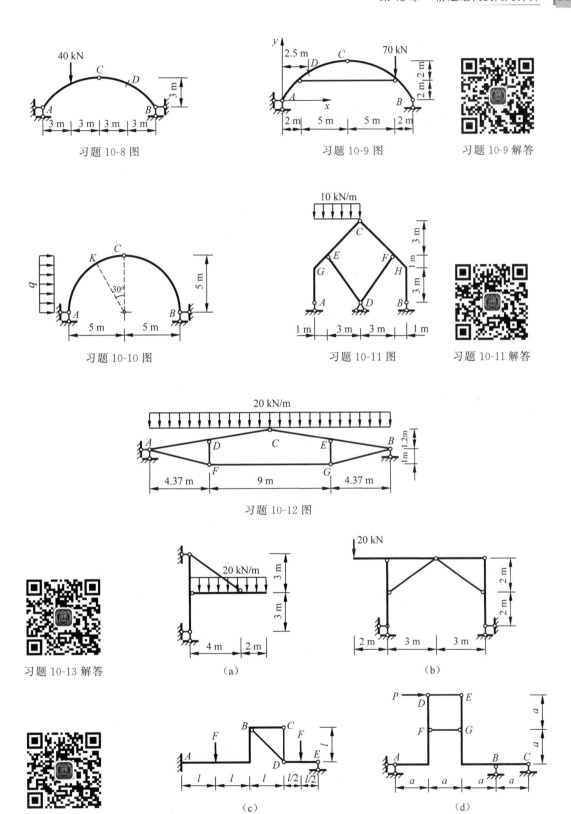

习题 10-8 图

习题 10-9 图

习题 10-9 解答

习题 10-10 图

习题 10-11 图

习题 10-11 解答

习题 10-12 图

习题 10-13 解答

（a）

（b）

（c）

（d）

第 10 章客观题答案

习题 10-13 图

第11章

静定结构的位移计算

11.1 概述

进行工程结构设计时,首先必须使结构或构件满足一定的强度和稳定性要求,以保证结构能够安全使用。但如果结构的刚度不满足要求,结构仍不能正常使用。例如,房屋建筑的楼板或梁的挠度过大,即使结构并没有破坏,也会导致结构表面粉刷层开裂甚至脱落;桥梁或工业厂房的吊车梁挠度过大,车辆或吊车的行驶就不平稳,并且会对结构产生振动、冲击等不利影响。为此,各类结构设计规范都对结构的变形作出了明确的限制。结构位移计算的最直接的目的就是验算结构的刚度。

位移计算的另一个目的,是为超静定结构的内力计算打下基础。位移计算是在静定结构的内力计算和超静定结构的内力计算之间架起的一座"桥梁"。可见,结构的位移计算在工程上具有重要的意义。

结构的位移有两种:一种是截面的移动,称为线位移;一种是截面的转动,称为角位移。图 11.1.1 所示为简支梁在荷载作用下产生的位移,梁上的点 C 移至点 C',产生了竖向线位移 Δ;同时梁横截面发生转动(转角为 φ),即产生了角位移。线位移和角位移属于**绝对位移**。此外,还有**相对位移**。图 11.1.2 所示为刚架在荷载 F 作用下发生的变形。其中 C、D 两点的水平线位移分别为 Δ_C、Δ_D,它们之和 $\Delta_{CD}=\Delta_C+\Delta_D$ 称为 C、D 两点的水平相对线位移。若记 A、B 两个截面的角位移分别为 φ_A、φ_B,则它们之和 $\varphi_{AB}=\varphi_A+\varphi_B$ 称为截面 A、B 的相对角位移。绝对位移和相对位移统称为**广义位移**。

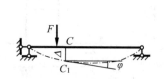

图 11.1.1　静定梁的绝对位移

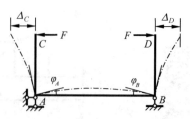

图 11.1.2　简支刚架的相对位移

11.2　虚功原理

为推导计算结构位移的一般公式,下面先简单介绍相关的基本概念及刚体和变形体的虚功原理。

11.2.1　功、实功、虚功

力 F 作用在一物体上,使物体产生了位移,则力 F 就在位移方向上对物体做了功,其做功的多少可用下式计算:

$$W = \int \boldsymbol{F} \cdot \mathrm{d}\boldsymbol{s} = \int F \cos\theta \mathrm{d}s \tag{11.2.1}$$

式中,θ 为力 F 的方向与作用点位移方向的夹角;$\mathrm{d}s$ 为位移微段。

如果 F 为常量,作用点总位移为 S,则力 F 所做的功为

$$W = FS\cos\theta = F\Delta \tag{11.2.2}$$

式中,Δ 为总位移 S 在力 F 作用线方向上的投影。

对于其他形式的力或力系所做的功,也常用两个因子的乘积表示。为方便起见,将其中与力相应的因子称为广义力,与位移相应的因子称为广义位移。例如,如果力 F 为作用在结构某一截面的外力偶 M,广义位移为该截面产生的相应角位移 φ,则该力偶所做的功即为 $W = M\varphi$。如果作用在结构上的是一对力偶 M,广义位移为两个力偶作用面产生的相对角位移 φ_{AB},则这对力偶所做的功为 $W = M\varphi_{AB}$。

建筑力学中的荷载通常为静荷载,加载过程是从零开始逐渐增加至 F 后保持不变,但加载过程是缓慢的,引起的加速度基本可忽略不计。如图 11.2.1(a)所示的简支梁,承受荷载 F 作用,荷载从零逐渐增加至 F 值。作用点处的位移从零逐渐增加到 Δ 值。由于结构是线性体系,荷载与位移成正比关系,即荷载 F 与位移 Δ 之间的关系可用图 11.2.1(b)中的直线表示。设在加载过程中,当 $F = F_x$ 时,相应的位移为 x,当荷载从 F_x 增加到 $F_x + \mathrm{d}F$ 时,相应的位移为 $x + \mathrm{d}x$,则在此加载过程中荷载所做的功可用下式表示:

$$W = \int \mathrm{d}W = \int_0^{\Delta} \frac{F}{\Delta} x \mathrm{d}x = \frac{1}{2} F\Delta \tag{11.2.3}$$

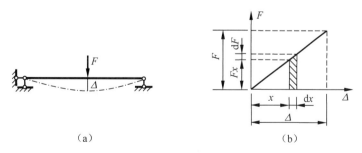

（a）　　　　　　　　　　　　（b）

图 11.2.1　静荷载及其所做的功

力与位移之间存在直接的依赖关系,即位移是由力直接引起的,像这种力在自身所引起的位移上做的功称为**实功**。对线性变形体系,若变力从零增加至 F,则实功即等于 F 与其

相应位移乘积的1/2。

力除了在自身所引起的位移上做功外，还存在一种情况，即力与位移之间没有直接的关系，位移是由其他的因素产生的，这时力所做的功称为**虚功**。如图11.2.2(a)所示的简支梁，在梁上 C 点处虚拟作用一集中力 F，设该梁由于与 F 无关的原因(如其他荷载作用、温度变化、支座沉降等)发生了微小变形，如图11.2.2(b)所示，设 C 点处的位移为 Δ，则乘积 $F\Delta$ 就称为力 F 在位移 Δ 上所做的虚功。由图11.2.2(a)、(b)可知，虚功中的力与位移分别属于同一体系中两个不同的状态，与力有关的状态称为**力状态**或**第一状态**(图11.2.2(a))，与位移有关的状态称**位移状态**或**第二状态**(图11.2.2(b))。这两种状态彼此独立无关。

(a)　　　　　　　　　　　　　　　(b)

图 11.2.2　虚功的概念

11.2.2　刚体的虚功原理

这里与 F 无关的微小位移，称为**虚位移**。虚位移要满足约束条件，且虚位移的产生不需要考虑时间和作用力的作用方式。

质点系的虚功原理，即**虚位移原理**：一个具有理想约束(约束力不做功)的质点系在主动力作用下保持平衡的充要条件是质点系所受各力在任何虚位移上所做虚功的代数和恒等于零。对于刚体而言，任意两点之间的距离保持不变，相当于任意两点间有刚性链杆相连。因此，刚体是具有理想约束的质点系，刚体内力在刚体虚位移上所做的功恒等于零，故刚体的虚功原理可表述如下。

刚体在外力作用下保持平衡的充要条件是：外力在任意虚位移上所做虚功的代数和恒等于零，即

$$\sum F_i \Delta_i = 0 \qquad (11.2.4)$$

其中，Δ_i 是相应于广义力 F_i 作用点处的广义虚位移。注意，虚位移是满足约束条件的任意的微小位移；这里 F_i 可以是力、力偶或其他的广义力，Δ_i 则分别是相应的线位移、角位移或广义位移。对于刚体系统，式(11.2.4)仍然成立。

【例 11.2.1】　图11.2.3(a)所示机构在力 F_1、F_2 作用下处于平衡状态，试求 F_1 与 F_2 的比值。

【解】　在不破坏系统约束的前提下，令体系发生图中虚线所示的虚位移，由虚功原理得

$$-F_1 \delta_1 + F_2 \delta_2 = 0$$

则有

$$F_1 : F_2 = \delta_2 : \delta_1$$

由上式可见，只要求出两个位移的比值，就得到两个力的比值。这就把关于力的平衡的问题变成了一个几何问题。

不妨假设杆 AC 和杆 BC 的长度均为 l，C 点的坐标为 (x, y)，则 B 点的坐标为 $(2x, 0)$。由图示几何关系可见 $x = l\cos\alpha$，$y = l\sin\alpha$，则 $\delta_1 = |\delta y_C| = l\cos\alpha\delta\alpha$，$\delta_2 = |\delta x_B| = 2l\sin\alpha\delta\alpha$，

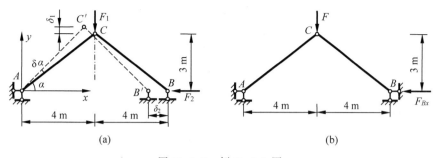

图 11.2.3　例 11.2.1 图

所以有

$$F_1 : F_2 = 2\sin\alpha : \cos\alpha = 2\tan\alpha = 3 : 2$$

【讨论】　①仅当刚体系统为几何可变体系，即体系为机构时才有可能产生虚位移。②刚体系统的虚位移原理也可以应用于静定结构的反力和内力计算问题。在计算静定结构的某一反力或内力时，可先撤除与该反力或内力对应的约束，将结构转化为机构，并且将荷载和待求的反力或内力作用在这个机构上，即可列虚功方程求解未知力。例如，要求图 11.2.3(b)所示结构的支座 B 处的水平推力 F_{Bx}，将约束解除，约束力转化为主动力，从而转化成与图 11.2.3(a)相同的机构，就可由虚位移原理求得 $F_{Bx} = 2F/3$。③上面计算过程中，δx_B 中的 δ 为变分运算，运算规则与微分运算类似。④建筑力学中计算支反力甚至杆件内力均可以利用虚位移原理进行，请读者尝试。

【例 11.2.2】　图 11.2.4 所示刚架的支座 A 有顺时针的微小转角 φ_A，试用虚功原理求自由端 C 的水平位移 Δ_{Cx} 和竖向位移 Δ_{Cy}。

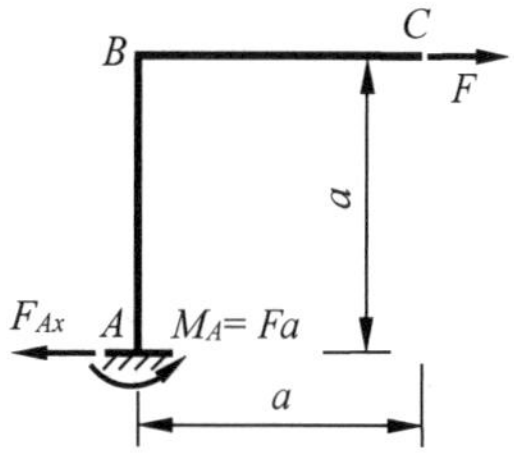

【解】　先求 Δ_{Cx}。在 C 点施加虚设的水平力 F，由平衡条件可得支座 A 处的水平反力和约束力矩，如图 11.2.4 所示。虚功方程为

图 11.2.4　例 11.2.2 图

$$F\Delta_{Cx} + F_{Ax} \times 0 - M_A\varphi_A = 0$$

$M_A\varphi_A$ 前面的负号是因为两者转向相反。上式的两边同除以 F，得

$$1 \times \Delta_{Cx} + 1 \times 0 - a\varphi_A = 0 \tag{i}$$

最后得 $\Delta_{Cx} = a\varphi_A(\rightarrow)$。$\Delta_{Cx}$ 的计算结果为正，说明位移的方向与虚设力的方向相同，以括号中的箭头表示。

同理，在 C 点施加虚设的竖向力，可得 $\Delta_{Cy} = a\varphi_A(\downarrow)$。

【讨论】　①为求位移而虚设力系计算虚功的方法称为**虚力原理**。虚设的力系可以是任意的平衡力系，但为计算方便起见，当需要计算某截面指定方向的位移时，总是只在该截面的指定方向上施加虚设的荷载。此外，如果求 Δ_{Cx} 时在 C 点施加的水平力是一个单位力，即 $F = 1$，支座 A 处的水平反力和反力矩将分别为 1 和 a，则该单位力与水平反力和反力矩组成平衡力系，这样就可以直接写出形如式(i)的虚功方程，这样做显然更简单，也更具有一般性。这种在所求位移的位置和方向上施加虚设单位力的方法称为**单位荷载法**，该方法是本章计算位移的基本方法。②所谓单位荷载 $F = 1$，只是一种简约的说法，是一个荷载除以其自身之后所得到的结果，因此，它的数值为 1，量纲为 1。③与单位荷载相应的反力和反力

矩严格地说应称为**反力系数**和**反力矩系数**,是反力和反力矩与荷载的比值,它们与荷载相乘后才得到真正的反力和反力矩,因此它们的量纲分别比力和力矩低一个荷载的量纲。④在建筑力学中经常用"单位量"作为研究问题的工具,读者以后在碰到"单位力"、"单位力偶"和"单位位移"之类的概念时,都应像这里讨论的一样理解。

【例 11.2.3】　图 11.2.5(a)所示三铰刚架的支座 B 有微小的水平位移 a 和竖向位移 b,试用单位荷载法求顶铰 C 的竖向位移 Δ_{Cy}。

【解】　在顶铰处加上竖向单位力,并求出相应的支座反力,如图 11.2.5(b)所示。虚功方程为

$$1 \times \Delta_{Cy} - \frac{1}{4} \times a - \frac{1}{2} \times b = 0$$

解得 $\Delta_{Cy} = \dfrac{a}{4} + \dfrac{b}{2}(\downarrow)$。

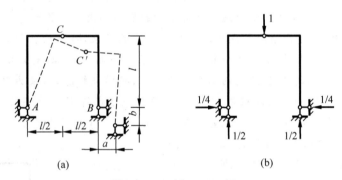

图 11.2.5　例 11.2.3 图

11.2.3　变形体系的虚功原理

当静定结构只有支座移动时,结构中不产生内力,结构的各个构件都不产生变形而只产生刚体位移,所以静定结构在支座移动作用下的位移可以用基于刚体系虚功原理(虚力原理)的单位荷载法来计算。当静定结构受其他因素(荷载、温度变化和制造误差等)作用时,结构中无论是否产生内力都将产生变形,进行位移计算不能继续应用刚体的虚功原理,而只能应用更一般的虚功原理,即质点系的虚功原理。质点系的虚功原理应用于变形体系,就必须考虑内力虚功,也就是变形体系的虚功原理。它可以表示为

$$W_e + W_i = 0 \qquad\qquad (a)$$

式中,W_e 为相互平衡的外力(包括荷载和支座反力)在可能位移(包括与荷载相应的位移和支座位移)上所做的功,称为**外力虚功**;W_i 是与外力相应(平衡)的内力在与可能位移相应(协调)的变形上所做的功,称为**内力虚功**。下面结合一个实例,分别推导 W_e 和 W_i 的计算公式,进而导出变形体系虚功原理的具体表达式。

图 11.2.6(a)表示一刚架受到荷载 F_{P1}、F_{P2} 作用,相应地,刚架产生支座反力,分别记为 F_{R1}、F_{R2}、F_{R3},各个截面上产生弯矩 M、轴力 F_N 和剪力 F_S,均为截面位置的函数。刚架的一个微段 ds 的受力情况如图 11.2.6(b)所示。图 11.2.6(c)表示同一刚架发生支座移动、位移和变形的情况,其中与上述 F_{P1}、F_{P2} 和 F_{R1}、F_{R2}、F_{R3} 相应的位移分别为 Δ_1、Δ_2

和 c_1、c_2、c_3，与 M、F_N 和 F_S 相应的变形以微段 ds 为例，分别是微段两侧截面的相对转角 $d\theta$、微段的伸长 $d\lambda = \varepsilon ds$ 和剪切变形 $d\eta = \gamma_0 ds$，见图 11.2.6(a)、(b)、(c)，式中 ε 和 γ_0 分别为微段轴线的轴向正应变和微段的平均切应变。

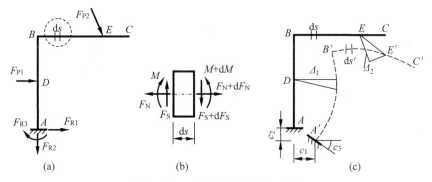

图 11.2.6　变形体的受力与变形

【注意】　上述荷载 F_{P1}、F_{P2}，反力 F_{R1}、F_{R2}、F_{R3} 和内力 M、F_N、F_S 代表一组满足全部平衡条件(包括整体的和任一局部的平衡条件)的平衡力系；位移 Δ_1、Δ_2，c_1、c_2、c_3 和变形 $d\theta$、$d\lambda$、$d\eta$ 则代表一组满足全部变形协调条件(包括约束条件和变形连续性条件)的可能位移与变形。这两组物理量是相互独立的，彼此不具有因果关系。

1. 外力虚功 W_e 的计算

图 11.2.6(a)中的荷载和反力在图 11.2.6(c)中相应的位移上做功，就得到

$$W_e = F_{P1}\Delta_1 + F_{P2}\Delta_2 + F_{R1}c_1 + F_{R2}c_2 + F_{R3}c_3$$

或写成紧凑的却更具一般性的形式：

$$W_e = \sum F_{Pi}\Delta_i + \sum F_{Ri}c_i \tag{b}$$

这里的两个"$\sum$"分别表示对所有的荷载和反力与相应位移的乘积求和。

2. 内力虚功 W_i 的计算

在理想约束的条件下，结构构件之间的约束力均不做功，W_i 只包括构件的内力在相应的变形和位移上所做的功。为了计算 W_i，先计算微段 ds 上的内力功 dW_i，而 dW_i 又可以利用虚功原理，通过作用于微段上的外力功 dW_e 来计算。由虚功原理，$dW_e + dW_i = 0$，所以

$$dW_i = -dW_e \tag{c}$$

【注意】　这里的"外力"，除作用于微段上的荷载以外，还包括由于截取微段而"暴露"出来的内力，如弯矩、轴力和剪力等，它们对于结构而言是内力，对于微段而言则是外力。

从图 11.2.6(c)中可以看到，微段 ds 在产生弯曲、拉伸和剪切变形的同时，还会产生刚体位移。由于作用于微段上的外力是一个平衡力系(图 11.2.6(b))，它们在刚体位移上所做的功等于零，所以只需计算外力在微段变形上所做的功。其中荷载在微段变形上所做的功是高阶微量，可以忽略不计；弯矩、轴力和剪力分别只在 $d\theta$、$d\lambda$ 和 $d\eta$ 上做功，见图 11.2.7(a)、(b)、(c)。由图可知，弯矩、轴力和剪力在微段变形上所做功的总和为

$$dW_e = M d\theta + F_N d\lambda + F_S d\eta \tag{d}$$

计算中略去了高阶微量。将式(d)代入式(c)，得

$$dW_i = -M d\theta - F_N d\lambda - F_S d\eta \tag{e}$$

将式(e)对各杆的长度积分,并将积分的结果相加,得

$$W_i = -\sum\int M\mathrm{d}\theta - \sum\int F_N\mathrm{d}\lambda - \sum\int F_S\mathrm{d}\eta \qquad\qquad (f)$$

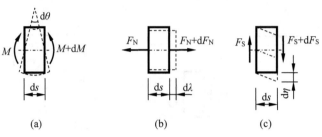

图 11.2.7　内力的功

3. 虚功方程

将式(b)和式(f)代入式(a),得

$$\sum F_{Pi}\Delta_i + \sum F_{Ri}c_i - \sum\int M\mathrm{d}\theta - \sum\int F_N\mathrm{d}\lambda - \sum\int F_S\mathrm{d}\eta = 0$$

或

$$\sum F_{Pi}\Delta_i + \sum F_{Ri}c_i = \sum\int M\mathrm{d}\theta + \sum\int F_N\mathrm{d}\lambda + \sum\int F_S\mathrm{d}\eta \qquad (11.2.5)$$

式(11.2.5)就是变形体系的虚功原理的具体表达式。它仅适用于平面结构的小变形情况,故又称为**平面杆系结构的虚功方程**。其中左边的两个求和号分别表示对所有的荷载、所有的反力求和;右边的三个求和号分别表示对所有的杆件求和,积分号表示对各杆的全长积分。有人将式(11.2.5)简称为外力虚功等于内力虚功。

【说明】　①在推导虚功方程时,要求力系是平衡的,位移和变形是协调的并且是微小的,此外并没有提出其他要求。因此式(11.2.5)有广泛的适用范围:它适用于各种形式的平面结构,包括梁、刚架、桁架、拱和组合结构;适用于由荷载、温度变化、支座位移和制造误差等各种因素引起的位移;适用于弹性材料和非弹性材料组成的结构;适用于静定结构和超静定结构。②与刚体的虚功原理一样,变形体系的虚功原理也有两种形式:虚位移原理和虚力原理。在虚功原理涉及的两组物理量中,如果力系是实际的而位移和变形是虚设的,则虚功原理表现为虚位移原理;反之,如果位移和变形是实际的而力系是虚设的,则虚功原理表现为虚力原理。本章的主要任务是应用虚力原理计算静定结构的位移。

11.3　单位荷载法

11.3.1　结构位移计算的一般公式

用虚力原理计算静定结构的位移,通常最方便的方法是使用例 11.2.2 和例 11.2.3 中已经介绍过的单位荷载法,即在结构上与所求位移相应的位置和方向施加一个单位荷载"1",将单位荷载及其相应的内力和反力作为虚设力系,用虚功方程求解实际问题中的指定位移。与前面讨论过的静定结构由于支座移动而产生的位移的计算问题不同,现在的问题

中结构的构件不仅有刚体位移而且还有变形,因此在应用虚力原理时,虚设的力系中除荷载和支反力外还应该包含内力。

以图 11.3.1(a)所示的刚架为例。设已知刚架的支座位移 c_1、c_2、c_3 和变形,其中一个代表性微段 ds 的变形为 $d\theta$、$d\lambda$ 和 $d\eta$,求刚架的某一截面 E 在图中给定的方向(以直线 $i-i$ 表示)上的位移(即截面 E 的位移在 $i-i$ 上的投影)Δ。图 11.3.1(a)实际上也就是图 11.2.6(c),这里的 Δ 在图 11.2.6(c)中以 Δ_2 表示,$d\theta$、$d\lambda$ 和 $d\eta$ 的意义参见与图 11.2.6(c)有关的说明。

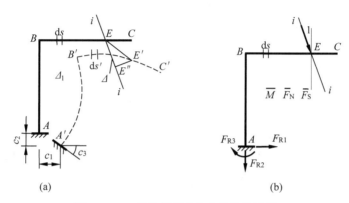

图 11.3.1　单位荷载法公式的推导用图

为计算截面 E 在 $i-i$ 方向上的位移 Δ,按单位荷载法的思路,在 E 点沿 $i-i$ 方向上施加单位力"1",利用平衡条件求出相应于支座位移 c_1、c_2、c_3 的反力 $\bar{F}_{R1}$、$\bar{F}_{R2}$、$\bar{F}_{R3}$ 以及与结构变形相应的内力,其中与代表性微段 ds 的变形 $d\theta$、$d\lambda$ 和 $d\eta$ 相应的内力分别为弯矩 $\bar{M}$、轴力 $\bar{F}_N$ 和剪力 $\bar{F}_S$,如图 11.3.1(b)所示。这里在表示反力和内力的符号上都加了一个短横,目的是强调它们都是由单位物理量(这里指单位荷载)引起的量,或者说它们分别是"反力系数"和"内力系数"。

对图 11.3.1(a)所示的位移和变形和图 11.3.1(b)所示的平衡力系应用虚功方程式(11.2.5),得

$$1 \times \Delta + \sum \bar{F}_{Ri} c_i = \sum \int \bar{M} d\theta + \sum \int \bar{F}_N d\lambda + \sum \int \bar{F}_S d\eta$$

因此

$$\Delta = \sum \int \bar{M} d\theta + \sum \int \bar{F}_N d\lambda + \sum \int \bar{F}_S d\eta - \sum \bar{F}_{Ri} c_i \qquad (11.3.1)$$

这就是**计算平面杆系结构位移的一般公式**。这种通过虚设单位荷载作用下的平衡状态,利用虚力原理求解结构位移的方法也称为**单位荷载法**。

式(11.3.1)中的物理量来自结构的两个状态:左边的位移 Δ 和右边的变形 $d\theta$、$d\lambda$、$d\eta$ 以及支座位移 c_i 来自满足协调条件的实际位移和变形状态;左边的没有写出的单位荷载"1"和右边的内力 $\bar{M}$、$\bar{F}_N$、$\bar{F}_S$ 以及支座反力 $\bar{F}_{Ri}$ 来自满足平衡条件的虚拟受力状态。

式(11.3.1)的适用范围与虚功方程式(11.2.5)相同:它适用于各种小变形情形下的平面结构;适用于由荷载、温度变化、支座位移和制造误差等各种因素引起的位移;适用于弹性材料和非弹性材料组成的结构;适用于静定结构和超静定结构。

11.3.2 结构位移计算的一般步骤

根据上节的讨论,不难总结出用单位荷载法计算结构位移的一般步骤如下:

(1) 按照所求位移的位置和方向,在结构上施加单位荷载;

(2) 利用平衡条件,计算结构相应于单位荷载的内力 $\overline{M}$、$\overline{F}_N$、$\overline{F}_S$ 和反力 $\overline{F}_{Ri}$;

(3) 由给定的具体外因计算变形 $d\theta$、$d\lambda$、$d\eta$;

(4) 将第(2)、(3)两步的计算结果代入式(11.3.1),求出指定的位移 Δ。

应该说,针对引起位移的各种不同外因,上述计算步骤的第(1)、(2)、(4)步是相同的,仅第(3)步有所不同。但是,在计算静定结构由于支座移动而产生的位移时,因为支座移动在静定结构中不引起内力,结构的构件只是发生刚体位移而不发生变形,即式(11.3.1)中的 $d\theta$、$d\lambda$、$d\eta$ 处处为零,从而式(11.3.1)可以简化为

$$\Delta = -\sum \overline{F}_{Ri} c_i \tag{11.3.2}$$

这就是**静定结构由于支座位移引起的位移的计算公式**。这个公式说明,计算静定结构由于支座移动而产生的位移,在上述第(2)步中只需要计算相应于单位荷载的反力 $\overline{F}_{Ri}$ 而无须计算相应的内力,上述第(3)步则完全不必进行。在应用式(11.3.2)时要注意:$\overline{F}_{Ri}$ 和 c_i 的乘积当两者方向相同时为正,相反时为负。

计算静定结构由于其他因素引起的位移而不考虑支座位移时,则第(2)步中无须计算反力 $\overline{F}_{Ri}$,式(11.3.1)简化为

$$\Delta = \sum \int \overline{M} d\theta + \sum \int \overline{F}_N d\lambda + \sum \int \overline{F}_S d\eta \tag{11.3.3}$$

下面举一个计算静定结构由于制造误差而产生的位移的例子。关于静定结构由于荷载和温度变化而产生的位移的计算问题,将分别在 11.4 节和 11.6 节中讨论。

【例 11.3.1】 图 11.3.2(a)所示桁架的上弦杆 AC 和 BC 的下料长度各比应有长度长了 1 cm,而下弦杆 AD 和 BD 各短了 0.5 cm。试求结点 C 的竖向位移 Δ_{Cy}。

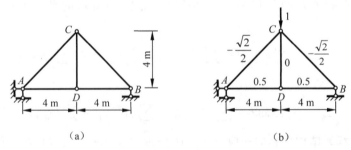

图 11.3.2 例 11.3.1 图

【解】 在结点 C 上作用竖向单位力,并求出相应的轴力 $\overline{F}_N$,如图 11.3.2(b)所示。由于各杆中均没有弯矩和剪力且轴力在杆件中为常数,式(11.3.3)可以简化为

$$\Delta = \sum \overline{F}_N \int d\lambda \tag{i}$$

而 $\int d\lambda = \Delta l$,Δl 为单根杆件长度的变化量,在这里就是下料长度对应有长度的误差。于是式(i)可进一步简化为

$$\Delta = \sum \overline{F}_N \Delta l \tag{ii}$$

其中，$\overline{F}_N$ 以拉力为正，压力为负；Δl 以杆件变长为正，变短为负。将 $\overline{F}_N$ 和 Δl 的具体数值代入式(ii)，并注意到问题的对称性，可得

$$\Delta_{Cy} = 2 \times [(-\sqrt{2}/2) \times (1\,\text{cm}) + 0.5 \times (-0.5\,\text{cm})] = -1.91\,\text{cm}(\uparrow)$$

11.3.3　广义位移的计算

式(11.3.1)中，拟求的 Δ 可以是线位移，也可以是角位移。在这两种情况下，施加的单位荷载分别是与 Δ 相应的单位力和单位力偶，单位荷载的虚功可以统一用下式表达为

$$W = 1 \times \Delta \tag{a}$$

有时，要求的并不是结构上某个截面的线位移或角位移，而是一些其他形式的位移，如某两个截面的相对线位移和相对转角，某根杆件的转角等广义位移。下面结合一个例子，说明这类广义位移的计算方法。

图 11.3.3(a)所示为一简支刚架受荷载 q 作用，虚线表示结构相应的变形，其 A、B 两个截面分别产生水平位移 $\Delta_A(\rightarrow)$ 和 $\Delta_B(\leftarrow)$。如果要求的不是 Δ_A 和 Δ_B，而是 A、B 两截面的相对线位移 $\Delta = \Delta_{AB}$，Δ_{AB} 以两截面相互接近为正，则显然有

$$\Delta_{AB} = \Delta_A + \Delta_B \tag{b}$$

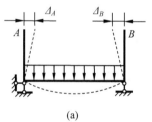
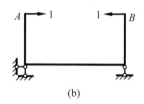

图 11.3.3　单位力与广义位移示例

Δ_{AB} 可通过在 A 和 B 截面分别施加水平单位力，先求出 Δ_A 和 Δ_B，再将所得结果相加的方法来求得，但这并不是求 Δ_{AB} 的最好方法。如果同时在 A 和 B 截面施加水平单位力，如图 11.3.3(b)所示，则应用虚功原理得

$$1 \times \Delta_A + 1 \times \Delta_B + \sum \overline{F}_{Ri} c_i = \sum \int \overline{M} \, d\theta + \sum \int \overline{F}_N \, d\lambda + \sum \int \overline{F}_S \, d\eta \tag{c}$$

将式(b)代入式(c)并整理，就得到一个与式(11.3.1)完全相同的式子：

$$\Delta_{AB} = \sum \int \overline{M} \, d\theta + \sum \int \overline{F}_N \, d\lambda + \sum \int \overline{F}_S \, d\eta - \sum \overline{F}_{Ri} c_i$$

在上面的例子中，将同时施加于 A 和 B 截面的一对水平单位力(图 11.3.3(b))称为相应于式(b)所代表的广义位移 Δ_{AB} 的广义单位力。

由以上讨论可以得出结论：式(11.3.1)可用于计算任意的广义位移 Δ，只要所加的单位荷载是与 Δ 相应的广义单位力。这里，"相应"是指力与位移在做功关系上的对应，如集中力与线位移对应，力偶与角位移对应，等等。下面给出几个广义单位力的例子，见图 11.3.4。

图 11.3.4(a)为求 K 点沿 i—i 方向的线位移的广义力。

图 11.3.4(b)为求刚架上 A、B 两点沿 AB 方向的相对线位移的广义力。

图 11.3.4(c)为求 K 截面的角位移的广义力。

图 11.3.4(d)为求刚架上 A、B 两截面的相对角位移的广义力。

图 11.3.4(e)为求 A、B 两截面的竖向相对线位移的广义力。

图 11.3.4(f)为求桁架中 BC 杆的转角(l 为 BC 杆的长度)的广义力。

图 11.3.4(g)为求桁架中 i 杆和 j 杆的相对角位移(i 杆和 j 杆的长度分别为 l_i 和 l_j)的广义力。

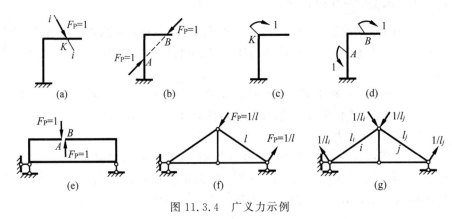

图 11.3.4 广义力示例

11.4 静定结构在荷载作用下的位移计算

前面已经说过,当暂时不考虑支座位移时,静定结构由于其他因素引起的位移可按式(11.3.3)计算:

$$\Delta = \sum \int \overline{M} \, \mathrm{d}\theta + \sum \int \overline{F}_N \, \mathrm{d}\lambda + \sum \int \overline{F}_S \, \mathrm{d}\eta$$

式中,$\overline{M}$、$\overline{F}_N$、$\overline{F}_S$ 为单位荷载引起的内力,由平衡条件确定;$\mathrm{d}\theta$、$\mathrm{d}\lambda$、$\mathrm{d}\eta$ 为由于实际的外因产生的变形。用单位荷载法计算静定结构由于荷载产生的位移,关键问题是确定结构在荷载作用下产生的变形 $\mathrm{d}\theta$、$\mathrm{d}\lambda$、$\mathrm{d}\eta$。

用 M_P、F_{NP} 和 F_{SP} 分别表示荷载在结构中引起的弯矩、轴力和剪力,其中的下标"P"代表"实际荷载",强调这些内力是由实际荷载引起的。由杆件基本变形公式有

$$\mathrm{d}\theta = \frac{M_P}{EI} \mathrm{d}s, \quad \mathrm{d}\lambda = \frac{F_{NP}}{EA} \mathrm{d}s, \quad \mathrm{d}\eta = \frac{k F_{SP}}{GA} \mathrm{d}s \tag{a}$$

式中,E 和 G 分别为材料的弹性模量和切变弹性模量;I 和 A 分别为杆件截面的惯性矩和面积。因此,EI、EA 和 GA 分别为截面的弯曲刚度、拉压刚度和剪切刚度。k 为与截面形式有关的系数,例如:矩形截面,$k=1.2$;圆形截面,$k=10/9$;薄壁圆环形截面,$k=2$;其他形状的截面,k 值可从有关手册中查到。将式(a)代入式(11.3.3),就得到静定结构在荷载作用下的位移计算公式:

$$\Delta = \sum \int \frac{\overline{M} M_P}{EI} \mathrm{d}s + \sum \int \frac{\overline{F}_N F_{NP}}{EA} \mathrm{d}s + \sum \int \frac{k \overline{F}_S F_{SP}}{GA} \mathrm{d}s \tag{11.4.1}$$

式(11.4.1)共涉及两组内力。其中,$\overline{M}$、$\overline{F}_N$、$\overline{F}_S$ 为虚拟的单位荷载引起的内力;M_P、F_{NP}、

F_{SP} 为实际荷载引起的内力。在应用这个公式计算位移时,要注意有关内力的符号。其中剪力和轴力的正负号规定与前面的规定相同;对弯矩可任意规定使杆件的某一侧纤维受拉为正,但对 $\overline{M}$ 和 M_P 的规定必须一致。

【注意】　①式(11.4.1)的适用范围与计算位移的一般公式(11.3.1)有所不同。式(11.3.1)适用于结构由于荷载、温度变化、支座位移和制造误差等各种因素而产生的位移的计算,而式(11.4.1)只适用于由荷载引起的位移的计算。②由于在推导过程中要用到计算弹性变形的公式(a),因此式(11.4.1)只适用于由弹性材料组成的结构,或结构在弹性阶段的位移计算。

式(11.4.1)是计算各种形式的平面结构在荷载作用下的弹性位移的一般公式,其等号右边的三项分别代表弯矩、轴力和剪力对位移的影响。对于不同形式的结构,这三者对位移的影响有不同情况的主次之分。如果略去次要项,就可得到适用于不同结构形式的简化公式。

1. 梁和刚架

对于梁和刚架,轴力和剪力对位移的影响都比较小(参见下面的例 11.4.1),通常只考虑弯矩的影响。因此式(11.4.1)简化为

$$\Delta = \sum \int \frac{\overline{M}M_P}{EI} \mathrm{d}s \tag{11.4.2}$$

2. 桁架

桁架的各杆只受轴力作用并且轴力沿杆长为常数,拉压刚度 EA 对于单根杆件一般也都是常数,因此式(11.4.1)中只需保留代表轴力影响的项,并且积分号后面除 $\mathrm{d}s$ 外的各项都可以提到积分号的前面。而 $\int \mathrm{d}s$ 就是杆件的长度,记作 l,则式(11.4.1)简化为

$$\Delta = \sum \frac{\overline{F}_N F_{NP} l}{EA} \tag{11.4.3}$$

3. 组合结构

组合结构的杆件分为梁式杆和二力杆两类,其中对梁式杆只需考虑弯矩的影响,二力杆的情况则与桁架相同。式(11.4.1)简化为

$$\Delta = \sum \int \frac{\overline{M}M_P}{EI} \mathrm{d}s + \sum \frac{\overline{F}_N F_{NP} l}{EA} \tag{11.4.4}$$

式中的两个 $\sum$ 号分别表示对梁式杆和二力杆求和。

4. 拱

对拱而言,剪力的影响一般可以忽略不计。如果拱的轴线与合理拱轴相差较大,则轴力对位移的影响也可以忽略;反过来,如果拱的轴线与合理拱轴比较接近,则弯矩和轴力对位移的影响都必须考虑。式(11.4.1)简化为

$$\Delta = \sum \int \frac{\overline{M}M_P}{EI} \mathrm{d}s + \sum \int \frac{\overline{F}_N F_{NP}}{EA} \mathrm{d}s \tag{11.4.5}$$

式(11.4.5)的一个特例是:拱的轴线就是合理拱轴,$M_P = 0$,因而右边只需保留轴力项。对于带拉杆的拱,还要在右边加上拉杆的轴力对位移的影响。

【**例 11.4.1**】　利用式(11.4.1)求图 11.4.1(a)所示刚架中 C 点的竖向位移,并比较弯矩、轴力和剪力对位移的影响。设刚架各杆的截面均为相同的矩形,材料的泊松比 $\nu = 0.3$。

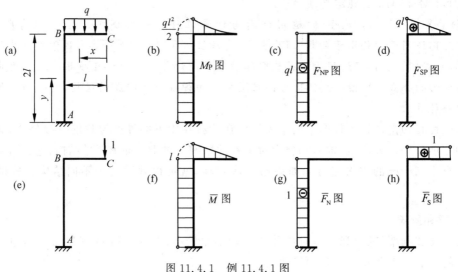

图 11.4.1　例 11.4.1 图

【**解**】　首先,作刚架的弯矩图、轴力图和剪力图,见图 11.4.1(b)、(c)、(d)。

其次,在 C 点施加竖向单位荷载,如图 11.4.1(e)所示;作相应的内力图,见图 11.4.1(f)、(g)、(h)。

在 CB 杆和 AB 杆上分别取坐标轴 x 和 y,如图 11.4.1(a)所示。在这样的坐标系下,各杆由实际荷载和虚拟单位荷载引起的内力如表 11.4.1 所示。

表 11.4.1　例 11.4.1 中各杆的内力

杆　件	弯　矩	轴　力	剪　力
CB	$\overline{M} = x$, $M_P = qx^2/2$	$\overline{F}_N = 0$, $F_{NP} = 0$	$\overline{F}_S = 1$, $F_{SP} = qx$
AB	$\overline{M} = l$, $M_P = ql^2/2$	$\overline{F}_N = -1$, $F_{NP} = -ql$	$\overline{F}_S = 0$, $F_{SP} = 0$

下面分别计算弯矩、轴力和剪力对所求位移的影响。

弯矩的影响为

$$\Delta_M = \sum \int \frac{\overline{M} M_P}{EI} \mathrm{d}s = \int_0^l \frac{x \cdot qx^2}{2EI} \mathrm{d}x + \int_0^{2l} \frac{l \cdot qx^2}{2EI} \mathrm{d}y = \frac{9ql^4}{8EI}$$

轴力的影响为

$$\Delta_{F_N} = \sum \int \frac{\overline{F}_N F_{NP}}{EA} \mathrm{d}s = \int_0^{2l} \frac{(-1) \cdot (-ql)}{EA} \mathrm{d}y = \frac{2ql^2}{EA}$$

剪力的影响为(对矩形截面,$k = 1.2$)

$$\Delta_{F_S} = \sum \int \frac{k \overline{F}_S F_{SP}}{GA} \mathrm{d}s = \int_0^l \frac{1.2 \times 1 \times qx}{GA} \mathrm{d}x = \frac{0.6ql^2}{GA}$$

将以上三项相加,得 C 点的竖向位移为

$$\Delta_{Cy} = \Delta_M + \Delta_{F_N} + \Delta_{F_S} = \frac{9ql^4}{8EI} + \frac{2ql^2}{EA} + \frac{0.6ql^2}{GA} \quad (\downarrow)$$

材料的泊松比为 $\nu=0.3$，矩形截面的高和宽分别为 h 和 b，从而有 $E/G=2(1+\nu)=2.6$，$I/A=h^2/12$。于是可得三种内力对位移的影响的比为

$$\Delta_M : \Delta_{F_N} : \Delta_{F_S} = 1 : 0.15\left(\frac{h}{l}\right)^2 : 0.12\left(\frac{h}{l}\right)^2$$

【说明】 轴力和剪力的影响与截面高度对结构几何尺寸之比的平方成正比。如果 $h/l=l/10$，则两者的影响分别只有弯矩影响的 0.15% 和 0.12%。因此，对于由细长杆件组成的梁和刚架结构，计算位移时忽略轴力和剪力的影响极其微小。

【例 11.4.2】 已知图 11.4.2 所示桁架各杆的弹性模量和横截面面积为：上弦杆：$E=3.0\times10^4$ MPa，$A=360$ cm^2

斜腹杆（GE、EH）：$E=3.0\times10^4$ MPa，$A=270$ cm^2

下弦杆：$E=2.0\times10^5$ MPa，$A=7.6$ cm^2

直腹杆：$E=2.0\times10^5$ MPa，$A=3.8$ cm^2

求下弦中点 E 的竖向位移。

【解】 求解过程请扫描对应的二维码获得。

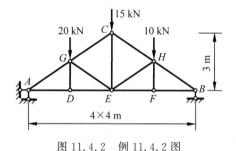

图 11.4.2　例 11.4.2 图　　　　　　　例 11.4.2 的求解过程

【例 11.4.3】 图 11.4.3 所示半圆形三铰拱受均布荷载作用，求顶铰 C 左右两个截面的相对转角。已知拱的材料弹性模量为 E，惯性矩为 I；拉杆 AB 的弹性模量为 E'，截面面积为 A。

【解】 求解过程请扫描对应的二维码获得。

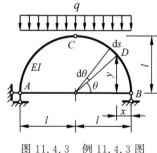

图 11.4.3　例 11.4.3 图　　　　　　　例 11.4.3 的求解过程

11.5　图乘法

在例 11.4.1 和例 11.4.3 中，为了计算位移，需要计算 $\int \dfrac{M_i M_k}{EI}\mathrm{d}s$ 形式的积分值。其中

M_i 和 M_k 以函数形式表达。对于梁和刚架以及组合结构中的梁式杆,如果受力复杂,积分计算会比较麻烦,在一定的条件下常可利用图乘法得到简化。

11.5.1　图乘法的条件及其公式

应用图乘法的条件是:①杆件轴线为直线;②杆件截面保持不变,即 EI 为常数;③M_i 与 M_k 的图形中至少有一个为直线。在同时满足这三个条件的情况下,积分可按下式计算:

$$\int \frac{M_i M_k}{EI} ds = \frac{\omega y_C}{EI} \tag{11.5.1}$$

下面结合图 11.5.1 对式(11.5.1)加以说明和证明。

图 11.5.1 中,AB 为结构中相应于积分区间的直杆段;M_i 图为直线;在 AB 段,M_k 图的形心为 C,面积为 ω;M_i 图中对应于 C 点的纵坐标为 y_C。式(11.5.1)说明:设 M_i 图为直线,则 $\int \frac{M_i M_k}{EI} ds$ 等于 M_k 图的面积与它的形心所对应的 M_i 图的纵坐标的乘积除以弯曲刚度。 式(11.5.1)证明如下。

将杆轴取为 x 轴。若 M_i 图平行于 x 轴,即在 AB 段上 M_i 为常数,则式(11.5.1)的正确性是明显的,因为在此情况下 $M_i = y_C$ 和 EI 均为常数,故都可以提到积分号前面去;而 $\int \frac{M_i M_k}{EI} ds$ 就等于 M_k 图的面积 ω。 因此不妨设 M_i 图直线不平行于 x 轴。取 M_i 图直线与 x 轴的交点 O 为坐标原点,并设该直线的倾角为 α,则 $M_i(x) = x \tan\alpha$,其中 $\tan\alpha$ 为常数。于是有

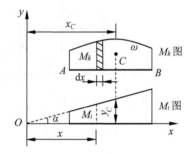

图 11.5.1　图乘法计算公式推导用图

$$\int \frac{M_i M_k}{EI} ds = \int_{x_A}^{x_B} \frac{x \tan\alpha M_k}{EI} dx = \frac{\tan\alpha}{EI} \int_{x_A}^{x_B} x M_k dx \tag{a}$$

式(a)最右边的积分就是 AB 段 M_k 图对 y 轴的静矩,因而有

$$\int_A^B x M_k dx = \omega x_C \tag{b}$$

其中 ω 和 x_C 分别为 M_k 图的面积及其形心 C 到 y 轴的距离。将式(b)代入式(a)得

$$\int \frac{M_i M_k}{EI} ds = \frac{\omega x_C \tan\alpha}{EI} = \frac{\omega y_C}{EI}$$

11.5.2　常用图形的面积及形心位置

直杆弯矩图常常由一些简单的几何图形组成。图 11.5.2 给出了一些常用图形的面积 ω 以及它们的形心 C 位置。掌握了这些图形的面积及形心位置,才能真正达到用式(11.5.1)简化积分计算的目的。

【注意】 ①图 11.5.2 中,所谓"顶点"指的是抛物线的极值点。顶点处的切线与基线平行。图 11.5.2 中的五个抛物线的顶点均位于区间的端点或中点,这样的抛物线与基线围成的图形称为标准抛物线图形。图 11.5.2 中的抛物线称为"标准"抛物线正是这个含义。

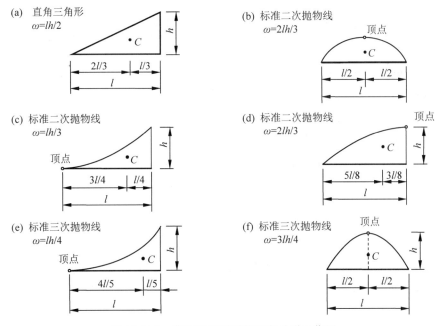

图 11.5.2　典型平面图形的面积及形心位置

② 在用图乘法计算位移时,一定要注意标准图形与非标准图形的区别。

11.5.3　复杂图形的图乘

用图乘法计算梁和刚架的位移,一般先要对梁和刚架进行分段,使图乘法的三个条件在每一段上都得到满足;其次,在分段计算时,如果取为 M_k 的弯矩图不是标准图形,则还要对它进行"分块"(块的划分与叠加法作弯矩图一致),使所得到的每一块图形都是面积已知和形心位置确定的标准图形。具体分类说明如下。

1. 两个梯形相乘

对于图 11.5.3 所示两个弯矩图均为梯形的情况,可以不用确定梯形的形心,而把其中一个图形分解为两个三角形(或一个矩形和一个三角形),则有

$$\int \frac{M_i M_k}{EI} \mathrm{d}x = \frac{1}{EI}(\omega_1 y_1 + \omega_2 y_2) \tag{11.5.2}$$

其中

$$\omega_1 = \frac{1}{2}al, \quad \omega_2 = \frac{1}{2}bl, \quad y_1 = \frac{2}{3}c + \frac{1}{3}d, \quad y_2 = \frac{1}{3}c + \frac{2}{3}d$$

代入式(11.5.2)得

$$\int \frac{M_i M_k}{EI} \mathrm{d}x = \frac{l}{6EI}(2ac + 2bd + ad + bc) \tag{11.5.3}$$

当 a、b 或 c、d 不在基线同一侧时,如图 11.5.4 所示,也可分解为位于基线两侧的两个三角形,此时

$$\omega_1 = \frac{1}{2}al, \quad \omega_2 = \frac{1}{2}bl, \quad y_1 = \frac{2}{3}c - \frac{1}{3}d, \quad y_2 = \frac{2}{3}d - \frac{1}{3}c$$

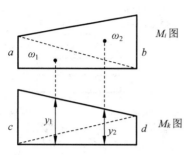

图 11.5.3 两个梯形相乘情形 1

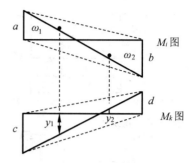

图 11.5.4 两个梯形相乘情形 2

则有

$$\int \frac{M_i M_k}{EI} dx = \frac{l}{6EI}(ad + bc - 2ac - 2bd) \tag{11.5.4}$$

以上分解说明，在应用图乘法时要注意 ω 和 y_0 的乘积的符号问题：如果 ω 所代表的图形和 y_0 在基线的同侧，它们的乘积为正；反之，如果 ω 所代表的图形和 y_0 在基线的异侧，则其乘积为负。

2. 一个梯形与一个二次抛物线图形相乘

例如，图 11.5.5 中，M_k 图为二次抛物线，却不是标准图形，将它分为一个三角形和一个抛物线图形。这两个"子图形"都是标准图形。其中抛物线图形以三角形的斜边为基线，抛物线上对应于基线中点处的切线平行于基线，因此它的面积和形心可按图 11.5.2(b)的情况来计算和确定，即 $\omega_2 = 2lh_2/3$，形心 C_2 的水平投影位于杆段的中点。具体的积分计算如下：

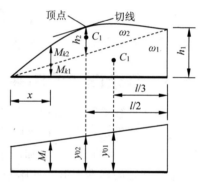

图 11.5.5 非标准图形的分解与图乘

$$\int \frac{M_i M_k}{EI} ds = \int \frac{M_i (M_{k1} + M_{k2})}{EI} dx = \frac{1}{EI}(\omega_1 y_{01} + \omega_2 y_{02}) \tag{11.5.5}$$

注意，在计算基线倾斜图形的面积时，l 和 h 应分别取为基线水平投影的长度和基线端点或中点处的纵坐标。图 11.5.5 中的标准抛物线图形是一个例子，图 11.5.6 给出另外两个例子，分别对应于图 11.5.2(a)、(c)两种情况。

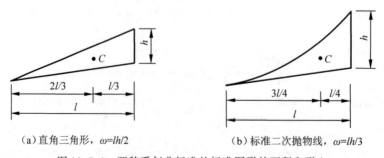

(a)直角三角形，$\omega = lh/2$　　　　　(b)标准二次抛物线，$\omega = lh/3$

图 11.5.6 两种看似非标准的标准图形的面积和形心

3. 曲线图形与折线图形相乘（图 11.5.7）

将折线图形分成几段直线，并将曲线图形也作相应分块，然后分别图乘后取其代数和，即得

$$\int \frac{M_i M_k}{EI} \mathrm{d}x = \frac{1}{EI}(\omega_1 y_1 + \omega_2 y_2 + \omega_3 y_3) \tag{11.5.6}$$

4. 杆件截面不等时的图形相乘（图 11.5.8）

应将图形按 EI 为常数分段后，图乘后取其代数和，即得

$$\int \frac{M_i M_k}{EI} \mathrm{d}s = \frac{\omega_1 y_1}{EI_1} + \frac{\omega_2 y_2}{EI_2} + \frac{\omega_3 y_3}{EI_3} \tag{11.5.7}$$

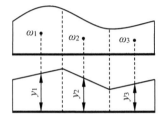 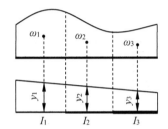

图 11.5.7　曲线图形与折线图形相乘　　　　图 11.5.8　杆件截面不等时的图形相乘

11.5.4　用图乘法计算梁和刚架的位移举例

【例 11.5.1】　图 11.5.9(a)所示的简支梁受均布荷载 q 并在 B 端受集中力偶 $M = ql^2/8$ 作用，试求 A 端截面的转角 φ_A。

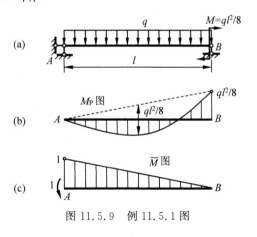

图 11.5.9　例 11.5.1 图

【解】　在 A 端施加单位力偶，分别作 M_P 图和 $\overline{M}$ 图，如图 11.5.9(b)、(c)所示。将 M_P 图分为一个三角形和一个标准二次抛物线图形，其中三角形在基线以上，抛物线图形在基线以下；与它们的形心相应的 $\overline{M}$ 图中的两个纵坐标都在基线以上。因此三角形与相应纵坐标的乘积为正，抛物线图形与相应纵坐标的乘积为负。则有

$$\varphi_A = \frac{1}{EI} \times \left[\left(\frac{1}{2} \times l \times \frac{1}{8}ql^2 \right) \times \frac{1}{3} - \left(\frac{2}{3} \times l \times \frac{1}{8}ql^2 \right) \times \frac{1}{2} \right] = -\frac{ql^3}{6EI} (顺时针)$$

【例 11.5.2】 试求图 11.5.10(a)所示刚架中结点 B 的水平位移 Δ_{Bx}。

【解】 在结点 B 施加单位水平力,分别作 M_P 图和 $\overline{M}$ 图,如图 11.5.10(b)、(c)所示。在 AB 段,将 M_P 图分为一个三角形和一个标准二次抛物线图形,这两个图形以及与它们的形心相应的 $\overline{M}$ 图的两个纵坐标都在基线右侧。BC 段两个弯矩图都是直线图形,可将其中任意一个取为 M_i,下面仍取 $\overline{M}$ 图为 M_i。BC 段的 M_P 图本来就是标准图形,无须分块。则有

$$\Delta_{Bx} = \frac{1}{2EI} \times \left[\left(\frac{1}{2} \times l \times \frac{1}{2}ql^2 \right) \times \frac{2l}{3} + \left(\frac{2}{3} \times l \times \frac{1}{8}ql^2 \right) \times \frac{l}{2} \right] +$$

$$\frac{1}{EI} \times \left(\frac{1}{2} \times l \times \frac{1}{2}ql^2 \right) \times \frac{2l}{3} = \frac{13ql^4}{48EI}(\rightarrow)$$

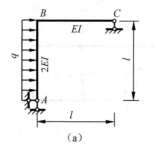
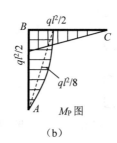
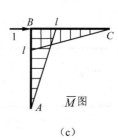

(a)　　　　　　　(b)　　　　　　　(c)

图 11.5.10　例 11.5.2 图

【讨论】 如果能够由支座 C 处无水平反力看出 AB 杆上端的剪力为零,因而弯矩在此处取极值,AB 段的 M_P 图本来就是一个标准二次抛物线图形,则可以不对 M_P 图进行分块。上述计算公式可以简化如下:

$$\Delta_{Bx} = \frac{1}{2EI} \times \left(\frac{2}{3} \times l \times \frac{1}{2}ql^2 \right) \times \frac{5l}{8} + \frac{1}{EI} \times \left(\frac{1}{2} \times l \times \frac{1}{2}ql^2 \right) \times \frac{2l}{3} = \frac{13ql^4}{48EI}(\rightarrow)$$

【例 11.5.3】 试求图 11.5.11(a)所示悬臂梁自由端 C 的竖向位移 Δ_{Cy}。

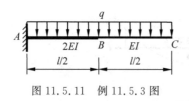

图 11.5.11　例 11.5.3 图

例 11.5.3 的求解过程

【解】 求解过程请扫描对应的二维码获得。

11.6　静定结构由于温度变化所引起的位移

计算静定结构由于温度变化而产生的位移,需要利用不考虑支座移动的位移计算的一般公式(11.3.3),计算的关键是确定结构的实际变形量 $\mathrm{d}\theta$、$\mathrm{d}\lambda$ 和 $\mathrm{d}\eta$。由于静定结构在温度变化时不产生内力,因此结构的变形完全是材料热胀冷缩的结果。

图 11.6.1 所示结构中的一个长度为 $\mathrm{d}s$ 的微段,截面的高度为 h,轴线到上下边缘的距

离分别为 h_1 和 h_2。假设杆件上下两个边缘的温度变化分别为 t_1 和 t_2，并且温度变化沿截面的高度是线性变化的，则上下边缘的温度变化量为

$$\Delta t = t_2 - t_1$$

杆件轴线的温度变化为

$$t_0 = \frac{h_1 t_2 + h_2 t_1}{h} \tag{11.6.1}$$

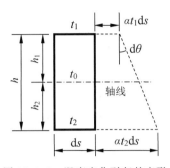

图 11.6.1　温度变化引起的变形

对于对称截面，$h_1 = h_2 = h/2$，可得

$$t_0 = (t_1 + t_2)/2$$

若材料的线膨胀系数为 α，则轴线的伸长为 $\alpha t_0 \mathrm{d}s$，上下边缘的伸长分别为 $\alpha t_1 \mathrm{d}s$ 和 $\alpha t_2 \mathrm{d}s$，因此得微段轴线的轴向伸长和微段两端截面的相对转角分别为

$$\mathrm{d}\lambda = \alpha t_0 \mathrm{d}s \tag{a}$$

$$\mathrm{d}\theta = \frac{\alpha t_2 \mathrm{d}s - \alpha t_1 \mathrm{d}s}{h} = \frac{\alpha(t_2 - t_1)}{h}\mathrm{d}s = \frac{\alpha \Delta t}{h}\mathrm{d}s \tag{b}$$

温度变化不引起剪切应变。将式（a）、（b）和 $\mathrm{d}\eta = 0$ 代入式（11.3.3），得

$$\Delta = \sum \int \overline{M}\frac{\alpha \Delta t}{h}\mathrm{d}s + \sum \int \overline{F}_\mathrm{N} \alpha t_0 \mathrm{d}s \tag{11.6.2}$$

若对于结构中的任一杆件，α、Δt、t_0 和 h 沿杆长不变，则

$$\Delta = \sum \frac{\alpha \Delta t}{h}\int \overline{M}\mathrm{d}s + \sum \alpha t_0 \int \overline{F}_\mathrm{N} \mathrm{d}s \tag{11.6.3a}$$

或

$$\Delta = \sum \frac{\alpha \Delta t}{h}\omega_{\overline{M}} + \sum \alpha t_0 \omega_{\overline{F}_\mathrm{N}} \tag{11.6.3b}$$

其中 $\omega_{\overline{M}}$ 和 $\omega_{\overline{F}_\mathrm{N}}$ 分别为相应杆件上单位弯矩图和单位轴力图的面积。对于桁架，则有

$$\Delta = \sum \overline{F}_\mathrm{N} \Delta l \tag{11.6.3c}$$

其中 Δl 为相应杆件由于温度变化的伸长。

式（11.6.2）和式（11.6.3）各式就是求静定结构由于温度变化而产生的位移的公式，其中的求和号表示对所有的杆件求和，积分号表示对各杆的全长积分。在应用这些公式时要注意有关的符号问题：如果 $\overline{M}$ 和 Δt 使杆件的同一侧伸长，则面积与 Δt 的乘积为正，反之为负；$\overline{F}_\mathrm{N}$ 以拉力为正，Δl 以伸长为正，t_0 以升高为正。

【说明】　①与结构受荷载作用的情况不同，对于梁和刚架，温度变化所引起的轴向变形对位移的影响一般是不能忽略的。②对于超静定结构，温度变化将引起内力，杆件的变形分为两部分：一是与材料热胀冷缩有关的变形，按本节的式（a）、（b）计算；二是与应力有关的变形，按 11.4 节中的式（a）计算。计算位移时应将这两部分的影响都考虑在内。③静定结构由于材料收缩或制造误差引起位移的计算，其原理与计算温度变化引起的位移相同。此时，只需将材料收缩或制造误差引起的实际变形视为虚拟平衡状态的虚位移，即可利用式（11.3.1）求解结构的位移。

【例 11.6.1】　图示刚架，各杆截面均为矩形，其高度 $h = 50$ cm。温度变化如图 11.6.2(a) 所示，材料的线膨胀系数 $\alpha = 10^{-5}/℃$。试求自由端 C 的竖向位移 Δ_{Cy}。

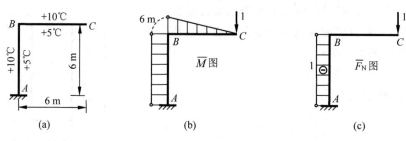

图 11.6.2　例 11.6.1 图

【解】　在 C 端施加虚拟单位竖向荷载,分别作刚架的 M_P 图和 $\overline{M}$ 图,如图 11.6.2(b)、(c)所示。按题设条件,有:$\Delta t = 10\,℃ - 5\,℃ = 5\,℃$,$t_0 = \dfrac{10\,℃ + 5\,℃}{2} = 7.5\,℃$。将 Δt、t_0、α 和 h 的值代入式 11.6.3(b),并注意无论是对 AB 杆还是 BC 杆,$\overline{M}$ 和 Δt 都使杆的同一侧伸长,因此 $\omega_{\overline{M}}$ 和 Δt 的乘积为正;AB 杆的轴力为压力,$\omega_{\overline{F}_N}$ 为负,得

$$\Delta_{Cy} = 10^{-5}/℃ \times \left[\frac{5\,℃}{0.5\,\text{m}} \times \left(6\,\text{m} \times 6\,\text{m} + \frac{1}{2} \times 6\,\text{m} \times 6\,\text{m} \right) + 7.5\,℃ \times (-6\,\text{m} \times 1) \right]$$
$$= 0.004\,95\,\text{m} = 4.95\,\text{mm}(\downarrow)$$

11.7　互等定理

建筑力学的结构体系基本为线性变形体系,即变形与荷载成比例关系或线性关系。线性变形体系必须满足两个条件:第一,结构的变形是微小的,因而在考虑力的平衡时可以忽略;第二,材料服从胡克定律,应力与应变成正比。关于线性变形体系有四个简单的互等定理:功互等定理、位移互等定理、反力互等定理和反力与位移互等定理,其中功互等定理是基本定理,其他互等定理都可以从功的互等定理推导出来,本节介绍前三个互等定理。

1. 功互等定理

考虑图 11.7.1(a)、(b)所示的线性变形体系的两种状态:

状态 1——体系受力系 $F_P^{(1)}$ 作用,相应的内力为 $M^{(1)}$ 和 $F_S^{(1)}$,相应的位移为 $\Delta^{(1)}$。

状态 2——体系受力系 $F_P^{(2)}$ 作用,相应的内力为 $M^{(2)}$ 和 $F_S^{(2)}$,相应的位移为 $\Delta^{(2)}$。

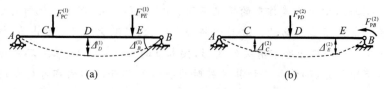

图 11.7.1　功的互等定理

使状态 1 的力系和相应的内力在状态 2 的位移和变形上做功,则由虚功原理,有

$$\sum F_P^{(1)} \Delta^{(2)} = \int \frac{M^{(1)} M^{(2)}}{EI} \mathrm{d}s + \int \frac{k F_S^{(1)} F_S^{(2)}}{GA} \mathrm{d}s \tag{a}$$

反过来,使状态 2 的力系和相应的内力在状态 1 的位移和变形上做功,则有

$$\sum F_{\mathrm{P}}^{(2)} \Delta^{(1)} = \int \frac{M^{(2)} M^{(1)}}{EI} \mathrm{d}s + \int \frac{k F_{\mathrm{S}}^{(2)} F_{\mathrm{S}}^{(1)}}{GA} \mathrm{d}s \tag{b}$$

以上二式中,左边是"外力虚功"即外力的虚功,$\sum$ 表示对力系中所有外力的功求和,例如 $\sum F_{\mathrm{P}}^{(1)} \Delta^{(2)} = F_{\mathrm{PC}}^{(1)} \Delta_C^{(2)} + F_{\mathrm{PE}}^{(1)} \Delta_E^{(2)}$;右边是"内力虚功"的相反数。以 W_{12} 和 W_{21} 分别表示式(a)和式(b)中的外力虚功,W 的第一个下标表示做功的外力所属的状态,第二个下标表示相应的位移所属的状态,即 $W_{12} = F_{\mathrm{P}}^{(1)} \Delta^{(2)}$,$W_{21} = F_{\mathrm{P}}^{(2)} \Delta^{(1)}$,由于式(a)和式(b)的右边彼此相等,所以它们的左边也是互等的,即

$$W_{12} = W_{21} \tag{11.7.1}$$

这就是**功互等定理**:状态 1 的外力在状态 2 的位移上所做的功等于状态 2 的外力在状态 1 的位移上所做的功。

对一般的线性变形体系,例如具有多根杆件和有轴力存在的情况,功互等定理也是成立的。这一定理同样适用于超静定结构和有支座移动的情况,只要将支座反力也包括在做功的力系之内,见本节后面关于反力互等定理的推导。

【说明】　两个状态的力系中所包含的"力",都可以是力、力偶或广义力,与之相应的分别是另一个状态中的线位移、角位移和广义位移。例如在图 11.7.1 中,状态 2 的力系中有一个力 $F_{\mathrm{PE}}^{(2)}$ 和一个力偶 $F_{\mathrm{PB}}^{(2)}$,它们分别对应于状态 1 中的线位移 $\Delta_D^{(1)}$ 和角位移 $\Delta_B^{(1)}$。

2. 位移互等定理

图 11.7.2 所示线性变形体系的两个状态的特点是它们的力系中分别只有一个外力。对这两个状态应用功互等定理,得

$$F_{\mathrm{P1}} \Delta_{12} = F_{\mathrm{P2}} \Delta_{21} \tag{c}$$

(a) 状态 1　　　　　　　　　　　　　　　　(b) 状态 2

图 11.7.2　位移的互等

这里位移 Δ 的两个下标的意义与式(11.7.1)中虚功 W 的下标的意义不同,其中第一个下标表示与 Δ 相应的力(包括作用点和方向),第二个下标表示引起 Δ 的原因。例如 Δ_{12} 就是"F_{P2} 引起的与 F_{P1} 相应的位移"。由式(c)可得 $\dfrac{\Delta_{21}}{F_{\mathrm{P1}}} = \dfrac{\Delta_{12}}{F_{\mathrm{P2}}}$,或

$$\delta_{21} = \delta_{12} \tag{11.7.2}$$

其中

$$\delta_{ij} = \frac{\Delta_{ij}}{F_{\mathrm{P}j}}, \quad i,j = 1,2 \tag{d}$$

即位移除以引起该位移的力所得的商,称为**位移影响系数**,也称为**柔度系数**。位移影响系数 δ_{ij} 也可以理解为"由单位力 $F_{\mathrm{P}j} = 1$ 引起的与 $F_{\mathrm{P}i}$ 相应的位移"。

式(11.7.2)称为**位移互等定理**。它表明:第一单位荷载引起的相应于第二单位荷载处

的位移等于第二荷载引起的相应于第一单位荷载处的位移。

3. 反力互等定理

图 11.7.3 所示为线性变形体系的两个状态。在状态 1 中,支座 A 沿约束 1(转动约束)的方向产生单位位移,并引起了相应的支座反力;在状态 2 中,支座 B 沿约束 2 的方向产生单位位移,并引起了相应的支座反力。对这两个状态应用功的互等定理,得

$$k_{11} \times 0 + k_{21} \times 1 = k_{12} \times 1 + k_{22} \times 0 \tag{e}$$

其中 k_{ij} 为支座位移的**反力影响系数**,也称为**刚度系数**,即单位位移引起的支座反力。k 的第一个下标表示与 k 相应的支座约束,第二个下标表示引起 k 的原因。例如,k_{21} 的两个下标表明,该反力影响系数是与约束"2"即支座 B 的竖向约束相应的;引起该反力的原因是约束"1"即支座 A 的转动约束产生了单位位移。由式(e)得

$$k_{21} = k_{12} \tag{11.7.3}$$

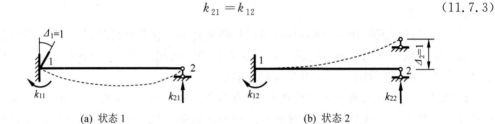

(a) 状态 1　　　　　　　　　　　(b) 状态 2

图 11.7.3　反力的互等

式(11.7.3)称为**反力互等定理**。它表明:第一约束的单位位移在第二约束中引起的反力等于第二约束的单位位移在第一约束中引起的反力。

判断题与选择题

11-1　试判断下列结论的正确性。

(1) 推导变形体体系虚功方程过程中,微元体上外力的刚体位移总虚功为零,是基于变形协调条件。(　　)

(2) 增加各杆的刚度,则结构的位移一定减小。(　　)

(3) 计算静定结构由于温度改变引起的位移时,不计剪切变形项是由于剪力较小。(　　)

(4) 功互等定理、位移互等定理、反力互等定理只适用于线性弹性体系。(　　)

(5) 由位移互等定理得到关系式 $\delta_{12} = \varphi_{21}$。这里 δ_{12} 与 φ_{21} 只是数值上相等而量纲不同。(　　)

(6) 已知 M_P、$\overline{M}_K$ 图如图所示,用图乘法求位移的结果为 $\dfrac{\omega_1 y_1 + \omega_2 y_2}{EI}$。(　　)

(7) 图示两个弯矩图相乘的结果是 $\dfrac{\omega_1 y_1 - \omega_2 y_2}{EI}$。(　　)

(8) 图示桁架中,增加腹杆的刚度,则 C 点的竖向位移减小。(　　)

(9) 若图示桁架各杆的 EA 相同,则结点 A 和 B 的竖向位移均为零。(　　)

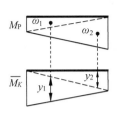

判断题 11-1(6)图

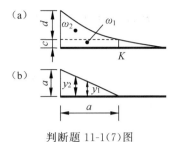

判断题 11-1(7)图

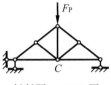

判断题 11-1(8)图

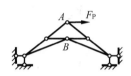

判断题 11-1(9)图

（10）图示桁架 B 点的竖向位移为零（$EA=$ 常数）。（　　）

（11）图示水平荷载 F_P 分别作用于 A 点和 B 点时，C 点产生的水平位移相同。（　　）

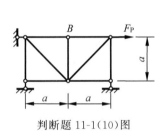

判断题 11-1(10)图

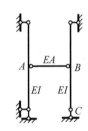

判断题 11-1(11)图

11-2　图示简支梁，先加 F_{P1}，A、B 两点的挠度分别为 Δ_1、Δ_2，再加 F_{P2}，挠度分别增加 Δ_1' 和 Δ_2'，则 F_{P1} 做的总功为（　　）。

A. $F_{P1}\Delta_1/2$
B. $F_{P1}(\Delta_1+\Delta_1')/2$
C. $F_{P1}(\Delta_1+\Delta_1')$
D. $F_{P1}\Delta_1/2+F_{P1}\Delta_1'$

11-3　图示刚架支座 A 下移量为 a，转角为 α，则 B 端竖向位移的大小（　　）。

A. 与 h、l、E、I 均有关
B. 与 h、l 有关，与 EI 无关
C. 与 l 有关，与 h、EI 无关
D. 与 EI 有关，与 h、l 无关

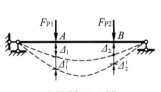

选择题 11-2 图

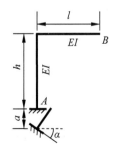

选择题 11-3 图

11-4 图示桁架各杆 EA 相同，A、B 两点的水平位移为（　　）。

A. $\Delta_{Ax}=0$，$\Delta_{Bx}=0$ B. $\Delta_{Ax}\neq0$，$\Delta_{Bx}=0$

C. $\Delta_{Ax}=0$，$\Delta_{Bx}\neq0$ D. $\Delta_{Ax}\neq0$，$\Delta_{Bx}\neq0$

11-5 图示桁架，A 点的水平位移（向右为正）为（　　）。

A. $\dfrac{2F_{\mathrm{P}}a}{EA}$ B. $\dfrac{(2+\sqrt{2})F_{\mathrm{P}}a}{EA}$ C. 0 D. $-\dfrac{2F_{\mathrm{P}}a}{EA}$

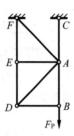

选择题 11-4 图

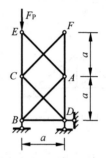

选择题 11-5 图

11-6 图示结构，A 点的竖向位移（向上为正）为（　　）。

A. $\dfrac{2Ma^2}{3EI}$ B. $\dfrac{Ma^2}{6EI}$ C. $\dfrac{5Ma^2}{6EI}$ D. $\dfrac{4Ma^2}{3EI}$

11-7 图示结构在两种不同荷载作用下，关于变形之间的关系正确的是（　　）。

A. B 点的水平位移相同   B. C 点的水平位移相同

C. A 点的水平位移相同   D. BC 杆的变形相同

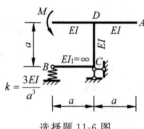

选择题 11-6 图

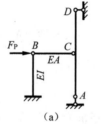
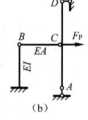

选择题 11-7 图

习题

11-1 已知构架尺寸如图所示，不计各杆件自重，$F=60$ kN，$M=20$ kN·m。试用刚体系统的虚功原理求 A 处的约束反力。

11-2 已知构架尺寸如图所示，不计各杆件自重，$q=2$ kN/m，$F=10$ kN，$M=10$ kN·m。试用虚功原理求 A 处的约束反力和 BD 杆的内力。

11-3 试用虚力原理求图示结构分别在下列情况下 D 点的水平位移：（1）设支座 A 向左移动 1 cm；（2）设支座 A 下沉 1 cm；（3）设支座 B 下沉 1 cm。

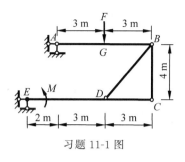

习题 11-1 图

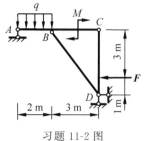

习题 11-2 图

习题 11-2 解答

11-4　设图示支座 A 有给定位移 Δ_x、Δ_y、Δ_φ，试求 K 点的水平位移 Δ_{Kx}、竖向位移 Δ_{Ky} 和转角 θ_K。

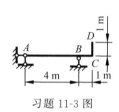

习题 11-3 图

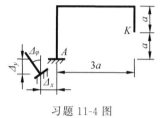

习题 11-4 图

11-5　结构如图所示，已知拱轴方程为 $y = \dfrac{4f}{l^2}x(l-x)$，$EI = $ 常数，忽略轴向变形和剪切变形的影响，并近似地取 $\mathrm{d}s = \mathrm{d}x$，求 B 点的水平位移 Δ_{Bx}。

11-6　如图所示桁架各杆截面面积均为 $A = 20 \text{ cm}^2$，$E = 210 \text{ GPa}$，$P = 40 \text{ kN}$，$a = 2 \text{ m}$，试求：(1) C 点的竖向位移；(2) $\angle ADC$ 的改变量。

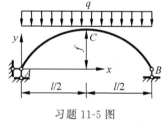

习题 11-5 图

习题 11-5 解答

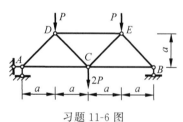

习题 11-6 图

习题 11-6 解答

11-7　如图所示结构，已知各杆截面相同，横截面面积 $A = 30 \text{ cm}^2$，$E = 206 \text{ GPa}$，$P = 98.1 \text{ kN}$。求 C 点的竖向位移 Δ_{Cy}。

11-8　试求如图所示桁架 D 点的竖向位移 Δ_{Dy} 和 BC 杆的角位移 θ_{BC}。已知材料的弹性模量 $E = 210 \text{ GPa}$，各杆的横截面面积 A 分别注于杆旁的括号中，单位为 cm^2。

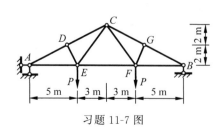

习题 11-7 图

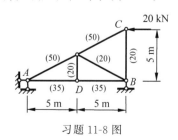

习题 11-8 图

11-9　如图所示桁架,已知各杆的 EA 为常数,求 AB、BC 两杆之间的相对转角。

11-10　图示结构,由于 a 杆制造时短了 0.5 cm,求结点 C 的竖向位移。已知 $l = 2$ m。

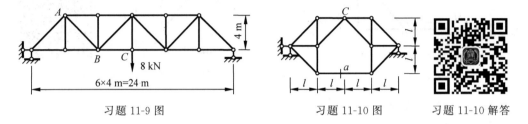

習題 11-9 图　　　　習題 11-10 图　　　習題 11-10 解答

11-11　试求图示结构 C 点的竖向位移 Δ_{Cy}。

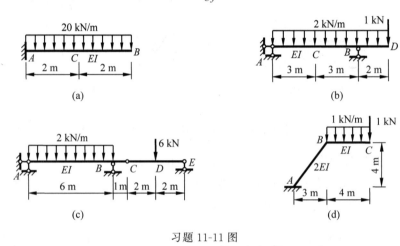

(a)　　　　　　　　　　　　(b)

(c)　　　　　　　　　　　　(d)

習題 11-11 图

11-12　试求图示结构 C 点的水平位移 Δ_{Cx}。

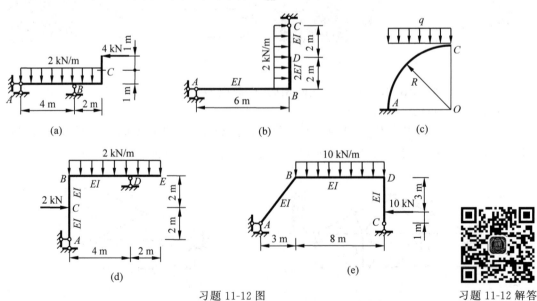

(a)　　　　　　　(b)　　　　　　(c)

(d)　　　　　　　　　(e)

習題 11-12 图　　　　　　　習題 11-12 解答

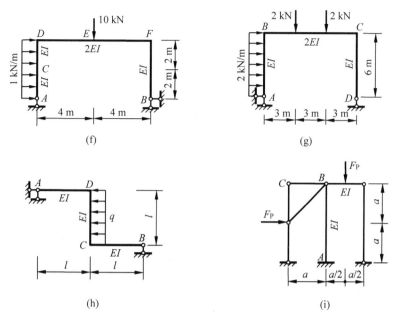

(f)　　　　　　　　　(g)

(h)　　　　　　　　　(i)

习题 11-12 图（续）

11-13　用图乘法求图示结构 C 截面（或两侧）的转角 φ_C。

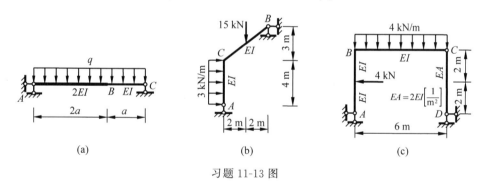

(a)　　　　　(b)　　　　　(c)

习题 11-13 图

11-14　用图乘法求图示结构 C 截面的转角或相对转角 φ_C。

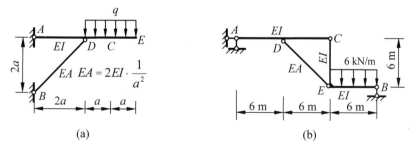

(a)　　　　　　　　　(b)

习题 11-14 图

11-15　用图乘法求图示结构 B 点、D 点的竖向位移 Δ_{By}、Δ_{Dy}。

11-16　用图乘法求图示结构 A 点的竖向位移 Δ_{Ay}。

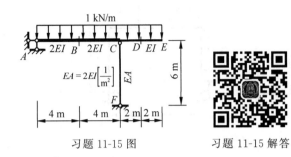

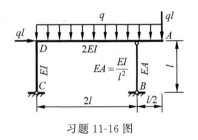

习题 11-15 图　　　　习题 11-15 解答　　　　习题 11-16 图

11-17　试求图示结构 E 两侧截面的相对转角，$EI =$ 常数。

11-18　用图乘法求图示结构 C、D 两点之间的相对水平位移。

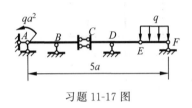

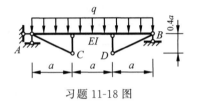

习题 11-17 图　　　　习题 11-18 图　　　　习题 11-18 解答

11-19　用图乘法求图示结构 A、B 两点之间的相对竖向位移。已知 $EI =$ 常数。

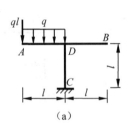

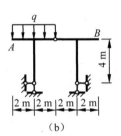

（a）　　　　　　　（b）

习题 11-19 图

11-20　用图乘法求图示结构 BC 杆的转角。

11-21　试求图示桁架 BE 杆的转角。各杆 EA 为常数。

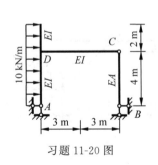

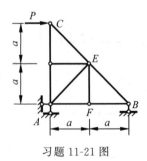

习题 11-20 图　　　　习题 11-21 图

11-22　用图乘法求图示结构 C 截面左、右侧的相对转角。已知 EI、EA 均为常数。

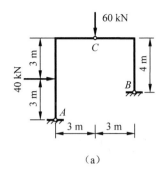

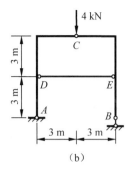

（a）　　　　　　　　　　（b）

习题 11-22 图

11-23　结构的温度改变如图所示,试求 C 点的竖向位移。已知各杆截面相同且对称于形心轴,其厚度为 $h=l/10$,材料的线膨胀系数为 α。

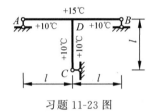

习题 11-23 图　　　　　　　　习题 11-23 解答

11-24　在图示桁架中,AD 杆的温度上升 $t(℃)$,试求结点 C 的竖向位移。

11-25　如图所示结构,已知材料的线膨胀系数为 α,各杆横截面尺寸相同,截面形状为矩形,截面高度 $h=l/10$,求 B 点水平位移 Δ_{Bx}。

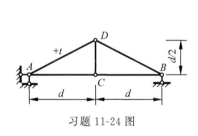

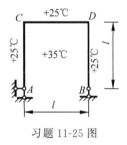

习题 11-24 图　　　　　　　　习题 11-25 图

11-26　试求图示结构由于温度升高而引起的 C、F 两点距离改变量。已知 $\alpha=8\times10^{-6}/℃$,截面高度 $h=20$ cm。

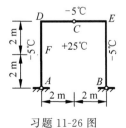

习题 11-26 图　　　　　　　　习题 11-26 解答

11-27 试求图示结构发生支座移动时，$C_左$ 和 $C_右$ 截面的相对转角。已知 $a=2$ cm，$b=6$ cm，$c=4$ cm，$\varphi=0.01$ rad。

11-28 已知图(a)所示弹性变形梁在外力矩作用下 1、2 两点的竖向位移，试求在图(b)所示荷载作用下 C 截面的转角。

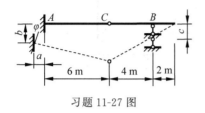

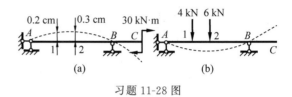

习题 11-27 图   习题 11-28 图

11-29 已知图(a)所示梁的挠曲线 $w(x)=\dfrac{Px}{48EI}(3l^2-4x^2)$，$0\leqslant x\leqslant\dfrac{l}{2}$。试用功互等定理求图(b)所示梁的跨中挠度 Δ_C。

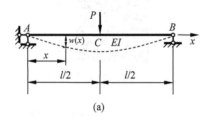

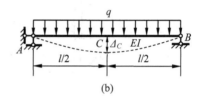

习题 11-29 图

11-30 试求图示结构 A 点的竖向位移。已知 $EI=$ 常数。

11-31 试求图示结构结点 D 的水平位移。已知 $EI=$ 常数，$EA=EI/l^2$。

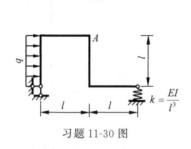

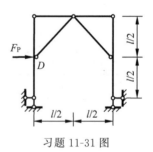

习题 11-30 图   习题 11-31 图

习题 11-31 解答   第 11 章客观题答案   龙驭球 简介

第12章

力　法

12.1　超静定结构概述

12.1.1　超静定结构

1. 超静定结构的两大特性

与静定结构相比较,超静定结构的基本特性有:①在几何组成方面:静定结构是没有多余约束的几何不变体系,而超静定结构则是存在多余约束的几何不变体系。②在静力分析方面:静定结构的支座反力和任意截面内力都可以用静力平衡条件唯一地确定,而超静定结构的支座反力和各截面内力不能完全由静力平衡条件唯一地加以确定。

2. 超静定结构的常见类型

超静定结构是实际工程经常采用的结构体系,大致可分为五种常见类型:①超静定梁;②超静定刚架;③超静定拱;④超静定桁架;⑤超静定组合结构。

12.1.2　超静定次数的确定

从静力分析的角度看,超静定次数等于根据平衡方程计算未知力时所缺少的方程个数,即:超静定次数 $n=$ 多余未知力的个数 $=$ 未知力个数 $-$ 独立平衡方程的个数。

从几何构造分析的角度看,超静定次数为多余约束的个数。因此,结构的超静定次数等于将原结构变成静定结构所去掉多余约束的数目,即:超静定次数 $n=$ 多余约束的个数 $=$ 把原结构变成静定结构时所需解除的约束个数。

确定超静定次数最直接的方法是解除结构中多余约束。解除结构中的多余约束使原超静定结构变成一个几何不变且无多余约束的体系,通常有下列几种方法:

(1) 去掉一根支座链杆或切断一根链杆,等于解除一个约束;

(2) 去掉一个固定铰支座或去除一个单铰、撤除一个定向支座,等于解除两个约束;

(3) 去除一个固定端或切断一根梁式杆,等于解除三个约束,如图 12.1.1(a)、(b)所示;

(4) 将刚性联结变为单铰联结或将固定支座改成固定铰支座,等于分别解除一个约束,如图 12.1.1(c)所示。

对同一超静定结构,去除多余约束的方式是多种多样的,相应得到的静定结构的形式也

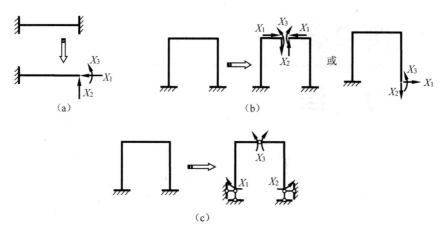

图 12.1.1　解除多余约束确定超静定结构的次数

不相同。但不论何种方法,所得到的超静定次数不变。

　　【说明】　解除多余约束时,应特别注意以下两点:①所解除的约束必须是多余的,解除约束后所得到的结构不能为几何可变体系;②必须解除结构内所有的多余约束。

12.2　力法的基本原理

　　力法计算的基本思路是把超静定结构的计算问题转化为静定结构的计算问题,即利用静定结构与超静定结构之间的联系,找到由静定问题过渡到超静定问题的途径。

12.2.1　力法的基本思路

　　下面通过图 12.2.1 所示一次超静定结构,说明力法的三个重要环节及其三个基本概念。

1. 力法的基本未知量——关键问题

　　图 12.2.1(a)所示梁为一次超静定结构。去掉支座 B,以一个相应的多余未知力 X_1 代替,结构形式变为图 12.2.1(b)所示的悬臂梁。当求得多余力 X_1 后,对原结构的分析就转化为在均布荷载 q 和 X_1 共同作用下静定结构的计算问题。这种把多余未知力作为基本未知量的计算方法称为**力法**。多余未知力 X_1 称为力法的**基本未知量**。

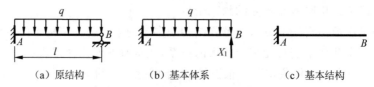

(a) 原结构　　　　　(b) 基本体系　　　　　(c) 基本结构

图 12.2.1　超静定梁及其基本结构

2. 力法的基本体系——过渡途径

　　在超静定结构中,解除多余约束后所得到的静定结构称为力法的**基本结构**。基本结构在荷载和多余未知力共同作用下的体系称为力法的**基本体系**。图 12.2.1(c)所示的悬臂梁为图 12.2.1(a)用力法计算的基本结构,图 12.2.1(b)为图 12.2.1(a)的基本体系。

对基本体系来说,X_1 已成为主动力。为了确定 X_1,除平衡方程之外,还必须考虑位移条件。

3. 力法的基本方程——转化条件

对比原结构与基本体系的变形可知,只有当 X_1 的数值与原结构支座链杆上实际发生的反力相等时,才能使基本体系在原有荷载 q 和 X_1 的共同作用下 B 点的竖向位移 Δ_1 为零。因此,确定 X_1 的位移条件是:在原有荷载和多余未知力共同作用下,在基本体系上去掉多余约束处的位移应与原结构中相应的位移相等。即

$$\Delta_1 = 0 \qquad\qquad (a)$$

这就是变形条件或位移条件,是计算多余未知力时所需要的变形协调条件。

在线性体系条件下,基本体系沿基本未知量 X_1 方向的位移可利用叠加原理展开为基本体系在荷载 q 和 X_1 单独作用下的两种受力状态,如图 12.2.2 所示。因此,变形条件可表示为

$$\Delta_1 = \Delta_{11} + \Delta_{1P} = 0 \qquad\qquad (b)$$

式中,Δ_1 为基本结构在荷载和基本未知量 X_1 共同作用下沿 X_1 方向的总位移(图 12.2.2(b));Δ_{1P} 为基本结构在荷载单独作用下沿 X_1 方向产生的位移(图 12.2.2(c));Δ_{11} 为基本结构在基本未知量 X_1 单独作用下沿 X_1 方向产生的位移(图 12.2.2(d))。

根据叠加原理,位移与力成正比,将其比例系数用 δ_{11}(在 $X_1 = 1$ 单独作用下,基本结构沿 X_1 方向产生的位移)表示,可写成

$$\Delta_{11} = \delta_{11} X_1 \qquad\qquad (c)$$

位移 Δ_1、Δ_{1P}、Δ_{11} 的方向与力 X_1 的正方向相同时为正,反之为负。

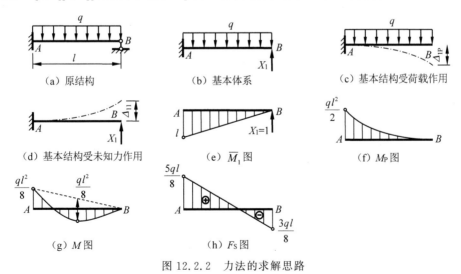

图 12.2.2　力法的求解思路

将式(c)代入式(b),可得

$$\delta_{11} X_1 + \Delta_{1P} = 0 \qquad\qquad (12.2.1)$$

这就是一次超静定结构的**力法基本方程**,简称**力法方程**。

方程中的系数 δ_{11} 和自由项 Δ_{1P} 均为基本结构在已知外力作用下的位移,可用单位荷

载法计算。作出基本结构在荷载作用下的弯矩图（M_P 图）如图 12.2.2(f)所示，单位力 $X_1=1$ 作用下的弯矩图（$\overline{M}_1$ 图）如图 12.2.2(e)所示。应用图乘法，可得

$$\delta_{11} = \int \frac{\overline{M}_1 \overline{M}_1}{EI} \mathrm{d}x = \frac{1}{EI} \times \left(\frac{l \times l}{2} \times \frac{2l}{3} \right) = \frac{l^3}{3EI}$$

$$\Delta_{1P} = \int \frac{\overline{M}_1 M_P}{EI} \mathrm{d}x = -\frac{1}{EI} \times \left(\frac{1}{3} \times \frac{ql^2}{2} \times l \right) \times \frac{3l}{4} = -\frac{ql^4}{8EI}$$

代入式(12.2.1)求解，可得 $\dfrac{l^3}{3EI} X_1 - \dfrac{ql^4}{8EI} = 0$。由此求出

$$X_1 = \frac{3ql}{8}$$

所得 X_1 为正值时，表示基本未知量的方向与假设方向相同；如为负值，则方向相反。

多余未知力 X_1 求出后，利用静力平衡条件可求出原结构的其他支座反力和任一截面的内力，作出内力图，如图 12.2.2(g)、(h)所示。

根据叠加原理，结构任一截面的弯矩 M 可用下列公式求出：

$$M = \overline{M}_1 X_1 + M_P \tag{12.2.2}$$

对图 12.2.1(a)所示的结构，如果去掉支座 A 的转动约束，代之以相应的多余未知力 X_1，则得到如图 12.2.3(a)所示的基本体系。此时的基本结构是一简支梁，与 X_1 相应的位移 Δ_1 是梁 AB 的 A 端截面的角位移。根据基本结构在荷载 q 和多余未知力 X_1 的共同作用下，A 端截面的角位移应与原结构在荷载作用下的相应位移相等，建立 $\Delta_1=0$ 的变形条件，即力法方程为

$$\delta_{11} X_1 + \Delta_{1P} = 0$$

式中，δ_{11}、Δ_{1P} 分别表示单位力 $X_1=1$ 和荷载单独作用在基本结构上时 A 端的角位移。此力法方程式与式(12.2.1)在形式上完全相同，但代表了不同的变形条件。作 $X_1=1$ 和荷载 q 单独作用在基本结构时的弯矩图 $\overline{M}_1$ 图和 M_P 图，如图 12.2.3(b)、(c)所示，利用图乘法求得

$$\delta_{11} = \int \frac{\overline{M}_1 \overline{M}_1}{EI} \mathrm{d}x = \frac{l}{3EI}, \quad \Delta_{1P} = \int \frac{\overline{M}_1 M_P}{EI} \mathrm{d}x = -\frac{ql^3}{24EI}$$

将 δ_{11}、Δ_{1P} 代入力法方程，解得

$$X_1 = \frac{ql^2}{8} \ (\circlearrowleft)$$

所得结果为正，说明 X_1 的实际方向与假设方向相同，作出的弯矩图与图 12.2.2(g)相同。

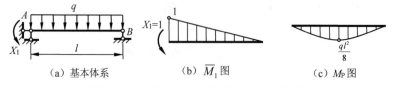

图 12.2.3　超静定结构的另一种基本体系

由此可见，同一超静定结构可选取不同的基本未知量和基本结构。基本结构不同，虽然力法方程的形式相同，但方程的含义及方程中系数和自由项的物理意义不同。

12.2.2　力法的计算步骤

用方法计算超静定结构的步骤如下：①确定基本未知量数目；②选择力法基本体系；③建立力法基本方程；④求系数和自由项；⑤解方程,求多余未知力；⑥作内力图；⑦校核。

12.3　力法的典型方程

力法计算多次超静定结构的基本原理,与 12.2 节力法计算一次超静定结构完全相同,只不过在具体计算时,选择力法基本体系、建立力法基本方程以及计算基本方程中各类系数及自由项要复杂一些而已。

12.3.1　关于基本体系的选择

在选择多次超静定结构的基本体系时,所取静定的基本结构形式可能有多种,但应当满足以下三个条件：①几何不变；②便于绘制内力图；③基本结构只能由原结构减少约束而得到,不能增加新的约束。

12.3.2　关于基本方程的建立

在选定基本未知量并得到相应的基本体系后,求解多余未知力的关键就在于如何建立力法的基本方程。下面先讨论二次超静定结构。

1. 二次超静定结构

图 12.3.1(a)所示刚架为二次超静定结构。如果取 B 点两根支杆的反力 X_1 和 X_2 为基本未知量,则基本体系如图 12.3.1(b)所示,相应的基本结构如图 12.3.1(c)所示。

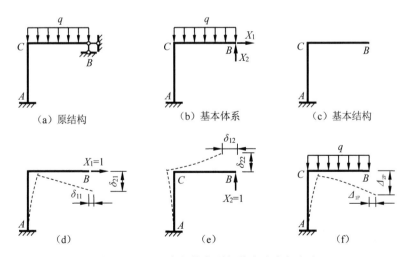

图 12.3.1　一个超静定刚架的力法求解方法

为确定多余未知力 X_1 和 X_2,可利用多余约束处的变形条件建立方程。由于原结构在铰支座 B 处的水平位移和竖向位移都等于零,基本结构在荷载和多余未知力共同作用下,B

点沿 X_1 和 X_2 方向的位移 Δ_1 和 Δ_2 均为零,即变形条件为

$$\Delta_1 = 0, \quad \Delta_2 = 0 \tag{a}$$

式中,Δ_1 为基本体系沿 X_1 方向的位移,即 B 点的竖向位移;Δ_2 为基本体系沿 X_2 方向的位移,即 B 点的水平位移。

设各单位力 $X_1 = 1$,$X_2 = 1$ 和荷载分别作用在结构上时,B 点沿 X_1 方向的位移分别为 δ_{11}、δ_{12}、Δ_{1P},B 点沿 X_2 方向的位移分别为 δ_{21}、δ_{22}、Δ_{2P},如图 12.3.1(d)、(e)、(f)所示。根据叠加原理,可知基本结构在多余未知力 X_1、X_2 和荷载 q 共同作用下产生的位移等于它们分别作用时所产生的位移总和,式(a)的变形条件可写为

$$\begin{cases} \delta_{11} X_1 + \delta_{12} X_2 + \Delta_{1P} = 0 \\ \delta_{21} X_1 + \delta_{22} X_2 + \Delta_{2P} = 0 \end{cases} \tag{12.3.1}$$

式(12.3.1)即为二次超静定结构的力法基本方程。方程中系数 δ 和自由项 Δ 都是基本结构的位移。

由基本方程求出多余未知力 X_1 和 X_2 后,将 X_1 和 X_2 作为主动力作用于基本体系,按照静定结构内力的计算方法,利用平衡条件便可求出原结构的支座反力和内力。此外,也可利用叠加原理求内力,任一截面的弯矩 M 可用下面的叠加公式计算:

$$M = \overline{M}_1 X_1 + \overline{M}_2 X_2 + M_P \tag{12.3.2}$$

式中,$\overline{M}_1$、$\overline{M}_2$、M_P 分别为单位荷载 $X_1 = 1$,$X_2 = 1$ 和荷载 q 单独作用于基本结构时在同一截面产生的弯矩。

【说明】 对于图 12.3.1(a)所示超静定结构,也可以选择其他形式的基本体系,不过要注意,由于不同的基本体系中基本未知量的含义不同,因此变形条件及典型方程中的系数和自由项的实际含义也不相同。

2. n 次超静定结构

对于 n 次超静定结构,有 n 个多余约束,力法的基本未知力是 n 个多余未知力 X_1,X_2,…,X_n,力法的基本方程是在 n 个多余约束处的 n 个变形条件——基本体系中沿多余未知力方向的位移应与原结构中相应的位移相等。根据叠加原理,n 个变形条件通常可写为

$$\begin{cases} \delta_{11} X_1 + \delta_{12} X_2 + \cdots + \delta_{1n} X_n + \Delta_{1P} = 0 \\ \delta_{21} X_1 + \delta_{22} X_2 + \cdots + \delta_{2n} X_n + \Delta_{2P} = 0 \\ \qquad\qquad\qquad \vdots \\ \delta_{n1} X_1 + \delta_{n2} X_2 + \cdots + \delta_{nn} X_n + \Delta_{nP} = 0 \end{cases} \tag{12.3.3}$$

这就是 n 次超静定结构在荷载作用下力法方程的一般形式,称**力法的典型方程**。式(12.3.3)中,系数 δ_{ij} 和自由项 Δ_{iP} 都代表基本结构在单位力和荷载单独作用下的位移。位移符号中采用两个下标,第一个下标表示位移的方向,第二个下标表示产生位移的原因。

3. 关于系数和自由项的计算

在**力法的典型方程**(12.3.3)中,δ_{ii} 称为**主系数**,表示基本结构在单位力 $X_i = 1$ 单独作用时产生的沿 X_i 方向的位移;$\delta_{ij}(i \neq j)$ 称为**副系数**,表示基本结构在单位力 $X_j = 1$ 单独作用时产生的沿 X_i 方向的位移;Δ_{iP} 称为**自由项**,表示基本结构在荷载单独作用时产生的

沿 X_i 方向的位移。

位移正负号规则为：当位移 δ_{ij} 或 Δ_{iP} 的方向与相应力 X_i 的正方向相同时为正，反之为负。所以主系数 δ_{ii} 恒为正；副系数 $\delta_{ij}(i \neq j)$ 和自由项 Δ_{iP} 可以是正值或负值，也可以为零。根据位移互等定理可知 $\delta_{ij} = \delta_{ji}$。

典型方程中的各系数也称为**柔度系数**，它们和自由项都是基本结构在已知力作用下的位移，可用第 11 章中介绍的方法计算。将求得的系数和自由项代入力法典型方程，可解出 $X_1, X_2, \cdots, X_n$，然后利用平衡条件或叠加原理计算各截面内力，绘制内力图。按叠加原理计算内力的公式为

$$
\begin{cases}
M = \overline{M}_1 X_1 + \overline{M}_2 X_2 + \cdots + \overline{M}_n X_n + M_P \\
F_S = \overline{F}_{S1} X_1 + \overline{F}_{S2} X_2 + \cdots + \overline{F}_{Sn} X_n + \overline{F}_{SP} \\
F_N = \overline{F}_{N1} X_1 + \overline{F}_{N2} X_2 + \cdots + \overline{F}_{Nn} X_n + \overline{F}_{NP}
\end{cases}
\tag{12.3.4}
$$

式中，$\overline{M}_i$、$\overline{F}_{Si}$、$\overline{F}_{Ni}(i=1,2,\cdots,n)$ 为基本结构由于单位荷载 $X_i=1$ 单独作用产生的内力；M_P、F_{SP}、F_{NP} 为基本结构由于荷载作用产生的内力。

12.4　用力法计算超静定结构在荷载作用下的内力

采用力法计算超静定结构的主要步骤归纳如下：

（1）选取基本体系。解除原结构的多余约束得到一个静定的基本结构，以多余未知力作为基本未知量，将多余未知力代替相应多余约束的作用得到基本体系。

（2）列力法典型方程。根据基本体系在去掉多余约束处的变形与原结构中相应的变形相等的条件，建立力法典型方程。

（3）计算系数及自由项。先分别作出基本结构在单位力和荷载单独作用下的内力图，然后利用图乘法计算典型方程中的系数和自由项。

（4）解力法方程，求出多余未知力。

（5）作内力图。按分析静定结构的方法，由平衡条件或叠加法求出内力并作内力图。

12.4.1　超静定梁和刚架

用力法计算静定梁和刚架时，通常忽略轴力和剪力对位移的影响，而只考虑弯矩的影响。因而，力法方程中系数和自由项的表达式为

$$
\delta_{ii} = \sum \int \frac{\overline{M}_i^2}{EI} \mathrm{d}x, \quad \delta_{ij} = \sum \int \frac{\overline{M}_i \overline{M}_j}{EI} \mathrm{d}x, \quad \Delta_{iP} = \sum \int \frac{\overline{M}_i M_P}{EI} \mathrm{d}x \tag{12.4.1}
$$

【例 12.4.1】　图 12.4.1(a) 所示两端固定梁，跨中受集中荷载 F 作用，作 M 图和 F_S 图。

【解】　（1）选取基本体系。

这是一个三次超静定梁，解除 A、B 两端的转动约束和 B 处的水平约束，得到基本结构，即简支梁，相应的基本体系如图 12.4.1(b) 所示。

（2）列力法典型方程。

基本体系应满足原结构在 A、B 端的转角和 B 端的水平位移分别等于零的变形条件，

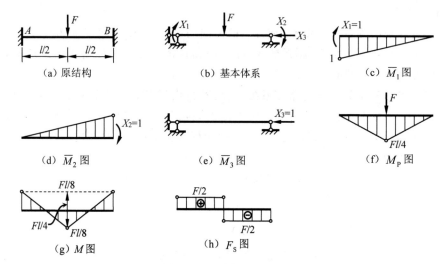

图 12.4.1 例 12.4.1 图

因此力法方程为

$$\delta_{11}X_1 + \delta_{12}X_2 + \delta_{13}X_3 + \Delta_{1P} = 0$$
$$\delta_{21}X_1 + \delta_{22}X_2 + \delta_{23}X_3 + \Delta_{2P} = 0$$
$$\delta_{31}X_1 + \delta_{32}X_2 + \delta_{33}X_3 + \Delta_{3P} = 0$$

（3）计算系数和自由项。

分别绘基本结构在 $X_1 = 1, X_2 = 1, X_3 = 1$ 和荷载单独作用下的弯矩图 $\overline{M}_1$、$\overline{M}_2$、$\overline{M}_3$ 和 M_P 图，如图 12.4.1(c)～(f)所示。

利用图乘法，得

$$\delta_{11} = \int \frac{\overline{M}_1^2}{EI} dx = \frac{1}{EI} \times \left(\frac{1}{2} \times 1 \times l \times \frac{2}{3} \times 1 \right) = \frac{l}{3EI}$$

$$\delta_{22} = \int \frac{\overline{M}_2^2}{EI} dx = \frac{1}{EI} \times \left(\frac{1}{2} \times 1 \times l \times \frac{2}{3} \times 1 \right) = \frac{l}{3EI}$$

$$\delta_{12} = \delta_{21} = \int \frac{\overline{M}_1 \overline{M}_2}{EI} dx = -\frac{1}{EI} \times \left(\frac{1}{2} \times 1 \times l \times \frac{1}{3} \times 1 \right) = -\frac{l}{6EI}$$

由于 $\overline{M}_3 = 0$，所以

$$\delta_{33} = \int \frac{\overline{M}_3^2}{EI} dx + \int \frac{\overline{F}_{N3}^2}{EI} dx = 0 + \frac{l}{EA} = \frac{l}{EA}, \quad \delta_{13} = \delta_{31} = \int \frac{\overline{M}_1 \overline{M}_3}{EI} dx = 0$$

$$\delta_{23} = \delta_{32} = \int \frac{\overline{M}_2 \overline{M}_3}{EI} dx = 0, \quad \Delta_{1P} = \int \frac{\overline{M}_1 M_P}{EI} dx = \frac{1}{EI} \times \left(\frac{1}{2} \times l \times \frac{Fl}{4} \times \frac{1}{2} \right) = \frac{Fl^2}{16EI}$$

$$\Delta_{2P} = \int \frac{\overline{M}_2 M_P}{EI} dx = -\frac{Fl^2}{16EI}, \quad \Delta_{3P} = \int \frac{\overline{M}_3 M_P}{EI} dx + \int \frac{\overline{F}_{N3} F_{N3}}{EI} dx = 0$$

（4）解方程求解多余未知力。

将系数和自由项代入力法方程，整理后得

$$16X_1 - 8X_2 + 3Fl = 0$$

$$-8X_1 + 16X_2 - 3Fl = 0$$
$$X_3 = 0$$

$X_3 = 0$ 表明,两端固定梁在垂直于梁轴线的荷载作用下不产生水平反力。联立求解前两式得

$$X_1 = -\frac{Fl}{8}(\cup), \quad X_2 = \frac{Fl}{8}(\cup), \quad X_3 = 0$$

(5) 作内力图。

利用 $\overline{M}_1$、$\overline{M}_2$、$\overline{M}_3$ 图和 M_P 图,按叠加公式 $M = \overline{M}_1 X_1 + \overline{M}_2 X_2 + \overline{M}_3 X_3 + M_P$ 绘出原结构的弯矩图如图 12.4.1(g)所示。

利用已知的杆端弯矩,由平衡条件求出杆端剪力,并绘出剪力图,如图 12.4.1(h)所示。

【思考】　在本例题中,如果解除三个约束,选用悬臂梁作为基本结构,又该如何求解?力法的典型方程、系数和自由项的求解有什么异同点?

【例 12.4.2】　计算图 12.4.2 所示刚架并作内力图。

【解】　求解过程请扫描对应的二维码获得。

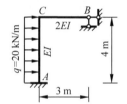

图 12.4.2　例 12.4.2 图　　　　　　例 12.4.2 的求解过程

12.4.2　铰接排架

图 12.4.3(a)所示为单层工业厂房中承重部分的简化示意图,是由屋架(或者屋面大梁)、柱和基础构成的排架。在排架中,通常将柱与基础之间的连接简化为刚性连接,将屋架与柱顶之间的连接简化为铰接。当屋面承受竖向荷载时,屋架按两端铰支的桁架计算。当柱受水平荷载和偏心荷载(如风荷载、地震荷载或吊车荷载)作用时,屋架对柱顶只起联系作用。由于屋架本身沿跨度方向的轴向变形很小,故可略去其影响,近似地将屋架简化为轴向拉压刚度无穷大($EA \to \infty$)的链杆。由于厂房的柱子需要放置吊车梁,因此常常做成阶梯形变截面柱。对排架进行内力分析主要是计算排架柱的内力,图 12.4.3(b)所示为单跨排架的计算简图。

铰接排架的超静定次数等于排架的跨数。用力法计算时,一般把链杆作为多余约束,切断各链杆代以多余未知力,得到基本体系。根据切口处两侧截面的轴向相对位移为零的条件,建立力法方程。

因链杆的刚度 $EA \to \infty$,在计算系数和自由项时,忽略链杆轴向变形的影响,只考虑柱子弯矩对变形的影响。因此,系数和自由项的表达式仍为式(12.4.1)。

【例 12.4.3】　图 12.4.4 所示为一单跨排架,已知柱上、下段的弯曲刚度分别为 EI 和 $2EI$,排架承受水平风荷载 12 kN/m,试作该单跨排架的弯矩图。

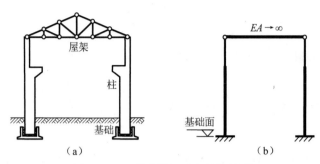

图 12.4.3　单跨排架及其计算简图

【解】　求解过程请扫描对应的二维码获得。

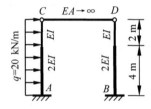

图 12.4.4　例 12.4.3 图　　　　　例 12.4.3 的求解过程

12.4.3　超静定桁架

超静定桁架在结点荷载作用下,杆件内力只有轴力,计算力法方程时的系数和自由项时只考虑轴力的影响。力法方程中的系数和自由项的表达式为

$$\delta_{ii} = \sum \frac{\overline{F}_{Ni}^2}{EA}l, \quad \delta_{ij} = \sum \frac{\overline{F}_{Ni}\overline{F}_{Nj}}{EA}l, \quad \Delta_{iP} = \sum \frac{\overline{F}_{Ni}F_{NP}}{EA}l \tag{12.4.2}$$

解力法方程,求出未知量后,各杆的轴力可按叠加公式计算:

$$F_N = \overline{F}_{N1}X_1 + \overline{F}_{N2}X_2 + \cdots + \overline{F}_{Nn}X_n + F_{NP} \tag{12.4.3}$$

【例 12.4.4】　用力法计算图 12.4.5 所示超静定桁架各杆的轴力,已知各杆 EA 相同。

【解】　求解过程请扫描对应的二维码获得。

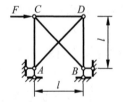

图 12.4.5　例 12.4.4 图　　　　　例 12.4.4 的求解过程

12.4.4　超静定组合结构

超静定组合结构与静定组合结构一样,也是由梁式杆和链杆组成。用力法计算时,一般可将链杆作为多余约束切断而得到其静定结构的基本体系。计算力法方程中的系数和自由

项时,对链杆只考虑轴向变形的影响;对梁式杆通常只考虑弯曲变形的影响,忽略轴向变形和剪切变形的影响。因此,力法方程中的系数和自由项的表达式为

$$
\begin{cases}
\delta_{ii} = \sum \int \dfrac{\overline{M}_i^2}{EI} \mathrm{d}x + \sum \dfrac{\overline{F}_{Ni}^2}{EA} l \\[2mm]
\delta_{ij} = \sum \int \dfrac{\overline{M}_i \overline{M}_j}{EI} \mathrm{d}x + \sum \dfrac{\overline{F}_{Ni} \overline{F}_{Nj}}{EA} l \\[2mm]
\Delta_{iP} = \sum \int \dfrac{\overline{M}_i M_P}{EI} \mathrm{d}x + \sum \dfrac{\overline{F}_{Ni} F_{NP}}{EA} l
\end{cases}
\tag{12.4.4}
$$

各杆的内力的叠加公式为

$$
\begin{cases}
M = \overline{M}_1 X_1 + \overline{M}_2 X_2 + \cdots + \overline{M}_n X_n + M_P \\
F_N = \overline{F}_{N1} X_1 + \overline{F}_{N2} X_2 + \cdots + \overline{F}_{Nn} X_n + F_{NP}
\end{cases}
\tag{12.4.5}
$$

【例 12.4.5】 用力法求解图 12.4.6 所示超静定组合结构。已知横梁 AB 的弯曲刚度 $E_1 I_1 = 1.99 \times 10^4\ \text{kN} \cdot \text{m}^2$,$AE$、$EF$、$FB$、$CE$、$DF$ 杆的 $E_2 A_2 = 2.4 \times 10^5\ \text{kN}$。

【解】 求解过程请扫描对应的二维码获得。

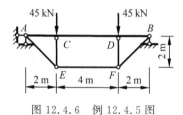

图 12.4.6 例 12.4.5 图   例 12.4.5 的求解过程

12.5 用力法计算超静定结构在支座移动和温度变化时的内力

静定结构在支座移动和温度改变时,可以产生变形,但不产生内力。但对于超静定结构,由于有多余约束,即使无荷载作用,一些外部因素(如支座移动、温度改变、材料收缩、制造误差等)也将使结构产生内力,这是超静定结构的特性之一。

超静定结构在支座移动和温度改变等因素作用下产生的内力称为**自内力**。用力法计算自内力时,其基本思路、原理及分析步骤与荷载作用的情形基本相同,但有以下三个特点:

第一,力法方程中的自由项不同。这里的自由项不是荷载引起的 Δ_{iP},而是由支座移动或温度变化等因素引起基本结构在多余未知力方向上的位移 Δ_{ic} 或 Δ_{it} 等。

第二,对支座移动问题,力法方程右端项不一定为零。当选取有移动的支座约束力为基本未知力时,$\Delta_{ic} \neq 0$,故其对应的变形条件是 $\Delta_i = c_i$,如下面的式(12.5.2)。

第三,计算原结构内力的叠加公式不完全相同。由于基本结构(是静定结构)在支座移动、温度变化时均不引起内力,因此内力全是由多余未知力引起的。可得原结构的弯矩为

$$
M = \sum \overline{M}_i X_i
\tag{12.5.1}
$$

12.5.1 支座移动时的内力计算

在计算支座移动引起 n 次超静定结构的内力时,力法方程中第 i 个方程的一般形式可写为

$$\sum_{j=1}^{n}\delta_{ij}X_j + \Delta_{ic} = c_i \tag{12.5.2}$$

式中,δ_{ij} 为柔度系数;等号右边的 c_i 表示原结构在 X_i 方向的实际位移(只包含与多余未知力 X_i 相应的支座位移参数);等号左边的 Δ_{ic} 表示基本结构在支座移动作用下在 X_i 方向的位移(包含其他各支座位移参数)。以上各量凡与未知力方向一致者,取正;反之,取负。力法方程的实质,即物理含义仍然是:基本结构在各多余未知力以及支座移动共同作用下,在多余未知力方向上的位移应符合原结构的实际位移。

对于同一超静定结构,力法基本结构的选取可以不同,此时力法方程中 Δ_{ic} 和右端 c_i 项的数值一般亦不相同(见例 12.5.1)。Δ_{ic} 可按第 11 章给出的公式计算:

$$\Delta_{ic} = -\sum \overline{F}_{Ri}c_i \tag{12.5.3}$$

【例 12.5.1】 图 12.5.1 所示为 A 端固定、B 端铰支的等截面梁,已知支座 A 发生顺时针转动,转角为 φ,支座 B 发生下沉,下沉量为 a,作梁的弯矩图。

【解】 求解过程请扫描对应的二维码获得。

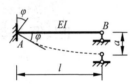

图 12.5.1 例 12.5.1 图　　　　例 12.5.1 的求解过程

由例 12.5.1 的计算过程可以看出,支座移动时超静定结构的内力计算具有如下特点:

(1) 选取不同的基本体系,力法方程有不同的表现形式。在支座位移影响下,其力法典型方程的右边项可能不为零。

(2) 力法典型方程的自由项 Δ_{ic} 是支座移动在基本结构中产生的位移,可用静定结构在支座移动时的位移公式计算。当 $\overline{F}_R$ 与 c 方向一致时,取正号;反之取负号。

(3) 当无荷载作用时,结构的内力全部是由多余力引起的。

(4) 支座移动时,超静定结构的内力与杆件的弯曲刚度 EI 的绝对值成正比。

12.5.2 温度改变时的内力计算

超静定结构在温度变化的影响下,不但产生变形而且还产生内力。在温度变化时,n 次超静定结构的力法方程中第 i 个方程的一般形式为

$$\sum_{j=1}^{n}\delta_{ij}X_j + \Delta_{it} = \Delta_i \tag{12.5.4}$$

式中,Δ_{it} 表示基本结构在温度变化作用下在 X_i 方向的位移;Δ_i 表示原结构沿 X_i 方向的位移(在温度变化问题中,一般 $\Delta_i = 0$)。力法方程仍反映了基本结构的位移应与原结构位

移相符的变形协调条件。Δ_{it} 可按第 11 章给出的式(11.6.3b)计算:

$$\Delta_{it} = \sum \overline{F}_{N} \alpha t_0 l + \sum \frac{\alpha \Delta t}{h} \omega_{\overline{M}} \qquad (12.5.5)$$

【**例 12.5.2**】　试计算图 12.5.2 所示刚架,并绘制原结构的弯矩图。已知刚架外侧温度降低 5℃,内部温度升高 15℃,线膨胀系数为 α,EI 和 h 都是常数。

【**解**】　求解过程请扫描对应的二维码获得。

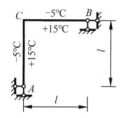

图 12.5.2　例 12.5.2 图　　　　　　例 12.5.2 的求解过程

由本例的计算过程可以看出,温度改变时超静定结构的内力计算具有如下特点:

(1) 力法典型方程的自由项 Δ_{1t} 是温度改变时在基本结构中产生的位移,可用静定结构在支座移动时的位移公式计算。

(2) 当无荷载作用时,结构的内力全部是由多余力引起的。

(3) 温度改变时,超静定结构的内力与杆件的弯曲刚度 EI 成正比。在给定的温度条件下,截面尺寸越大,内力也越大。故为了改善结构在温度作用下的受力状态,加大尺寸并不是一个有效的方法。

(4) 当杆件有温差 Δt 时,弯矩图绘在降温面的一侧,使升温面产生压应力,降温面产生拉应力。因此,在钢筋混凝土结构中,要特别注意因气候降温可能出现的裂缝。

12.6　对称结构的计算

在工程中,很多结构具有对称性,利用其对称性可以使结构的受力分析得到简化。

12.6.1　简化的前提条件

结构必须具有对称性。所谓对称结构,包括以下两个方面:①结构的几何形状、尺寸和支承情况对某轴对称;②杆件截面尺寸和材料性质也对称于此轴(因而杆件的截面刚度 EI、EA、GA 对此轴对称)。

图 12.6.1 所示为一些具有对称性结构的例子。对称结构绕对称轴对折后,对称轴两边的结构图形应完全重合。如图 12.6.1(a)所示单跨刚架,有一条竖向对称轴;图 12.6.1(b)所示矩形涵管,有两条对称轴;图 12.6.1(c)所示刚架,有一条斜向的对称轴。

12.6.2　简化的主要目标

用力法分析超静定结构时,其主要工作量在于计算大量的系数、自由项并解算其典型方

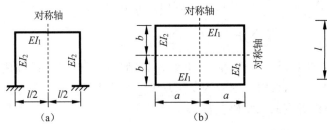

图 12.6.1   对称结构及其对称轴

程。因此,若要使力法计算得到简化,就必须从简化典型方程入手。由于主系数恒为正且不为零,因此力法简化的主要目标是:使典型方程中尽可能多的副系数以及自由项等于零,从而使典型方程成为独立方程或少元联立方程。能达到这一目的的途径很多,其关键都在于选择合理的基本结构,以及设置适当的基本未知量。

12.6.3   选取对称的基本结构——简化方法之一

作用在对称结构上的任何荷载都可分解为两组:一组是正对称荷载,如图 12.6.2(a)所示;另一组是反对称荷载,如图 12.6.2(b)所示。绕对称轴对折后,若对称轴左右两部分的荷载彼此完全重合(作用点对应、数值相等、方向相同),则称为正对称荷载(或简称对称荷载);若左右两部分的荷载正好相反(作用点对应、数值相等、方向相反),则称为反对称荷载。内力也可按此方法分为正对称(简称对称)内力和反对称内力。图 12.6.2(c)的一般荷载等于图 12.6.2(a)的对称荷载与图 12.6.2(b)的反对称荷载之和。

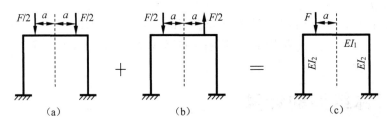

图 12.6.2   对称荷载与反对称荷载

计算超静定对称结构时,为简化计算,应当选择对称的基本结构,并选取对称力或反对称力作为多余未知力。以图 12.6.3(a)所示刚架为例,若在横梁上沿对称轴的截面切开,便得到一个对称的基本结构(图 12.6.3(b)),图 12.6.3(c)所示为相应的基本体系。三对多余未知力 X_1(弯矩)、X_2(轴力)、X_3(剪力)中,X_1、X_2 为对称力,X_3 为反对称力。

1. 简化副系数计算

基本结构在荷载及 X_1、X_2、X_3 共同作用下,切口两侧截面的相对转角、相对水平位移和相对竖向位移分别等于零。力法的典型方程可写为

$$\begin{cases} \delta_{11}X_1 + \delta_{12}X_2 + \delta_{13}X_3 + \Delta_{1P} = 0 \\ \delta_{21}X_1 + \delta_{22}X_2 + \delta_{23}X_3 + \Delta_{2P} = 0 \\ \delta_{31}X_1 + \delta_{32}X_2 + \delta_{33}X_3 + \Delta_{3P} = 0 \end{cases} \qquad (a)$$

图 12.6.3(d)、(e)、(f)所示为各单位未知力作用下的弯矩图和变形图。显然,对称单位

未知力 $X_1=1$ 和 $X_2=1$ 所产生的弯矩图和变形图是正对称的,反对称单位未知力 $X_3=1$ 所产生的弯矩图和变形图是反对称的。

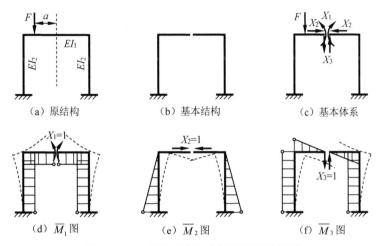

图 12.6.3　利用对称性求解刚架的过程图

因此,典型方程的副系数为

$$\delta_{13}=\delta_{31}=\int\frac{\overline{M}_1\overline{M}_3}{EI}\mathrm{d}s=0,\quad \delta_{23}=\delta_{32}=\int\frac{\overline{M}_2\overline{M}_3}{EI}\mathrm{d}s=0$$

于是,力法典型方程(a)简化为

$$\begin{cases}\delta_{11}X_1+\delta_{12}X_2+\Delta_{1P}=0\\ \delta_{21}X_1+\delta_{22}X_2+\Delta_{2P}=0\\ \delta_{33}X_3+\Delta_{3P}=0\end{cases}\tag{b}$$

从力法方程(b)中可以看出,力法方程已分为两组:前两式仅包含对称未知力 X_1、X_2,第三式仅包含反对称未知力 X_3。

一般来说,采用力法计算任何对称结构时,只要选取的基本未知力都是对称力或反对称力,则力法方程必然分解成独立的两组,其中一组只包含对称未知力,另一组只包含反对称未知力,原来的高阶方程组分解为两个低阶方程组,因而计算得到简化。

2. 简化自由项计算

当对称结构上作用有任意荷载时,可以把荷载分解为正对称荷载和反对称荷载分别计算,然后将两者所得的内力叠加,最后得到原结构的内力。

(1) 正对称荷载作用下(图 12.6.2(a)),采用对称的基本结构,荷载单独作用下的弯矩 M_P' 图是正对称的,如图 12.6.4(a)所示。由于 $\overline{M}_3$ 图是反对称的(图 12.6.3(f)),因此,力法方程(b)中自由项

$$\Delta_{3P}=\int\frac{\overline{M}_3 M_P'}{EI}\mathrm{d}s=0$$

代入力法方程(b)的第三式,可知 $X_3=0$。由力法方程(b)中前两式计算正对称未知力 X_1 和 X_2。由此可知,对称结构在对称荷载作用下反对称未知力为零,结构的内力和变形也是正对称的。

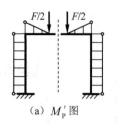
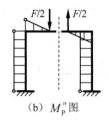

$$(a)\ M'_P\ 图 \qquad\qquad (b)\ M''_P\ 图$$

图 12.6.4　利用对称性求解刚架的过程图

（2）在反对称荷载作用下（图 12.6.2(b)），仍采用对称的基本结构，荷载单独作用下的弯矩 M''_P 图是反对称的，如图 12.6.4(b)所示。由于 $\overline{M}_1$ 和 $\overline{M}_2$ 图是正对称的（图 12.6.3 (d)、(e)），因此，力法方程(b)中自由项

$$\Delta_{1P}=\int \frac{\overline{M}_1 M''_P}{EI}\mathrm{d}s=0,\quad \Delta_{2P}=\int \frac{\overline{M}_2 M''_P}{EI}\mathrm{d}s=0$$

代入力法方程(b)的前两式，可知 $X_1=0,X_2=0$。由力法方程(b)中第三式计算反对称未知力 X_3。由此可知，对称结构在反对称荷载作用下正对称未知力为零，结构的内力和变形也是反对称的。

根据以上分析，可得出如下结论：

（1）从受力角度，对称结构在对称荷载作用下，只有对称的支反力和内力，反对称的未知力必等于零；对称结构在反对称荷载作用下，只有反对称的支反力和内力，对称的未知力必等于零。

（2）从变形角度，对称结构在对称荷载作用下，只有对称的变形及位移，反对称的变形及位移为零；对称结构在反对称荷载作用下，只有反对称的变形及位移，对称的变形及位移为零。

12.6.4　选取半边结构计算——简化方法之二

根据对称结构在正对称荷载和反对称荷载作用下的受力和变形特性，可截取结构的一半进行计算。下面分别对奇数跨和偶数跨两种刚架在正对称荷载和反对称荷载作用下半边结构（简称半结构）取法进行说明。

1. 奇数跨对称结构

如图 12.6.5(a)所示刚架，在正对称荷载作用下，只产生正对称的内力和位移，故在对称轴上的截面 C 处只有对称内力——轴力和弯矩，而没有反对称的剪力；截面上不可能产生转角和水平线位移，但有竖向位移。因此，截取半边刚架时，在该截面处可用一个定向支座来代替原有的约束，得到图 12.6.5(b)所示半刚架的计算简图。

如图 12.6.5(c)所示刚架，在反对称荷载作用下，只产生反对称的内力和位移，故在对称轴上的截面 C 处不可能产生竖向位移，但产生转角和水平线位移。从受力情况看，截面上轴力和弯矩均为零，只有反对称内力——剪力。因此，截取半边刚架时，在该截面处可用一个竖向支承链杆来代替原有的约束，得到图 12.6.5(d)所示半刚架的计算简图。

2. 偶数跨对称结构

偶数跨对称结构在对称轴处有一竖柱，因此其受力和变形情况与奇数跨不同。

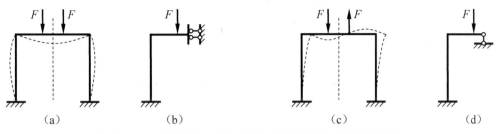

图 12.6.5　对称结构在对称荷载与反对称荷载作用下的简化

如图 12.6.6(a)所示刚架,在正对称荷载作用下,若忽略杆件的轴向变形,则刚架在对称轴上的刚结点 C 处不仅无转角和水平位移,也无竖向位移。同时,在该处的横梁杆端内力有弯矩、轴力和剪力。因此,截取半刚架时,在该处用一个固定支座代替,得到图 12.6.6(b)所示半边刚架的计算简图。

如图 12.6.6(c)所示刚架,可将中间柱设想为由两根惯性矩各为 $I/2$ 的竖柱组成,它们在顶端分别与横梁刚接,如图 12.6.6(e)所示。设将此两柱中间的横梁截开,由于荷载是反对称的,故截面上只有剪力 F_{SC}(图 12.6.6(f))。当不考虑轴向变形时,这一对剪力 F_{SC} 对其他各杆均不产生内力,而只使对称轴两侧的两根竖柱产生大小相等而性质相反的轴力,由于原有中间柱的内力是这两根竖柱的内力之和,故剪力 F_{SC} 对原结构的内力和变形都无影响。于是可将其略去而取一半刚架计算简图,如图 12.6.6(d)所示。

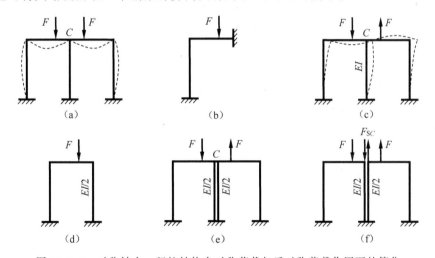

图 12.6.6　对称轴有一竖柱结构在对称荷载与反对称荷载作用下的简化

归纳起来,利用对称性进行简化计算的要点如下。

(1)采用对称的基本体系,将基本未知量分为对称未知力和反对称未知力两组:①在对称荷载作用下,只考虑对称未知力(反对称未知力等于零);②在反对称荷载作用下,只考虑反对称未知力(对称未知力等于零);③非对称荷载可分解为对称荷载与反对称荷载的叠加。

(2)取半结构进行计算。对称结构可分为奇数跨和偶数跨两种情形,它们在对称荷载和反对称荷载作用下在对称轴上的变形和内力是不同的。此外,采用半结构简化计算时,荷载必须是对称荷载或反对称荷载。如果是非对称荷载,则必须可分解为对称荷载和反对称荷载两种情形,分别采用半结构进行计算,然后叠加得到最后的结果。

【**例 12.6.1**】 试作图 12.6.7(a)所示刚架在水平力 F 作用下的弯矩图,已知 EI 为常数。不计剪力和轴力对变形的影响。

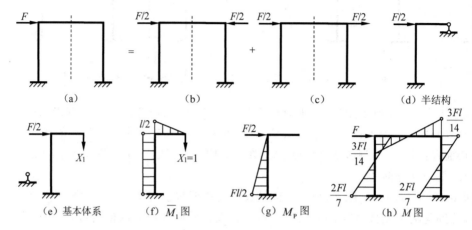

图 12.6.7　例 12.6.1 图

【**解**】 此结构为一对称的三次超静定刚架,荷载 F 是非对称荷载。可将荷载 F 分为对称荷载和反对称荷载两组,如图 12.6.7(b)、(c)所示。

在对称荷载作用下(图 12.6.7(b)),如果忽略横梁的轴向变形,则横梁只受轴向压力 $F/2$ 作用,其他杆件的内力为零。因此,为了作图 12.6.7(a)所示刚架的弯矩图,只需求图 12.6.7(c)中刚架的弯矩图。

(1) 选取基本体系。

根据对称结构受反对称荷载作用的受力和变形特点,取其半结构进行分析。该半结构为一次超静定刚架,如图 12.6.7(d)所示。解除其中的竖向链杆约束,代以多余未知力 X_1,得到基本体系如图 12.6.7(e)所示。

(2) 列力法典型方程。

根据基本结构在多余未知力 X_1 和荷载的共同作用下,多余约束处竖向位移为零的条件列方程,即力法的方程为

$$\delta_{11}X_1 + \Delta_{1P} = 0$$

(3) 计算系数和自由项。

分别绘制基本结构在 $X_1=1$ 和荷载单独作用下的 $\overline{M}_1$ 图和 M_P 图,如图 12.6.7(f)、(g)所示。利用图乘法计算系数和自由项,得

$$\delta_{11} = \frac{1}{EI} \times \left(\frac{l}{2} \times l \times \frac{l}{2} + \frac{1}{2} \times \frac{l}{2} \times \frac{l}{2} \times \frac{2}{3} \times \frac{l}{2} \right) = \frac{7l^3}{24EI}$$

$$\Delta_{1P} = \frac{1}{EI} \times \left(\frac{1}{2} \times \frac{F_P l}{2} \times l \times \frac{l}{2} \right) = \frac{F_P l^3}{8EI}$$

(4) 由力法方程求多余未知力。

将系数和自由项代入力法方程,得

$$X_1 = -\frac{\Delta_{1P}}{\delta_{11}} = -\frac{3F_P}{7}$$

（5）作弯矩图。

由叠加公式 $M = \overline{M}_1 X_1 + M_P$，画出半刚架的弯矩图，再根据对称结构受反对称荷载作用弯矩具有反对称的特点，画出另外半刚架的弯矩图，从而得到原刚架的弯矩图如图 12.6.7(h) 所示。

对一般荷载作用下的对称结构，若先对荷载进行分组，再分别按正对称和反对称荷载作用下取出相应的半结构以适当方法求解，就能使计算得到简化。本例题中，正对称荷载作用下仅有横梁产生轴力，各杆弯矩均为零，只需计算反对称荷载作用时的弯矩，所得结果即为原结构的弯矩。

【例 12.6.2】 试作图 12.6.8 所示刚架的弯矩图。计算时略去剪力和轴力对变形的影响。

【解】 求解过程请扫描对应的二维码获得。

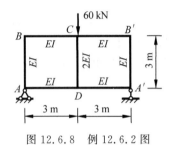

图 12.6.8 例 12.6.2 图   例 12.6.2 的求解过程

12.7 超静定结构的位移计算

超静定结构的位移计算与静定结构的位移计算相同，仍采用以虚功原理为基础的单位荷载法。计算超静定结构的位移时，绘制超静定结构在荷载作用下的内力图和虚设单位力作用下的内力图，需按力法计算两次超静定结构的内力图，计算比较麻烦。为了简化计算，可利用基本结构在荷载和多余未知力共同作用下其内力和变形均与原结构相同这一原理，将原来求超静定结构位移的问题转化为基本结构（静定结构）的位移计算问题，即在按力法求出原结构的多余未知力后，将它与原有荷载均视为相应基本结构的外载，然后再计算此基本结构的位移。因此，计算超静定结构的位移，可以在其基本结构上进行。由于原超静定结构的内力和位移并不因所取的基本结构不同而改变，所以，在计算超静定结构的位移时，可将虚设的单位力加在任一基本结构（静定结构）上。为使计算简化，通常可选取单位内力图比较简单的基本结构。

综上所述，计算超静定结构位移的步骤如下：

（1）计算超静定结构在荷载或其他因素影响下的内力，绘制内力图；

（2）选取适当的基本结构，在该基本结构上虚设相应的单位力并求解内力，绘制内力图；

（3）按位移计算公式或图乘法计算所求位移。

位移计算的一般公式为

$$\Delta = \sum \int \frac{\overline{F}_N F_N}{EA} ds + \sum \int \frac{k \overline{F}_S F_S}{GA} ds + \sum \int \frac{\overline{M} M_P}{EI} ds + \sum \int \overline{M} \frac{\alpha \Delta t}{h} ds +$$

$$\sum\int\overline{F}_{N}\alpha t_{0}ds - \sum\overline{F}_{Rk}c_{k}$$

【例 12.7.1】 试求图 12.7.1(a)所示刚架 C 截面的转角 θ_C。

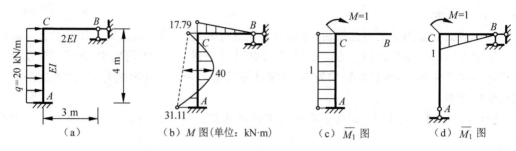

图 12.7.1　例 12.7.1 图

【解】 图 12.7.1(a)所示刚架的弯矩图已在例 12.4.2 中求得,如图 12.7.1(b)所示。

(1) 选取图 12.7.1(c)所示的悬臂刚架作为基本结构。

在基本结构的 C 点加一单位力偶 $M=1$,并作出单位弯矩图 $\overline{M}_1$,如图 12.7.1(c)所示。应用图乘法计算,C 截面的转角为

$$\theta_C = \sum\int\frac{\overline{M}M_P}{EI}ds$$

$$= \frac{1}{EI}\left[\frac{1}{2}\times(17.79\ \text{kN}\cdot\text{m}+31.11\ \text{kN}\cdot\text{m})\times 4\ \text{m}\times 1 - \frac{2}{3}\times 4\ \text{m}\times 40\ \text{kN}\cdot\text{m}\times 1\right]$$

$$= -\frac{8.9\ \text{kN}\cdot\text{m}^2}{EI}(\circlearrowleft)$$

(2) 选取图 12.7.1(d)所示的简支刚架作为基本结构。

在基本结构的 C 点加一单位力偶 $M=1$,并作出单位弯矩图 $\overline{M}_1$,如图 12.7.1(d)所示。采用图乘法计算,C 截面的转角为

$$\theta_C = \sum\int\frac{\overline{M}M_P}{EI}ds = -\frac{1}{2EI}\left(\frac{1}{2}\times 17.79\ \text{kN}\cdot\text{m}\times 3\ \text{m}\times\frac{2}{3}\times 1\right)$$

$$= -\frac{8.9\ \text{kN}\cdot\text{m}^2}{EI}(\circlearrowleft)$$

本例题中,选取两种不同的基本结构,所得 C 截面的转角是相同的。

【思考】 如何选取基本结构以使计算简便? 还可以选用其他的形式作为基本结构吗?

【例 12.7.2】 图 12.7.2 所示为 A 端固定、B 端铰支的等截面梁,已知支座 A 发生顺时针转动,转角为 φ,支座 B 发生下沉,下沉量为 a,求梁跨中的挠度。

【解】 求解过程请扫描对应的二维码获得。

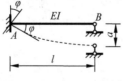

图 12.7.2　例 12.7.2 图

例 12.7.2 的求解过程

12.8 超静定结构计算结果的校核

超静定结构的计算具有计算过程长、运算繁和易出错等特点,因此,计算结果的校核工作十分重要。

校核工作可以从以下三个方面进行。

1. 计算过程的校核

应根据计算的各个阶段按步骤进行,要求每一步必须正确。

(1) 超静定次数的判断是否正确,选择的基本结构是否几何不变。

(2) 基本结构的荷载内力图及单位内力图是否正确。

(3) 系数和自由项的计算(包括用图乘法计算时各杆的 A、y_0 及杆件的 EI 值)是否有误。

(4) 求解力法方程是否正确,解出多余未知力 X_i 后应代回原方程,检查是否满足。

(5) 最后校核内力图,应从变形条件和平衡条件两个方面进行。

2. 利用平衡条件校核(必要条件)

校核刚架弯矩图通常可取刚架结点为隔离体,检查其上作用的内、外力矩是否满足 $\sum M = 0$ 的平衡条件;校核刚架的剪力图和轴力图,可选取结点、杆件或结构的一部分为隔离体,检查是否满足 $\sum F_x = 0$ 和 $\sum F_y = 0$ 的投影平衡条件。对于桁架,则可用结点法和截面法进行检查。对于刚架,也可用弯矩、剪力与荷载集度之间的微分关系判断内力图是否正确。

有必要指出,多余未知力的求得是根据变形条件,而不是根据力的平衡条件,即使多余未知力求错了,而据此绘出的内力图也可以是平衡的。因此,平衡条件的校核仅仅是必要条件。

3. 根据已知变形条件校核(充分条件)

在超静定结构符合平衡条件的各种解答中,唯一正确的解答必须满足原结构的变形条件。只有通过变形条件的校核,超静定结构内力解答的正确性才是充分的。这是校核的重点所在。

实用上,常采用以下方法进行变形条件校核:根据已求得的原结构弯矩图,计算原结构某一截面的位移,校核它是否与实际的已知的变形情况相符(一般常选取广义位移为零或为已知值处)。若相符,表明满足变形条件;若不相符,则表明多余未知力计算有误。

【例 12.8.1】 已知图 12.8.1(b)、(c)、(d)为图 12.8.1(a)所示刚架的内力图,试对这些内力图进行校核。

【解】 求解过程请扫描对应的二维码获得。

【例 12.8.2】 试校核如图 12.8.2 所示封闭刚架的弯矩图的正确性。已知 EI 为常数。

【解】 求解过程请扫描对应的二维码获得。

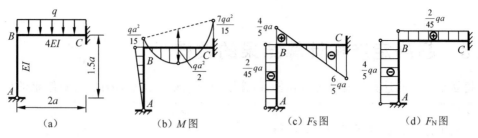

图 12.8.1   例 12.8.1 图

例 12.8.1 的求解过程

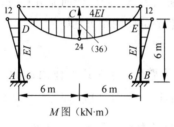

M 图 (kN·m)

图 12.8.2   例 12.8.2 图

例 12.8.2 的求解过程

12.9   超静定结构的特性

与静定结构比较,超静定结构具有以下一些重要特性。

(1) 超静定结构是具有多余约束的几何不变体系。

从体系的几何构造上看,无多余约束的几何不变体系是静定的,为静定结构;有多余约束的几何不变体系是静不定的,为超静定结构。从几何构造角度看,多余约束的存在是超静定结构区别于静定结构的主要特征。

(2) 仅由静力平衡条件不能完全确定超静定结构全部的内力和反力,满足超静定结构平衡条件和变形条件的内力解答是唯一的。

对于静定结构,满足平衡条件的内力解答是唯一的,即仅由平衡条件可以求出全部内力和反力。而超静定结构由于有多余约束存在,满足平衡条件的内力解答有无穷多种,即仅由平衡条件求不出全部内力和反力,必须考虑变形条件,即综合应用超静定结构的平衡条件和数量与多余约束力相等的变形条件(即补充变形协调方程)后才能求得唯一的内力解答。力法典型方程实质就是超静定结构的变形条件。

(3) 超静定结构在荷载作用下的内力与各杆的相对刚度有关,而与其绝对值无关。

由于超静定结构的内力须由平衡条件和变形条件求解,而结构的变形与各杆的刚度(弯曲刚度 EI、拉压刚度 EA 等)有关,因此,如果按同一比例增加或减小各杆刚度的绝对值,则力法典型方程中各系数和自由项的比值将保持不变,内力不受刚度绝对值的影响。反之,如果不按同一比例增加或减小各杆刚度的绝对值,则力法典型方程中的各系数和自由项的比值将发生改变,内力数值也因各杆的相对刚度比发生改变而变化。

(4) 超静定结构在非荷载因素(温度变化、支座位移、杆件制造误差等)作用下会产生内力。

由于超静定结构具有多余约束,温度变化、支座位移、杆件制造误差等非荷载因素在超静定结构中也会引起内力(称自内力),而非荷载因素在静定结构中不会引起内力。

自内力状态的存在有不利的一面,也有有利的一面。地基不均匀沉降和温度变化等因素产生的自内力会引起结构裂缝,这是工程中应注意防止的一个问题;为了减小自内力对结构的不利影响,有时可以采用设置温度缝、沉降缝等构造措施来解决,而采用预应力结构则是主动利用自内力来调节结构截面应力的典型例子。

自内力与各杆刚度的绝对值有关,各杆刚度的绝对值增大,内力一般也随之增大。

(5) 超静定结构比静定结构具有较强的防御能力。

超静定结构由于具有多余约束,与相应的静定结构相比,其位移较小,结构的内力分布比较均匀,内力峰值较静定结构小,刚度和稳定性都有所提高。超静定结构在部分或全部多余约束破坏后仍为几何不变体系,能继续承受荷载;而静定结构则不同,静定结构中任一约束的破坏都将导致整个结构变为几何可变体系,从而发生结构破坏,丧失承载能力。因此,从抵抗突然破坏的观点来说,超静定结构比静定结构具有较强的防御能力。

(6) 超静定结构的内力和变形分布比较均匀。

静定结构由于没有多余约束,一般内力分布范围小,且内力峰值大;结构变形大、刚度小。而超静定结构由于存在多余约束,较之相应静定结构,其内力分布范围大,内力峰值小;结构变形小,刚度大。

选择题

12-1 图示结构的超静定次数为( )。

    A. 7   B. 6   C. 5   D. 4

12-2 用力法计算图示结构时,可能使其典型方程中副系数为零的力法基本结构是( )。

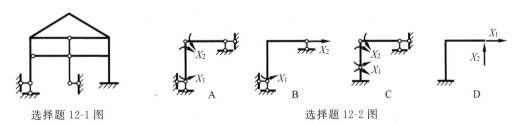

选择题 12-1 图   选择题 12-2 图

12-3 图示对称结构,其半结构计算简图为( )。

12-4 图中 A~D 所示结构均可作为图(a)所示结构的力法基本结构,其中力法计算最为简便的基本结构是( )。

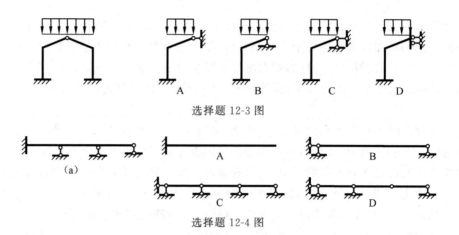

选择题 12-3 图

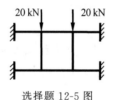

(a)

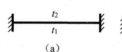

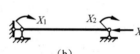

选择题 12-4 图

12-5　图示超静定结构，力法计算时基本未知量的数目最少的是(　　)。

A. 12　　　　　　　B. 9　　　　　　　C. 8　　　　　　　D. 3

12-6　图(a)所示结构，t_1、t_2 为升温，且 $t_1 > t_2$，图(b)中 X_1、X_2、X_3 为力法基本未知量，则应有(　　)。

A. $X_1 < 0, X_2 > 0$　　　　　　　　B. $X_1 > 0, X_2 < 0$

C. $X_1 > 0, X_2 > 0$　　　　　　　　D. $X_1 < 0, X_2 < 0$

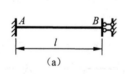

选择题 12-5 图

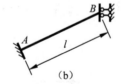

选择题 12-6 图

12-7　图(a)、(b)所示两结构，不计轴向变形。当 A 支座顺时针产生单位角位移时，图(a)和(b)中弯矩 M_{AB}^{a} 与 M_{AB}^{b} 之间的关系为(　　)。

A. $M_{AB}^{a} = M_{AB}^{b}$　　　　　　　B. $M_{AB}^{a} > M_{AB}^{b}$

C. $M_{AB}^{a} < M_{AB}^{b}$　　　　　　　D. $M_{AB}^{a} = -M_{AB}^{b}$

选择题 12-7 图

12-8　超静定结构在温度改变作用下，力法典型方程中的系数和自由项与结构刚度之间的关系是(　　)。

A. 系数和自由项均与结构刚度有关

B. 系数与结构刚度有关，自由项与结构刚度无关

C. 系数与自由项均与结构刚度无关

D. 系数与结构刚度无关，自由项与结构刚度有关

12-9　图(a)所示结构的弯矩图为(　　)。

A. 图(b)　　　　B. 图(c)　　　　C. 图(d)　　　　D. 都不对

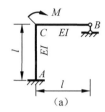
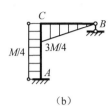
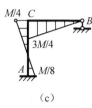
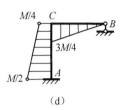

选择题 12-9 图

12-10　图(a)所示结构的弯矩图为(　　)。

A. 图(b)　　　　B. 图(c)　　　　C. 图(d)　　　　D. 都不对

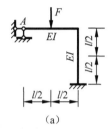
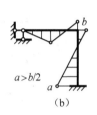
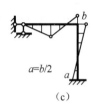
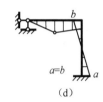

选择题 12-10 图

习题

12-1　试确定图示各种结构的超静定次数。

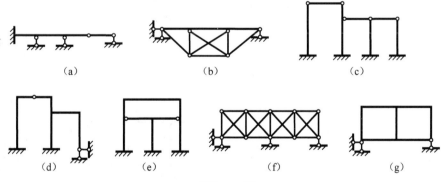

习题 12-1 图

12-2　用力法计算图示各超静定梁,作出弯矩图和剪力图。

12-3　用力法计算图示各超静定梁,作出弯矩图和剪力图,已知梁的 EI 为常数。

12-4　用力法计算图示各刚架,并绘制内力图。

12-5　用力法计算图示各结构,并绘制 M 图。已知 EI 为常数。

12-6　利用对称性作图示各刚架的弯矩图。

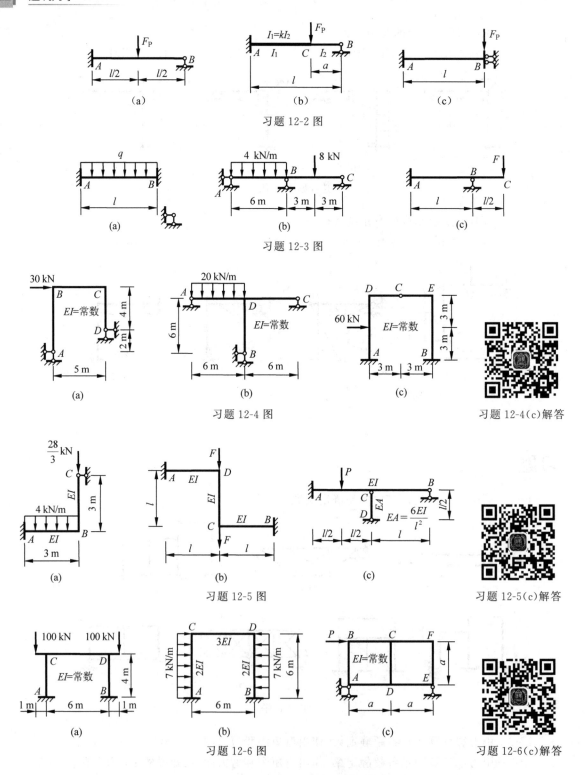

习题 12-2 图

习题 12-3 图

习题 12-4 图

习题 12-4(c)解答

习题 12-5 图

习题 12-5(c)解答

习题 12-6 图

习题 12-6(c)解答

12-7 试利用对称性计算图示各结构,并绘制 M 图,未标注杆件的弯曲刚度者,其弯曲刚度均为 EI。

12-8 作图示结构的弯矩图。

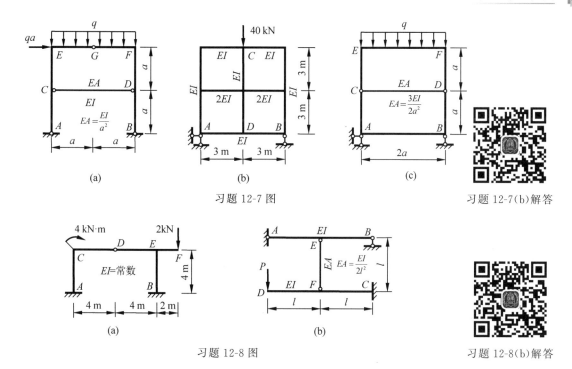

习题 12-7 图

习题 12-7(b)解答

习题 12-8 图

习题 12-8(b)解答

12-9 用力法计算图示桁架各杆的轴力,已知各杆 EA 为常数。

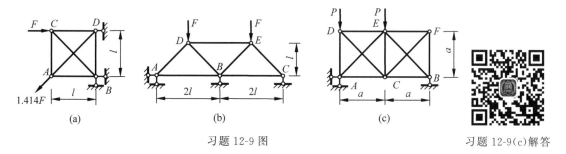

习题 12-9 图

习题 12-9(c)解答

12-10 用力法计算图示排架,并绘制弯矩图。

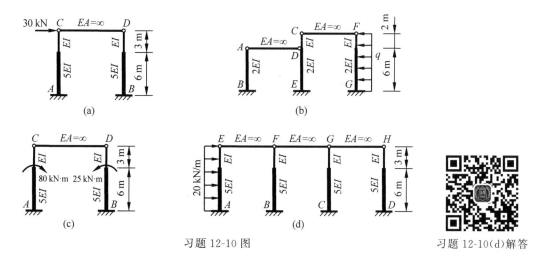

习题 12-10 图

习题 12-10(d)解答

12-11 用力法计算图示组合结构,若取 $EI = 0.1E_1A_1$,作弯矩图并求各杆轴力。

12-12 用力法计算图示组合结构,作弯矩图并计算各杆轴力。已知各杆刚度为:AB 杆,$EI = 1.5 \times 10^4$ kN·m^2;AD 杆和 BD 杆,$EA = 2.6 \times 10^5$ kN;CD 杆,$EA = 2.0 \times 10^5$ kN。

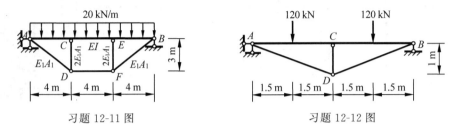

习题 12-11 图   习题 12-12 图

12-13 试求图示结构((a)、(b)支座移动,(c)将 C、D 连接在一起)引起的内力,并作弯矩图。

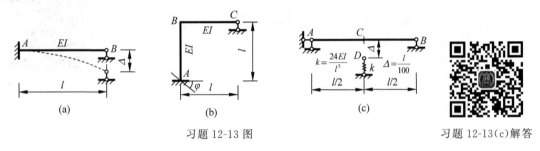

习题 12-13 图   习题 12-13(c)解答

12-14 试作图示结构的弯矩图,并求 C 点的竖向位移。已知 EI 为常数。

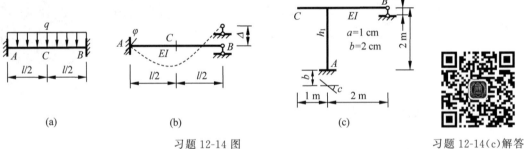

习题 12-14 图   习题 12-14(c)解答

12-15 试作图示结构的弯矩图,并求 C 点的转角。已知 EI 为常数。

12-16 结构的温度变化如图所示。已知各杆均为矩形截面,且截面高 $h = \dfrac{l}{10}$,线膨胀系数为 α,EI 为常数,试作弯矩图。

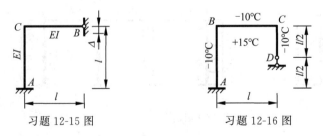

习题 12-15 图   习题 12-16 图

12-17 图示结构因制造误差使杆件 CD 增长了 λ，试求由此引起的弯矩图。设 CD 杆的 $EA = 3EI/l^3$。

12-18 图示刚架的 EI 为常数，两弹性支座的刚度 $k = \dfrac{3EI}{l^3}$，试绘制其弯矩图。

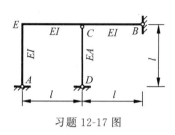

习题 12-17 图

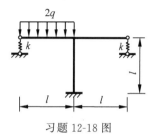

习题 12-18 图

12-19 计算图示连续梁，作剪力图和弯矩图，求出各支座反力，并计算 K 点的竖向位移和截面 C 的转角。

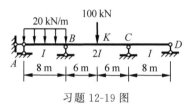

习题 12-19 图

第 12 章客观题答案

茅以升 简介

第13章

位移法

13.1 位移法的基本概念

对于线弹性结构,结构的内力和位移之间存在着一一对应的关系,确定的内力只与确定的位移相对应。因此,在分析超静定结构时,既可以先设法求出内力,然后再计算相应的位移,这便是力法;也可以反过来,先确定某些结点的位移,再据此推求内力,这便是位移法。

力法与位移法的基本区别:①力法是以结构中的多余未知力(支座反力或内力)为基本未知量,而位移法则是以结点的独立位移(角位移或线位移)为基本未知量;②力法是把超静定结构拆成静定结构(即基本结构),作为其计算单元,而位移法则是把结构拆成杆件,作为其计算单元。

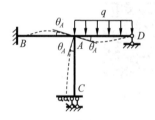

图 13.1.1　刚结点只有角位移的刚架

例如图 13.1.1 所示刚架的位移。该刚架在均布荷载 q 作用下发生如虚线所示变形。由于结点 A 为刚结点,杆件 AB、AC、AD 在结点 A 处产生相同的转角 θ_A。若略去受弯直杆的轴向变形,可近似认为三杆长度不变,因而结点 A 没有线位移。

对于 AB 杆,可以看作一根两端固定的梁,对于 AC 杆,可以看作一端固定、另一端定向支承的梁,它们均在固定端 A 处产生转角 θ_A。对于 AD 杆,则可以看作一端固定一端铰支的梁,除了受到均布荷载 q 作用外,固定端 A 处还产生转角 θ_A。其内力可用力法算出。可见,在计算刚架时,若以结点 A 的转角为基本未知量,只要设法首先求出 θ_A,则各杆的内力均可随之确定。因此,对整个结构来说,求解的关键就是如何确定基本未知量 θ_A 的值。

又如,图 13.1.2(a)所示的既有转角又有线位移的刚架。设该刚架在水平荷载作用下,结点 A 产生转角 θ_A 和水平位移 Δ_A,结点 B 产生转角 θ_B 和水平位移 Δ_B。若从刚架中取出杆件 AB,其内力和变形图如图 13.1.2(b)所示,杆端产生杆端弯矩 M_{AB} 及 M_{BA}、杆端剪力 F_{SAB} 及 F_{SBA}、轴力 F_{NAB} 及 F_{NBA},以及杆端转角 θ_A 及 θ_B 和相对线位移 Δ_{AB}(在 AB 杆平移 Δ_A 到达 A_1B_1 位置过程中不产生内力)。显然,这一内力和变形图又可等效地转化为如图 13.1.2(c)所示的两端固定的单跨梁 A_1B_1 在荷载及转角 θ_A、θ_B 和相对线位移 Δ_{AB} 作用下的受力和变形图。如果 θ_A、θ_B 和 Δ_{AB} 已知,则杆件 AB 的内力也可用力法求得。

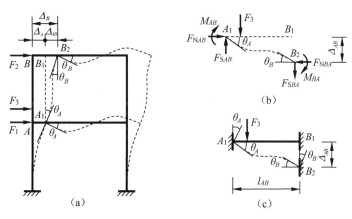

图 13.1.2　有侧移的刚架

上述两例说明：只要将结构中某些结点的角位移和线位移（即各杆端的转角和线位移）先行求出，则各杆的内力就可以完全确定。如以结点的独立位移作为基本未知量，则上述各单杆杆端的约束反力（亦即各单杆的杆端内力）就应是基本未知量及荷载的函数。将拆开的各杆组装成原结构时，应满足结点或截面平衡条件，从而可得出确定这些基本未知量的方程式。

由以上讨论可知，在利用位移法进行分析过程中，需要解决三个问题：①确定杆件的杆端内力与杆端位移及荷载之间的函数关系（即杆件分析或单元分析）；②选取结构上哪些结点位移作为基本未知量；③建立求解这些基本未知量的位移法方程（即整体分析）。这些问题将在以下各节中予以讨论。

13.2　等截面直杆的转角位移方程

如上所述，应用位移法需要解决的第一个问题就是确定杆件的杆端内力与杆端位移及荷载之间的函数关系，或称为杆件的转角位移方程。这是学习位移法的准备知识和重要基础。

本节利用力法的计算结果，由叠加原理导出三种常用等截面直杆的转角位移方程。

13.2.1　杆端内力和杆端位移的正负号规定

图 13.2.1 所示为一等截面直杆 AB 的隔离体，杆长为 l，杆件的弹性模量 E 和截面惯性矩 I 均为常数，杆端 A 和 B 的角位移分别为 θ_A 和 θ_B，A、B 两端在垂直于杆轴 AB 方向的相对线位移为 Δ，弦转角 $\varphi = \dfrac{\Delta}{l}$，杆端 A 和 B 的弯矩和剪力分别为 M_{AB}、M_{BA}、F_{SAB}、F_{SBA}。为了便于计算，在位移法中对杆端位移和杆端内力的正负号作如下规定：

1. 杆端内力的正负号规定

（1）杆端弯矩 M_{AB}、M_{BA} 对杆端而言，绕杆端顺时针方向转动为正，反之为负（注意：作用在结点上的外力偶，其正负号规定与此相同）；对结点或支座而言，则以逆时针转动为正,反之为负。

（2）杆端剪力 F_{SAB}、F_{SBA} 以使隔离体产生顺时针转动为正,反之为负。

2. 杆端位移的正负号规定

（1）杆端角位移 θ_A、θ_B 和弦转角 φ 均以顺时针为正,反之为负。

（2）杆端相对线位移 Δ 以杆的一端相对于另一端产生顺时针方向转动的为正,反之为负。

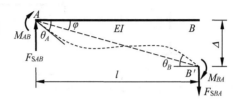

图 13.2.1　杆端内力和杆端位移的符号规定

13.2.2　单跨超静定梁的形常数

位移法中,常用到图 13.2.2 所示三种基本的等截面单跨超静定梁,它们在荷载、支座移动或温度变化作用下的内力可通过力法求得。

　（a）两端固定　　　　（b）一端固定一端铰支　　（c）一端固定一端
　　　　　　　　　　　　　　　　　　　　　　　　定向支承

图 13.2.2　三种基本的等截面单跨超静定梁

对于等截面直杆,将杆端沿某方向产生单位位移时引起的杆端力称为**刚度系数**；由于它们只是与杆件长度、截面几何形状和尺寸以及材料的弹性模量有关的常数,故又称为**形常数**,列入表 13.2.1 中。表中引入记号 $i = \dfrac{EI}{l}$,称为杆件的线刚度。

表 **13.2.1**　等截面直杆的形常数

编号	梁的简图	梁的弯矩图	弯矩		剪力	
			M_{AB}	M_{BA}	F_{SAB}	F_{SBA}
1			$4i$	$2i$	$-\dfrac{6i}{l}$	$-\dfrac{6i}{l}$
2			$-\dfrac{6i}{l}$	$-\dfrac{6i}{l}$	$\dfrac{12i}{l^2}$	$\dfrac{12i}{l^2}$
3			$3i$	0	$-\dfrac{3i}{l}$	$-\dfrac{3i}{l}$

续表

编号	梁的简图	梁的弯矩图	弯矩 M_{AB}	M_{BA}	剪力 F_{SAB}	F_{SBA}
4	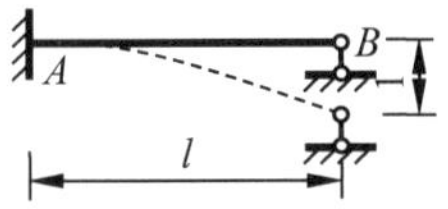	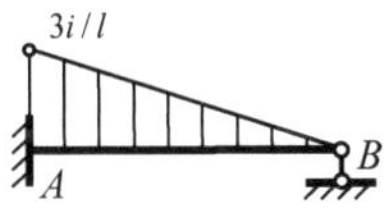	$-\dfrac{3i}{l}$	0	$\dfrac{3i}{l^2}$	$\dfrac{3i}{l^2}$
5	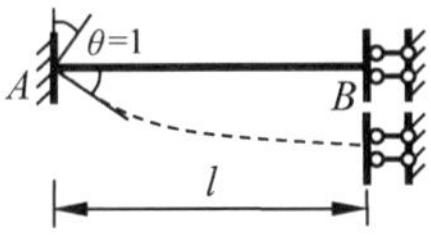	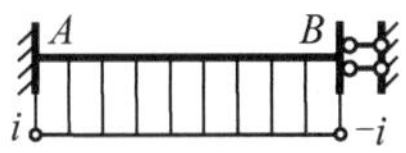	i	$-i$	0	0

13.2.3　单跨超静定梁的载常数

等截面直杆在荷载或温度等外部因素作用下引起的杆端内力常称为**固端内力**(包括固端弯矩和固端剪力)。AB 杆的固端弯矩用 M_{AB}^F 和 M_{BA}^F 表示,固端剪力用 F_{SAB}^F 和 F_{SBA}^F 表示。在给定杆件类型后,其数值只与荷载形式等有关,故称为**载常数**。同样,用力法可求得等截面直杆在各种荷载作用下的载常数。常见荷载和温度作用下的载常数列入表 13.2.2 中。

表 13.2.2　等截面直杆的载常数

类型	编号	梁的简图	梁的弯矩图	弯矩 M_{AB}^F	M_{BA}^F	剪力 F_{SAB}^F	F_{SBA}^F
两端固定梁	1	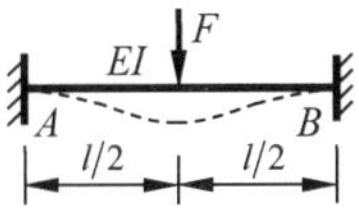	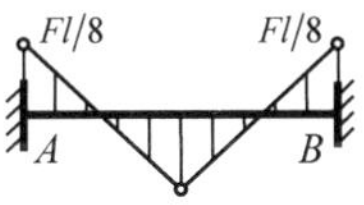	$-\dfrac{Fl}{8}$	$\dfrac{Fl}{8}$	$\dfrac{F}{2}$	$-\dfrac{F}{2}$
	2	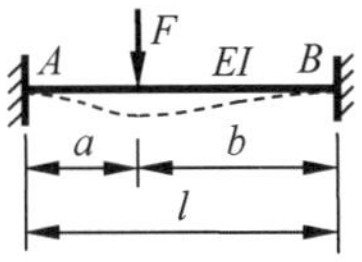	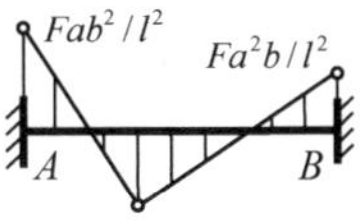	$-\dfrac{Fab^2}{l^2}$	$\dfrac{Fa^2b}{l^2}$	$\dfrac{Fb^2(l+2a)}{l^3}$	$\dfrac{Fa^2(l+2b)}{l^3}$
	3	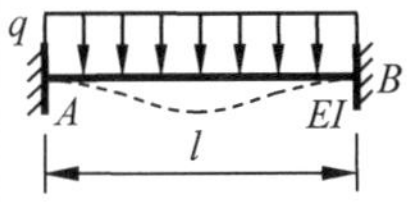	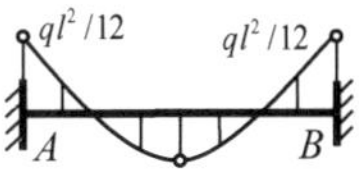	$-\dfrac{ql^2}{12}$	$\dfrac{ql^2}{12}$	$\dfrac{ql}{2}$	$-\dfrac{ql}{2}$
	4	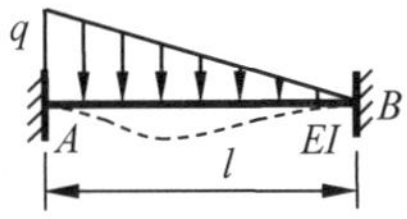	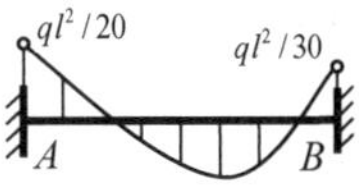	$-\dfrac{ql^2}{20}$	$\dfrac{ql^2}{30}$	$\dfrac{7ql}{20}$	$-\dfrac{3ql}{20}$

类型	编号	梁的简图	梁的弯矩图	弯　矩		剪　力	
				M_{AB}^F	M_{BA}^F	F_{SAB}^F	F_{SBA}^F
一端固定一端铰支梁	5	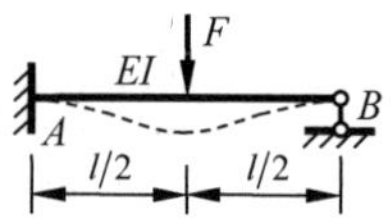	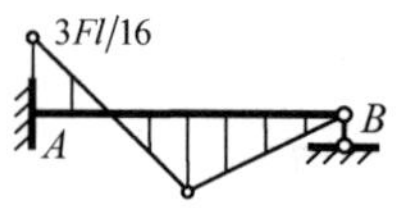	$\dfrac{3Fl}{16}$	0	$\dfrac{11F}{16}$	$-\dfrac{5F}{16}$
	6	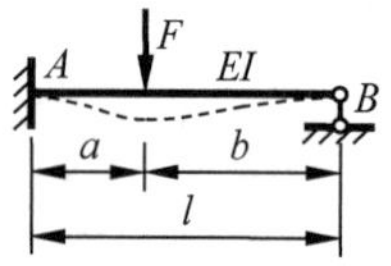	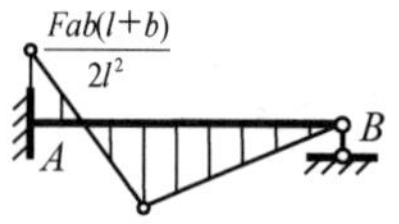	$-\dfrac{Fab(l+b)}{2l^2}$	0	$-\dfrac{Fb(3l^2-b^2)}{2l^3}$	$-\dfrac{Fa^2(2l+b)}{2l^3}$
	7	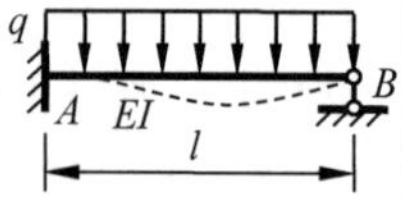	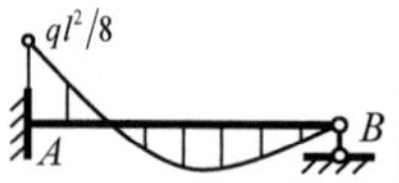	$\dfrac{ql^2}{8}$	0	$\dfrac{5ql}{8}$	$-\dfrac{3ql}{8}$
	8	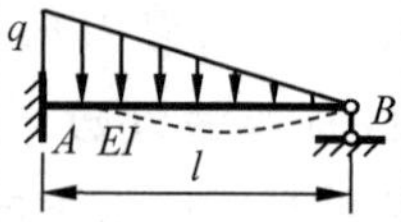		$\dfrac{ql^2}{15}$	0	$\dfrac{2ql}{5}$	$-\dfrac{ql}{10}$
一端固定一端定向支撑梁	9	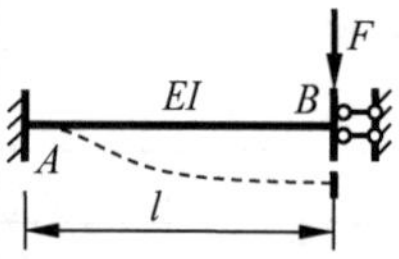	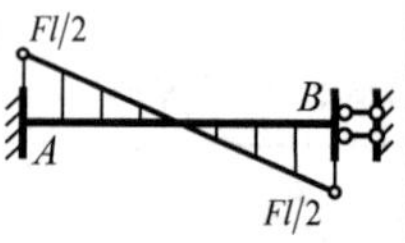	$-\dfrac{Fl}{2}$	$-\dfrac{Fl}{2}$	F	0
	10	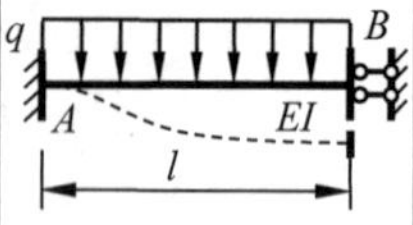	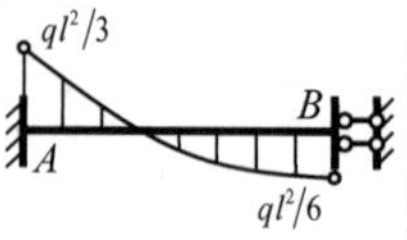	$-\dfrac{ql^2}{3}$	$\dfrac{ql^2}{6}$	ql	0
	11	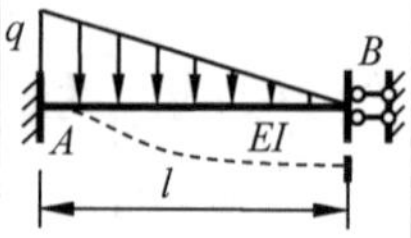	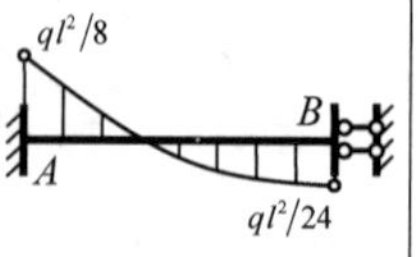	$-\dfrac{ql^2}{8}$	$-\dfrac{ql^2}{24}$	$\dfrac{ql}{2}$	0

　　形常数和载常数在后面章节中经常用到。在使用表 13.2.1 和表 13.2.2 时应注意，表中的形常数和载常数是根据图示的支座位移和荷载的方向求得的。当计算某一结构时，应根据其杆件两端实际的位移方向和荷载方向，判断形常数和载常数应取的正负号。

13.2.4　等截面直杆的转角位移方程

　　等截面直杆在各种荷载以及支座位移的共同作用下，其杆端力可根据叠加原理由表 13.2.1、表 13.2.2 中相应各栏的杆端力叠加得到。

1. 两端固定梁

图 13.2.3 所示两端固定的等截面直杆 AB，杆端 A 和 B 的角位移分别为 θ_A 和 θ_B，A、B 两端在垂直于杆轴 AB 方向的相对线位移为 Δ，梁上还作用有外荷载。梁 AB 在上述四种外因共同作用下的杆端弯矩，应等于 θ_A、θ_B、Δ 和荷载单独作用下的杆端弯矩的叠加。利用表 13.2.1 和表 13.2.2，可得杆端弯矩和剪力分别为

$$\begin{cases} M_{AB} = 4i\theta_A + 2i\theta_B - 6i\,\dfrac{\Delta}{l} + M_{AB}^F \\[2mm] M_{BA} = 2i\theta_A + 4i\theta_B - 6i\,\dfrac{\Delta}{l} + M_{BA}^F \end{cases} \tag{13.2.1}$$

$$\begin{cases} F_{SAB} = -\dfrac{6i}{l}\theta_A - \dfrac{6i}{l}\theta_B + \dfrac{12i}{l^2}\Delta + F_{SAB}^F \\[2mm] F_{SBA} = -\dfrac{6i}{l}\theta_A - \dfrac{6i}{l}\theta_B + \dfrac{12i}{l^2}\Delta + F_{SBA}^F \end{cases} \tag{13.2.2}$$

式中，线刚度 $i = \dfrac{EI}{l}$，其量纲为 $kN \cdot m$；Δ/l 称为杆件的弦转角，记为 β；M_{AB}^F 和 M_{BA}^F 为固端弯矩。式(13.2.1)就是两端固定梁的转角位移方程。实质上，它就是用形常数和载常数表达的杆端弯矩计算公式，反映了杆端弯矩与杆端位移及荷载之间的函数关系。

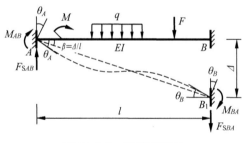

图 13.2.3 两端固定梁

2. 一端固定一端铰支梁

图 13.2.4 所示 A 端固定、B 端铰支的等截面直杆，A 端转角为 θ_A，A、B 两端的相对线位移为 Δ，梁上还作用有外荷载，根据叠加原理，利用表 13.2.1 和表 13.2.2，可得杆端弯矩和剪力分别为

$$\begin{cases} M_{AB} = 3i\theta_A - 3i\,\dfrac{\Delta}{l} + M_{AB}^F \\[2mm] M_{BA} = 0 \end{cases} \tag{13.2.3}$$

$$\begin{cases} F_{SAB} = -\dfrac{3i}{l}\theta_A + \dfrac{3i}{l^2}\Delta + F_{SAB}^F \\[2mm] F_{SBA} = -\dfrac{3i}{l}\theta_A + \dfrac{3i}{l^2}\Delta + F_{SBA}^F \end{cases} \tag{13.2.4}$$

3. 一端固定一端定向支承梁

图 13.2.5 所示 A 端固定、B 端定向支座支撑的等截面直杆，A 端转角为 θ_A，B 端转角

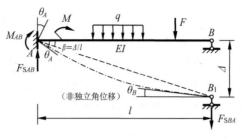

图 13.2.4   一端固定一端铰支梁

为 θ_B,梁上还作用有外荷载,根据叠加原理,利用表 13.2.1 和表 13.2.2,可得杆端弯矩和剪力分别为

$$\begin{cases} M_{AB} = i\theta_A - i\theta_B + M_{AB}^F \\ M_{BA} = -i\theta_A + i\theta_B + M_{BA}^F \end{cases} \tag{13.2.5}$$

$$\begin{cases} F_{SAB} = F_{SAB}^F \\ F_{SBA} = 0 \end{cases} \tag{13.2.6}$$

以上各式称为**等截面直杆的转角位移方程**。它们反映了杆端力与杆端位移以及所受荷载之间的关系。

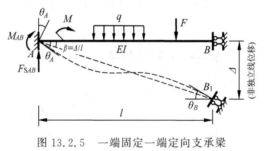

图 13.2.5   一端固定一端定向支承梁

13.3   位移法的基本未知量及确定方法

由于结构中的杆件是在结点处相互连接的,汇交于某刚结点处的各杆杆端位移必然相等,且等于结点位移。因此,在位移法中,基本未知量应是各结点的角位移和线位移。在计算时,应首先需要确定独立的结点角位移和线位移的数目。

13.3.1   位移法的基本未知量

位移法选取结点的独立位移(包括独立角位移和独立线位移)作为其基本未知量,并用广义位移符号 Z_i 表示。

13.3.2   确定位移法的基本未知量的数目

1. 位移法的基本未知量的总数目

位移法基本未知量的总数目(记作 n)等于结点的独立角位移数(记作 n_y)与独立线位

移数(记作 n_l)之和,即 $n = n_y + n_l$。

2. 结点独立角位移数

结点独立角位移数(n_y)一般等于刚结点数加上组合结点(半铰结点)数,但需注意,当有阶梯形杆截面改变处的转角或抗转动弹性支座的转角时,应一并计入在内。至于结构固定支座处,因其转角等于零或为已知的支座位移值;铰结点或铰支座处,因其转角不是独立的,所以都不作为位移法的基本未知量。

例如,图 13.3.1(a)所示结构,组合结点 B、刚结点 C、阶梯形杆截面改变处 D(可视为上段 AD 与下段 DE 的刚性结点)和抗转动弹性支座 G 处各有一个独立转角,分别用 Z_1、Z_2、Z_3 和 Z_4 标记,而铰 A 和固定支座 E、F 处均不予考虑,故该结构的 $n_y = 4$,如图 13.3.1(b)(用"↷"表示转角)所示。

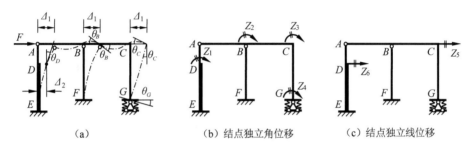

(a)　　　(b) 结点独立角位移　　　(c) 结点独立线位移

图 13.3.1　结点的独立角位移与独立线位移

3. 结点独立线位移数

1) 简化条件

为了减少结点独立线位移数(n_l),在此作出两点假设:①不考虑由于轴向变形引起的杆件的伸缩(同力法);②不考虑由于弯曲变形而引起的杆件两端的接近。因此,可认为这样的受弯直杆两端之间的距离在变形后仍保持不变,且结点线位移的弧线可用过该点垂直于杆件轴线的切线来代替。

例如,图 13.3.1(a)所示结构变形后,除产生上述四个独立转角外,结点 A、B、C 还将产生同一水平线位移 Δ_1(用 Z_5 标记)。另外,在结点 D 处还有一个水平线位移 Δ_2(用 Z_6 标记),如图 13.3.1(c)(用"⊞▶"表示线位移)所示。

2) 确定方法——铰化结点,增设链杆

在采用以上关于受弯直杆两端距离保持不变的假设后,结构中每一受弯直杆(相当于一根刚性链杆)对减少结点线位移个数的作用与平面铰结体系中链杆的作用是相同的。因此,在实用上,可以采用"铰化结点,增设链杆"的方法,来确定平面刚架的结点独立线位移数,即将刚架各刚结点、组合结点改为铰结点,并将固定支座改为铰支座,使原刚架变成链杆体系;然后,再在该链杆体系上增加适当数量的链杆(通常采用水平链杆和竖向链杆),使其成为几何不变体系,则所需增加的最少支座链杆数目(亦即经铰化后的链杆体系的自由度数目)即为原刚架的结点独立线位移数。

仍以图 13.3.1(a)所示刚架为例。经过"铰化"后的链杆体系如图 13.3.2(a)所示;由几何组成分析可知,该链杆体系的自由度为 2,即最少需设两根支座链杆才能使该链杆体系成为几何不变体系(图 13.3.2(b)),故原刚架有两个结点独立线位移,即 $n_l = 2$,如同前面图 13.3.1(c)所标记。这样,图 13.3.1(a)所示刚架的基本未知量总数即为 $n = n_y + n_l = 4 + 2 = 6$。将图 13.3.1(b)所示刚架的结点独立角位移和图 13.3.1(c)所示刚架的结点独立线位移加以汇总,即得图 13.3.2(c)所示刚架的全部基本未知量。

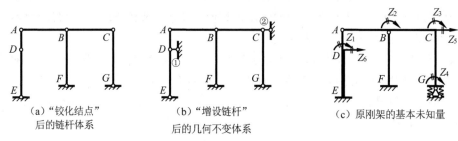

(a)"铰化结点"
后的链杆体系

(b)"增设链杆"
后的几何不变体系

(c)原刚架的基本未知量

图 13.3.2 结点独立角位移与线位移的确定

【说明】 ①当刚架中有需要考虑轴向变形($EA \neq \infty$)的二力杆时,需要考虑轴向变形,从而需要沿轴向变形增设一个基本未知量。②当刚架中有 $EI \rightarrow \infty$ 的刚性杆时(柱全部为竖直柱,与基础相连的刚性柱为固定支座),刚性杆两端的刚结点转角可不作为基本未知量。因为如果该杆两端的线位移确定了,则杆端的转角也就随之确定了。而刚性杆两端的线位移仍取决于整个刚架的结点线位移。对于刚性杆与基础固结处以及与其他刚性杆刚结处,在"铰化结点"时均不改为铰结,以反映刚片无任何变形的特点。

13.4 位移法的基本体系与位移法方程

针对应用位移法需要解决的第三个问题,本节将进一步讨论按照两种途径,如何建立位移法方程用以求解基本未知量的问题。

13.4.1 位移法的基本结构

用位移法计算结构时,须将其每根杆件均暂时视为如图 13.2.2 所示的基本单跨超静定梁。位移法的基本结构就是通过增加附加约束(包括附加刚臂和附加支座链杆)后,得到的三种基本超静定杆的综合体。

所谓附加刚臂,就是在每个可能产生独立角位移的刚结点和组合结点上人为加上的一个能阻止其角位移(但并不阻止其线位移)的附加约束,用三角符号"◣"表示。而附加支座链杆,就是在每个可能发生独立线位移的结点上沿线位移的方向人为加上的一个能阻止其线位移的附加约束。

例如,图 13.4.1(a)所示超静定刚架只有一个刚结点 A,所以只有一个结点角位移 Z_1,没有结点线位移。在结点 A 加一个控制结点 A 转动的约束(附加刚臂),这样得到的无结点位移的结构称为原结构的基本结构,如图 13.4.1(b)所示。

13.4.2 位移法的基本体系

把基本结构在荷载和基本未知位移共同作用下的体系称为原结构的基本体系。对于

图 13.4.1(a)所示刚架,其基本体系如图 13.4.1(c)所示。将原结构与基本体系加以比较,便可得出建立位移法方程的条件。

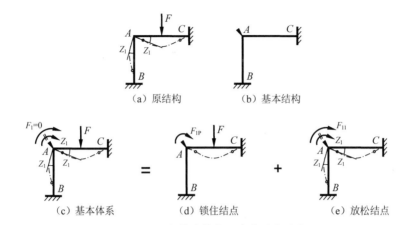

图 13.4.1　超静定结构基本体系的确定

位移法基本体系可看作:先在原结构有独立转角的结点 A 处人为加上一个附加刚臂(锁住结点),此时在原荷载作用下结点 A 无转角;然后再解除此刚臂,即令刚臂转动与原结构 A 处相同的转角 Z_1(放松结点),从而使基本体系的变形与原结构相同。

显然,从变形方面看,这样先"锁住"后"放松"结点的基本体系的位移与原结构完全一致。因此,图 13.4.1(c)所示基本体系的变形又可看作图 13.4.1(d)和图 13.4.1(e)两种变形的叠加;而附加刚臂的作用则是阻止或促使汇交于刚结点的各杆端产生转角。

13.4.3　位移法方程

从受力方面看,附加刚臂的作用则相当于作用在结点上的一个附加外力矩(简称反力矩,以顺时针为正)。

值得注意的是,原结构中并没有附加刚臂,当然也就不存在该反力矩。现在基本体系的位移既然与原结构完全一致,其受力也应完全相同。因此,基本结构在结点位移 Z_1 和荷载共同作用下,刚臂上的反力矩 F_1 必定为零(图 13.4.1(c))。设由 Z_1 和荷载所引起的刚臂上的反力矩分别为 F_{11} 和 F_{1P}(图 13.4.1(e)和图 13.4.1(d)),利用叠加原理,可写为 $F_1 = F_{11} + F_{1P} = 0$。其中,$F_{ij}$ 表示广义的附加反力矩(或反力),其中第一个下标表示该反力矩所属的附加约束,第二个下标表示引起反力矩的原因。设 k_{11} 表示由单位位移 $Z_1 = 1$ 所引起的附加刚臂上的反力矩,则有 $F_{11} = k_{11} Z_1$,故有

$$k_{11} Z_{11} + F_{1P} = 0 \tag{13.4.1}$$

这就是求解基本未知量 Z_1 的位移法基本方程,其实质是平衡条件。

为了求出系数 k_{11} 和自由项 F_{1P},可利用表 13.2.1 和表 13.2.2,在基本结构上分别作出荷载作用下的弯矩图(M_P 图)和 $Z_1 = 1$ 引起的弯矩图($\overline{M}_1$ 图),如图 13.4.2(a)、(b)所示。

在 $\overline{M}_1$ 图中取结点 A 为隔离体,由 $\sum M_A = 0$,得 $k_{11} - 4i - 4i = 0$,$k_{11} = 8i$。同理,在 M_P 图中取结点 A 为隔离体,由 $\sum M_A = 0$,得 $F_{1P} + \dfrac{1}{8}Fl = 0$,$F_{1P} = -\dfrac{1}{8}Fl$。

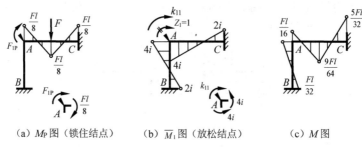

(a) M_P图（锁住结点）　　（b) $\overline{M}_1$图（放松结点）　　(c) M图

图 13.4.2　无侧移刚架的位移法求解

【说明】　为简便计,可以不逐个画出各有关结点的隔离体受力图,而只需按照"刚臂内之反力矩(即作用在刚性结点上的外力矩)等于汇交于该结点的各杆端弯矩的代数和"的计算方法进行求解。

将 k_{11} 和 $F_{1\mathrm{P}}$ 的值代入式(13.4.1),解得

$$Z_1 = -\frac{F_{1\mathrm{P}}}{k_{11}} = \frac{Fl}{64i}$$

结果为正,表示 Z_1 的方向与所设相同。结构的弯矩可由叠加公式计算,即

$$M = \overline{M}_1 Z_1 + M_\mathrm{P} \tag{13.4.2}$$

可得结构的弯矩图如图 13.4.2(c)所示。

上面以图 13.4.1(a)所示仅有角位移(即无侧位移)的刚架为例,讨论了位移法方程的建立,其基本原理和方法同样适用于有线位移的刚架情况。具体内容请扫描下面的二维码获得。

有线位移的刚架的位移法方程的建立

【说明】　①上述建立位移法方程是通过选择基本结构,并将原结构与基本体系比较,得出建立位移法方程的平衡条件(即 $F_i = 0$)。这种方法能以统一的、典型的形式给出位移法方程,称为**典型方程法**。②另一种方法则是将待分析结构先"拆散"为许多杆件单元进行单元分析——根据转角位移方程,逐杆写出杆端内力式子,再"组装"进行整体分析——直接利用结点平衡或截面平衡条件建立位移法方程,因此称为**直接平衡法**。

13.5　用典型方程法计算超静定结构在荷载作用下的内力

13.5.1　典型方程的一般形式

13.4 节以具有一个基本未知量($n_y = 1$ 或 $n_l = 1$)的结构为例,说明了位移法方程的建立过程。对于具有 n 个基本未知量的结构,相应的基本结构中有 n 个附加约束,根据基本

体系中每个附加约束的约束反力矩或约束反力均为零的平衡条件,类似可以建立位移法的典型方程如下:

$$
\begin{cases}
k_{11}Z_1 + k_{12}Z_2 + \cdots + k_{1n}Z_n + F_{1\mathrm{P}} = 0 \\
k_{21}Z_1 + k_{22}Z_2 + \cdots + k_{2n}Z_n + F_{2\mathrm{P}} = 0 \\
\qquad\qquad\qquad \vdots \\
k_{n1}Z_1 + k_{n2}Z_2 + \cdots + k_{nn}Z_n + F_{n\mathrm{P}} = 0
\end{cases}
\tag{13.5.1}
$$

式中,k_{ii} 为基本结构在单位结点位移 $Z_i = 1$ 单独作用(其他结点位移为零)时,在附加约束 i 中产生的约束力($i = 1, 2, \cdots, n$);k_{ij} 为基本结构在单位结点位移 $Z_j = 1$($j = 1, 2, \cdots, n$)单独作用(其他结点位移为零)时,在附加约束 i 中产生的约束力($i = 1, 2, \cdots, n$);$F_{i\mathrm{P}}$ 为基本结构在荷载单独作用时,在附加约束 i 中产生的约束力($i = 1, 2, \cdots, n$)。式(13.5.1)即为典型方程的一般形式。

式(13.5.1)是一个线性方程,在其系数矩阵中,主对角线上的系数 k_{ii} 称为**主系数**或**主反力**;主对角线两侧的系数 k_{ij} 称为**副系数**或**副反力**;$F_{i\mathrm{P}}$ 称为**自由项**。系数和自由项的符号规定是:以与该附加约束所设位移方向一致者为正。主反力 k_{ii} 的方向总是与所设位移 Z_i 的方向一致,故恒为正。副系数和自由项则可能为正、负或零。此外,根据反力互等定理可知 $k_{ij} = k_{ji}$。

由于在位移法典型方程中,每个系数都是单位位移引起的附加约束的反力矩(或反力),显然,结构的刚度越大,这些反力矩(或反力)的数值也越大,故这些系数又称为结构的**刚度系数**,位移法典型方程又称为结构的**刚度方程**,位移法也称为**刚度法**。

13.5.2 典型方程法的计算步骤

(1)确定基本未知量数目 n,即为结点的独立线位移数与独立角位移数之和。

(2)选择基本体系。加附加约束,锁住相关结点,使之不发生转动或移动,而得到一个由若干基本的单跨超静定梁组成的组合体作为基本结构(可不单独画出);使基本结构承受原来的荷载,并令附加约束产生与原结构相同的位移,即可得到所选择的基本体系。

(3)建立位移法的典型方程。根据附加约束上反力矩或反力等于零的平衡条件建立典型方程。

(4)求系数和自由项。在基本结构上分别作出各附加约束产生单位位移时的单位弯矩图 $\overline{M}_i$ 图和荷载作用下的荷载弯矩图 M_P 图,由结点平衡和截面平衡即可求得。

(5)解方程,求基本未知量(Z_i)。

(6)作原结构的内力图。按照 $M = \overline{M}_1 Z_1 + \overline{M}_2 Z_2 + \cdots + \overline{M}_n Z_n + M_\mathrm{P}$ 叠加得出原结构的弯矩图;根据弯矩图作出剪力图;利用剪力图根据结点平衡条件作出轴力图。

(7)校核。由于位移法在确定基本未知量时已满足了变形协调条件,而位移法典型方程是静力平衡条件,故通常只需按平衡条件进行校核。

13.5.3 位移法计算示例

1. 连续梁和无侧移刚架的计算

如果刚架的各结点(不包括支座)只有角位移而没有线位移,则这种刚架称为无侧移刚架。连续梁的计算也属于这类问题。

【例 13.5.1】 用位移法计算图 13.5.1 所示连续梁,并作内力图,已知 EI 为常数。

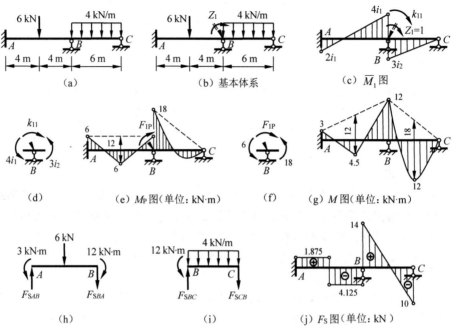

图 13.5.1 例 13.5.1 图

【解】 (1)确定基本未知量和基本体系。

连续梁有一个刚结点 B,基本未知量为结点 B 的角位移 Z_1。在结点 B 加刚臂,得到基本体系如图 13.5.1(b)所示。

(2)列位移法方程。

根据基本体系附加刚臂上的反力矩为零,建立位移法的方程

$$k_{11}Z_1 + F_{1P} = 0$$

(3)计算系数和自由项。

令:$i_1 = \dfrac{EI}{l_{AB}} = \dfrac{EI}{8\ \text{m}}$,$i_2 = \dfrac{EI}{l_{BC}} = \dfrac{EI}{6\ \text{m}}$。

① 基本结构在单位转角 $Z_1 = 1$ 单独作用下的计算:

利用各杆形常数,计算各杆端弯矩,并作 $\overline{M}_1$ 图,如图 13.5.1(c)所示。有

$$\overline{M}_{AB} = 2i_1,\quad \overline{M}_{BA} = 4i_1,\quad \overline{M}_{BC} = 3i_2,\quad \overline{M}_{CB} = 0$$

由结点 B 的力矩平衡(图 13.5.1(d)),可得

$$\sum M_B = 0,\quad k_{11} = 4i_1 + 3i_2 = 4 \times \frac{EI}{8\ \text{m}} + 3 \times \frac{EI}{6\ \text{m}} = \frac{EI}{\text{m}}$$

② 基本结构在荷载单独作用下的计算:

利用各杆载常数计算各杆的固端弯矩,并作 M_P 图,如图 13.5.1(e)所示。有

$$M_{AB}^F = -\frac{Fl}{8} = -\frac{6\ \text{kN} \times 8\ \text{m}}{8} = -6\ \text{kN} \cdot \text{m},\quad M_{BA}^F = -M_{AB}^F = 6\ \text{kN} \cdot \text{m}$$

$$M_{BC}^F = -\frac{ql^2}{8} = -\frac{4 \text{ kN/m} \times (6 \text{ m})^2}{8} = -18 \text{ kN} \cdot \text{m}, \quad M_{CB}^F = 0$$

由结点 B 的力矩平衡(图 13.5.1(f)),可得

$$\sum M_B = 0, \quad F_{1P} = 6 \text{ kN} \cdot \text{m} - 18 \text{ kN} \cdot \text{m} = -12 \text{ kN} \cdot \text{m}$$

(4) 解位移法方程,求解 Z_1。

将系数和自由项代入位移法方程,得

$$Z_1 = -\frac{F_{1P}}{k_{11}} = \frac{12 \text{ kN} \cdot \text{m}}{EI}$$

(5) 作 M 图。

利用叠加公式 $M = \overline{M}_1 Z_1 + M_P$,计算杆端弯矩:

$$M_{AB} = 2i_1 Z_1 + M_{AB}^F = 2 \times \frac{EI}{8 \text{ m}} \times \frac{12 \text{ kN} \cdot \text{m}^2}{EI} - 6 \text{ kN} \cdot \text{m} = -3 \text{ kN} \cdot \text{m}$$

$$M_{BA} = 4i_1 Z_1 + M_{BA}^F = 4 \times \frac{EI}{8 \text{ m}} \times \frac{12 \text{ kN} \cdot \text{m}^2}{EI} + 6 \text{ kN} \cdot \text{m} = 12 \text{ kN} \cdot \text{m}$$

$$M_{BC} = 3i_2 Z_1 + M_{BC}^F = 3 \times \frac{EI}{6 \text{ m}} \times \frac{12 \text{ kN} \cdot \text{m}^2}{EI} - 18 \text{ kN} \cdot \text{m} = -12 \text{ kN} \cdot \text{m}$$

$$M_{CB} = 0$$

计算杆端弯矩后,可绘制 M 图,如图 13.5.1(g)所示。

(6) 作 F_S 图。

取杆 AB 为隔离体,受力如图 13.5.1(h)所示,由平衡条件求得其杆端剪力为

$$\sum M_B = 0, \quad F_{SAB} = \frac{3 \text{ kN} \cdot \text{m} - 12 \text{ kN} \cdot \text{m} + 6 \text{ kN} \times 4 \text{ m}}{8 \text{ m}} = 1.875 \text{ kN}$$

$$\sum M_A = 0, \quad F_{SBA} = \frac{3 \text{ kN} \cdot \text{m} - 12 \text{ kN} \cdot \text{m} - 6 \text{ kN} \times 4 \text{ m}}{8 \text{ m}} = -4.125 \text{ kN}$$

取杆 BC 为隔离体,受力如图 13.5.1(i)所示,由平衡条件求得其杆端剪力为

$$\sum M_B = 0, \quad F_{SCB} = \frac{12 \text{ kN} \cdot \text{m} - 4 \text{ kN/m} \times 6 \text{ m} \times 3 \text{ m}}{6 \text{ m}} = -10 \text{ kN}$$

$$\sum M_C = 0, \quad F_{SBC} = \frac{12 \text{ kN} \cdot \text{m} + 4 \text{ kN/m} \times 6 \text{ m} \times 3 \text{ m}}{6 \text{ m}} = 14 \text{ kN}$$

根据杆端剪力及梁上荷载作出 F_S 图,如图 13.5.1(j)所示。

(7) 校核。

$\sum M_B = 12 \text{ kN} \cdot \text{m} - 12 \text{ kN} \cdot \text{m} = 0$,结点 B 满足力矩平衡条件。

$\sum F_y = 1.875 \text{ kN} + 18.125 \text{ kN} + 10 \text{ kN} - 6 \text{ kN} - 4 \text{ m} \times 6 \text{ kN/m} = 0$,连续梁 ABC 整体竖向受力平衡。

【**例 13.5.2**】 用位移法作图 13.5.2 所示刚架的弯矩图。

【**解**】 求解过程请扫描对应的二维码获得。

2. 有侧移刚架的计算

除结点角位移外还有结点线位移的刚架称为有侧移刚架。

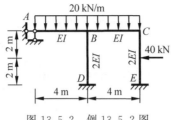

图 13.5.2　例 13.5.2 图　　　　　　　　　　例 13.5.2 的求解过程

【例 13.5.3】　用位移法计算图 13.5.3 所示刚架,并作内力图。

【解】　求解过程请扫描对应的二维码获得。

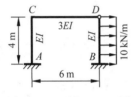

图 13.5.3　例 13.5.3 图　　　　　　　　　　例 13.5.3 的求解过程

3. 位移法计算对称结构

在第 12 章中讨论结构的对称性时曾指出,作用于对称结构上的任意荷载可分解为对称荷载和反对称荷载。而对称结构在对称荷载作用下,变形和内力是对称分布的;在反对称荷载作用下,变形和内力是反对称分布的。因此,用位移法计算对称结构时,在对称荷载或反对称荷载作用下,仍然可以利用对称轴上的变形和内力特征,取半结构的计算简图进行计算,以减少基本未知量的个数。

例如图 13.5.4(a)所示对称刚架受任意荷载,用位移法求解时其基本未知量有三个:两个结点的角位移和横梁的一个水平线位移。如果将荷载 F 分解为一组正对称和一组反对称荷载,则由于正对称荷载作用下只有对称的基本未知量,两刚结点有一对对称的转角 Z_1(图 13.5.4(b));由于反对称荷载作用下只有反对称的基本未知量,两刚结点除有反对称的转角 Z_2 外,还有水平线位移 Z_3(图 13.5.4(c))。因此,利用对称性取半结构的计算简图可使计算得到简化(图 13.5.4(d)、(e))。

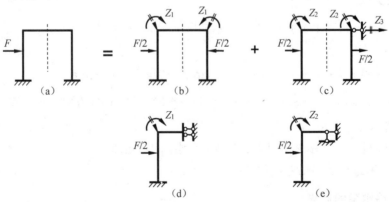

图 13.5.4　对称结构的位移法分析

【**例 13.5.4**】 用位移法作图 13.5.5 所示刚架的弯矩图,设 EI 为常数。

【**解**】 求解过程请扫描对应的二维码获得。

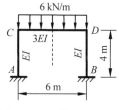

图 13.5.5 例 13.5.4 图

例 13.5.4 的求解过程

【**例 13.5.5**】 试用位移法作图 13.5.6 所示刚架的弯矩图。设 EI 为常量,计算时略去剪力和轴力对变形的影响。

【**解**】 求解过程请扫描对应的二维码获得。

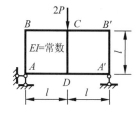

图 13.5.6 例 13.5.5 图

例 13.5.5 的求解过程

  上面应用典型方程法完成了超静定结构的内力计算。事实上,也可以直接利用各杆件的转角位移方程,写出各杆件的杆端力表达式建立相应的平衡方程。即在有结点角位移处建立力矩的平衡方程,在有结点线位移处建立截面的剪力平衡方程。这些方程也就是位移法的平衡方程,这种方法称为**直接平衡法**。下面不再举例,请读者用直接平衡法重新计算本节的例题,并加以比较。

13.6 支座移动和温度变化时超静定结构的位移法计算

  具体内容请扫描下面的二维码获得。

13.6

选择题

  13-1 位移法的适用范围是( )。

    A. 不能解静定结构   B. 只能解超静定结构

C. 只能解平面刚架　　　　　　　　　D. 可解任意结构

13-2　用位移法计算刚架,常引入轴向刚度条件,即"受弯直杆变形后两端距离保持不变"。此结论是由下述哪个假定导出的?(　　　)

A. 忽略受弯直杆的轴向变形和剪切变形

B. 弯曲变形是微小的

C. 变形杆件截面仍与变形曲线相垂直

D. A 与 B 同时成立

13-3　计算刚架时,位移法的基本结构是(　　　)。

A. 单跨静定梁的集合体　　　　　　　B. 静定刚架

C. 单跨超静定梁的集合体　　　　　　D. 超静定铰结体系

13-4　在位移法基本方程中,系数 k_{ij} 代表(　　　)。

A. 只有 Δ_j 时,由于 $\Delta_j=1$ 在附加约束 i 处产生的约束力

B. 只有 Δ_i 时,由于 $\Delta_i=1$ 在附加约束 j 处产生的约束力

C. $\Delta_j=1$ 时,在附加约束 i 处产生的约束力

D. $\Delta_j=1$ 时,在附加约束 j 处产生的约束力

13-5　位移法典型方程中的系数是(　　　)。

A. 单位荷载引起的杆端力或杆端弯矩

B. 单位荷载引起的附加约束的反力或反力矩

C. 单位位移引起的杆端力或杆端弯矩

D. 单位位移引起的附加约束的反力或反力矩

13-6　图示单跨超静定梁的杆端相对线位移 Δ 是(　　　)。

A. Δ_1　　　　　　B. Δ_2　　　　　　C. $\Delta_2-\Delta_1$　　　　　　D. $\Delta_1-\Delta_2$

13-7　图示两端固定梁,设 AB 的线刚度为 i,当 A、B 两端截面同时产生图示单位转角时,杆件 A 端的杆端弯矩为(　　　)。

A. i　　　　　　B. $2i$　　　　　　C. $4i$　　　　　　D. $6i$

13-8　图所示刚架,若 $i_1=2,i_2=1.5$,用位移法计算时,k_{11} 的值为(　　　)。

A. 7　　　　　　B. 9　　　　　　C. 12　　　　　　D. 14

选择题 13-6 图　　　　　　　　选择题 13-7 图　　　　　　　　选择题 13-8 图

13-9　利用对称性求解图示结构内力时的位移法未知数个数为(　　　)。

A. 2　　　　　　B. 3　　　　　　C. 4　　　　　　D. 5

13-10　下列关于图示结构位移法基本未知量的论述,正确的是(　　　)。

A. 有三个基本未知量 θ_A、θ_B、Δ　　　B. 有两个基本未知量 $\theta_A=\theta_B$、Δ

C. $\theta_A=\theta_B=0$,只有一个未知量 Δ　　　D. $\theta_A=\theta_B=\Delta/a$,只有一个未知量 Δ

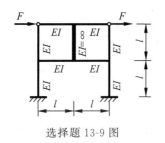

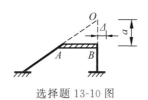

选择题 13-9 图　　　　　　　　　选择题 13-10 图

13-11　图示的 4 个结构固定端处的弯矩 M_A 的关系是(　　)。

A. $M_{Aa} > M_{Ab} > M_{Ac} > M_{Ad}$　　　　B. $M_{Aa} = M_{Ab} = M_{Ac} = M_{Ad}$

C. $M_{Ab} > M_{Aa} = M_{Ac} > M_{Ad}$　　　　D. $M_{Aa} < M_{Ab} < M_{Ac} < M_{Ad}$

（a）　　　　　（b）　　　　　（c）　　　　　（d）

选择题 13-11 图

13-12　图示结构位移法方程中的自由项 F_{1P} 为(　　)。

A. -2 kN·m　　　　　　　　　B. -26 kN·m

C. 8 kN·m　　　　　　　　　　D. 2 kN·m

13-13　图示排架结构,横梁刚度为无穷大,各柱 EI 相同,则有 F_{N2} 为(　　)。

A. F_P　　　　　B. $F_P/2$　　　　　C. 0　　　　　D. 不确定

13-14　图示排架结构,当 EI_1 减小时(其他因素不变),内力的变化是(　　)。

A. A、B 两截面的弯矩都增大　　　B. A 截面的弯矩增大,B 截面的弯矩减小

C. A、B 两截面的弯矩都减小　　　D. A 截面的弯矩减小,B 截面的弯矩增大

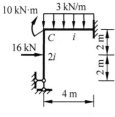　　　　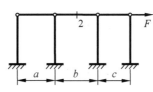　　　　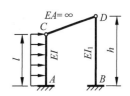

选择题 13-12 图　　　　　选择题 13-13 图　　　　　选择题 13-14 图

习题

13-1　试确定图示结构用位移法计算的基本未知量。除标注外,EI 和 EA 均为常数。

13-2　试列出图示结构的位移法典型方程,并求出方程中的系数和自由项。

13-3　画出图示刚架的基本体系,并画出基本结构的单位弯矩图和荷载弯矩图。

13-4　用位移法计算图示连续梁并绘出弯矩图,已知 EI 为常数。

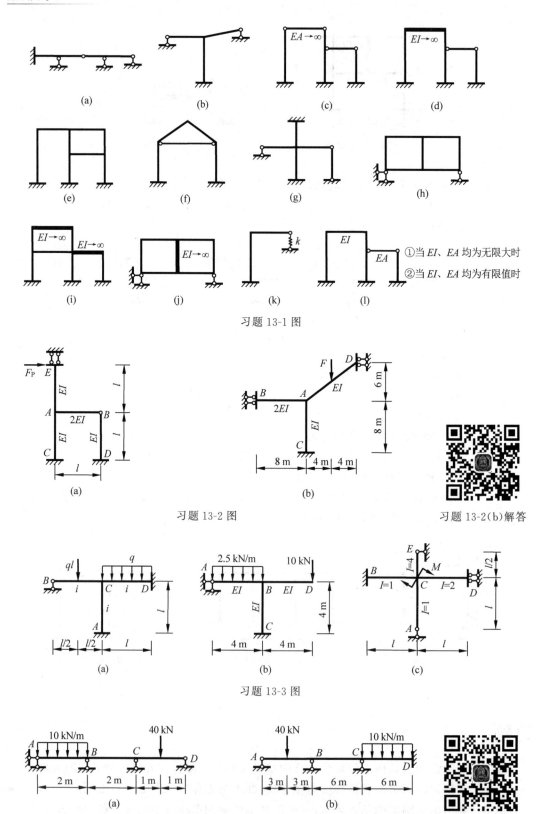

习题 13-1 图

习题 13-2 图

习题 13-2(b)解答

习题 13-3 图

习题 13-4 图

习题 13-4(b)解答

13-5 用位移法计算图示刚架,并绘弯矩图。

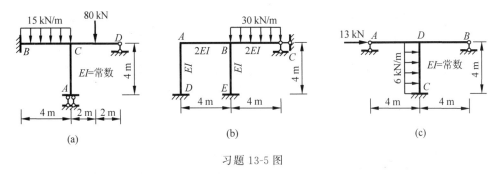

习题 13-5 图

13-6 用位移法计算图示刚架,并绘弯矩图。除标注外,杆件的 EI 均为常数。

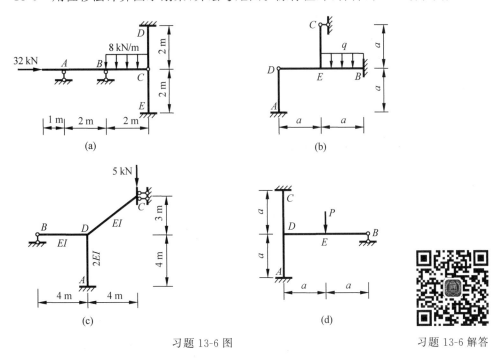

习题 13-6 图   习题 13-6 解答

13-7 用位移法计算图示刚架,并绘弯矩图。

13-8 利用对称性作图示刚架的弯矩图。

13-9 利用对称性作图示刚架的弯矩图。

13-10 利用对称性,对图示刚架选取半结构,并确定基本未知量。各杆刚度均为 EI。

13-11 用位移法计算图示刚架,并绘弯矩图。除标注外,各杆 EI 为常数。

13-12 试对图示桁架按平衡条件建立位移法方程,求杆件 1、2、3 的内力。已知 $EA_2 = 0.4EA$,$EA_3 = \sqrt{2}EA$。

13-13 试用位移法求图示刚架发生温度改变时的弯矩并绘图。已知截面高度 $h = 0.1l$,线膨胀系数为 α,EI 为常数。

13-14 试用位移法作图示具有刚性杆件刚架的弯矩图。

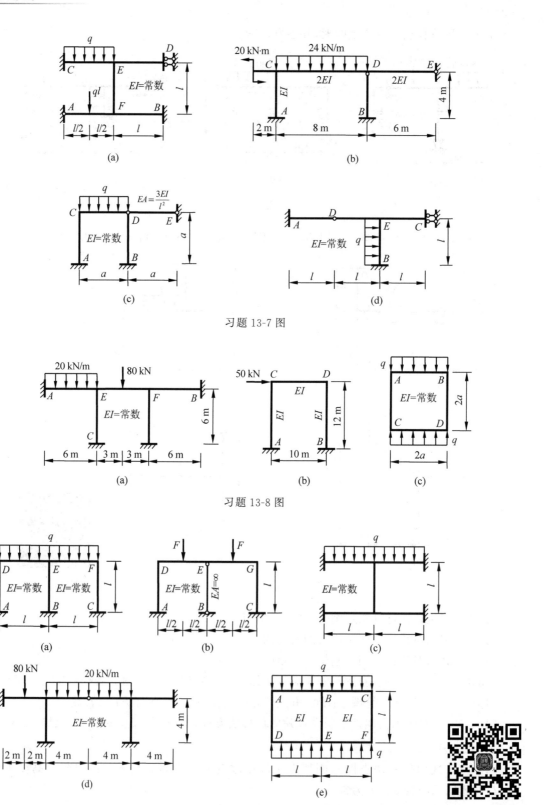

习题 13-7 图

习题 13-8 图

习题 13-9 图

习题 13-9(e)解答

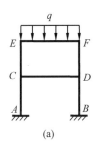

(a)

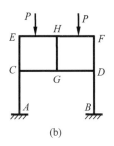

(b)

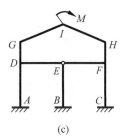

(c)

习题 13-10 图

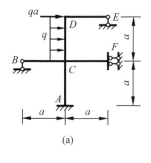

(a)

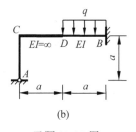

(b)

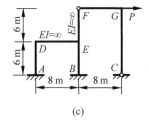

(c)

习题 13-11 图

习题 13-11 解答

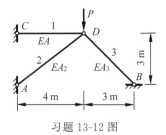

习题 13-12 图

习题 13-12 解答

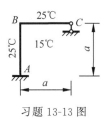

习题 13-13 图

13-15　试用位移法绘制图示结构的弯矩图。已知弹簧的刚度系数 $k = \dfrac{4i}{l^2}$。

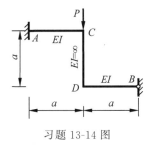

习题 13-14 图

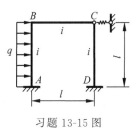

习题 13-15 图

第 13 章客观题答案

钱伟长 简介

第14章

渐近法

在第 12 章和第 13 章介绍了分析超静定结构的两个经典的基本方法——力法和位移法。由于它们具有基础性、普适性和精确性等特征,因此,在建筑力学中占有十分重要的地位。但是,这两种方法一般都需要建立和求解联立方程,当基本未知量较多时,计算工作量较大,且不能直接求出杆端内力,而是先求出基本未知量,然后再利用杆端弯矩叠加公式才能求得杆端弯矩,而工程设计常常要求能迅速地、直接地求出各杆的杆端内力。

本章将在此基础上,着重讨论工程上实用的渐近解法及其他方法。20 世纪 30 年代提出的力矩分配法,是直接从实际结构的受力和变形状态出发,根据位移法基本原理,从开始建立的近似状态,通过"弯矩增量逐次叠加"的方式,最后收敛于真实状态,适用于计算连续梁和无侧移刚架。无剪力分配法,则能很方便地计算工程中常见的符合某些特定条件的有侧移刚架。渐近法具有计算简便、步骤规范、易于掌握且精度可控(由运算次数的多少自行控制计算精度)等优点,因而成为工程设计的适用方法。

14.1　力矩分配法的基本概念

力矩分配法的理论基础是位移法,解题方法采用渐近法,适用范围是无结点线位移的刚架和连续梁。力矩分配法中对杆端转角、杆端弯矩、固端弯矩的正负号规定与位移法相同,即都假设对杆端顺时针旋转为正。作用于结点外的外力偶荷载、作用于附加刚臂的约束反力矩,也假定为对结点或附加刚臂顺时针旋转为正。

14.1.1　力矩分配法的基本思路

如图 14.1.1(a)所示为一连续梁的受力和实际变形情况,其中各杆杆端弯矩 M 是力矩分配法求解的主要目标,要求不经过解算基本方程而直接求得杆端弯矩。这需要遵循以下原则:①利用梁变形的连续条件。即弹性曲线在支座 B 处左、右侧的转角相等,均为 θ_B(图 14.1.1(a))。②利用叠加原理。与位移法思路相同,即可将图 14.1.1(a)(梁的实际变形和内力)分解为图 14.1.1(b)(锁住 B,荷载作用)和图 14.1.1(c)(放松 B,使之转动 θ_B 角)两个图形,先分别计算,然后进行叠加(图 14.1.1(d)),即可求出各杆杆端弯矩。

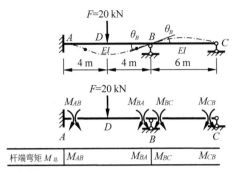

杆端弯矩 $M_总$	M_{AB}		M_{BA}	M_{BC}	M_{CB}

（主要目标）

（a）实际受力和变形情况

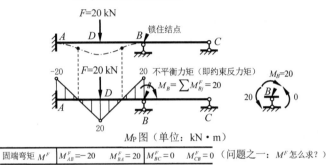

M_P 图（单位：kN·m）

固端弯矩 M^F	$M_{AB}^F = -20$	$M_{BA}^F = 20$	$M_{BC}^F = 0$	$M_{CB}^F = 0$	（问题之一：M^F 怎么求？）

（b）B 点加阻止转动的附加刚臂（锁住状态）

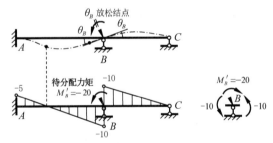

$M_{\theta B}$ 图（单位：kN·m）

分配弯矩 M^μ		$M_{BA}^\mu = 0.5 \; M_B' = -10$	$M_{BC}^\mu = 0.5 \; M_B' = -10$	（问题之二：μ 怎么求？）
		$(\frac{1}{2})$ $\downarrow \mu_{BA}$	分配系数 μ_{BC}	
传递弯矩 M^C	M_{AB}^C 传递系数 C_{BA}			（问题之三：C 怎么求？）

（c）放松 B 点附加刚臂，使之转动 θ_B 角（放松状态）

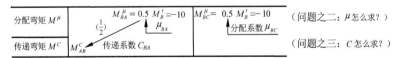

M 图（单位：kN·m）

杆端弯矩 $M_总$	M_{BA} $= M_{BA}^F + M_{BA}^C$ $= -20 - 5$ $= -25$	M_{BA} $= M_{BA}^F + M_{BA}^\mu$ $= 20 - 10 = 10$	$M_{BC} = M_{BC}^\mu$ $= -10$	$M_{CB} = 0$

（d）计算各杆杆端弯矩

图 14.1.1　力矩分配法的基本思路

现结合图 14.1.1(a)所示连续梁,具体说明如下。

1. "锁住"结点 B,求固端弯矩

如图 14.1.1(b)所示,先在刚结点 B 加上附加刚臂,把连续梁分解为具有固定端的单跨梁,利用第 13 章位移法中表 13.2.2,绘出荷载作用下的弯矩图(M_P 图)。这时,附加刚臂内将产生约束反力矩(亦即位移法中的 F_{1P}),在力矩分配法中则称为**结点不平衡力矩**,用 M_B 表示(下标 B 为该结点号),其大小等于汇交于该结点的各杆端固端弯矩的代数和,即 $M_B = \sum M_{Bj}^F$(下标的第二个序号为杆远端结点号)。因此有

$$M_B = \sum M_{BA}^F + \sum M_{BC}^F = 20 \text{ kN} \cdot \text{m} + 0 = 20 \text{ kN} \cdot \text{m}$$

2. "放松"结点 B,求分配弯矩和传递弯矩

如图 14.1.1(c)所示,放松结点 B,使之转动 θ_B 角。这时,相当于在结点 B 施加了一个与不平衡力矩 M_B 反向的、大小相等的外力偶荷载 M_B',$M_B' = -M_B = -20 \text{ kN} \cdot \text{m}$,称为**结点待分配力矩**。相应的弯矩图,即 $M_{\theta B}$ 图如图 14.1.1(c)所示。

【讨论】 ①在图 14.1.1(c)中,当结点 B 由于待分配力矩 M_B' 的作用而转动 θ_B 角时,汇交于该结点的 AB、BC 两杆的 B 端也沿相同方向转动了 θ_B 角,并同时产生了相应的杆端弯矩,其值均为 $-10 \text{ kN} \cdot \text{m}$。在力矩分配法中,可以将由于结点转动而引起的各杆转动端弯矩看成是将结点上的待分配力矩 M_B' 按照一定的比例分配于杆端的,这种杆端弯矩称为**分配弯矩**,用 M_{Bj}^μ 表示,而分配的比例系数则称为杆端**弯矩分配系数**,用 μ_{Bj} 表示。显然,该分配系数与杆件的线刚度以及两端的支承情况有关。②在图 14.1.1(c)中,对于两端固定梁段 AB,当其近端 B 产生转角 θ_B 时,它的远端 A 也将产生杆端弯矩 $-5 \text{ kN} \cdot \text{m}$,而且是与近端 B 的分配弯矩同向的,并具有一定的比例关系。可以认为,这些远端的杆端弯矩是由近端的分配弯矩按照某种比例传到远端的。由此产生的远端的杆端弯矩称为**传递弯矩**,用 M_{jB}^C 表示,而由近端的分配弯矩向远端传递的比例系数则称为**弯矩传递系数**,用 C_{Bj} 表示。显然,该传递系数与远端的支承情况有关。

3. 利用叠加原理,汇总杆端弯矩

经过结点"锁住""放松",弯矩分配、传递,图 14.1.1(a)所示连续梁已完全恢复了原有的真实状态。在上述过程中,结点 B 处各杆端,即近端各杆端均有固端弯矩和分配弯矩,故近端各杆端的实际杆端弯矩等于该杆的固端弯矩与分配弯矩的代数和;远端各杆端则有固端弯矩和传递弯矩,故远端各杆端的实际杆端弯矩等于该杆端的固端弯矩与传递弯矩的代数和。

由上述可知,用力矩分配法计算连续梁和无侧移刚架需要先解决三个问题:①计算单跨超静定梁的固端弯矩;②计算结点处各杆端的弯矩分配系数;③计算各杆件由近端向远端传递的弯矩传递系数。这三点常称为力矩分配法的三要素,现进一步讨论如下。

14.1.2 力矩分配法的基本要素

1. 固端弯矩

常用的三种基本的单跨超静定梁在支座移动和几种常见的荷载作用下的杆端弯矩可由

表 13.2.1 和表 13.2.2 查得。

2. 弯矩分配系数和分配弯矩

1）转动刚度

转动刚度表示杆端对转动的抵抗能力。杆端的转动刚度以 S 表示，它在数值上等于使杆端产生单位转角时需要施加的力矩。图 14.1.2 给出了等截面杆件在 A 端的转动刚度 S_{AB} 的数值。关于 S_{AB} 应当注意下列几点：

（1）在 S_{AB} 中 A 点是施力端，B 点称为远端。当远端为不同支承情况时，S_{AB} 的数值也不同。

（2）S_{AB} 是指施力端 A 在没有线位移的条件下的转动刚度。在图 14.1.2 中，A 端画成铰支座，其目的是强调 A 端只能转动、不能移动这个特点。

如果把 A 端改成活动铰支座，则 S_{AB} 的数值不变，也可以把 A 端看作可转动（但不能移动）的刚结点。这时 S_{AB} 就代表当刚结点产生单位转角时在杆端 A 引起的杆端弯矩。

（3）图 14.1.2 中的转动刚度 S 可由位移法中的杆端弯矩公式导出。汇总如下（式中，$i=EI/l$）。

远端固定：$S=4i$；　　远端简支：$S=3i$

远端滑动：$S=i$；　　　远端自由：$S=0$

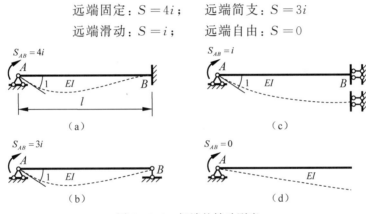

图 14.1.2　杆端的转动刚度

2）弯矩分配系数和分配弯矩的计算

图 14.1.3(a)所示三杆 AB、AC 和 AD 通过刚结点 A 连接在一起。为了方便说明问题，设 B 端为固定端，C 端为定向支座，D 端为铰支座。

设在结点 A 上作用有待分配力矩 M，使结点 A 产生转角 θ_A，然后达到平衡。试求杆端弯矩 M_{AB}、M_{AC} 和 M_{AD}。由转动刚度的定义可知

$$\begin{cases} M_{AB}=S_{AB}\theta_A=4i_{AB}\theta_A \\ M_{AC}=S_{AC}\theta_A=i_{AC}\theta_A \\ M_{AD}=S_{AD}\theta_A=3i_{AD}\theta_A \end{cases} \tag{a}$$

取结点 A 作隔离体（图 14.1.3(b)），由平衡方程 $\sum M_A=0$，得

$$M=S_{AB}\theta_A+S_{AC}\theta_A+S_{AD}\theta_A，\quad \theta_A=\dfrac{M}{S_{AB}+S_{AC}+S_{AD}}=\dfrac{M}{\sum\limits_A S}$$

其中，$\sum\limits_A S$ 表示汇交于结点 A 的各杆 A 端的转动刚度之和。

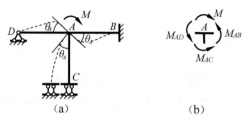

图 14.1.3　弯矩分配系数和分配弯矩

将 θ_A 值代入式(a),得

$$M_{AB} = \frac{S_{AB}}{\sum_A S}M, \quad M_{AC} = \frac{S_{AC}}{\sum_A S}M, \quad M_{AD} = \frac{S_{AD}}{\sum_A S}M \quad\quad\text{(b)}$$

式(b)表明,作用于结点 A 的待分配力矩 M 将按汇交于结点 A 各杆的转动刚度的比例分配给各杆的 A 端。引入弯矩分配系数

$$\mu_{Aj} = \frac{S_{Aj}}{\sum_A S} \quad\quad\text{(14.1.1)}$$

式(b)则可统一表示为

$$M_{Aj} = \mu_{Aj}M \quad\quad\text{(14.1.2)}$$

由于待分配力矩 M 与不平衡力矩 M_A 等值反号,即 $M = -M_A$,故式(14.1.2)也可表示为

$$M_{Aj} = -\mu_{Aj}M_A \qu\quad\text{(14.1.3)}$$

即当计算中直接采用结点的不平衡力矩 M_A 时,应将 M_A 反号后再进行分配。

显然,同一结点各杆端的分配系数之和应等于 1,即

$$\sum \mu_{Aj} = \mu_{AB} + \mu_{AC} + \mu_{AD} = 1 \quad\quad\text{(14.1.4)}$$

3. 弯矩传递系数和传递弯矩

图 14.1.3(a)中,各杆 B、C、D 端的弯矩为

$$M_{BA} = 2i_{AB}\theta_A, \quad M_{CA} = -i_{AC}\theta_A, \quad M_{DA} = 0 \quad\quad\text{(c)}$$

由近端弯矩式(a)和远端弯矩式(c),可得弯矩传递系数分别为

$$\frac{M_{BA}}{M_{AB}} = C_{AB} = \frac{1}{2}, \quad \frac{M_{CA}}{M_{AC}} = C_{AC} = -1, \quad \frac{M_{DA}}{M_{AD}} = C_{AD} = 0$$

即当近端有转角时,远端弯矩与近端弯矩的比值

$$C_{Aj} = \frac{M_{jA}}{M_{Aj}} \quad\quad\text{(14.1.5)}$$

由上式可以看出,对等截面杆件来说,传递系数 C 随远端的支承情况而不同。三种基本等截面直杆的传递系数如下:

远端固定:$C_{Aj} = \dfrac{1}{2}$, 远端滑动:$C_{Aj} = -1$, 远端铰支:$C_{Aj} = 0$

利用传递系数的概念,图 14.1.3(a)中各杆的远端弯矩可按下式计算:

$$M_{jA} = C_{Aj}M_{Aj} \quad\quad\text{(14.1.6)}$$

式中，M_{jA} 称为传递弯矩；C_{Aj} 称为由 A 端至 j 端的传递系数。

14.1.3　用力矩分配法计算单刚结点结构

下面通过例子说明力矩分配法计算单刚结点的连续梁及无线位移刚架的基本计算步骤。

【例 14.1.1】　图 14.1.4 所示为一连续梁，试用力矩分配法作弯矩图。

【解】　求解过程请扫描对应的二维码获得。

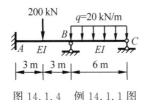

图 14.1.4　例 14.1.1 图　　　　　　　　例 14.1.1 的求解过程

【例 14.1.2】　图 14.1.5 所示为一刚架，试用力矩分配法作弯矩图。

【解】　求解过程请扫描对应的二维码获得。

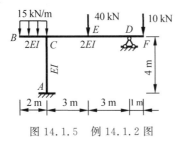

图 14.1.5　例 14.1.2 图　　　　　　　　例 14.1.2 的求解过程

14.2　多结点的力矩分配法

14.1 节结合只有一个结点角位移的结构，介绍了力矩分配法的基本原理和计算步骤。对于具有多个结点角位移但无结点线位移（简称无侧移）的结构，只需依次反复对各结点使用 14.1 节的单刚结点运算，就可逐次渐近地求出各杆的杆端弯矩。具体做法是：首先，将所有结点固定，计算各杆固端弯矩；然后，将各结点轮流地"放松"，即每次只"放松"一个结点（其他结点仍暂时固定），这样把各结点的不平衡力矩轮流地进行反号分配、传递，直到传递弯矩小到可略去不计时为止；最后，将以上步骤所得的杆端弯矩（固端弯矩、分配弯矩和传递弯矩）叠加，即得所求的杆端弯矩（总弯矩）。一般只需对各结点进行两到三个循环的运算，就能达到较好的精度。

下面通过例题，说明采用力矩分配法对多结点结构的计算步骤和演算格式。

【例 14.2.1】　试用力矩分配法作图 14.2.1 所示连续梁的弯矩图。

【解】　求解过程请扫描对应的二维码获得。

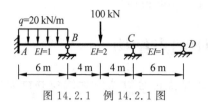

图 14.2.1　例 14.2.1 图　　　　　　　　　　　例 14.2.1 的求解过程

【例 14.2.2】 试用力矩分配法作图 14.2.2 所示无结点线位移刚架的弯矩图。

【解】 求解过程请扫描对应的二维码获得。

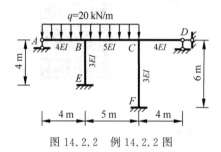

图 14.2.2　例 14.2.2 图　　　　　　　　　　　例 14.2.2 的求解过程

【例 14.2.3】 图 14.2.3 所示为矩形衬砌在上部土压力作用下的计算简图,试绘制其弯矩图。

【解】 求解过程请扫描对应的二维码获得。

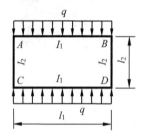

图 14.2.3　例 14.2.3 图　　　　　　　　　　　例 14.2.3 的求解过程

【例 14.2.4】 设图 14.2.4 所示连续梁支座 A 顺时针转动了 0.01 rad,支座 B、C 分别下沉了 $\Delta_B = 30$ mm 和 $\Delta_C = 18$ mm,试作出 M 图,并求 D 端的角位移 θ_D。已知 $EI = 2 \times 10^4$ kN·m²。

【解】 求解过程请扫描对应的二维码获得。

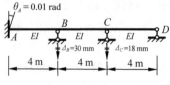

图 14.2.4　例 14.2.4 图　　　　　　　　　　　例 14.2.4 的求解过程

14.3　无剪力分配法

在位移法中,将刚架分为无侧移刚架与有侧移刚架两类。它们的区别是:在位移法的基本未知量中,前者只包含结点角位移,后者则还包含结点线位移。力矩分配法是无侧移刚架的渐近法,不能直接用于有侧移刚架。但对某些特殊的有侧移刚架,例如,在水平荷载作用下的单跨多层对称刚架,可以用与力矩分配法类似的无剪力分配法进行计算。

14.3.1　无剪力分配法的应用条件

无剪力分配法不能直接用于有侧移的一般刚架,而只能用于某些特殊刚架。图 14.3.1(a)所示有侧移的半刚架是一个典型例子。图 14.3.1(a)中,各梁的两端结点没有相对线位移(即没有垂直杆轴的相对位移),这种杆件称为**两端无相对线位移的杆件**。各柱的两端结点虽然有侧移,但剪力是静定的(图 14.3.1(b))所示为各柱的剪力图,其剪力可根据平衡条件直接求出),这种杆件称为**剪力静定杆件**。

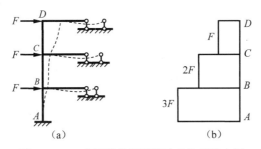

图 14.3.1　有侧移的半刚架及各柱的剪力图

无剪力分配法的应用条件是:刚架中除杆端无相对线位移的杆件外,其余杆件都是剪力静定杆件。这里,将着重对剪力静定杆件的各种情况作详细讨论。

14.3.2　无剪力分配法的计算过程

无剪力分配法的计算过程与力矩分配法完全相同。这里主要说明两点。

1. 剪力静定杆的固端弯矩

采用无剪力分配法计算图 14.3.2(a)所示半刚架时,计算过程仍分两步:第一步是锁住结点(只阻止结点的角位移,但不阻止线位移),求各杆的固端弯矩(图 14.3.2(b));第二步是放松结点(结点产生角位移,同时也产生线位移),求各杆的分配弯矩和传递弯矩(图 14.3.3(c))。将两步所得的结果叠加,即得原刚架的杆端弯矩。

现在求图 14.3.2(b)中杆 AB 的固端弯矩。此杆的变形特点是:两端没有转角,但有相对侧移。受力特点是:整根杆件的剪力是静定的,例如顶点 A 处的剪力已知为零。因此,图 14.3.2(b)中杆 AB 的受力状态与图 14.3.2(d)所示下端固定、上端滑动的杆 AB 相同。它的固端弯矩可根据表 13.3.2 查出。

图 14.3.3(a)所示为两层半刚架处于锁住状态。其中杆 ABC 的受力状态可用

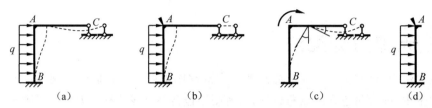

图 14.3.2 半刚架的无剪力分配法

图 14.3.3(b)表示。根据平衡条件可知,A 点下边截面的剪力为 F_1,B 点下边截面的剪力为 $F_1 + F_2$。因此,杆 AB 和杆 BC 的固端弯矩可分别由图 14.3.3(c)和(d)所示情况求出。

总之,对于刚架中任何形式的剪力静定杆件,求固端弯矩的步骤是:先根据静力条件求出杆端剪力,然后将杆端剪力看作杆端荷载,按该端滑动、另端固定的杆件进行计算。

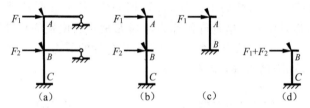

图 14.3.3 两层半刚架及各柱的剪力确定方法

2. 零剪力杆件的转动刚度和传递系数

现在讨论图 14.3.2(c)所示刚架在放松结点 A 时所引起的附加内力。放松结点 A 的约束,相当于在结点 A 加一个与图 14.3.2(b)中约束力偶相反的力偶荷载(图 14.3.4(a))。

图 14.3.4(a)中,杆 AB 的变形特点是:结点 A 既有转角,也有侧移。受力特点是:各截面剪力都为零,因而各截面的弯矩为一常数。这种杆件称为零剪力杆件。因此,图 14.3.4(a)所示杆 AB 的受力状态与图 14.3.4(b)所示悬臂杆相同。当 A 端转动 θ_A 角时,杆端力偶为

$$M_{AB} = i_{AB}\theta_A, \quad M_{BA} = -M_{AB}$$

由此可知,零剪力杆件的转动刚度为

$$S_{AB} = i_{AB} \tag{14.3.1}$$

传递系数为

$$C_{AB} = -1 \tag{14.3.2}$$

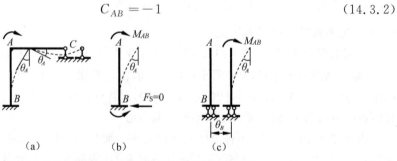

图 14.3.4 零剪力杆及其转动刚度与传递系数

应当指出,图 14.3.4(b)中,固定端 B 的水平反力为零。因此,不妨把固定端 B 换成滑动支座,如图 14.3.4(c)所示。二者相比,内力状态、杆轴的弯曲形状和端点转角都彼此相同,只

是水平位移可能相差一个常数 Δ_B。因此,二者的转动刚度和传递系数也是彼此相同的。

【注意】 图 14.3.4(c)中 B 点的水平位移 Δ_B 是一个待定值,应考虑额外的位移条件才能确定。

下面再讨论图 14.3.3 所示刚架在放松结点 B 时的情形。为此,考虑图 14.3.5(a)所示在结点 B 施加力偶荷载的情形。

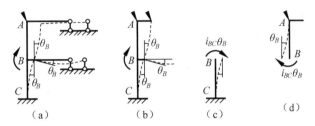

图 14.3.5　多段零剪力杆放松中间结点时的转动刚度与传递系数

现只讨论图 14.3.5(a)中杆 ABC 的变形状态,它可用图 14.3.5(b)表示。由于杆 ABC 为零剪力杆件,因此其中 BC 段的受力情况如图 14.3.5(c)所示,即:$S_{BC}=i_{BC}$,$C_{BC}=-1$。同时,杆 ABC 中的 AB 段的受力状态如图 14.3.5(d)所示,即:$S_{BA}=i_{BA}$,$C_{BA}=-1$。

至于图 14.3.5(d)中的水平位移,可根据图 14.3.5(c)和(d)中 B 点水平位移彼此相等的条件来确定。

总之,在结点力偶作用下,刚架中的剪力静定杆件都是零剪力杆件。因此,当放松结点时(结点既转动,又侧移),对这些杆件都是在零剪力的条件下得到分配弯矩和传递弯矩,故称为无剪力分配。它们的转动刚度和传递系数都按式(14.3.1)和式(14.3.2)确定。

【例 14.3.1】 试作图 14.3.6 所示刚架的弯矩图。

【解】 求解过程请扫描对应的二维码获得。

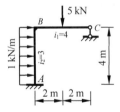

图 14.3.6　例 14.3.1 图　　　　　　　　例 14.3.1 的求解过程

【例 14.3.2】 试作图 14.3.7 所示刚架的弯矩图。已知各杆的 EI 均为常数。

【解】 求解过程请扫描对应的二维码获得。

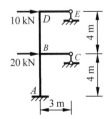

图 14.3.7　例 14.3.2 图　　　　　　　　例 14.3.2 的求解过程

14.4　剪力分配法

对于无结点角位移的结构,如工业厂房中的铰结排架、横梁刚度无限大的有侧移刚架,可用剪力分配法进行计算。

14.4.1　铰结排架在柱顶水平荷载作用下的内力

如图 14.4.1(a)所示的排架,柱与横梁铰结,柱下端为固定端,各柱的高度分别为 h_1、h_2、h_3,弯曲刚度分别为 EI_1、EI_2、EI_3,柱顶有水平荷载作用,忽略横梁的轴向变形,下面用剪力分配法绘制该排架的弯矩图和剪力图。

由于忽略横梁的轴向变形,在水平荷载作用下,三根柱的柱顶有水平线位移且相等,现在柱顶加一水平链杆阻止该水平线位移(图 14.4.1(b))。

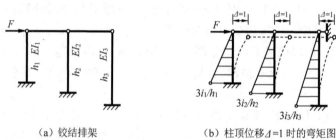

（a）铰结排架　　　　　　　（b）柱顶位移 Δ=1 时的弯矩图

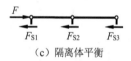

（c）隔离体平衡

图 14.4.1　排架柱顶受水平荷载作用时的弯矩图和剪力计算

当各柱顶产生单位水平位移时,各柱顶的剪力分别为

$$\overline{F}_{S1} = \frac{3EI_1}{h_1^3} = \frac{3i_1}{h_1^2}, \quad \overline{F}_{S2} = \frac{3EI_2}{h_2^3} = \frac{3i_2}{h_2^2}, \quad \overline{F}_{S3} = \frac{3EI_3}{h_3^3} = \frac{3i_3}{h_3^2} \tag{a}$$

式中,$i_j = \dfrac{EI_j}{h_j}(j=1,2,3)$为柱的线刚度。

当各柱顶产生相同的水平位移 Δ 时,各柱的剪力分别为

$$F_{S1} = \frac{3i_1}{h_1^2}\Delta, \quad F_{S2} = \frac{3i_2}{h_2^2}\Delta, \quad F_{S3} = \frac{3i_3}{h_3^2}\Delta \tag{b}$$

由平衡条件,各柱顶剪力之和应等于 F（图 14.4.1(c)）,即

$$F_{S1} + F_{S2} + F_{S3} = F \tag{c}$$

由式(b)、式(c)得

$$F_{Sj} = \frac{\dfrac{3i_j}{h_j^2}}{\dfrac{3i_1}{h_1^2} + \dfrac{3i_2}{h_2^2} + \dfrac{3i_3}{h_3^2}} \cdot F, \quad j=1,2,3 \tag{d}$$

令

$$D_j = \frac{3i_j}{h_j^2} \tag{14.4.1}$$

则式(d)可写为

$$F_{Sj} = \frac{D_j}{\sum\limits_{j=1}^{3} D_j} \cdot F = \mu_j F, \quad j = 1,2,3 \tag{14.4.2}$$

式中

$$\mu_j = \frac{D_j}{\sum D_j} \tag{14.4.3}$$

其中，D_j 称为**侧移刚度系数**(图 14.4.2(a))，μ_j 为**剪力分配系数**。

由式(14.4.2)可知，各柱顶剪力 F_{Sj} 与 D_j 成正比，且水平荷载 F 按各柱 D_j 的比例分配给各柱，即在柱顶水平荷载 F 作用下，各柱顶的剪力可按各柱的剪力分配系数将 F 进行分配求得。由于弯矩零点在柱顶，从而可由剪力求得弯矩，这种方法称为**剪力分配法**。绘出其弯矩图，如图 14.4.2(b)所示。

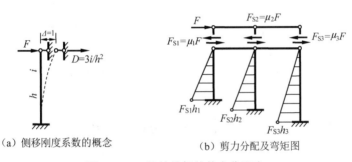

（a）侧移刚度系数的概念　　　　　（b）剪力分配及弯矩图

图 14.4.2　铰结排架的剪力分配法

14.4.2　横梁刚度无限大刚架在柱顶水平荷载作用下的内力

如图 14.4.3(a)所示的刚架，横梁刚度无限大，柱顶作用水平力 F，用位移法计算时，该结构无结点角位移，只有水平线位移 Δ。对两端无转角的柱，当柱顶发生单位水平线位移时，柱顶的剪力为 $\bar{F}_S = \dfrac{12i}{h^2}$。记 $D = \dfrac{12i}{h^2}$，为两端无转角柱的侧移刚度系数(图 14.4.3(b))。

当各柱顶侧移均为 Δ 时，各柱的剪力为

$$F_{Sj} = D_j \Delta \tag{a}$$

由平衡条件，各柱顶的剪力之和应等于 F(图 14.4.3(c))，即

$$F_{S1} + F_{S2} + F_{S3} = F \tag{b}$$

由式(a)、式(b)得

$$F_{Sj} = \frac{D_j}{\sum\limits_{j=1}^{3} D_j} \cdot F = \mu_j F, \quad j = 1,2,3 \tag{c}$$

由式(c)可知,对横梁刚度无限大的刚架,柱顶有水平荷载时,各柱顶的剪力也可按各柱的侧移刚度系数之比(即剪力分配系数),将水平荷载 F 进行分配求得。由剪力求弯矩时,应注意由于柱上端无转角,弯矩图的特点是柱中点的弯矩为零,柱上下端的弯矩是等值反向的。利用这个特点,可由剪力求得各柱两端弯矩为 $M = F_S h/2$,从而可绘出柱的弯矩图(图 14.4.3(d))。由结点的平衡条件可求出梁端弯矩,并绘制横梁的弯矩图。

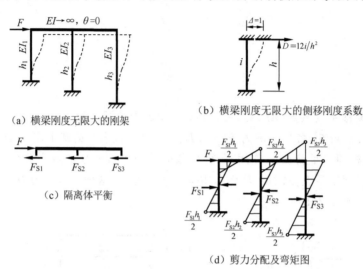

（a）横梁刚度无限大的刚架　　　　（b）横梁刚度无限大的侧移刚度系数

（c）隔离体平衡

（d）剪力分配及弯矩图

图 14.4.3　横梁刚度无限大刚架的剪力分配

14.4.3　柱间有水平荷载作用时的内力计算

对铰结排架以及横梁刚度无限大的刚架(图 14.4.4(a)),如果荷载作用在柱间,仍可用剪力分配法进行计算。步骤如下:

(1) 先在柱顶加一水平链杆(图 14.4.4(b)),阻止水平线位移,查第 13 章中的表 13.2.2,可知此时承受荷载的柱的柱顶剪力 F_{S1}^F,进而求出附加链杆的约束反力 F_{1P}。

(2) 将 F_{1P} 反向加在原结构上(图 14.4.4(c)),对此可用剪力分配法进行计算。

(3) 将图 14.4.4(b)、(c)两种情况下的内力叠加,即得原结构的解。

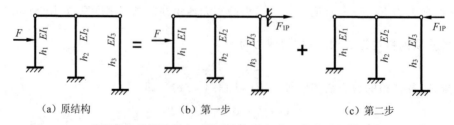

（a）原结构　　　　（b）第一步　　　　（c）第二步

图 14.4.4　铰结排架及横梁刚度无限大刚架柱间作用荷载时的剪力分配法步骤

【例 14.4.1】　试用剪力分配法计算图 14.4.5 所示的排架。已知 $F = 10$ kN。

【解】　求解过程请扫描对应的二维码获得。

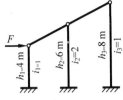

图 14.4.5 例 14.4.1 图   例 14.4.1 的求解过程

【例 14.4.2】 试用剪力分配法作出图 14.4.6 所示刚架的弯矩图。

【解】 求解过程请扫描对应的二维码获得。

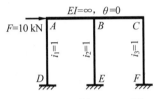

图 14.4.6 例 14.4.2 图   例 14.4.2 的求解过程

选择题

14-1 在力矩分配法中,分配系数 μ_{AB} 表示(　　)。

  A. 结点 A 有单位转角时,在 AB 杆 A 端产生的力矩

  B. 结点 A 转动时,在 AB 杆 A 端产生的力矩

  C. 结点 A 上作用单位外力偶时,在 AB 杆 A 端产生的力矩

  D. 结点 A 上作用外力偶时,在 AB 杆 A 端产生的力矩

14-2 在力矩分配法的计算中,当放松某个结点时,其余结点所处状态为(　　)。

  A. 全部放松   B. 必须全部锁紧   C. 相邻结点放松   D. 相邻结点锁紧

14-3 在力矩分配法中,刚结点处各杆端力矩分配系数与该杆端转动刚度的关系为(　　)。

  A. 前者与后者的绝对值有关   B. 二者无关

  C. 成反比   D. 成正比

14-4 在力矩分配法计算中,传递系数 C_{AB} 为(　　)。

  A. B 端弯矩与 A 端弯矩的比值

  B. A 端弯矩与 B 端弯矩的比值

  C. A 端转动时,所产生 A 端弯矩与 B 端弯矩的比值

  D. A 端转动时,所产生 B 端弯矩与 A 端弯矩的比值

14-5 用力矩分配法计算时,放松结点的顺序(　　)。

  A. 对计算过程和计算结果无影响

  B. 对计算过程和计算结果有影响

  C. 对计算过程无影响

  D. 对计算过程有影响,而对计算结果无影响

14-6 力矩分配法的计算对象是(　　)。

    A. 多余未知力　B. 支座反力　　　　C. 结点位移　　　　D. 杆端弯矩

14-7 图示连续梁,欲使 A 端产生单位转动,需要在 A 端施加的力矩(　　)。

    A. $M_{AB}=4i$　　B. $M_{AB}=3i$　　　　C. $M_{AB}=i$　　　　D. $3i<M_{AB}<4i$

14-8 如图所示结构,各杆的 i 均为常数,用力矩分配法计算时分配系数 μ_{A4} 为(　　)。

    A. $\dfrac{4}{11}$　　　　B. $\dfrac{4}{9}$　　　　C. $\dfrac{1}{3}$　　　　D. $\dfrac{2}{3}$

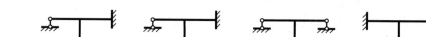

选择题 14-7 图　　　　　　选择题 14-8 图

14-9 图示各结构中,仅用力矩分配法可进行计算的是(　　)。

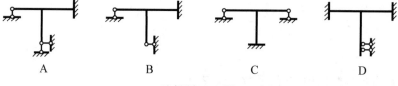

选择题 14-9 图

14-10 图示各结构中,仅用力矩分配法不能求解的是(　　)。

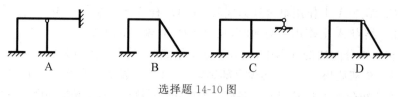

选择题 14-10 图

14-11 图示对称刚架受对称荷载作用,各杆的 i 均为常数,取半边结构计算时,在左半结构中,弯矩分配系数 μ_{AB} 等于(　　)。

    A. $\dfrac{1}{3}$　　　　B. $\dfrac{4}{11}$　　　　C. $\dfrac{1}{2}$　　　　D. $\dfrac{4}{9}$

14-12 图示对称刚架受反对称荷载作用,各杆的 EI 均为常数,取半边结构计算时,在左半结构中,弯矩分配系数 μ_{AB} 等于(　　)。

    A. $\dfrac{1}{3}$　　　　B. $\dfrac{4}{11}$　　　　C. $\dfrac{2}{5}$　　　　D. $\dfrac{2}{7}$

14-13 图示结构中,结点 A 连接的三个杆端具有相同的弯矩分配系数,则三杆的 $I_1:I_2:I_3$ 应等于(　　)。

    A. $6:3:2$　　　B. $1:1:1$　　　C. $12:3:4$　　　D. $1:2:3$

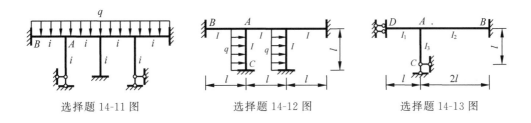

选择题 14-11 图　　　　选择题 14-12 图　　　　选择题 14-13 图

习题

14-1　试用力矩分配法计算图示结构的杆端弯矩。

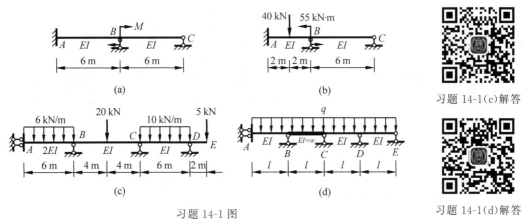

(a)

(b)

习题 14-1(c)解答

(c)

(d)

习题 14-1 图

习题 14-1(d)解答

14-2　用力矩分配法作图示连续梁的弯矩图（图中 EI 为常数），并计算支座反力。

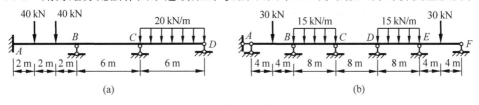

(a)　　　　　　　　　　　(b)

习题 14-2 图

14-3　试用力矩分配法计算图示结构，并作弯矩图。

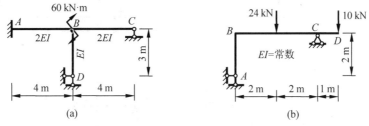

(a)　　　　　　　　　(b)

习题 14-3 图

14-4　试作图示刚架的弯矩图。

14-5　试作图示连续梁的 M、F_S 图，并求 CD 跨的最大正弯矩和反力。

14-6　试作图示刚架的 M、F_S 图，并求 EF 跨的最大正弯矩。

14-7　试作图示刚架的 M 图。

习题 14-5 解答

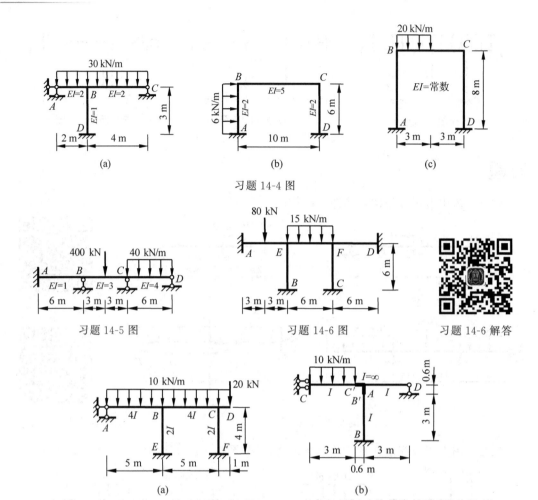

习题 14-4 图

习题 14-5 图　　　习题 14-6 图　　　习题 14-6 解答

习题 14-7 图

14-8　试作图示刚架的内力图。

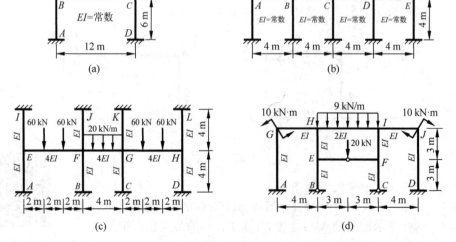

习题 14-8 图

14-9 试作图示刚架的内力图。

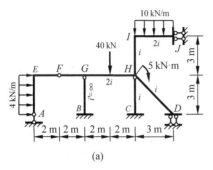

(a)

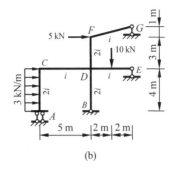

(b)

习题 14-9 图

习题 14-9 解答

14-10 试作图示刚架的弯矩图。

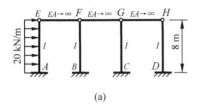

(a)

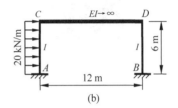

(b)

习题 14-10 图

14-11 试用无剪力分配法计算图示刚架,绘出其弯矩图。设 E 为常数。

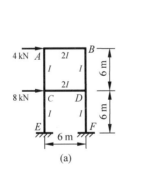

(a)

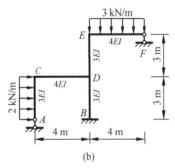

(b)

习题 14-11 图

14-12 试用剪力分配法求图示结构的弯矩图。

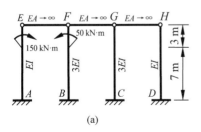

(a)

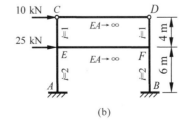

(b)

习题 14-12 图

习题 14-12 解答

14-13　试用剪力分配法求图示结构的弯矩图。图(a)中 D 值为各杆的相对侧移刚度值。

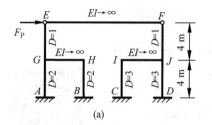 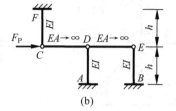

习题 14-13 图　　　　　　　　　习题 14-13(a)解答

第 14 章客观题答案　　　　　　　钱令希 简介

第15章

影响线

15.1 移动荷载及影响线的概念

前面讨论了固定荷载作用下静定结构的内力变化规律,并可以绘制其内力变化的图形,这种图形为内力图。但是,在土木建筑工程中结构除受到固定荷载作用外,有时还受到移动荷载作用,例如,桥梁受到其上行驶的车辆荷载,厂房吊车梁受到吊车车轮传递的荷载等。这类荷载具有一个共同的特点,即荷载作用位置随时间不断变化,此类荷载称为**移动荷载**。

要保证结构的安全,在强度设计中必须首先找出所关心的某力学量值(如反力或内力)随荷载作用位置不同时的变化规律,进而确定使该量值为最大值时的荷载位置,以及相应于该位置所产生的最大影响量值,供设计时应用。解决这些问题的重要工具就是影响线。

移动荷载作用下梁的设计要比恒载作用下复杂。移动荷载作用下对梁进行分析要考虑以下问题:①梁支座反力与内力的最大值和最小值发生在梁的哪个截面上;②移动荷载作用在什么位置时会产生支座反力与内力的最大值和最小值;③支座反力与内力的最大值和最小值是多少。

显然,要求出某一反力或内力的最大值,就必须先确定产生此相应力学量最大值的对应移动荷载位置,这一荷载位置称为**最不利荷载位置**。求出最不利荷载位置后,就可以按一定法则计算出所关心的某一个反力或指定的梁截面在移动荷载作用下的内力最大值。它们是设计桥台和梁的重要数据之一。

建筑工程中移动荷载的类型是多种多样的,不可能逐一加以讨论,但它们一般均由多个按一定间距排列的竖向行列荷载组成。因此,为简化分析可只研究一种最简单的荷载,即单位竖向集中力荷载 $F_P=1$ 沿结构移动时,对某一指定力学量(反力或内力)所产生的影响量,按线性叠加原理进一步求出实际的行列荷载产生的影响量值。

综上所述,当一个指向不变的单位集中力沿结构移动时,所描述的某指定力学量(如反力或弯矩等)随单位荷载位置不同而变化的图形称为该相应力学量的**影响线**。

影响线是计算移动荷载作用下结构反力或内力最大值的重要工具,必须给予足够重视,要从移动荷载位置变化的特点去理解,并注意与前面所学内容的不同。

【**说明**】 移动荷载一般都具有动荷载的性质,但由于其加速度不大,产生的惯性力常常可以忽略不计而将移动荷载视为静荷载。在结构设计时可采用大于 1 的放大系数来处理。

15.2 静力法作影响线

用静力法作影响线就是先设置横坐标 x 轴，并将单位荷载 $F_P = 1$ 放置在距原点 x 的一般位置，暂视为固定荷载。然后，通过建立静力平衡方程，找出所确定的某力学量与 $F_P = 1$ 荷载作用位置 x 的函数关系，这种函数关系称为相应力学量的**影响线方程**。这种方法就是静力法。根据 x 的取值范围，按影响线方程所绘制的图线就是影响线。

静力法是作影响线的基本方法。本节讨论用静力法作静定梁等简单结构的支座反力、剪力和弯矩影响线的方法。

15.2.1 支座反力影响线

本节作图 15.2.1(a)所示简支梁 AB 在移动荷载 $F_P = 1$ 作用下，支座反力 F_{Ay} 的影响线。

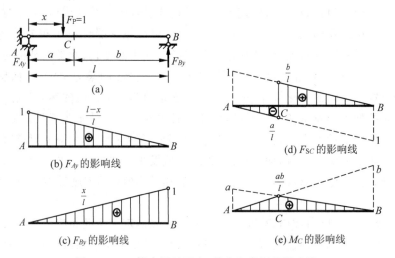

(a)

(b) F_{Ay} 的影响线

(c) F_{By} 的影响线

(d) F_{SC} 的影响线

(e) M_C 的影响线

图 15.2.1　简支梁的反力、剪力和弯矩的影响线

选取 A 点为坐标原点，将移动荷载 $F_P = 1$ 设置在距 A 点为 x 的任意位置上，暂视为固定荷载，根据平衡条件，对 B 点取矩有

$$\sum M_B = 0, \quad F_{Ay}l - 1 \times (l - x) = 0$$
$$F_{Ay} = (l - x)/l, \quad 0 \leqslant x \leqslant l \tag{15.2.1}$$

式(15.2.1)为支座反力 F_{Ay} 的影响线方程，由此可知 F_{Ay} 的影响线是一条直线。为确定该直线，只需定出两个控制点即可。显然有

当 $x = 0$ 时，$F_{Ay} = 1$；　当 $x = l$ 时，$F_{Ay} = 0$

利用上述参数可以绘制支座反力 F_{Ay} 的影响线，如图 15.2.1(b)所示。简支梁支座反力 F_{By} 的影响线作法与支座反力 F_{Ay} 的影响线作法类似，如图 15.2.1(c)所示。

从图 15.2.1(b)、(c)中可以看出，简支梁支座反力影响线的特征为：影响线与横坐标轴围成一个直角三角形，最大坐标值为 1，就在所求支座反力的上方。根据影响线的定义，作

某量 Z 影响线时的移动荷载 $F_P=1$ 没有量纲,故量 Z 影响线竖标的量纲比量 Z 的实际量纲少一个力的量纲。支反力或剪力影响线的竖标量纲为 $[1]$,而弯矩影响线竖标的量纲是 $[长度]$,单位是 m。在利用影响线计算实际荷载问题时,再计入实际荷载的相应单位。

15.2.2　剪力影响线

本节讨论图 15.2.1(a)所示简支梁上任意指定截面 C 处剪力 F_{SC} 的影响线。

由于 $F_P=1$ 作用在 C 点左侧或右侧时,采用静力平衡条件会得到剪力 F_{SC} 影响线方程的不同表达式,当 $F_P=1$ 作用在 C 点左侧或右侧时,剪力 F_{SC} 的影响系数有不同的表示式,因此应当分别分析。

(1) 当 $F_P=1$ 作用在 AC 段时,取 CB 段为隔离体,由平衡条件 $\sum F_{iy}=0$,得剪力 F_{SC} 的影响线方程为

$$F_{SC}=-F_{By}=-\frac{x}{l}, \quad 0 \leqslant x < a \tag{15.2.2}$$

由式(15.2.2)可知,当 $F_P=1$ 在 AC 段移动时,F_{SC} 的影响线为一直线段,并与支座反力 F_{By} 的影响线相同但符号相反。将支座反力 F_{By} 的影响线乘以 -1 后画在基线下方,并保留 AC 段,即得 $F_P=1$ 作用在 AC 段时剪力 F_{SC} 的影响线。在 C 截面左侧,求得 C 点的竖标为 $-a/l$。

(2) 当 $F_P=1$ 作用在 CB 段时,取 AC 段为隔离体,由平衡条件 $\sum F_{iy}=0$,得剪力 F_{SC} 的影响线方程为

$$F_{SC}=F_{Ay}=1-\frac{x}{l}, \quad a \leqslant x < l \tag{15.2.3}$$

同样,$F_P=1$ 在 CB 段移动时,剪力 F_{SC} 的影响线也为一直线段,并与支座反力 F_{Ay} 的影响线相同,但仅适用于 CB 段。在 C 截面右侧,求得 C 点的竖标为 b/l。

简支梁 AC 上截面 C 处剪力 F_{SC} 的影响线如图 15.2.1(d)所示,它由两根平行线和一根竖直线组成,在 C 点有剪力突变,突变值为 1。剪力 F_{SC} 的影响线可由简支梁的两个支座反力影响线绘制,要注意移动荷载 $F_P=1$ 的作用范围。

15.2.3　弯矩影响线

求图 15.2.1(a)所示简支梁上任意指定截面 C 弯矩 M_C 的影响线类似于求剪力 F_{SC} 的影响线,要区分 AC、CB 两段,分别建立弯矩 M_C 的影响线方程。

(1) 当 $F_P=1$ 在 AC 段上移动时,取 CB 段为隔离体,由平衡条件 $\sum M_C=0$ 得

$$M_C=F_{By}b=\frac{b}{l}x, \quad 0 \leqslant x \leqslant a \tag{15.2.4}$$

此式为 $F_P=1$ 在 AC 段移动时,C 截面弯矩 M_C 的影响线方程,它等于支座反力 F_{By} 的影响系数乘 b。由此可知,弯矩 M_C 的影响线在 AC 段($0 \leqslant x \leqslant a$)为一直线段(左侧直线)。当 $x=a$ 时,C 点的竖标为 ab/l。

(2) 当 $F_P=1$ 作用在 CB 段时,取 AC 段为隔离体,由平衡条件 $\sum M_C=0$ 得

$$M_C = F_{Ay}a = \frac{a(l-x)}{l}, \quad a \leqslant x \leqslant l \tag{15.2.5}$$

此式为 $F_P = 1$ 在 CB 段移动时 C 截面弯矩 M_C 的影响线方程,它等于支座反力 F_{Ay} 的影响系数乘 a。M_C 的影响线在 CB 段($a \leqslant x \leqslant l$)也是一直线段(右侧直线)。当 $x = a$ 时,C 点的竖标也为 ab/l。

简支梁 A、B 上任意截面上弯矩 M_C 的影响线如图 15.2.1(e)所示。用简支梁支座反力 F_{Ay}、F_{By} 影响线绘制弯矩 M_C 影响线的方法为:分别将 F_{Ay}、F_{By} 的影响线竖标乘以 a、b,然后画在基线上方,两个影响线的重叠部分即为 M_C 的影响线。

简支梁弯矩影响线是一个三角形,当 $F_P = 1$ 作用在 C 点时有最大的弯矩 M_C,其值为 ab/l;当 $F_P = 1$ 作用在两支座处时,弯矩 M_C 为零。

弯矩影响线的量纲为[长度]。按简捷法求得弯矩使梁下侧受拉为正弯矩,但作为影响线仍习惯画在横轴上方,并标上正号。

15.2.4　内力影响线与内力图的比较

由于内力影响线与内力图二者基本含义的不同,致使它们存在着本质上的区别。

图 15.2.2(b)、(c)给出了图 15.2.2(a)所示简支梁 C 截面上剪力 F_{SC} 与弯矩 M_C 的影响线,图 15.2.2(d)、(e)给出了单位荷载 $F_P = 1$ 作用在简支梁 C 点时简支梁的剪力图和弯矩图。二者的主要区别如下:

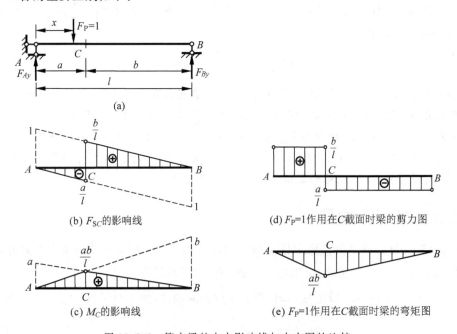

图 15.2.2　简支梁的内力影响线与内力图的比较

(1) 作用荷载的性质不同。影响线所涉及的荷载是移动荷载,而内力图涉及的是恒载。

(2) 函数关系中的自变量不同。影响线表示梁中指定截面上某内力随移动荷载 $F_P = 1$ 作用位置变化的规律,这里的内力所在截面是确定的,其自变量是 $F_P = 1$ 作用位置参数 x;而内力图表示在固定荷载作用下,不同截面上的内力分布规律,这里的荷载作用位置是确定的,其自变量是内力所在截面的位置参数 x。

（3）图形中竖标的意义不同。内力影响线的竖标表示对应于不同荷载作用位置时梁中确定截面上某一内力的大小；内力图竖标则表示荷载在某一确定位置时梁中某一截面上内力的大小。

【例 15.2.1】　试作图 15.2.3 所示外伸梁 F_{Ay}、F_{By}、F_{SC}、F_{SD} 及 M_D 的影响线。

【解】　求解过程请扫描对应的二维码获得。

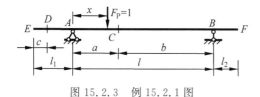

图 15.2.3　例 15.2.1 图　　　　　　　例 15.2.1 的求解过程

【例 15.2.2】　试作图 15.2.4 所示结构撑杆 AC 的轴力 F_{NC},梁上 E 截面左、右侧剪力 F_{SE-}、F_{SE+} 以及 D 截面弯矩的影响线。

【解】　求解过程请扫描对应的二维码获得。

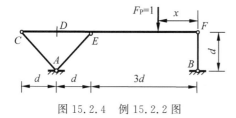

图 15.2.4　例 15.2.2 图　　　　　　　例 15.2.2 的求解过程

15.3　结点荷载作用下的影响线

在前两节的讨论中,均假定荷载直接作用在结构上；但在实际工程中,不少结构是通过结点间接地承受荷载的作用的。例如在图 15.3.1(a)所示的桥面支承体系中,荷载通过纵梁下的横梁传递到主梁。纵梁是一系列简支梁,横梁是纵梁的支座,而它们本身又是由主梁支承的。对主梁而言,横梁称为结点。不管纵梁上的荷载如何变化,主梁所受的荷载的位置（结点）是不变的。在房屋结构中,作用于楼面上的荷载通过楼板下的次梁传递给主梁,也属于这种情况。主梁所受的这种荷载称为**结点荷载**,或**间接荷载**。

下面以图 15.3.1(a)为例,介绍结点荷载作用下主梁影响线的作法。

1. 支反力影响线

选取点 A 为坐标原点,当荷载 $F_P=1$ 作用在纵梁上任意位置 $x(0 \leqslant x \leqslant l)$ 时,由静力平衡方程可得支座反力 F_{Ay}、F_{By} 的影响线方程:

$$F_{Ay}=1-\frac{x}{l}, \quad F_{By}=\frac{x}{l}, \quad 0 \leqslant x \leqslant l$$

由上式可知,结点荷载作用下支座反力的影响线与简支梁在直接荷载作用下反力的影响线完全相同,如图 15.3.1(b)、(c)所示。

2. 弯矩影响线

1) M_C 的影响线

点 C 正好是结点,主梁截面 C 弯矩 M_C 的影响线可以视为结点荷载作用下的特例。

当 $F_P=1$ 作用在点 C 以左时,取点 C 的右边为隔离体,得 $M_C=F_{By}\times 3d$。

当 $F_P=1$ 作用在点 C 以右时,取点 C 的左边为隔离体,得 $M_C=F_{Ay}d$。

由此作 M_C 的影响线如图 15.3.1(d)所示,点 C 的纵标为 $\dfrac{ab}{l}=\dfrac{d\times 3d}{4d}=\dfrac{3}{4}d$。可以看出 M_C 的影响线与简支梁在直接荷载作用下的弯矩影响线完全相同。

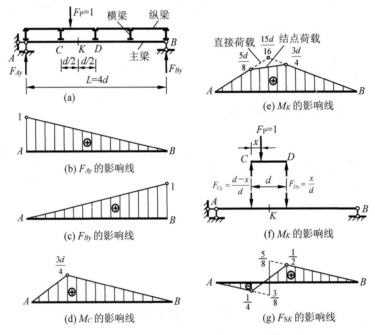

图 15.3.1 结点荷载作用下主梁内力的影响线

2) M_K 的影响线

设欲作图 15.3.1(a)中 C、D 两结点间任一截面 K 的弯矩 M_K 的影响线。下面介绍绘制 M_K 的影响线的方法。

首先,假设 $F_P=1$ 直接作用在主梁 AB 上,并绘制此时 M_K 的影响线,如图 15.3.1(e)中虚线所示。

然后,考虑 $F_P=1$ 作用在纵梁上的情况:当 $F_P=1$ 作用在纵梁上的点 C 或点 D 时,荷载 $F_P=1$ 将通过纵梁支座 C 或 D 直接传至主梁,$F_P=1$ 作用在这两个位置时的结点荷载与直接荷载完全相同。因此,结点荷载作用下 M_K 的影响线在 C、D 两点的纵标 y_C、y_D 与直接荷载作用下 M_K 的影响线相应的纵标相同,即

当 $F_P=1$ 作用在点 C 时,$M_K=y_C$;

当 $F_P=1$ 作用在点 D 时,$M_K=y_D$。

如果 $F_P=1$ 作用在 C、D 两点之间时,其到点 C 的距离以 x 表示,则纵梁 CD 的反力如

图 15.3.1(f)所示。主梁在 C 点受到向下的荷载 F_{Cy} 作用,在 D 点受到向下的荷载 F_{Dy} 作用。当 $F_P=1$ 作用在 x 点时,主梁 M_K 的影响线的纵标可用叠加原理求得,即当 $F_P=1$ 作用在距 C 点为 x 的位置时:

$$M_K = F_{Cy}y_C + F_{Dy}y_D = \left(1 - \frac{x}{d}\right)y_C + \frac{x}{d}y_D$$

显然,上式为 x 的一次式。因此,当单位荷载 $F_P=1$ 作用在纵梁 CD 上时,M_K 的影响线是以 y_C、y_D 为边界的一条直线。

用同样的方法可以证明,当 $F_P=1$ 作用在每个纵梁上时,M_K 的影响线都有与上述相同的规律。由此可以得出绘制结点荷载作用下 M_K 影响线的方法:

(1)假设 $F_P=1$ 直接作用在主梁上,用虚线绘制直接荷载作用下 M_K 的影响线,并计算点 K 的纵标。

(2)在所绘制的直接荷载作用下 M_K 的影响线中,引出各结点所对应的纵标,并计算其大小,然后用直线连接各纵标,即得结点荷载作用下 M_K 的影响线,如图 15.3.1(e)所示。

3. 剪力影响线

设欲作图 15.3.1(a)中剪力 F_{SK} 的影响线。剪力 F_{SK} 影响线的作法与弯矩 M_K 影响线的作法相同。

(1)假设 $F_P=1$ 直接作用在主梁上,绘制直接荷载作用下 F_{SK} 的影响线,如图 15.3.1(g)中虚线所示。

(2)计算直接荷载作用下 F_{SK} 影响线中各结点处的纵标:

$$y_C = \frac{2}{3} \times \frac{3}{8} = \frac{1}{4}; \quad y_D = \frac{4}{5} \times \frac{5}{8} = \frac{1}{2}; \quad y_E = \frac{2}{5} \times \frac{5}{8} = \frac{1}{4}; \quad y_A = 0; \quad y_B = 0$$

用直线连接各纵距,得结点荷载作用下 F_{SK} 的影响线,如图 15.3.1(g)所示。

由图 15.3.1(g)可以看出,无论 K 在结点 C 和 D 之间的什么位置,F_{SK} 的影响线都是相同的。两个相邻结点之间的梁段称为一个**节间**。在结点荷载的情况下,同一节间各个截面的剪力相同,称为**节间剪力**。因此,F_{SK} 也可以用 F_{SCD} 表示,F_{SK} 的影响线就是 F_{SCD} 的影响线。

15.4　用静力法作静定桁架的影响线

具体内容请扫描下面的二维码获得。

15.4

15.5　用机动法作静定梁的影响线

用静力法绘制影响线往往难以预先知道影响线的形状或零点位置。而用机动法作影响线时不必先计算影响线方程,可直接画出影响线的轮廓形状图,这为结构设计中考虑最不利荷载位置提供了很大的方便。此外,还可以用机动法对静力法绘出的影响线进行校核。

机动法是以虚功原理(虚位移原理)为基础,将静定梁的支座反力和内力影响线问题转化为位移图的几何问题,可使影响线的绘制大大简化。对于具有理想约束的刚体体系,其虚功原理可表述为:设体系上作用任意的平衡力系,又设体系发生符合约束条件的无限小刚体虚位移,则主动力在虚位移上所做的虚功总和恒等于零。机动法有一个明显的优点:应用机动法不需经过计算就可以比较容易地画出某指定量的影响线轮廓。

15.5.1 机动法概述

用机动法作图 15.5.1(a)所示简支梁支座反力 $Z = F_{By}$ 的影响线。

先解除 B 点的支座约束,代之以支座反力 F_{By},此时原结构便成为具有一个自由度、可以绕 A 点转动的几何可变结构,并形成图 15.5.1(b)所示的系统。然后,使该结构产生任意微小的虚位移,即使刚体 AB 绕 A 点作微小转动。

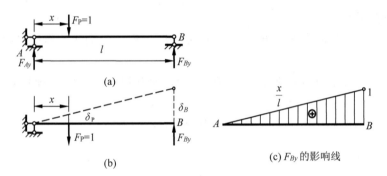

图 15.5.1 机动法作简支梁支反力的影响线

根据虚功原理得

$$F_{By}\delta_B + F_P\delta_P = 0 \tag{15.5.1}$$

式中,δ_P 为与荷载 $F_P = 1$ 相应的位移。由于 F_P 以向下为正,故 δ_P 也以向下为正;δ_B 为与 F_{By} 相应的位移,δ_B 以与 F_{By} 正方向一致者为正。由式(15.5.1)求得

$$F_{By} = -\delta_P/\delta_B \tag{15.5.2}$$

当 $F_P = 1$ 移动时,位移 δ_P 随之变化,是荷载位置参数 x 的函数;而位移 δ_B 则与 x 无关,是一个常量。为了一般化,以 Z 表示支座反力 F_{By},δ_Z 表示与未知力 Z 相应的位移,因此,式(15.5.2)可表示为

$$Z(x) = -\delta_P(x)/\delta_Z \tag{15.5.3}$$

其中,函数 $Z(x)$ 表示 Z 的影响线,函数 $\delta_P(x)$ 表示荷载作用点的竖向位移图(参见图 15.5.1)。由此可知,Z 的影响线与荷载作用点的竖向位移图成正比。也就是说,根据位移 δ_P 图就可以得出影响线的轮廓。

如果还要确定影响线各竖标的数值,则应将位移 δ_P 图除以 δ_Z(或在位移图中设 $\delta_Z = 1$),由此得到的图 15.5.1(c)就是从形状上和数值上完全确定了 Z 的影响线。

影响线竖标的正负号规定如下:当 δ_Z 为正值时,由式(15.5.3)可知 Z 与 δ_P 的正负号正好相反,又 δ_P 以向下为正,因此,如果位移图在横坐标上方,则 δ_P 值为负,因而影响系数为正。

一般而言,机动法作静定结构内力或支座反力的影响线的步骤如下:

(1) 解除与 Z 相应的约束,代以未知力 Z。

(2) 使体系沿 Z 的正方向发生位移,作出荷载作用点的竖向位移图(δ_P 图),由此可定出 Z 的影响线的轮廓。

(3) 令 $\delta_Z = 1$,可进一步定出影响线各竖标的数值。

(4) 横坐标以上的图形,影响系数取正号;横坐标以下的图形,影响系数取负号。

由上面的步骤可以看出,为作出某一量值影响线,只需将与所求量值相应的约束去掉,并使所得结构沿该量值的正方向发生单位位移,则由此得到的虚位移图即代表该量值影响线。

15.5.2　机动法作静定梁内力影响线

为求图 15.5.2(a)所示简支梁 C 点弯矩 M_C 的影响线,先解除 C 截面对应于 M_C 的约束,将截面 C 变为铰接并以一对等值反向的力偶代替原约束,使结构产生沿 M_C 正方向的虚位移(M_C 正方向使梁下侧受拉),如图 15.5.2(b)所示。设 α 和 β 为两个梁段产生的微小虚转角,δ_P 为移动荷载作用点的竖向虚位移,而点 A 和点 B 由于支座约束限制不产生虚位移。由于原结构处于平衡状态,可以列出虚功等式。

由虚功原理,成对力偶 M_C 与所对应虚位移 α、β 的虚功方程为

$$M_C\alpha + M_C\beta - F_P\delta_P = 0$$

则

$$M_C = \delta_P/(\alpha + \beta) = \delta_P/\delta_Z \qquad (15.5.4)$$

其中,$\alpha + \beta = \delta_Z$ 为铰 C 左右两侧截面的相对转角。由于 α、β 是微小变形,为方便计算,若令 $\delta_Z = 1$,则有 $\overline{BB_1} = \delta_Z b = b$。这样,得到的竖向位移图即代表 M_C 的影响线,如图 15.5.2(c)所示。这实际上相当于把图 15.5.2(b)的虚位移图的竖标除以 δ_Z。按几何关系可以求得影响线各点竖标值。显然,它与静力法的结果是一致的。

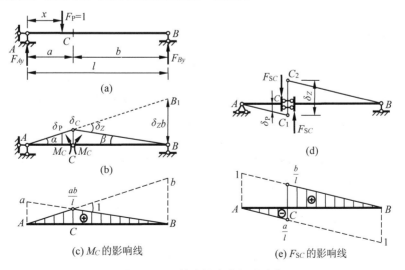

图 15.5.2　简支梁内力的影响线

同理,求作 C 点剪力 F_{SC} 的影响线时,先解除与剪力相应的约束,改为定向连接,并以一对等值反向的剪力 F_{SC} 代替,使结构产生沿 F_{SC} 正方向的虚位移,如图 15.5.2(d)所示。建立虚功方程:

$$F_{SC} \cdot \overline{C_1C} + F_{SC} \cdot \overline{CC_2} + F_P \cdot \delta_P = 0$$

$$F_{SC} = -\delta_P/(\overline{C_1C} + \overline{CC_2}) = -\delta_P/\delta_Z \tag{15.5.5}$$

由于梁上 C 点切口处不能转动,只能产生微小的相对竖向位移,所以变形后的梁轴线 AC_1、C_2B 仍保持平行。若令 $\delta_Z = 1$,则所得到的竖向位移即表示 F_{SC} 的影响线,如图 15.5.2(e)所示。显然,这和静力法的结论是吻合的。

【例 15.5.1】 用机动法作图 15.5.3 所示结构中的 M_K、F_{SK}、M_B、F_{SL}、F_{Cy} 的影响线。

【解】 求解过程请扫描对应的二维码获得。

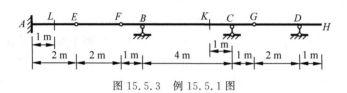

图 15.5.3　例 15.5.1 图　　　　　　　　　　例 15.5.1 的求解过程

15.6　影响线的应用

15.6.1　利用影响线求固定荷载作用的量值

移动荷载可能是多个集中荷载,也可能是分布荷载。影响线是研究移动荷载作用下结构分析的工具,虽然作影响线采用的是单位移动荷载,但根据叠加原理可用影响线求出其他荷载作用对结构的影响。

1. 集中荷载作用情形

如图 15.6.1(a)所示简支梁,受一组集中荷载 F_{P1}、F_{P2}、F_{P3} 作用,若分析该组集中荷载在某一已知位置时产生的简支梁 C 截面弯矩 M_C 的值,首先令移动荷载在该瞬时停止移动,可暂视为固定荷载,再绘制 M_C 的影响线并确定各荷载作用点处影响线的竖标 y_1、y_2、y_3,则按影响线的定义和应用叠加原理可得这组荷载作用下 M_C 的值为

$$M_C = F_{P1}y_1 + F_{P2}y_2 + F_{P3}y_3$$

其中 $F_{P1}y_1$、$F_{P2}y_2$、$F_{P3}y_3$ 分别为 F_{P1}、F_{P2}、F_{P3} 产生的 M_C 值。

可以将上述结果推广到一般情况:若一组集中荷载 $F_{P1}, F_{P2}, \cdots, F_{Pn}$ 作用于结构上,结构中某量 Z 的影响线已知,各集中荷载点对应的影响线的竖标为 $y_1, y_2, \cdots, y_n$,那么这组荷载作用下某量 Z 的数值为

$$Z = F_{P1}y_1 + F_{P2}y_2 + \cdots + F_{Pn}y_n = \sum_{i=1}^{n} F_{Pi}y_i \tag{15.6.1}$$

【注意】 ①竖标 y_i 的正负号与影响线的正负号相同。F_{Pi} 与画影响线所用的单位移

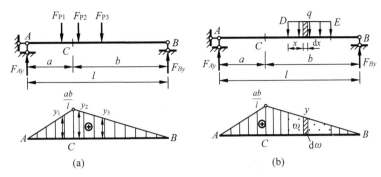

图 15.6.1　集中力和均布荷载作用下量值的计算

动荷载同向为正。②按式(15.6.1)计算,当集中力个数较多时就比较烦琐。事实上,当影响线某一直线坡段内存在多个集中力作用时,可以应用其合力产生的影响量值来代替它们所产生的影响量值。③在利用式(15.6.1)计算集中荷载作用处左、右侧截面的剪力时,计算左侧面上的剪力集中荷载要落在右侧直线上,而计算右侧面上的剪力集中荷载要落在左侧直线上。

2. 均布荷载作用情形

如果结构在 AB 范围受到图 15.6.1(b)所示的均布荷载作用,在均布荷载作用范围内取一微元段 dx,其荷载 qdx 可视为集中荷载,它所引起的 Z 值为 $yqdx$。若研究整段均布荷载 q 作用下的 Z 值,则

$$Z = \int_{x_D}^{x_E} yq\,dx = q\int_{x_D}^{x_E} y\,dx = q\omega \tag{15.6.2}$$

其中,ω 表示 Z 影响线图形在均布荷载作用范围的面积。若该区段内影响线坐标有正有负,则此 ω 应为均布荷载所覆盖区段内正负面积的代数和。均布荷载作用下结构中某量 Z 的大小等于荷载集度 q 乘以该影响线在荷载作用范围内的面积。应用时要注意 ω 的正负号。

【说明】 如果有集中力偶作用,量 Z 的值还需要附加上集中力偶的影响。其值等于集中力偶的大小与所在段的影响线的倾角的乘积。

【例 15.6.1】 用影响线计算图 15.6.2(a)所示简支梁在图示荷载作用下剪力 F_{SC} 的值。

【解】 先作出 F_{SC} 的影响线如图 15.6.2(b)所示。

剪力 F_{SC} 影响线中负号部分的面积为 ω_1,正号部分的面积为 ω_2。集中荷载 F_{P1} 对应的竖标为 $-2/9$,F_{P2} 对应的竖标为 $1/3$。

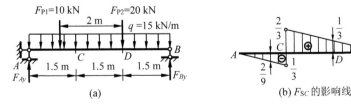

图 15.6.2　例 15.6.1 图

由式(15.6.1)和式(15.6.2)得

$$F_{SC} = q\omega_1 + q\omega_2 + F_{P1}y_1 + F_{P1}y_2$$

$$= 15 \text{ kN/m} \times \frac{1}{2} \times \left(-\frac{1}{3}\right) \times 1.5 \text{ m} + 15 \text{ kN/m} \times \frac{1}{2} \times \frac{2}{3} \times 3 \text{ m} +$$

$$10 \text{ kN} \times \left(-\frac{2}{9}\right) + 20 \text{ kN} \times \frac{1}{3}$$

$$= 15.69 \text{ kN}$$

15.6.2　确定最不利荷载位置

如果移动荷载到达某个位置时,使某量 Z 产生最大正值或最大负值,则此位置为**荷载最不利位置**。确定移动荷载的最不利位置是影响线的一个重要用途。

简单情况下,荷载的最不利位置可通过简单的观察和分析确定。但是在多个荷载的情况下,则应当用函数极值的概念来确定最不利荷载位置。一般情况下,求移动荷载最不利位置的原则是:将数值大的荷载尽可能密集地布置在影响线的顶点附近,同时尽可能避免在影响线的异号区域布置荷载。下面从简到繁逐一加以讨论。

1. 单个集中移动荷载情况和一组集中移动荷载情况

根据式(15.6.1)可知,单个荷载作用时,这个荷载作用在影响线竖标最大处即为它的最不利位置。如果移动荷载是一组集中荷载,则必有一个集中荷载作用在影响线的顶点,如图 15.6.3 所示。

2. 移动荷载为均布荷载而且可以任意分布的情况

由式(15.6.2)可知,将均布荷载布满某量 Z 影响线的正号区,即为该量 Z 的最大正值的不利位置,如图 15.6.4(a)所示;反之,将均布荷载布满该影响线的负号区,即为其最大负值的不利位置,如图 15.6.4(b)所示。

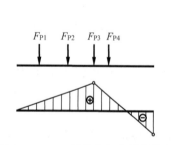

图 15.6.3　一组移动集中荷载情况

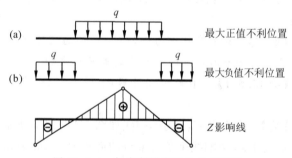

图 15.6.4　任意断续布置的均布荷载

3. 临界位置的判定

如果移动荷载是一组间距一定的集中荷载,确定结构中某量 Z 的最不利位置较为复杂。

第一步,要先求出使 Z 达到极值的荷载位置,即临界位置。

第二步,从临界位置中选出使 Z 达到最大值的最不利位置。即从 Z 的极大值中选出最大值,从极小值中选出最小值。

图 15.6.5(c)所示为某量 Z 的影响线,它是多边形的,各段影响线的倾角分别为 α_1、α_2、α_3。设一组集中荷载作用在图 15.6.5(a)所示位置 1,F_{R1}、F_{R2}、F_{R3} 是对应于影响线各直线段内集中荷载的合力。由叠加原理,荷载在此位置产生的 Z 值可用各段影响线内集中荷载的合力计算。应用式(15.6.1)有

$$Z_1 = F_{R1}y_1 + F_{R2}y_2 + \cdots + F_{Rn}y_n = \sum_{i=1}^{n} F_{Ri}y_i \tag{15.6.3}$$

式中,$y_1, y_2, \cdots, y_n$ 分别为 $F_{R1}, F_{R2}, \cdots, F_{Rn}$ 对应的 Z 影响线竖标。

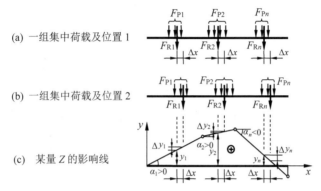

(a) 一组集中荷载及位置 1

(b) 一组集中荷载及位置 2

(c) 某量 Z 的影响线

图 15.6.5 荷载临界位置的判断

设荷载组向右(或向左)移动 Δx 距离到图 15.6.5(b)所示位置 2,则 Z 值为

$$Z_2 = F_{R1}(y_1 + \Delta y_1) + F_{R2}(y_2 + \Delta y_2) + \cdots + F_{Rn}(y_n + \Delta y_n)$$

$$= \sum_{i=1}^{n} F_{Ri}(y_i + \Delta y_i) = Z_1 + \sum_{i=1}^{n} F_{Ri}\Delta y_i$$

荷载组向右移动引起 Z 的增量为

$$\Delta Z = Z_2 - Z_1 = \sum_{i=1}^{n} F_{Ri}\Delta y_i \tag{a}$$

式中,Δy_i 是合力 F_{Ri} 所对应的影响线竖标 y_i 的增量,故有

$$\Delta y_i = \Delta x \cdot \tan\alpha_i \tag{b}$$

将式(b)代入式(a)中,得

$$\Delta Z = \sum_{i=1}^{n} F_{Ri}\Delta x \tan\alpha_i = \Delta x \sum_{i=1}^{n} F_{Ri}\tan\alpha_i \tag{c}$$

当 Z 为极大值时,其荷载位置为临界位置。根据极值的概念,此时荷载组自临界位置向右或向左移动时,量 Z 的值都不可能增加,其增量 $\Delta Z \leqslant 0$,即

$$\Delta x \sum_{i=1}^{n} F_{Ri}\tan\alpha_i \leqslant 0 \tag{d}$$

由式(d)可推导出 Z 为极大值的条件:

$$\begin{cases} 当荷载组稍向右移(\Delta x > 0)时,\sum_{i=1}^{n} F_{Ri}\tan\alpha_i \leqslant 0 \\[2mm] 当荷载组稍向左移(\Delta x < 0)时,\sum_{i=1}^{n} F_{Ri}\tan\alpha_i \geqslant 0 \end{cases} \tag{e}$$

同理,当 Z 为极小值时,其荷载组自临界位置向右或向左移动,量 Z 的值都不能减少,增量 $\Delta Z \geqslant 0$。可得 Z 为极小值的条件:

$$
\begin{cases}
\text{当荷载组稍向右移}(\Delta x > 0) \text{时,} \displaystyle\sum_{i=1}^{n} F_{Ri} \tan\alpha_i \geqslant 0 \\[3mm]
\text{当荷载组稍向左移}(\Delta x < 0) \text{时,} \displaystyle\sum_{i=1}^{n} F_{Ri} \tan\alpha_i \leqslant 0
\end{cases}
\tag{f}
$$

故使某量 Z 为极大值或极小值必须满足的条件是:当荷载组稍向左、右移动时,$\displaystyle\sum_{i=1}^{n} F_{Ri} \tan\alpha_i$ 的正负号发生改变。

在应用上述条件判断临界位置时,为使 $\displaystyle\sum_{i=1}^{n} F_{Ri} \tan\alpha_i$ 有变号的可能,一般选择一个集中荷载 F_{PK} 作用于影响线第 i 段和第 $i+1$ 段间的顶点上,当荷载组稍向左移时,F_{PK} 计入合力 F_{Ri},当荷载组稍向右移时 F_{PK} 计入合力 $F_{R(i+1)}$。由于 $\tan\alpha_i$ 为常数,所以合力 F_{Ri} 的改变可能使 $\displaystyle\sum_{i=1}^{n} F_{Ri} \tan\alpha_i$ 正负号改变。将这个使 $\displaystyle\sum_{i=1}^{n} F_{Ri} \tan\alpha_i$ 变号的荷载称为**临界荷载**,用 F_{Pcr} 表示。

当某量 Z 的影响线为图 15.6.6(b)所示的三角形时,上述判别式可得到简化。选择荷载 F_{PK} 在三角形影响线的顶点上,如图 15.6.6(a)所示。用 $\displaystyle\sum F_{R}^{L}$ 表示 F_{Pcr} 左侧荷载的合力,$\displaystyle\sum F_{R}^{R}$ 表示 F_{Pcr} 右侧荷载的合力,则 Z 为极大值的条件可由式(e)导出:

$$\text{荷载组右移:} \sum F_{R}^{L} \tan\alpha - \left(F_{Pcr} + \sum F_{R}^{R}\right) \tan\beta \leqslant 0$$

$$\text{荷载组左移:} \left(\sum F_{R}^{L} + F_{Pcr}\right) \tan\alpha - \sum F_{R}^{R} \tan\beta \geqslant 0$$

由于 $\tan\alpha = \dfrac{h}{a}$,$\tan\beta = \dfrac{h}{b}$,则以上两式可简化为

$$
\frac{\sum F_{R}^{L}}{a} \leqslant \frac{F_{Pcr} + \sum F_{R}^{R}}{b}, \quad \frac{\sum F_{R}^{L} + F_{Pcr}}{a} \geqslant \frac{\sum F_{R}^{R}}{b}
\tag{15.6.4}
$$

式(15.6.4)为三角形影响线临界荷载判别式,满足判别式的荷载 F_{Pcr} 即为临界荷载。该式表明:将临界荷载放在哪一边,哪一边荷载的平均集度要大些。

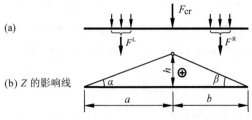

图 15.6.6 临界荷载的确定(三角形影响线)

如果移动荷载中既有集中力系又有均布荷载,且临界荷载为集中力(图 15.6.7(a)),则容易证明,在此情况下临界荷载的判别式仍为式(15.6.4);如果荷载的临界位置是均布荷载跨越三角形影响线的顶点(图 15.6.7(b)),则临界位置的判别式为

$$\frac{\sum F_R^L}{a} = \frac{\sum F_R^R}{b} \tag{15.6.5}$$

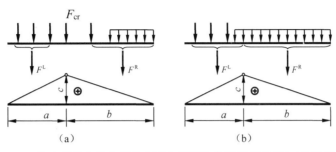

图 15.6.7 集中荷载和均布荷载共同作用下临界荷载的确定(三角形影响线)

【说明】 以上关于三角形影响线的结论不适用于直角三角形的情况(例如简支梁的反力影响线),以及影响线中含有间断点的情况(例如简支梁的剪力影响线)。这两种情况实际上是比较简单的,按本节开始提出的一般原则来寻找荷载的最不利位置即可。

【例 15.6.2】 试求图 15.6.8(a)所示简支梁在 4 个集中力构成的移动荷载组作用下跨中 C 点的弯矩最大值。其中 $F_{P1} = F_{P2} = 500 \text{ kN}, F_{P3} = F_{P4} = 350 \text{ kN}$。

【解】 (1)作简支梁 M_C 的影响线,如图 15.6.8(c)所示。

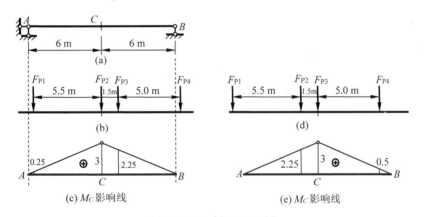

图 15.6.8 例 15.6.2 图

(2)判断临界荷载位置。

由于 M_C 影响线为三角形影响线,荷载 F_{P1} 和 F_{P4} 在影响线顶点时,M_C 不会达到最大值($M_{C,\max}$),故只需按式(15.2.1)计算 F_{P2} 和 F_{P3} 位于 C 点的情况。

如图 15.6.8(b)所示,荷载 F_{P2} 在 C 点左、右侧时,

$$\frac{2 \times 500 \text{ kN}}{6 \text{ m}} > \frac{350 \text{ kN}}{6 \text{ m}}, \qquad \frac{500 \text{ kN}}{6 \text{ m}} < \frac{500 \text{ kN} + 350 \text{ kN}}{6 \text{ m}}$$

可见,F_{P2} 为一临界荷载。

如图 15.6.8(d)所示,荷载 F_{P3} 在 C 点左、右侧时,

$$\frac{500 \text{ kN} + 350 \text{ kN}}{6 \text{ m}} > \frac{350 \text{ kN}}{6 \text{ m}}, \qquad \frac{500 \text{ kN}}{6 \text{ m}} < \frac{2 \times 350 \text{ kN}}{6 \text{ m}}$$

可见,F_{P3} 也为一临界荷载。

（3）求最大弯矩 $M_{C,\max}$。

分别求出上述两种临界位置对应的 M_C 极值，通过比较确定其最大值，即 $M_{C,\max}$。

F_{P2} 在 C 点时，

$M_C = 500\ \text{kN} \times 3\ \text{m} + 500\ \text{kN} \times 0.25\ \text{m} + 350\ \text{kN} \times 2.25\ \text{m} = 2412.5\ \text{kN} \cdot \text{m}$

F_{P3} 在 C 点时，

$M_C = 500\ \text{kN} \times 2.25\ \text{m} + 350\ \text{kN} \times 3\ \text{m} + 350\ \text{kN} \times 0.5\ \text{m} = 2350\ \text{kN} \cdot \text{m}$

比较可知，F_{P2} 在 C 点时为 M_C 的最不利位置，此时有 $M_{C,\max} = 2412.5\ \text{kN} \cdot \text{m}$。

【例 15.6.3】 已知量 Z 的影响线如图 15.6.9 所示，试求车队荷载在影响线上的最不利位置和 Z 的最大绝对值。已知：$F_{P1} = F_{P2} = F_{P3} = F_{P4} = F_{P5} = F_{P6} = 120\ \text{kN}$。

【解】 求解过程请扫描对应的二维码获得。

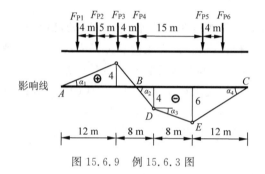

图 15.6.9 例 15.6.3 图　　　　　　例 15.6.3 的求解过程

【例 15.6.4】 简支梁受列车荷载作用，如图 15.6.10 所示，其中 $F_{P1} = F_{P2} = F_{P3} = F_{P4} = F_{P5} = 220\ \text{kN}$，均布荷载的分布长度为 30 m，$q = 92\ \text{kN/m}$。试求截面 C 的最大弯矩。

【解】 求解过程请扫描对应的二维码获得。

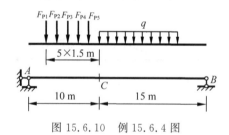

图 15.6.10 例 15.6.4 图　　　　　　例 15.6.4 的求解过程

15.7 简支梁的绝对最大弯矩与内力包络图

15.7.1 简支梁的绝对最大弯矩

在给定的移动荷载作用下，简支梁每个截面的弯矩都有一个最大值。这些最大值是截面位置的函数，其最大值（"最大值中的最大值"）称为简支梁的绝对最大弯矩。绝对最大弯矩就是梁在给定荷载下所能产生的最大弯矩，它对简支梁的设计是十分重要的。

求简支梁的绝对最大弯矩，一是要求它的值，二是确定其产生的位置。当移动荷载为间距不变的集中力系时,计算绝对最大弯矩可以遵循以下思路:第一,由于集中力系的特点,无论荷载移动到什么位置,梁的弯矩图都是下凸的折线,每个转折点都对应于一个集中力,因此,最大弯矩必然产生于某一集中力之下;第二,每个集中力下的弯矩都是该集中力位置的函数,可以设法求得该函数的最大值;第三,对每个集中力求相应的最大弯矩,再在这些最大弯矩中求最大值,它就是绝对最大弯矩。

下面介绍简支梁在一组集中荷载作用下绝对最大弯矩的求法。

图 15.7.1(a)所示为一简支梁。移动荷载 $F_{P1}, F_{P2}, \cdots, F_{Pn}$ 的数量和间距不变,各荷载可在梁上移动。求梁内所能产生的最大弯矩,即绝对最大弯矩。

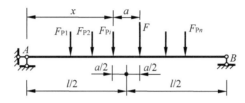

图 15.7.1 一组集中荷载作用下的简支梁

试取力系中的一个集中荷载 F_{Pi},研究它的作用点的弯矩何时成为最大,设 x 为 F_{Pi} 与左支座 A 的距离,F 为目前作用于梁上的所有荷载的合力,F 与 F_{Pi} 的作用点的距离为 a(a 的符号规定为:当 F 在 F_{Pi} 的右边时,$a>0$),则支座 A 的反力为

$$F_{Ay} = \frac{F(l-x-a)}{l}$$

F_{Pi} 作用点处的弯矩为

$$M_i = \frac{F(l-x-a)x}{l} - M_i^{\mathrm{L}} \tag{a}$$

其中,M_i^{L} 表示 F_{Pi} 左边的荷载对 F_{Pi} 的作用点的合力矩。因为荷载的大小和间距都是不变的,因此 M_i^{L} 是一个与 x 无关的常数。

在式(a)中,令 $\dfrac{\mathrm{d}M_i}{\mathrm{d}x}=0$,得

$$x = \frac{l-a}{2} \tag{15.7.1}$$

将式(15.7.1)代入式(a),得

$$M_{i\max} = \frac{F(l-a)^2}{4l} - M_i^{\mathrm{L}} \tag{15.7.2}$$

式(15.7.1)表明,当 F_{Pi} 作用下的弯矩最大时,F_{Pi} 和 F 的作用点正好在梁的中点两侧,并且到中点的距离相等,如图 15.7.1 所示。

【说明】 ①用式(15.7.2)计算 $M_{i\max}$,要注意 F 是实际作用于梁上的荷载的合力,M_i^{L} 是实际作用于 F_{Pi} 左边的荷载的合力矩。在按式(15.7.1)调整荷载的位置后,必须检查梁上的荷载有无变化,如果有新荷载进入梁内或原有荷载移出梁外的情况,就必须根据梁上荷载的实际情况重新计算 F、a 和 M_i^{L} 的值。②大量计算实例表明,简支梁的绝对最大弯矩总是产生于梁的中点附近,因此只有那些在梁的中点引起最大弯矩的荷载有可能在其作用点下产生绝对最大弯矩。利用这一点,可以事先排除一些荷载而不必将所有的集中力一一进

行排查。

【例 15.7.1】 简支梁受吊车荷载作用,如图 15.7.2 所示,其中 $F_{P1}=F_{P2}=435\ \text{kN}$,$F_{P3}=F_{P4}=295\ \text{kN}$,试求简支梁的绝对最大弯矩。

【解】 求解过程请扫描对应的二维码获得。

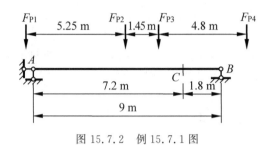

图 15.7.2　例 15.7.1 图　　　　　　　例 15.7.1 的求解过程

15.7.2　简支梁的内力包络图

在给定的荷载(包括恒荷载和活荷载)作用下,结构任一截面的某一内力 Z 都有一个最大值 $Z_{\max}$ 和一个最小值 $Z_{\min}$。$Z_{\max}$ 和 $Z_{\min}$ 都是截面位置 x 的函数,即 $Z_{\max}=Z_{\max}(x)$,$Z_{\min}=Z_{\min}(x)$。反映这种函数关系的图形称为 Z 的**包络图**。内力包络图反映了各个截面上内力的上下限,它对结构设计的重要性是不言而喻的。

在某些简单的情况下,可以求得 $Z_{\max}(x)$ 和 $Z_{\min}(x)$ 的数学表达式,因而不难作出 Z 的包络图。例如,当恒荷载不计,活荷载为单个移动集中力 F_P 时,如图 15.7.3(a)所示,易知简支梁与左支座距离为 x 的截面 C 的最大弯矩为 $M_{\max}=F_Px(l-x)/l$(当 F_P 作用于 C 点时),最小弯矩为 $M_{\min}=0$(当 F_P 作用于支座结点时);最大剪力为 $F_{S,\max}=F_P(l-x)/l$(当 F_P 作用于 C 点右侧时),最小剪力为 $F_{S,\min}=-F_Px/l$(当 F_P 作用于 C 点左侧时)。因此梁的弯矩包络图为一条直线和一条二次抛物线,剪力包络图为两条平行直线,如图 15.7.3(b)、(c)所示。

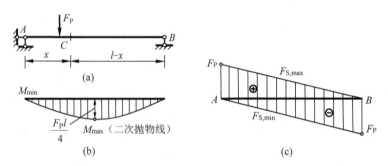

图 15.7.3　简支梁的内力包络图

一般情况下,要求得 $Z_{\max}(x)$ 和 $Z_{\min}(x)$ 的数学表达式是困难的,通常的做法是:将梁分为若干段,对每一个分点求出 Z 的最大值和最小值,再用描点法作 Z 的包络图。

对于连续梁的内力包络图,也可以按类似方式绘制,但需要先确定超静定结构的内力后才能绘制。具体过程请参考相关文献。

判断题与选择题

15-1 判断题

（1）悬臂梁任一截面的弯矩的影响线在固定端处的竖标值均为零。（　　）

（2）静定结构的内力和支反力影响线都是由直线或折线组成的。（　　）

（3）简支梁和简支斜梁的对应截面的弯矩影响线一般是不同的。（　　）

（4）对于静定梁任意截面 C 的剪力影响线，在截面 C 左右的两线段总是相互平行。（　　）

（5）在结点荷载作用下的梁、桁架影响线，在相邻结点之间必为一直线。（　　）

15-2 关于图示影响线竖标含义的论述正确的是（　　）。

　　A. 竖标 b 为 $F_P=1$ 在 C 点偏左侧时产生的 F_{SC} 值

　　B. 竖标 b 为 $F_P=1$ 在 C 点偏右侧时产生的 F_{SC} 值

　　C. 竖标 b 为 $F_P=1$ 在 C 点时产生的 $F_{SC}^{左}$ 值

　　D. 竖标 b 为 $F_P=1$ 在 C 点时产生的 $F_{SC}^{右}$ 值

15-3 图示梁 A 截面弯矩的影响线是（　　）。

15-4 机动法作静定梁影响线应用的原理为（　　）。

　　A. 功的互等定理　　　　　　　　B. 位移互等定理

　　C. 虚功原理　　　　　　　　　　D. 叠加原理

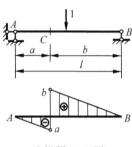

选择题 15-2 图

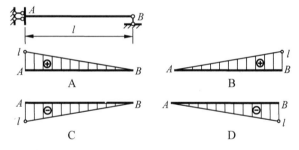

选择题 15-3 图

15-5 图示结构在单位移动力偶 $M=1$ 作用下，弯矩 M_C 的影响线是（　　）。

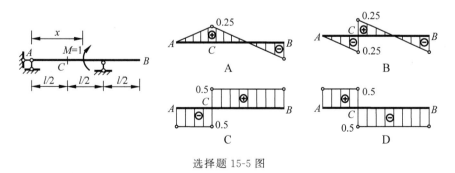

选择题 15-5 图

15-6 如图所示，$F_P=1$ 在 $ABCD$ 上移动，M_K 影响线的轮廓应是（　　）。

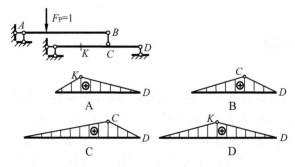

选择题 15-6 图

15-7 图示影响线为结点荷载作用下（　　）的影响线。

A. C 截面弯矩   B. D 截面弯矩

C. CD 节间剪力   D. K 截面弯矩

15-8 图示桁架，当上弦承载和下弦承载时，影响线不同的是（　　）。

A. 上弦杆轴力影响线   B. 下弦杆轴力影响线

C. 斜杆轴力影响线   D. 竖杆轴力影响线

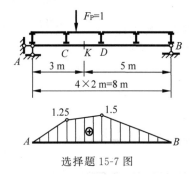

选择题 15-7 图

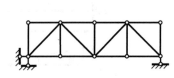

选择题 15-8 图

15-9 图示桁架，下面画出的是杆件内力影响线，此杆件是（　　）。

A. ch 杆   B. ci 杆   C. dj 杆   D. cj 杆

15-10 图示梁 K 截面弯矩影响线在 K 点的竖标值为（　　）。

A. $l/3$ B. $2l/3$ C. $2l/9$ D. 0

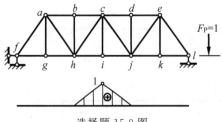

选择题 15-9 图

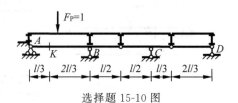

选择题 15-10 图

15-11 图示结构 M_K 最大值的临界荷载是（　　），已知 $F_{P1}=F_{P2}=20$ kN，$F_{P3}=F_{P4}=40$ kN。

A. F_{P1} B. F_{P2} C. F_{P3} D. F_{P4}

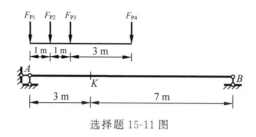

选择题 15-11 图

习题

15-1 选定坐标原点,写出图示结构 F_{SA-}、F_{SA+}、F_{SC}、M_C 的影响线方程,并绘出影响线。(注:下标"-""+"分别表示对应左侧、右侧截面。下同。)

15-2 选定坐标原点,写出图示结构 F_{SC}、M_C 的影响线方程,并绘出其影响线。

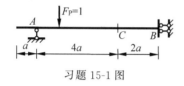

习题 15-1 图

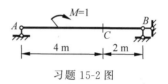

习题 15-2 图

15-3 选定坐标原点,写出图示结构 F_{NCD}、M_E、M_C、F_{SC+} 的影响线方程,并绘出其影响线。

15-4 选定坐标原点,写出图示结构 F_B、M_C、F_{SC}、M_B、F_{SB-}、F_{SB+} 的影响线方程,并绘出其影响线。

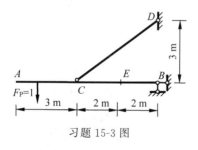

习题 15-3 图

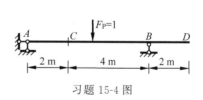

习题 15-4 图

15-5 选定坐标原点,写出图示结构 M_C、F_{RB} 的影响线方程,并绘出其影响线。

15-6 荷载沿上层梁移动,求作图示结构 F_{RB}、F_{SD}、M_D、F_{SC-}、F_{SC+} 的影响线。

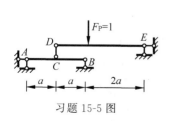

习题 15-5 图

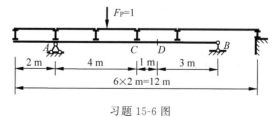

习题 15-6 图

习题 15-6 解答

15-7 求作图示多跨静定梁的 F_{RB}、F_{Ay}、F_{SC+}、M_B 的影响线。

15-8 求作图示多跨静定梁的 F_{SE}、F_{SF}、M_C、F_{SC+} 的影响线。

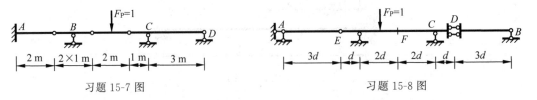

习题 15-7 图　　　　　　　　　　　习题 15-8 图

15-9 求作图示静定桁架中指定内力的影响线，分别考虑荷载在上弦和下弦移动。

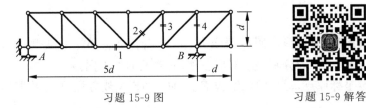

习题 15-9 图　　　　　　　习题 15-9 解答

15-10 试绘制图示静定刚架的 F_{RB}、M_{CA}、M_{CB} 的影响线。

15-11 应用影响线计算图示荷载作用下 F_{SD+}、M_B 的值。

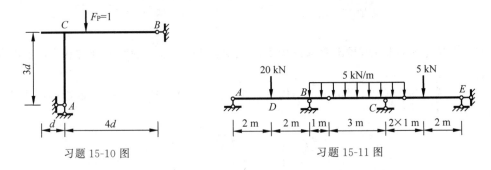

习题 15-10 图　　　　　　　　　习题 15-11 图

15-12 试利用影响线求图示多跨静定梁在固定位置的荷载作用下截面 E 左右侧的剪力。

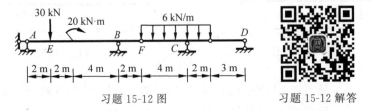

习题 15-12 图　　　　　　　习题 15-12 解答

15-13 作图示梁 A 截面剪力和弯矩的影响线，并利用影响线求给定荷载作用下剪力和弯矩的值。

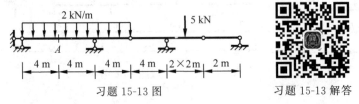

习题 15-13 图　　　　　　　习题 15-13 解答

15-14　在图示荷载组移动时,求 F_{By}、M_B 的最大值。

15-15　试求图中简支梁在图示移动荷载作用下的绝对最大弯矩。

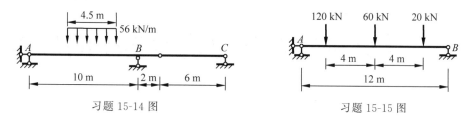

习题 15-14 图　　　　　　　　　习题 15-15 图

15-16　试求图示外伸梁在移动荷载组作用下 M_K 的最大值。

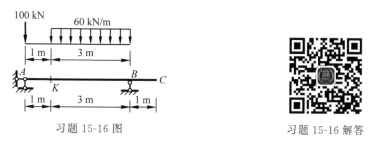

习题 15-16 图　　　　　　　　　习题 15-16 解答

　15-17　试绘制图示结构 B 支座支反力的影响线,并求图示移动荷载作用下的最大值(考虑荷载掉头)。

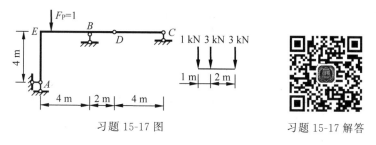

习题 15-17 图　　　　　　　　　习题 15-17 解答

第 15 章客观题答案

周培源 简介

第16章

计算机软件在建筑力学中的应用

本章选择了三个求解建筑力学问题的软件：MDSolids、结构力学求解器和 PKPM。这些软件都有各自的使用范围,可以帮助初学者对相关问题进行求解和讨论。请在其官方网站下载和使用。

16.1　MDSolids 软件在建筑力学中的应用

本节内容请扫描如下二维码进行阅读。

16.1

16.2　结构力学求解器在建筑力学中的应用

本节内容请扫描如下二维码进行阅读。

16.2

16.3　PKPM 软件在建筑力学中的应用

本节内容请扫描如下二维码进行阅读。

16.3

习题

16-1 管状直杆 $ABCD$，A 端固定，分别在轮 B、C、D 上作用力偶，如图所示。已知 AB 段的外径和内径分别为 100 mm 和 60 mm，切变模量为 120 GPa；BC 段的外径和内径分别为 80 mm 和 60 mm，切变模量为 100 GPa；CD 段的外径和内径分别为 80 mm 和 50 mm，切变模量为 100 GPa。试用 MDSolids 软件求各段的最大切应力和截面 B、C、D 的转角。轮和轴的质量均可忽略不计。

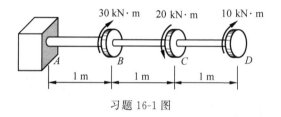

习题 16-1 图   习题 16-1 解答

16-2 T 形截面外伸梁尺寸及荷载如图所示。试用 MDSolids 软件求梁内截面 B、D 上的最大拉应力和最大压应力，并计算截面 B、D 上危险点处的主应力大小和主平面位置。截面尺寸单位为 mm。

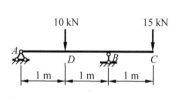
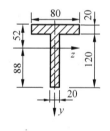

习题 16-2 图   习题 16-2 解答

16-3 对图示桁架结构，试分别用 MDSolids 软件和结构力学求解器求解各杆的内力。

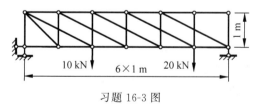

习题 16-3 图   习题 16-3 解答

16-4 试用结构力学求解器完成图示结构的几何构造分析。

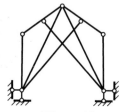

习题 16-4 图   习题 16-4 解答

16-5　试用结构力学求解器求图示结构中 C 截面的水平位移和转角。

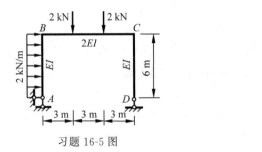

习题 16-5 图

习题 16-5 解答

16-6　试用结构力学求解器计算图示结构中竖向支座 3 的反力。已知各跨跨度均为 10 m,$EA = 5 \times 10^5$ kN,$EI = 2 \times 10^5$ kN·m²。

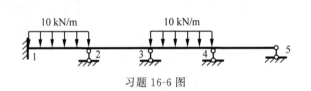

习题 16-6 图

习题 16-6 解答

16-7　图示框架,若框架底层左边第一间因火灾而起火,温度上升 120℃。试用结构力学求解器计算温度改变引起的最大弯矩值。已知各杆截面高 $h = 0.6$ m,各层层高均为 5 m,各跨跨度均为 5 m,$EA = 5 \times 10^6$ kN,$EI = 2 \times 10^4$ kN·m²。

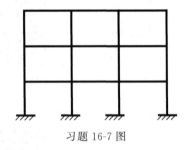

习题 16-7 图

习题 16-7 解答

16-8　图示二跨二层框架,底层高 4.5 m,第二层高 4 m,跨度分别为 6 m 和 5 m,长跨梁的截面尺寸为 300 mm×600 mm,短跨梁的截面尺寸为 300 mm×500 mm,柱子截面尺寸为 400 mm×400 mm。试用 PKPM 软件绘制该框架的内力图,并确定最大弯矩、最大剪力和最大轴力。相关参数按系统默认选取。

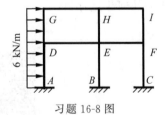

习题 16-8 图

习题 16-8 解答

16-9　图示二跨二层框架,层高均为 4 m,跨度为 6 m,梁的截面尺寸为 300 mm×

600 mm,柱子截面尺寸为 400 mm×400 mm。试用 PKPM 软件绘制该框架的内力图,并确定最大弯矩、最大剪力和最大轴力。参数选择按系统默认选取。

16-10　试用结构力学求解器求解图示结构中截面 C 和 D 弯矩及剪力的影响线。

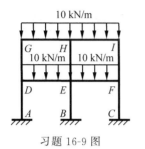

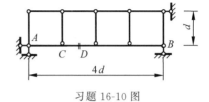

习题 16-9 图　　　　习题 16-9 解答　　　　习题 16-10 图

钟万勰　简介

型钢规格表(摘自GB/T 706—2016)

普通工字钢

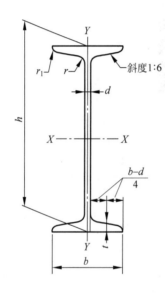

说明:

h——高度;

b——腿宽度;

d——腰厚度;

t——腿中间厚度;

r——内圆弧半径;

r_1——腿端圆弧半径。

表 A.1　工字钢截面尺寸、截面面积、理论重量及截面特性

型号	截面尺寸/mm						截面面积/cm²	理论重量/(kg/m)	外表面积/(m²/m)	惯性矩/cm⁴		惯性半径/cm		截面模数/cm³	
	h	b	d	t	r	r_1				I_x	I_y	i_x	i_y	W_x	W_y
10	100	68	4.5	7.6	6.5	3.3	14.33	11.3	0.432	245	33.0	4.14	1.52	49.0	9.72
12	120	74	5.0	8.4	7.0	3.5	17.80	14.0	0.493	436	46.9	4.95	1.62	72.7	12.7
12.6	126	74	5.0	8.4	7.0	3.5	18.10	14.2	0.505	488	46.9	5.20	1.61	77.5	12.7
14	140	80	5.5	9.1	7.5	3.8	21.50	16.9	0.553	712	64.4	5.76	1.73	102	16.1
16	160	88	6.0	9.9	8.0	4.0	26.11	20.5	0.621	1130	93.1	6.58	1.89	141	21.2
18	180	94	6.5	10.7	8.5	4.3	30.74	24.1	0.681	1660	122	7.36	2.00	185	26.0
20a	200	100	7.0	1.4	9.0	4.5	35.55	27.9	0.742	2370	158	8.15	2.12	237	31.5
20b	200	102	9.0	1.4	9.0	4.5	39.55	31.1	0.746	2500	169	7.96	2.06	250	33.1
22a	220	110	7.5	12.3	9.5	4.8	42.10	33.1	0.817	3400	225	8.99	2.31	309	40.9
22b	220	112	9.5	12.3	9.5	4.8	46.50	36.5	0.821	3570	239	8.78	2.27	325	42.7

续表

型号	截面尺寸/mm						截面面积/cm²	理论重量/(kg/m)	外表面积/(m²/m)	惯性矩/cm⁴		惯性半径/cm		截面模数/cm³	
	h	b	d	t	r	r_1				I_x	I_y	i_x	i_y	W_x	W_y
24a	240	116	8.0	13.0	10.0	5.0	47.71	37.5	0.878	4570	280	9.77	2.42	381	48.4
24b		118	10.0				52.51	41.2	0.882	4800	297	9.57	2.38	400	50.4
25a	250	116	8.0	13.0	10.0	5.0	48.51	38.1	0.898	5020	280	10.2	2.40	402	48.3
25b		118	10.0				53.51	42.0	0.902	5280	309	9.94	2.40	423	52.4
27a	270	122	8.5	13.7	10.5	5.3	54.52	42.8	0.958	6550	345	10.9	2.51	485	56.6
27b		124	10.5				59.92	47.0	0.962	6870	366	10.7	2.47	509	58.9
28a	280	122	8.5	13.7	10.5	5.3	55.37	43.5	0.978	7110	345	11.3	2.50	508	56.6
28b		124	10.5				60.97	47.9	0.982	7480	379	11.1	2.49	534	61.2
30a	300	126	9.0	14.4	11.0	5.5	61.22	48.1	1.031	8950	400	12.1	2.55	597	63.5
30b		128	11.0				67.22	52.8	1.035	9400	422	11.8	2.50	627	65.9
30c		130	13.0				73.22	57.5	1.039	9850	445	11.6	2.46	657	68.5
32a	320	130	9.5	15.0	11.5	5.8	67.12	52.7	1.084	11 100	460	12.8	2.62	692	70.8
32b		132	11.5				73.52	57.7	1.088	11 600	502	12.6	2.61	726	76.0
32c		134	13.5				79.92	62.7	1.092	12 200	544	12.3	2.61	760	81.2
36a	360	136	10.0	15.8	12.0	6.0	76.44	60.0	1.185	15 800	552	14.4	2.69	875	81.2
36b		138	12.0				83.64	65.7	1.189	16 500	582	14.1	2.64	919	84.3
36c		140	14.0				90.84	71.3	1.193	17 300	612	13.8	2.60	962	87.4
40a	400	142	10.5	16.5	12.5	6.3	86.07	67.6	1.285	21 700	660	15.9	2.77	1090	93.2
40b		144	12.5				94.07	73.8	1.289	22 800	692	15.6	2.71	1140	96.2
40c		146	14.5				102.1	80.1	1.293	23 900	727	15.2	2.65	1190	99.6
45a	450	150	11.5	18.0	13.5	6.8	102.4	80.4	1.411	32 200	855	17.7	2.89	1430	114
45b		152	13.5				111.4	87.4	1.415	33 800	894	17.4	2.84	1500	118
45c		154	15.5				120.4	94.5	1.419	35 300	938	17.1	2.79	1570	122
50a	500	158	12.0	20.0	14.0	7.0	119.2	93.6	1.539	46 500	1120	19.7	3.07	1860	142
50b		160	14.0				129.2	101	1.543	48 600	1170	19.4	3.01	1940	146
50c		162	16.0				139.2	109	1.547	50 600	1220	19.0	2.96	2080	151
55a	550	166	12.5	21.0	14.5	7.3	134.1	105	1.667	62 900	1370	21.6	3.19	2290	164
55b		168	14.5				145.1	114	1.671	65 600	1420	21.2	3.14	2390	170
55c		170	16.5				156.1	123	1.675	68 400	1480	20.9	3.08	2490	175
56a	560	166	12.5	21.0	14.5	7.3	135.4	106	1.687	65 600	1370	22.0	3.18	2340	165
56b		168	14.5				146.6	115	1.691	68 500	1490	21.6	3.16	2450	174
56c		170	16.5				157.8	124	1.695	71 400	1560	21.3	3.16	2550	183
63a	630	176	13.0	22.0	15.0	7.5	154.6	121	1.862	93 900	1700	24.5	3.31	2980	193
63b		178	15.0				167.2	131	1.866	98 100	1810	24.2	3.29	3160	204
63c		180	17.0				179.8	141	1.870	102 000	1920	23.8	3.27	3300	214

注：表中 r、r_1 的数据用于孔型设计，不做交货条件。

普通槽钢

说明:
h——高度;
b——腿宽度;
d——腰厚度;
t——腿中间厚度;
r——内圆弧半径;
r₁——腿端圆弧半径;
Z₀——重心距离。

表 A.2 槽钢截面尺寸、截面面积、理论重量及截面特性

型号	截面尺寸/mm						截面面积/cm²	理论重量/(kg/m)	外表面积/(m²/m)	惯性矩/cm⁴			惯性半径/cm		截面模数/cm³		重心距离/cm
	h	b	d	t	r	r_1				I_x	I_y	I_{y1}	i_x	i_y	W_x	W_y	Z_0
5	50	37	4.5	7.0	7.0	3.5	6.925	5.44	0.226	26.0	8.30	20.9	1.94	1.10	10.4	3.55	1.35
6.3	63	40	4.8	7.5	7.5	3.8	8.446	6.63	0.262	50.8	11.9	28.4	2.45	1.19	16.1	4.50	1.36
6.5	65	40	4.3	7.5	7.5	3.8	8.292	6.51	0.267	55.2	12.0	28.3	2.54	1.19	17.0	4.59	1.38
8	80	43	5.0	8.0	8.0	4.0	10.24	8.04	0.307	101	16.6	37.4	3.15	1.27	25.3	5.79	1.43
10	100	48	5.3	8.5	8.5	4.2	12.74	10.0	0.365	198	25.6	54.9	3.95	1.41	39.7	7.80	1.52
12	120	53	5.5	9.0	9.0	4.5	15.36	12.1	0.423	346	37.4	77.7	4.75	1.56	57.7	10.2	1.62
12.6	126	53	5.5	9.0	9.0	4.5	15.69	12.3	0.435	391	38.0	77.1	4.95	1.57	62.1	10.2	1.59
14a	140	58	6.0	9.5	9.5	4.8	18.51	14.5	0.480	564	53.2	107	5.52	1.70	80.5	13.0	1.71
14b	140	60	8.0	9.5	9.5	4.8	21.31	16.7	0.484	609	61.1	121	5.35	1.69	87.1	14.1	1.67
16a	160	63	6.5	10.0	10.0	5.0	21.95	17.2	0.538	866	73.3	144	6.28	1.83	108	16.3	1.80
16b	160	65	8.5	10.0	10.0	5.0	25.15	19.8	0.542	935	83.4	161	6.10	1.82	117	17.6	1.75
18a	180	68	7.0	10.5	10.5	5.2	25.69	20.2	0.596	1270	98.6	190	7.04	1.96	141	20.0	1.88
18b	180	70	9.0	10.5	10.5	5.2	29.29	23.0	0.600	1370	111	210	6.84	1.95	152	21.5	1.84

续表

型号	h	b	d	t	r	r_1	截面面积/cm²	理论重量/(kg/m)	外表面积/(m²/m)	I_x	I_y	I_{y1}	i_x	i_y	W_x	W_y	重心距离/cm Z_0
20a	200	73	7.0	11.0	11.0	5.5	28.83	22.6	0.654	1780	128	244	7.86	2.11	178	24.2	2.01
20b	200	75	9.0	11.0	11.0	5.5	32.83	25.8	0.658	1910	144	268	7.64	2.09	191	25.9	1.95
22a	220	77	7.0	11.5	11.5	5.8	31.83	25.0	0.709	2390	158	298	8.67	2.23	218	28.2	2.10
22b	220	79	9.0	11.5	11.5	5.8	36.23	28.5	0.713	2570	176	326	8.42	2.21	234	30.1	2.03
24a	240	78	7.0	12.0	12.0	6.0	34.21	26.9	0.752	3050	174	325	9.45	2.25	254	30.5	2.10
24b	240	80	9.0	12.0	12.0	6.0	39.01	30.6	0.756	3280	194	355	9.17	2.23	274	32.5	2.03
24c	240	82	11.0	12.0	12.0	6.0	43.81	34.4	0.760	3510	213	388	8.96	2.21	293	34.4	2.00
25a	250	78	7.0	12.0	12.0	6.0	34.91	27.4	0.722	3370	176	322	9.82	2.24	270	30.6	2.07
25b	250	80	9.0	12.0	12.0	6.0	39.91	31.3	0.776	3530	196	353	9.41	2.22	282	32.7	1.98
25c	250	82	11.0	12.0	12.0	6.0	44.91	35.3	0.780	3690	218	384	9.07	2.21	295	35.9	1.92
27a	270	82	7.5	12.5	12.5	6.2	39.27	30.8	0.826	4360	216	393	10.5	2.34	323	35.5	2.13
27b	270	84	9.5	12.5	12.5	6.2	44.67	35.1	0.830	4690	239	428	10.3	2.31	347	37.7	2.06
27c	270	86	11.5	12.5	12.5	6.2	50.07	39.3	0.834	5020	261	467	10.1	2.28	372	39.8	2.03
28a	280	82	7.5	12.5	12.5	6.2	40.02	31.4	0.836	4760	218	388	10.9	2.33	340	35.7	2.10
28b	280	84	9.5	12.5	12.5	6.2	45.62	35.8	0.850	5130	242	428	10.6	2.30	366	37.9	2.02
28c	280	86	11.5	12.5	12.5	6.2	51.22	40.2	0.854	5500	268	463	10.4	2.29	393	40.3	1.95
30a	300	85	7.5	13.5	13.5	6.8	43.89	34.5	0.897	6050	260	467	11.7	2.43	403	41.1	2.17
30b	300	87	9.5	13.5	13.5	6.8	49.89	39.2	0.901	6500	289	515	11.4	2.41	433	44.0	2.13
30c	300	89	11.5	13.5	13.5	6.8	55.89	43.9	0.905	6950	316	560	11.2	2.38	463	46.4	2.09
32a	320	88	8.0	14.0	14.0	7.0	48.50	38.1	0.947	7600	305	552	12.5	2.50	475	46.5	2.24
32b	320	90	10.0	14.0	14.0	7.0	54.90	43.1	0.951	8140	336	593	12.2	2.47	509	49.2	2.16
32c	320	92	12.0	14.0	14.0	7.0	61.30	48.1	0.955	8690	374	643	11.9	2.47	543	52.6	2.09
36a	360	96	9.0	16.0	16.0	8.0	60.89	47.8	1.053	11 900	455	818	14.0	2.73	660	63.5	2.44
36b	360	98	11.0	16.0	16.0	8.0	68.09	53.5	1.057	12 700	497	880	13.6	2.70	703	66.9	2.37
36c	360	100	13.0	16.0	16.0	8.0	75.29	59.1	1.061	13 400	536	948	13.4	2.67	746	70.0	2.34
40a	400	100	10.5	18.0	18.0	9.0	75.04	58.9	1.144	17 600	592	1070	15.3	2.81	879	78.8	2.49
40b	400	102	12.5	18.0	18.0	9.0	83.04	65.2	1.148	18 600	640	1140	15.0	2.78	932	82.5	2.44
40c	400	104	14.5	18.0	18.0	9.0	91.04	71.5	1.152	19 700	688	1220	14.7	2.75	986	86.2	2.42

注:表中 r、r_1 的数据用于孔型设计,不做交货条件。

等边钢

说明：
h——高度；
b——边宽度；
d——边厚度；
r——内圆弧半径；
r₁——边端圆弧半径；
Z₀——重心距离。

表 A.3　等边角钢截面尺寸、截面面积、理论重量及截面特性

型号	截面尺寸/mm b	d	r	截面面积/cm²	理论重量/(kg/m)	外表面积/(m²/m)	惯性矩/cm⁴ I_x	I_{x1}	I_{y0}	惯性半径/cm i_x	i_{x0}	i_{y0}	截面模数/cm³ W_x	W_{x0}	W_{y0}	重心距离/cm Z_0
2	20	3	3.5	1.132	0.89	0.078	0.40	0.81	0.17	0.59	0.75	0.39	0.29	0.45	0.20	0.60
		4		1.459	1.15	0.077	0.50	1.09	0.22	0.58	0.73	0.38	0.36	0.55	0.24	0.64
2.5	25	3		1.432	1.12	0.098	0.82	1.57	0.34	0.76	0.95	0.49	0.46	0.73	0.33	0.73
		4		1.859	1.46	0.097	1.03	2.11	0.43	0.74	0.93	0.48	0.59	0.92	0.40	0.76
3.0	30	3	4.5	1.749	1.37	0.117	1.46	2.71	0.61	0.91	1.15	0.59	0.68	1.09	0.51	0.85
		4		2.276	1.79	0.117	1.84	3.63	0.77	0.90	1.13	0.58	0.87	1.37	0.62	0.89
3.6	36	3		2.109	1.66	0.141	2.58	4.68	1.07	1.11	1.39	0.71	0.99	1.61	0.76	1.00
		4		2.756	2.16	0.141	3.29	6.25	1.37	1.09	1.38	0.70	1.28	2.05	0.93	1.04
		5		3.382	2.65	0.141	3.95	7.84	1.65	1.08	1.36	0.70	1.56	2.45	1.00	1.07
4	40	3	5	2.359	1.85	0.157	3.59	6.41	1.49	1.23	1.55	0.79	1.23	2.01	0.96	1.09
		4		3.086	2.42	0.157	4.60	8.56	1.91	1.22	1.54	0.79	1.60	2.58	1.19	1.13
		5		3.792	2.98	0.156	5.53	10.7	2.30	1.21	1.52	0.78	1.96	3.10	1.39	1.17
4.5	45	3		2.659	2.09	0.177	5.17	9.12	2.14	1.40	1.76	0.89	1.58	2.58	1.24	1.22
		4		3.486	2.74	0.177	6.65	12.2	2.75	1.38	1.74	0.89	2.05	3.32	1.54	1.26
		5		4.292	3.37	0.176	8.04	15.2	3.33	1.37	1.72	0.88	2.51	4.00	1.81	1.30
		6		5.077	3.99	0.176	9.33	18.4	3.89	1.36	1.70	0.80	2.95	4.64	2.06	1.33

续表

型号	截面尺寸/mm b	截面尺寸/mm d	截面尺寸/mm r	截面面积/cm²	理论重量/(kg/m)	外表面积/(m²/m)	惯性矩/cm⁴ I_x	惯性矩/cm⁴ I_{x1}	惯性矩/cm⁴ I_{x0}	惯性矩/cm⁴ I_{y0}	惯性半径/cm i_x	惯性半径/cm i_{x0}	惯性半径/cm i_{y0}	截面模数/cm³ W_x	截面模数/cm³ W_{x0}	截面模数/cm³ W_{y0}	重心距离/cm Z_0
5	50	3	5.5	2.971	2.33	0.197	7.18	12.5	11.4	2.98	1.55	1.96	1.00	1.96	3.22	1.57	1.34
		4		3.897	3.06	0.197	9.26	16.7	14.7	3.82	1.54	1.94	0.99	2.56	4.16	1.96	1.38
		5		4.803	3.77	0.196	11.2	20.9	17.8	4.64	1.53	1.92	0.98	3.13	5.03	2.31	1.42
		6		5.688	4.46	0.196	13.1	25.1	20.7	5.42	1.52	1.91	0.98	3.68	5.85	2.63	1.46
5.6	56	3	6	3.343	2.62	0.221	10.2	17.6	16.1	4.24	1.75	2.20	1.13	2.48	4.08	2.02	1.48
		4		4.39	3.45	0.220	13.2	23.4	20.9	5.46	1.73	2.18	1.11	3.24	5.28	2.52	1.53
		5		5.415	4.25	0.220	16.0	29.3	25.4	6.61	1.72	2.17	1.10	3.97	6.42	2.98	1.57
		6		6.42	5.04	0.220	18.7	35.3	29.7	7.73	1.71	2.15	1.10	4.68	7.49	3.40	1.61
		7		7.404	5.81	0.219	21.2	41.2	33.6	8.82	1.69	2.13	1.09	5.36	8.49	3.80	1.64
		8		8.367	6.57	0.219	23.6	47.2	37.4	9.89	1.68	2.11	1.09	6.03	9.44	4.16	1.68
6	60	5	6.5	5.829	4.58	0.236	19.9	36.1	31.6	8.21	1.85	2.33	1.19	4.59	7.44	3.48	1.67
		6		6.914	5.43	0.235	23.4	43.3	36.9	9.60	1.83	2.31	1.18	5.41	8.70	3.98	1.70
		7		7.977	6.26	0.235	26.4	50.7	41.9	11.0	1.82	2.29	1.17	6.21	9.88	4.45	1.74
		8		9.02	7.08	0.235	29.5	58.0	46.7	12.3	1.81	2.27	1.17	6.98	11.0	4.88	1.78
6.3	63	4	7	4.978	3.91	0.248	19.0	33.4	30.2	7.89	1.96	2.46	1.26	4.13	6.78	3.29	1.70
		5		6.143	4.82	0.248	23.2	41.7	36.8	9.57	1.94	2.45	1.25	5.08	8.25	3.90	1.74
		6		7.288	5.72	0.247	27.1	50.1	43.0	11.2	1.93	2.43	1.24	6.00	9.66	4.46	1.78
		7		8.412	6.60	0.247	30.9	58.6	49.0	12.8	1.92	2.41	1.23	6.88	11.0	4.98	1.82
		8		9.515	7.47	0.247	34.5	67.1	54.6	14.3	1.90	2.40	1.23	7.75	12.3	5.47	1.85
		10		11.66	9.15	0.246	41.1	84.3	64.9	17.3	1.88	2.36	1.22	9.39	14.6	6.36	1.93
7	70	4	8	5.570	4.37	0.275	26.4	45.7	41.8	11.0	2.18	2.74	1.40	5.14	8.44	4.17	1.86
		5		6.876	5.40	0.275	32.2	57.2	51.1	13.3	2.16	2.73	1.39	6.32	10.3	4.95	1.91
		6		8.160	6.41	0.275	37.8	68.7	59.9	15.6	2.15	2.71	1.38	7.48	12.1	5.67	1.95
		7		9.424	7.40	0.275	43.1	80.3	68.4	17.8	2.14	2.69	1.38	8.59	13.8	6.34	1.99
		8		10.67	8.37	0.274	48.2	91.9	76.4	20.0	2.12	2.68	1.37	9.68	15.4	6.98	2.03

续表

| 型号 | 截面尺寸/mm | | | 截面面积/cm² | 理论重量/(kg/m) | 外表面积/(m²/m) | 惯性矩/cm⁴ | | | | 惯性半径/cm | | | 截面模数/cm³ | | | 重心距离/cm |
	b	d	r				I_x	I_{x1}	I_{x0}	I_{y0}	i_x	i_{x0}	i_{y0}	W_x	W_{x0}	W_{y0}	Z_0
7.5	75	5	9	7.412	5.82	0.295	40.0	70.6	63.3	16.6	2.33	2.92	1.50	7.32	11.9	5.77	2.04
		6		8.797	6.91	0.294	47.0	84.6	74.4	19.5	2.31	2.90	1.49	8.64	14.0	6.67	2.07
		7		10.16	7.98	0.294	53.6	98.7	85.0	22.2	2.30	2.89	1.48	9.93	16.0	7.44	2.11
		8		11.50	9.03	0.294	60.0	113	95.1	24.9	2.28	2.88	1.47	11.2	17.9	8.19	2.15
		9		12.83	10.1	0.294	66.1	127	105	27.5	2.27	2.86	1.46	12.4	19.8	8.89	2.18
		10		14.13	11.1	0.294	72.0	142	114	30.1	2.26	2.84	1.46	13.6	21.5	9.56	2.22
8	80	5	9	7.912	6.21	0.315	48.8	85.4	77.3	20.3	2.48	3.13	1.60	8.34	13.7	6.66	2.15
		6		9.397	7.38	0.314	57.4	103	91.0	23.7	2.47	3.11	1.59	9.87	16.1	7.65	2.19
		7		10.86	8.53	0.314	65.6	120	104	27.1	2.46	3.10	1.58	11.4	18.4	8.58	2.23
		8		12.30	9.66	0.314	73.5	137	117	30.4	2.44	3.08	1.57	12.8	20.6	9.46	2.27
		9		13.73	10.8	0.314	81.1	154	129	33.6	2.43	3.06	1.56	14.3	22.7	10.3	2.31
		10		15.13	11.9	0.313	88.4	172	140	36.8	2.42	3.04	1.56	15.6	24.8	11.1	2.35
9	90	6	10	10.64	8.35	0.354	82.8	146	131	34.3	2.79	3.51	1.80	12.6	20.6	9.95	2.44
		7		12.30	9.66	0.354	94.8	170	150	39.2	2.78	3.50	1.78	14.5	23.6	11.2	2.48
		8		13.94	10.9	0.353	106	195	169	44.0	2.76	3.48	1.78	16.4	26.6	12.4	2.52
		9		15.57	12.2	0.353	118	219	187	48.7	2.75	3.46	1.77	18.3	29.4	13.5	2.56
		10		17.17	13.5	0.353	129	244	204	53.3	2.74	3.45	1.76	20.1	32.0	14.5	2.59
		12		20.31	15.9	0.352	149	294	236	62.2	2.71	3.41	1.75	23.6	37.1	16.5	2.67
10	100	6	12	11.93	9.37	0.393	115	200	182	47.9	3.10	3.90	2.00	15.7	25.7	12.7	2.67
		7		13.80	10.8	0.393	132	234	209	54.7	3.09	3.89	1.99	18.1	29.6	14.3	2.71
		8		15.64	12.3	0.393	148	267	235	61.4	3.08	3.88	1.98	20.5	33.2	15.8	2.76
		9		17.46	13.7	0.392	164	300	260	68.0	3.07	3.86	1.97	22.8	36.8	17.2	2.80
		10		19.26	15.1	0.392	180	334	285	74.4	3.05	3.84	1.96	25.1	40.3	18.5	2.84
		12		22.80	17.9	0.391	209	402	331	86.8	3.03	3.81	1.95	29.5	46.8	21.1	2.91
		14		26.26	20.6	0.391	237	471	374	99.0	3.00	3.77	1.94	33.7	52.9	23.4	2.99
		16		29.63	23.3	0.390	263	540	414	111	2.98	3.74	1.94	37.8	58.6	25.6	3.06

续表

型号	截面尺寸/mm			截面面积/cm²	理论重量/(kg/m)	外表面积/(m²/m)	惯性矩/cm⁴				惯性半径/cm			截面模数/cm³			重心距离/cm
	b	d	r				I_x	I_{x1}	I_{x0}	I_{y0}	i_x	i_{x0}	i_{y0}	W_x	W_{x0}	W_{y0}	Z_0
11	110	7	12	15.20	11.9	0.433	177	311	281	73.4	3.41	4.30	2.20	22.1	36.1	17.5	2.96
		8		17.24	13.5	0.433	199	355	316	82.4	3.40	4.28	2.19	25.0	40.7	19.4	3.01
		10		21.26	16.7	0.432	242	445	384	100	3.38	4.25	2.17	30.6	49.4	22.9	3.09
		12		25.20	19.8	0.431	283	535	448	117	3.35	4.22	2.15	36.1	57.6	26.2	3.16
		14		29.06	22.8	0.431	321	625	508	133	3.32	4.18	2.14	41.3	65.3	29.1	3.24
12.5	125	8	14	19.75	15.5	0.492	297	521	471	123	3.88	4.88	2.50	32.5	53.3	25.9	3.37
		10		24.37	19.1	0.491	362	652	574	149	3.85	4.85	2.48	40.0	64.9	30.6	3.45
		12		28.91	22.7	0.491	423	783	671	175	3.83	4.82	2.46	41.2	76.0	35.0	3.53
		14		33.37	26.2	0.490	482	916	764	200	3.80	4.78	2.45	54.2	86.4	39.1	3.61
		16		37.74	29.6	0.489	537	1050	851	224	3.77	4.75	2.43	60.9	96.3	43.0	3.68
14	140	10	14	27.37	21.5	0.551	515	915	817	212	4.34	5.46	2.78	50.6	82.6	39.2	3.82
		12		32.51	25.5	0.551	604	1100	959	249	4.31	5.43	2.76	59.8	96.9	45.0	3.90
		14		37.57	29.5	0.550	689	1280	1090	284	4.28	5.40	2.75	68.8	110	50.5	3.98
		16		42.54	33.4	0.549	770	1470	1220	319	4.26	5.36	2.74	77.5	123	55.6	4.06
15	150	8	16	23.75	18.6	0.592	521	900	827	215	4.69	5.90	3.01	47.4	78.0	38.1	3.99
		10		29.37	23.1	0.591	638	1130	1010	262	4.66	5.87	2.99	58.4	95.5	45.5	4.08
		12		34.91	27.4	0.591	749	1350	1190	308	4.63	5.84	2.97	69.0	112	52.4	4.15
		14		40.37	31.7	0.590	856	1580	1360	352	4.60	5.80	2.95	79.5	128	58.8	4.23
		15		43.06	33.8	0.590	907	1690	1440	374	4.59	5.78	2.95	84.6	136	61.9	4.27
		16		45.74	35.9	0.589	958	1810	1520	395	4.58	5.77	2.94	89.6	143	64.9	4.31
16	160	10	16	31.50	24.7	0.630	780	1370	1240	322	4.98	6.27	3.20	66.7	109	52.8	4.31
		12		37.44	29.4	0.630	917	1640	1460	377	4.95	6.24	3.18	79.0	129	60.7	4.39
		14		43.30	34.0	0.629	1050	1910	1670	432	4.92	6.20	3.16	91.0	147	68.2	4.47
		16		49.07	38.5	0.629	1180	2190	1870	485	4.89	6.17	3.14	103	165	75.3	4.55
18	180	12	16	42.24	33.2	0.710	1320	2330	2100	543	5.59	7.05	3.58	101	165	78.4	4.89
		14		48.90	38.4	0.709	1510	2720	2410	622	5.56	7.02	3.56	116	189	88.4	4.97
		16		55.47	43.5	0.709	1700	3120	2700	699	5.54	6.98	3.55	131	212	97.8	5.05
		18		61.96	48.6	0.708	1880	3500	2990	762	5.50	6.94	3.51	146	235	105	5.13

续表

型号	截面尺寸/mm			截面面积/cm²	理论重量/(kg/m)	外表面积/(m²/m)	惯性矩/cm⁴				惯性半径/cm			截面模数/cm³			重心距离/cm
	b	d	r				I_x	I_{x1}	I_{x0}	I_{y0}	i_x	i_{x0}	i_{y0}	W_x	W_{x0}	W_{y0}	Z_0
20	200	14	18	54.64	42.9	0.788	2100	3730	3340	864	6.20	7.82	3.98	145	236	112	5.46
		16		62.01	48.7	0.788	2370	4270	3760	971	6.18	7.79	3.96	164	266	124	5.54
		18		69.30	54.4	0.787	2620	4810	4160	1080	6.15	7.75	3.94	182	294	136	5.62
		20		76.51	60.1	0.787	2870	5350	4550	1180	6.12	7.72	3.93	200	322	147	5.69
		24		90.66	71.2	0.785	3340	6460	5290	1380	6.07	7.64	3.90	236	374	167	5.87
22	220	16	21	68.67	53.9	0.866	3190	5680	5060	1310	6.81	8.59	4.37	200	326	154	6.03
		18		76.75	60.3	0.866	3540	6400	5620	1450	6.79	8.55	4.35	223	361	168	6.11
		20		84.76	66.5	0.865	3870	7110	6150	1590	6.76	8.52	4.34	245	395	182	6.18
		22		92.68	72.8	0.865	4200	7830	6670	1730	6.73	8.48	4.32	267	429	195	6.26
		24		100.5	78.9	0.864	4520	8550	7170	1870	6.71	8.45	4.31	289	461	208	6.33
		26		108.3	85.0	0.864	4830	9280	7690	2000	6.68	8.41	4.30	310	492	221	6.41
25	250	18	24	87.84	69.0	0.985	5270	9380	8370	2170	7.75	9.76	4.97	290	473	224	6.84
		20		97.05	76.2	0.984	5780	10400	9180	2380	7.72	9.73	4.95	320	519	243	6.92
		22		106.2	83.3	0.983	6280	11500	9970	2580	7.69	9.69	4.93	349	564	261	7.00
		24		115.2	90.4	0.983	6770	12500	10700	2790	7.67	9.66	4.92	378	608	278	7.07
		26		124.2	97.5	0.982	7240	13600	11500	2980	7.64	9.62	4.90	406	650	295	7.15
		28		133.0	104	0.982	7700	14600	12200	3180	7.61	9.58	4.89	433	691	311	7.22
		30		141.8	111	0.981	8160	15700	12900	3380	7.58	9.55	4.88	461	731	327	7.30
		32		150.5	118	0.981	8600	16800	13600	3570	7.56	9.51	4.87	488	770	342	7.37
		35		163.4	128	0.980	9240	18400	14600	3850	7.52	9.46	4.86	527	827	364	7.48

注: 截面图中的 $r_1=1/3d$ 及表中 r 的数据用于孔型设计,不做交货条件。

不等边角钢

说明:
B——长边宽度;
b——短边宽度;
d——边厚度;
r——内圆弧半径;
r₁——边端圆弧半径;
Z₀——重心距离;
X₀——重心距离;
Y₀——重心距离。

表 A.4　不等边角钢载面尺寸、截面面积、理论重量及截面特性

型号	截面尺寸/mm				截面面积/cm²	理论重量/(kg/m)	外表面积/(m²/m)	惯性矩/cm⁴					惯性半径/cm			截面模数/cm³			tanα	重心距离/cm	
	B	b	d	r				I_x	I_{x1}	I_y	I_{y1}	I_u	i_x	i_y	i_u	W_x	W_y	W_u		X_0	Y_0
2.5/1.6	25	16	3	3.5	1.162	0.91	0.080	0.70	1.56	0.22	0.43	0.14	0.78	0.44	0.34	0.43	0.19	0.16	0.392	0.42	0.86
			4		1.499	1.18	0.079	0.88	2.09	0.27	0.59	0.17	0.77	0.43	0.34	0.55	0.24	0.20	0.381	0.46	0.90
3.2/2	32	20	3	3.5	1.492	1.17	0.102	1.53	3.27	0.46	0.82	0.28	1.01	0.55	0.43	0.72	0.30	0.25	0.382	0.49	1.08
			4		1.939	1.52	0.101	1.93	4.37	0.57	1.12	0.35	1.00	0.54	0.42	0.93	0.39	0.32	0.374	0.53	1.12
4/2.5	40	25	3	4	1.890	1.48	0.127	3.08	5.39	0.93	1.59	0.56	1.28	0.70	0.54	1.15	0.49	0.40	0.385	0.59	1.32
			4		2.467	1.94	0.127	3.93	8.53	1.18	2.14	0.71	1.36	0.69	0.54	1.49	0.63	0.52	0.381	0.63	1.37
4.5/2.8	45	28	3	5	2.149	1.69	0.143	4.45	9.10	1.34	2.23	0.80	1.44	0.79	0.61	1.47	0.62	0.51	0.383	0.64	1.47
			4		2.806	2.20	0.143	5.69	12.1	1.70	3.00	1.02	1.42	0.78	0.60	1.91	0.80	0.66	0.380	0.68	1.51
5/3.2	50	32	3	5.5	2.431	1.91	0.161	6.24	12.5	2.02	3.31	1.20	1.60	0.91	0.70	1.84	0.82	0.68	0.404	0.73	1.60
			4		3.177	2.49	0.160	8.02	16.7	2.58	4.45	1.53	1.59	0.90	0.69	2.39	1.06	0.87	0.402	0.77	1.65
5.6/3.6	56	36	3	6	2.743	2.15	0.181	8.88	17.5	2.92	4.7	1.73	1.80	1.03	0.79	2.32	1.05	0.87	0.408	0.80	1.78
			4		3.590	2.82	0.180	11.5	23.4	3.76	6.33	2.23	1.79	1.02	0.79	3.03	1.37	1.13	0.408	0.85	1.82
			5		4.415	3.47	0.180	13.9	29.3	4.49	7.94	2.67	1.77	1.01	0.78	3.71	1.65	1.36	0.404	0.88	1.87

续表

型号	截面尺寸/mm				截面面积/cm²	理论重量/(kg/m)	外表面积/(m²/m)	惯性矩/cm⁴					惯性半径/cm			截面模数/cm³			tanα	重心距离/cm	
	B	b	d	r				I_x	I_{x1}	I_y	I_{y1}	I_u	i_x	i_y	i_u	W_x	W_y	W_u		X_0	Y_0
6.3/4	63	40	4	7	4.058	3.19	0.202	16.5	33.3	5.23	8.63	3.12	2.02	1.14	0.88	3.87	1.70	1.40	0.398	0.92	2.04
			5		4.993	3.92	0.202	20.0	41.6	6.31	10.9	3.76	2.00	1.12	0.87	4.74	2.07	1.71	0.396	0.95	2.08
			6		5.908	4.64	0.201	23.4	50.0	7.29	13.1	4.34	1.96	1.11	0.86	5.59	2.43	1.99	0.393	0.99	2.12
			7		6.802	5.34	0.201	26.5	58.1	8.24	15.5	4.97	1.98	1.10	0.86	6.40	2.78	2.29	0.389	1.03	2.15
7/4.5	70	45	4	7.5	4.553	3.57	0.226	23.2	45.9	7.55	12.3	4.40	2.26	1.29	0.98	4.86	2.17	1.77	0.410	1.02	2.24
			5		5.609	4.40	0.225	28.0	57.1	9.13	15.4	5.40	2.23	1.28	0.98	5.92	2.65	2.19	0.407	1.06	2.28
			6		6.644	5.22	0.225	32.5	68.4	10.6	18.6	6.35	2.21	1.26	0.98	6.95	3.12	2.59	0.404	1.09	2.32
			7		7.658	6.01	0.225	37.2	80.0	12.0	21.8	7.16	2.20	1.25	0.97	8.03	3.57	2.94	0.402	1.13	2.36
7.5/5	75	50	5	8	6.126	4.81	0.245	34.9	70.0	12.6	21.0	7.41	2.39	1.44	1.10	6.83	3.3	2.74	0.435	1.17	2.40
			6		7.260	5.70	0.245	41.1	84.3	14.7	25.4	8.54	2.38	1.42	1.08	8.12	3.88	3.19	0.435	1.21	2.44
			8		9.467	7.43	0.244	52.4	113	18.5	34.2	10.9	2.35	1.40	1.07	10.5	4.99	4.10	0.429	1.29	2.52
			10		11.59	9.10	0.244	62.7	141	22.0	43.4	13.1	2.33	1.38	1.06	12.8	6.04	4.99	0.423	1.36	2.60
8/5	80	50	5	8	6.376	5.00	0.255	42.0	85.2	12.8	21.1	7.66	2.56	1.42	1.08	7.78	3.32	2.74	0.388	1.14	2.60
			6		7.560	5.93	0.255	49.5	103	15.0	25.4	8.85	2.56	1.41	1.08	9.25	3.91	3.20	0.387	1.18	2.65
			7		8.724	6.85	0.255	56.2	119	17.0	29.8	10.2	2.54	1.39	1.08	10.6	4.48	3.70	0.384	1.21	2.69
			8		9.867	7.75	0.254	62.8	136	18.9	34.3	11.4	2.52	1.38	1.07	11.9	5.03	4.16	0.381	1.25	2.73
9/5.6	90	56	5	9	7.212	5.66	0.287	60.5	121	18.3	29.5	11.0	2.90	1.59	1.23	9.92	4.21	3.49	0.385	1.25	2.91
			6		8.557	6.72	0.286	71.0	146	21.4	35.6	12.9	2.88	1.58	1.23	11.7	4.96	4.13	0.384	1.29	2.95
			7		9.881	7.76	0.286	81.0	170	24.4	41.7	14.7	2.86	1.57	1.22	13.5	5.70	4.72	0.382	1.33	3.00
			8		11.18	8.78	0.286	91.0	194	27.2	47.9	16.3	2.85	1.56	1.21	15.3	6.41	5.29	0.380	1.36	3.04
10/6.3	100	63	6	10	9.618	7.55	0.320	99.1	200	30.9	50.5	18.4	3.21	1.79	1.38	14.6	6.35	5.25	0.394	1.43	3.24
			7		11.11	8.72	0.320	113	233	35.3	59.1	21.0	3.20	1.78	1.38	16.9	7.29	6.02	0.394	1.47	3.28
			8		12.58	9.88	0.319	127	266	39.4	67.9	23.5	3.18	1.77	1.37	19.1	8.21	6.78	0.391	1.50	3.32
			10		15.47	12.1	0.319	154	333	47.1	85.7	28.3	3.15	1.74	1.35	23.3	9.98	8.24	0.387	1.58	3.40

续表

型号	截面尺寸/mm				截面面积/cm²	理论重量/(kg/m)	外表面积/(m²/m)	惯性矩/cm⁴					惯性半径/cm			截面模数/cm³			$\tan\alpha$	重心距离/cm	
	B	b	d	r				I_x	I_{x1}	I_y	I_{y1}	I_u	i_x	i_y	i_u	W_x	W_y	W_u		X_0	Y_0
10/8	100	80	6	10	10.64	8.35	0.354	107	200	61.2	103	31.7	3.17	2.40	1.72	15.2	10.2	8.37	0.627	1.97	2.95
			7		12.30	9.66	0.354	123	233	70.1	120	36.2	3.16	2.39	1.72	17.5	11.7	9.60	0.626	2.01	3.00
			8		13.94	10.9	0.353	138	267	78.6	137	40.6	3.14	2.37	1.71	19.8	13.2	10.8	0.625	2.05	3.04
			10		17.17	13.5	0.353	167	334	94.7	172	49.1	3.12	2.35	1.69	24.2	16.1	13.1	0.622	2.13	3.12
11/7	110	70	6	10	10.64	8.35	0.354	133	266	42.9	69.1	25.4	3.54	2.01	1.54	17.9	7.90	6.53	0.403	1.57	3.53
			7		12.30	9.66	0.354	153	310	49.0	80.8	29.0	3.53	2.00	1.53	20.6	9.09	7.50	0.402	1.61	3.57
			8		13.94	10.9	0.353	172	354	54.9	92.7	32.5	3.51	1.98	1.53	23.3	10.3	8.45	0.401	1.65	3.62
			10		17.17	13.5	0.353	208	443	65.9	117	39.2	3.48	1.96	1.51	28.5	12.5	10.3	0.397	1.72	3.70
12.5/8	125	80	7	11	14.10	11.1	0.403	228	455	74.4	120	43.8	4.02	2.30	1.76	26.9	12.0	9.92	0.408	1.80	4.01
			8		15.99	12.6	0.403	257	520	83.5	138	49.2	4.01	2.28	1.75	30.4	13.6	11.2	0.407	1.84	4.06
			10		19.71	15.5	0.402	312	650	101	173	59.5	3.98	2.26	1.74	37.3	16.6	13.6	0.404	1.92	4.14
			12		23.35	18.3	0.402	364	780	117	210	69.4	3.95	2.24	1.72	44.0	19.4	16.0	0.400	2.00	4.22
14/9	140	90	8	12	18.04	14.2	0.453	366	731	121	196	70.8	4.50	2.59	1.98	38.5	17.3	14.3	0.411	2.04	4.50
			10		22.26	17.5	0.452	446	913	140	246	85.8	4.47	2.56	1.96	47.3	21.2	17.5	0.409	2.12	4.58
			12		26.40	20.7	0.451	522	1100	170	297	100	4.44	2.54	1.95	55.9	25.0	20.5	0.406	2.19	4.66
			14		30.46	23.9	0.451	594	1280	192	349	114	4.42	2.51	1.94	64.2	28.5	23.5	0.403	2.27	4.74
15/9	150	90	8	12	18.84	14.8	0.473	442	898	123	196	74.1	4.84	2.55	1.98	43.9	17.5	14.5	0.364	1.97	4.92
			10		23.26	18.3	0.472	539	1120	149	246	89.9	4.81	2.53	1.97	54.0	21.4	17.7	0.362	2.05	5.01
			12		27.60	21.7	0.471	632	1350	173	297	105	4.79	2.50	1.95	63.8	25.1	20.8	0.359	2.12	5.09
			14		31.86	25.0	0.471	721	1570	196	350	120	4.76	2.48	1.94	73.3	28.8	23.8	0.356	2.19	5.17
			15		33.95	26.7	0.471	764	1680	207	376	127	4.74	2.47	1.93	78.0	30.5	25.3	0.354	2.24	5.21
			16		36.03	28.3	0.470	806	1800	217	403	134	4.73	2.45	1.93	82.6	32.3	26.8	0.352	2.27	5.25

续表

型号	截面尺寸/mm				截面面积/cm²	理论重量/(kg/m)	外表面积/(m²/m)	惯性矩/cm⁴					惯性半径/cm			截面模数/cm³			tanα	重心距离/cm	
	B	b	d	r				I_x	I_{x1}	I_y	I_{y1}	I_u	i_x	i_y	i_u	W_x	W_y	W_u		X_0	Y_0
16/10	160	100	10	13	25.32	19.9	0.512	669	1360	205	337	122	5.14	2.85	2.19	62.1	26.6	21.9	0.390	2.28	5.24
			12		30.05	23.6	0.511	785	1640	239	406	142	5.11	2.82	2.17	73.5	31.3	25.8	0.388	2.36	5.32
			14		34.71	27.2	0.510	896	1910	271	476	162	5.08	2.80	2.16	84.6	35.8	29.6	0.385	2.43	5.40
			16		39.28	30.8	0.510	1000	2180	302	548	183	5.05	2.77	2.16	95.3	40.2	33.4	0.382	2.51	5.48
18/11	180	110	10	14	28.37	22.3	0.571	956	1940	278	447	167	5.80	3.13	2.42	79.0	32.5	26.9	0.376	2.44	5.89
			12		33.71	26.5	0.571	1120	2330	325	539	195	5.78	3.10	2.40	93.5	38.3	31.7	0.374	2.52	5.98
			14		38.97	30.6	0.570	1290	2720	370	632	222	5.75	3.08	2.39	108	44.0	36.3	0.372	2.59	6.06
			16		44.14	34.6	0.569	1440	3110	412	726	249	5.72	3.06	2.38	122	49.4	40.9	0.369	2.67	6.14
20/12.5	200	125	12	14	37.91	29.8	0.641	1570	3190	483	788	286	6.44	3.57	2.74	117	50.0	41.2	0.392	2.83	6.54
			14		43.87	34.4	0.640	1800	3730	551	922	327	6.41	3.54	2.73	135	57.4	47.3	0.390	2.91	6.62
			16		49.74	39.0	0.639	2020	4260	615	1060	366	6.38	3.52	2.71	152	64.9	53.3	0.388	2.99	6.70
			18		55.53	43.6	0.639	2240	4790	677	1200	405	6.35	3.49	2.70	169	71.7	59.2	0.385	3.06	6.78

注：截面图中的 $r_1 = 1/3d$ 及表中 r 的数据用于孔型设计，不做交货条件。

附录Ⅱ

部分习题参考答案

第1章

1-1　(a) 240 N·m；(b) −207.8 N·m；(c) 50.7 N·m；
　　　(d) 247.8 N·m；(e) −40 N·m。

1-2　$F_{1x}=86.6$ N，$F_{1y}=50$ N；$F_{2x}=30$ N，$F_{2y}=-40$ N；
　　　$F_{3x}=0$，$F_{3y}=60$ N；$F_{4x}=-56.6$ N，$F_{4y}=56.6$ N。

1-3～1-14　略。

第2章

2-1　$F_R=68.79$ kN，指向左上方且与水平面成 88°28′ 角。

2-2　$F_R=3.68$ kN，在第四象限与 x 轴正向的夹角为 71.31°。

2-3　$F_{AC}=6.93$ kN，$F_{BC}=36.54$ kN。

2-4　$F_{ND}=P\dfrac{\sin\beta}{\sin(\theta+\beta)}=896.6$ N，$F_{NE}=P\dfrac{\sin\theta}{\sin(\theta+\beta)}=732$ N。

2-5　$F_{AC}=10$ kN(压力)，$F_{BC}=5$ kN(拉力)。

2-6　$F=15$ kN，$\alpha=\arctan\dfrac{3}{4}$；$F_{\min}=12$ kN。

2-7　(1) $\alpha=65°$；(2) $\alpha=25°$；(3) $\alpha\leqslant57.3°$；(4) $\alpha\geqslant69°$。

2-8　$\theta=\arcsin\sqrt[3]{\dfrac{2a}{l}}$。

2-9　$\varphi=\dfrac{\pi}{2}-2\theta$，$\overline{OA}=l\cdot\sin\theta$。

2-10　102.25 kN。

2-11　1.07 kN。

2-12　$G=137$ N；$F_{TAB}=122$ N。

2-13　$\theta=\arctan\left(\dfrac{P_B\cot\gamma-P_A\cot\beta}{P_A+P_B}\right)$。

2-14　400 N·m(逆时针)。

2-15　(a) $F_A=2.5$ kN($\downarrow$)，$F_B=2.5$ kN($\uparrow$)；

(b) $F_A = 0.5$ kN($\downarrow$), $F_B = 0.5$ kN($\uparrow$)。

2-16 $F_A = F_C = \dfrac{M}{a}$。

2-17 $F_{CD} = \dfrac{M}{a\sin\theta}$, $F_E = F_F = \dfrac{M}{h}$。

2-18 $F_{NA} = F_{NB} = 100$ N。

2-19 $F_A = 1000$ N, $F_E = 1414$ N, $F_F = 1000$ N。

2-20 $F_A = \dfrac{M}{l}$, $F_E = \dfrac{\sqrt{21}}{3} \cdot \dfrac{M}{l}$。

第 3 章

3-1 (1) $F_R' = 150$ N($\leftarrow$), $M_O = 1000$ N $\cdot$ mm(逆时针);

     (2) $F = 150$ N($\leftarrow$), $y = -6.7$ mm。

3-2 $F_R = \sqrt{2}F$, 方向与 x 轴成 $135°$。

3-3 $F_A = 0.25$ kN($\downarrow$), $F_B = 3.75$ kN($\uparrow$)。

3-4 (a) $F_{Ax} = 0$, $F_{Ay} = -\dfrac{1}{2}\left(F + \dfrac{M}{a}\right)$, $F_B = \dfrac{1}{2}\left(3F + \dfrac{M}{a}\right)$;

     (b) $F_{Ax} = 0$, $F_{Ay} = -\dfrac{1}{2}\left(F + \dfrac{M}{a} - \dfrac{5}{2}qa\right)$, $F_B = \dfrac{1}{2}\left(3F + \dfrac{M}{a} - \dfrac{1}{2}qa\right)$。

3-5 $F_{Ax} = -446.4$ N, $F_{Ay} = 315.2$ N, $F_{NB} = 1038.4$ N。

3-6 $F_{Ax} = -\dfrac{\cos\beta \cdot \cos\theta}{2\sin(\theta-\beta)}P$, $F_{Ay} = \left(1 - \dfrac{\cos\beta \cdot \sin\theta}{2\sin(\theta-\beta)}\right)P$, $F_T = \dfrac{\cos\beta}{2\sin(\theta-\beta)}P$。

3-7 $F_{Ax} = 0$, $F_{Ay} = -50$ N, $M_A = -250$ N $\cdot$ m。

3-8 $F_{NA} = 1202.9$ N, $F_{NB} = 351.5$ N, $F_T = 405.8$ N。

3-9 $F_{Ay} = 17$ kN, $M_A = 43$ kN $\cdot$ m。

3-10 $Q = \dfrac{1}{2}W\sin\beta$, $F_{NA} = \dfrac{1}{2}W$, $F_{NB} = \dfrac{1}{2}W\cos\beta$。

3-11 $F_A = 5$ kN, $F_{CH} = 1$ kN(拉力), $F_{EG} = -5.66$ kN(压力)。

3-12 (a) $F_{Ax} = F_{Ay} = 0$, $F_B = 0$, $F_D = F$;

      (b) $F_{Ax} = 0$, $F_{Ay} = -1.25$ kN, $F_B = 15.75$ kN, $F_D = 4.5$ kN;

      (c) $F_{Ax} = 0$, $F_{Ay} = 40$ kN $\cdot$ m, $M_A = 160$ kN $\cdot$ m, $F_C = 10$ kN $\cdot$ m。

3-13 $F_{Ax} = 7.69$ kN, $F_{Ay} = 57.69$ kN; $F_{Bx} = -57.69$ kN, $F_{By} = 142.3$ kN;

     $F_{Cx} = -57.69$ kN, $F_{Cy} = 42.31$ kN。

3-14 $\theta = \varphi = 15°$, $F_T = 1.115W$。

3-15 $\dfrac{2}{5}G$。

3-16 $W = 2F_P \cdot \left(1 - \dfrac{r}{a}\right)$。

3-17 $F_{AD} = F_{DA} = \dfrac{2M - F_2 b}{2ab}\sqrt{a^2 + b^2}$。

3-18 $F_{Ax}=-8$ kN,$F_{Ay}=6$ kN,$F_{Cx}=8$ kN,$F_{Cy}=1$ kN,$F_{ND}=7$ kN。

3-19 $F_{Cx}=-120$ kN,$F_{Cy}=34$ kN,$M_C=276$ kN · m。

3-20 $F_A=5$ kN, $F_{Bx}=-\dfrac{5\sqrt{2}}{2}$ kN,$F_{By}=8.46$ kN,$M_B=6.42$ kN · m。

3-21 $F_{Ax}=\dfrac{2}{3}F(\to),F_{Ay}=\dfrac{2}{3}F(\uparrow),F_{Cx}=\dfrac{1}{3}F(\to),F_{Cy}=\dfrac{2}{3}F(\downarrow)$。

3-22 $F_{Ax}=-4.5$ kN,$F_{Ay}=2$ kN,$M_A=6.25$ kN · m,$F_B=-0.5$ kN,$F_{Cx}=0$,$F_{Cy}=1.5$ kN。

3-23 $\theta=\arcsin\dfrac{3\pi f_s}{4+3\pi f_s}$。

3-24 $f_s=0.268$。

3-25 折梯平衡,此时摩擦力 $F_{s,A}=F_{s,B}=72.2$ N。

3-26 力偶,$M=\sqrt{19}Fa$,$\cos(\boldsymbol{M},\boldsymbol{i})=\cos(\boldsymbol{M},\boldsymbol{j})=-\dfrac{3}{\sqrt{19}}$,$\cos(\boldsymbol{M},\boldsymbol{k})=-\dfrac{1}{\sqrt{19}}$。

3-27 此力系的最终简化结果为一合力 $\boldsymbol{F}_R=\sqrt{2}F(\boldsymbol{i}+\boldsymbol{k})$,其作用线方程为 $\boldsymbol{r}=a\boldsymbol{i}+y\boldsymbol{j}+y\boldsymbol{k}$。

3-28 $F_A=F_B=-26.4$ kN, $F_C=33.5$ kN。

3-29 $F_{Ax}=-500$ N,$F_{Az}=1000$ N,$F_{Dx}=500$ N,$F_{Dz}=-1000$ N,$F_{Dy}=0$。

3-30 (a) $x_C=-\dfrac{Rr^2}{2(R^2-r^2)},y_C=0$; (b) $x_C=-\dfrac{4(R^3-r^3)}{3(R^2+r^2)},y_C=\dfrac{r^2(R-r)}{R^2+r^2}$。

3-31 $x_C=1.67$ m,$y_C=2.15$ m。

3-32 略。

3-33 略。

3-34 略。

第 4 章

4-1 (a) $F_{N1}=-30$ kN,$F_{N2}=0$,$F_{N3}=60$ kN;

(b) $F_{N1}=-20$ kN,$F_{N2}=0$,$F_{N3}=20$ kN;

(c) $F_{N1}=20$ kN,$F_{N2}=-20$ kN,$F_{N3}=40$ kN;

(d) $F_{N1}=-50$ kN,$F_{N2}=250$ kN,$F_{N3}=200$ kN。

4-2 $\sigma=72.7$ MPa。

4-3 $F_2=62.5$ kN。

4-4 $d_2=49.0$ mm。

4-5 $\sigma_{45°}=5$ MPa,$\tau_{45°}=5$ MPa。

4-6 -6.7×10^{-3} mm。

4-7 (1) $\varepsilon_{AB}=-7.5\times10^{-5}$,$\Delta l_{AB}=-7.5\times10^{-2}$ mm; $\varepsilon_{BC}=0$,$\Delta l_{BC}=0$;

$\varepsilon_{CD}=-5\times10^{-5}$,$\Delta l_{CD}=-5\times10^{-2}$ mm。

(2) $\Delta l=-0.125$ mm。

4-8 $\Delta d=-8.57\times10^{-3}$ mm。

4-9 $\Delta_{Cx}=0.657$ mm,$\Delta_{Cy}=1.678$ mm。

4-10 $\Delta l=\dfrac{Fl}{Et(b_2-b_1)}\ln\dfrac{b_2}{b_1}$。

4-11 $\Delta_A=1.376$ mm,$\alpha=6.61°$。

4-12 $\Delta l=-0.0804$ mm。

4-13 $x=\dfrac{ll_1E_2A_2}{l_1E_2A_2+l_2E_1A_1}$。

4-14   (1) $\sigma=\dfrac{pr}{\delta}$;(2) $\Delta r=\dfrac{pr^2}{E\delta}$。

4-15 $\Delta_{Ax}=4.76$ mm(←),$\Delta_{Ay}=20.33$ mm(↓)。

4-16 $A_1=0.576$ m²,$A_2=0.664$ m²,$\Delta_A=2.22$ mm。

4-17   杆 AC:2 根 80×7 的等边角钢;杆 CD:两根 75×6 的等边角钢。

4-18 $[F]=\dfrac{\sqrt{2}[\sigma]A}{2}$。

4-19 $[F]=38.6$ kN。

4-20 $[F]=21.6$ kN。

4-21 $\alpha=54°44''$。

4-22 $F=21.17$ kN,$\theta=10.89°$。

4-23 $\Delta_{Cx}=0.50$ mm(→),$\Delta_{Cy}=0.50$ mm(↓)。

4-24 $\Delta_{B/C}=\dfrac{(2+\sqrt{2})Fl}{EA}$。

4-25 $\tau=5$ MPa,$\sigma_{bs}=12.5$ MPa。

4-26 $\delta\geqslant9$ mm,$l\geqslant90$ mm,$h\geqslant48$ mm。

4-27 $\tau=44.8$ MPa$<[\tau]$,$\sigma_{bs}=140.6$ MPa$<[\sigma_{bs}]$。

4-28 $[F]=136$ kN。

4-29 $\tau=51.7$ MPa$<[\tau]$,$\sigma_{bs}=162.5$ MPa$<[\sigma_{bs}]$,钢板的 $\sigma=130$ MPa$<[\sigma]$。

4-30 $[F]=1256.6$ kN。

4-31 $\delta\geqslant95.5$ mm。

4-32 $\dfrac{d}{h}=2.8$。

4-33 $l=145$ mm。

4-34   强度足够。

第 5 章

5-1   (a) $T_{max}=2M_e$;(b) $T_{max}=M_e$;(c) $T_{max}=4$ kN·m;(d) $T_{max}=M_e$。

5-2   (1) $T_{max}=1145.8$ N·m;(2) $T'_{max}=763.92$ N·m,故有利。

5-3   (1) $\tau_{max}=71.3$ MPa,$\varphi=1.02°$;(2) $\tau_A=\tau_B=71.3$ MPa,$\tau_C=35.7$ MPa。

5-4   0.188 MPa,2.36 N·m。

5-5   (1) $\tau_{max}=15.3$ MPa,产生在 BC 段;(2) $\varphi_{CD}=1.27\times10^{-3}$ rad,$\varphi_{AD}=1.91\times$

10^{-3} rad。

5-6　(1) 实心轴：$\tau_{\max1}=50.9$ MPa；空心轴：$\tau_{\max2}=27.2$ MPa，$\tau_{\min2}=13.6$ MPa。

　　　(2) 扭转角 $\varphi_{AD}=5.9\times10^{-3}$ rad。

5-7　$d\geqslant44.4$ mm。

5-8　$d_1\geqslant45.6$ mm，$D_2\geqslant46.6$ mm，$A_实:A_空=1.28$。

5-9　$\tau_{\max}=36.4$ MPa$<[\tau]$，强度够；$\varphi'_{\max}=0.87(°)/$m$>[\varphi']$，刚度不足。

5-10　40.74 MPa，-0.0126 rad。

5-11　(1) 青铜轴：69.56 MPa；钢轴：93.7 MPa。(2) 0.0142 rad。

5-12　(1) 39.1 MPa；(2) 0.004 rad。

5-13　$d\geqslant111.3$ mm。

5-14　$d\geqslant87.5$ mm。

5-15　AE 段：$\tau_{\max}=45.2$ MPa，$\varphi'_{AE,\max}=0.46(°)/$m；$BC$ 段：$\tau_{\max}=71.3$ MPa，
　　　$\varphi'_{BC,\max}=1.02(°)/$m。

5-16　强度校核：圆管 AB，$\tau_{1,\max}=80.47$ MPa；圆轴 CD，$\tau_{2,\max}=57.3$ MPa$<[\tau]$。扭转
　　　角：$\varphi_D=2.65\times10^{-2}$ rad。

第 6 章

6-1　(a) $|F_S|_{\max}=F$，$|M|_{\max}=Fa$；(b) $|F_S|_{\max}=\dfrac{F}{2}$，$|M|_{\max}=\dfrac{1}{2}Fa$；

　　　(c) $|F_S|_{\max}=3.5F$，$|M|_{\max}=2.5Fa$；(d) $|F_S|_{\max}=2F$，$|M|_{\max}=3Fa$；

　　　(e) $|F_S|_{\max}=F$，$|M|_{\max}=Fa$；(f) $|F_S|_{\max}=\dfrac{M_e}{4a}$，$|M|_{\max}=\dfrac{3}{4}M_e$；

　　　(g) $|F_S|_{\max}=2qa$，$|M|_{\max}=\dfrac{5}{2}qa^2$；(h) $|F_S|_{\max}=\dfrac{5}{8}ql$，$|M|_{\max}=\dfrac{1}{8}ql^2$。

6-2　(a) $|F_S|_{\max}=\dfrac{1}{2}ql$，$|M|_{\max}=\dfrac{1}{6}ql^2$；(b) $|F_S|_{\max}=\dfrac{1}{3}ql$，$|M|_{\max}=\dfrac{\sqrt{3}}{27}ql^2$；

　　　(c) $|F_S|_{\max}=\dfrac{5}{3}qa$，$|M|_{\max}=\dfrac{25}{18}qa^2$；(d) $|F_S|_{\max}=2F$，$|M|_{\max}=Fa$；

　　　(e) $|F_S|_{\max}=2qa$，$|M|_{\max}=\dfrac{3}{2}qa^2$；(f) $|F_S|_{\max}=F$，$|M|_{\max}=Fa$；

　　　(g) $|F_S|_{\max}=qa$，$|M|_{\max}=\dfrac{qa^2}{2}$；(h) $|F_S|_{\max}=25$ kN，$|M|_{\max}=15.625$ kN·m。

6-3　略。

6-4　(a) $|F_S|_{\max}=\dfrac{3}{4}ql$，$|M|_{\max}=\dfrac{1}{4}ql^2$；(b) $|F_S|_{\max}=qa$，$|M|_{\max}=qa^2$；

　　　(c) $|F_S|_{\max}=\dfrac{1}{2}qa$，$|M|_{\max}=\dfrac{1}{8}qa^2$；(d) $|F_S|_{\max}=\dfrac{3M_e}{2l}$，$|M|_{\max}=M_e$；

　　　(e) $|F_S|_{\max}=\dfrac{5}{3}qa$，$|M|_{\max}=\dfrac{8}{9}qa^2$；(f) $|F_S|_{\max}=qa$，$|M|_{\max}=qa^2$；

(g) $|F_S|_{max} = \dfrac{4}{3}F$，$|M|_{max} = \dfrac{4}{3}Fa$；(h) $|F_S|_{max} = \dfrac{3}{4}qa$，$|M|_{max} = \dfrac{1}{4}qa^2$。

6-5　略。

6-6　略。

6-7　略。

6-8　$a = 0.586l$。

6-9　$x = 0.2l$。

6-10　(1) 正确；(2) $W = \dfrac{1}{4} \cdot \left(\dfrac{l}{2a} - 1\right)F$。

6-11　$(\sqrt{2} - 1)ql$，82.86%。

6-12　(a) $S_z = \dfrac{3bh^2}{32}$；(b) $S_z = \dfrac{B}{8}(H^2 - h^2) + \dfrac{bh^2}{8}$；(c) $S_z = 42\,250\ \text{mm}^3$。

6-13　(a) $\dfrac{bh^3}{12} - \dfrac{\pi d^4}{64} - \dfrac{\pi d^2 h^2}{16} + \dfrac{hd^3}{6}$；(b) $3.82 \times 10^6\ \text{mm}^4$；(c) $\dfrac{bh^3}{12}$。

6-14　(a) $\dfrac{a^4}{12} - \dfrac{\pi R^4}{4}$；(b) $\dfrac{5\sqrt{3}\,a^4}{16}$；(c) $39\,572\ \text{mm}^4$；(d) $7.545 \times 10^{-3} R^4$。

6-15　(a) $I_y = 1.36 \times 10^7\ \text{mm}^4$，$I_z = 2.748 \times 10^8\ \text{mm}^4$；

　　　(b) $I_y = 3.371 \times 10^{13}\ \text{mm}^4$，$I_z = 9.66 \times 10^{11}\ \text{mm}^4$。

6-16　$I_z = \left(\dfrac{1}{2} + \dfrac{17\pi}{128}\right)a^4$。

6-17　$a = 111.2\ \text{mm}$。

6-18　$F_{N1}^* = 142.2\ \text{kN}$，$F_{S1}^* = 1.556\ \text{kN}$；$F_{N2}^* = 8.89\ \text{kN}$，$F_{S2}^* = 0.723\ \text{kN}$。

6-19　(1) $\dfrac{\sigma_{\text{竖}}}{\sigma_{\text{平}}} = \dfrac{1}{2}$；(2) $\dfrac{\sigma'}{\sigma} = \dfrac{1}{16}$。

6-20　$\sigma_{t,max} = 43.76\ \text{MPa}$，$\sigma_{c,max} = 72.93\ \text{MPa}$。

6-21　(1) $\sigma_{(2)} = \sigma_{(3)} = 61.7\ \text{MPa}$（压）；(2) $\sigma_{max} = 92.6\ \text{MPa}$；(3) $\sigma_{max} = 104.2\ \text{MPa}$。

6-22　(1) $d \geqslant 108.4\ \text{mm}$；(2) $b \geqslant 57.2\ \text{mm}$，$h \geqslant 114.4\ \text{mm}$，$A \geqslant 6543\ \text{mm}^2$；

　　　(3) 16 号工字钢；$A = 2610\ \text{mm}^2$。工字型截面最省材料。

6-23　截面 $m\text{—}m$：$\sigma_A = -7.41\ \text{MPa}$，$\sigma_B = 4.94\ \text{MPa}$，$\sigma_C = 0$，$\sigma_D = 7.41\ \text{MPa}$；

　　　截面 $n\text{—}n$：$\sigma_A = 9.26\ \text{MPa}$，$\sigma_B = -6.17\ \text{MPa}$，$\sigma_C = 0$，$\sigma_D = -9.26\ \text{MPa}$。

6-24　$\sigma_{t,max} = 32.26\ \text{MPa}$，$\sigma_{c,max} = 50.70\ \text{MPa}$。

6-25　$b = 277\ \text{mm}$，$h = 416\ \text{mm}$。

6-26　$[q] = 12.57\ \text{kN/m}$。

6-27　略。

6-28　$\Delta l = \dfrac{3Fl^2}{bh^2 E}$。

6-29　50%。

6-30　$\dfrac{3qx}{4h}(l - x)$。

6-31 $\sigma_{t,max}=45.23$ MPa$<[\sigma_t]$，$\sigma_{c,max}=60.31$ MPa$<[\sigma_c]$，$\tau_{max}=3.47$ MPa$<[\tau]$。

6-32   (1) $\tau_{max}=0.3$ MPa；(2) 30 kN。

6-33 $\sigma_{max}=118.9$ MPa，$\tau_{max}=7.02$ MPa。

6-34   20a 工字钢。

6-35 $[F]=3.75$ kN。

6-36   (a) $\theta_A=\dfrac{ql^3}{24EI}(\cup)$，$w_C=\dfrac{5ql^4}{384EI}(\downarrow)$；(b) $\theta_A=\dfrac{Fl^2}{12EI}(\cup)$，$w_C=\dfrac{Fl^3}{8EI}(\downarrow)$；

        (c) $\theta_A=\dfrac{5Fl^2}{8EI}(\cup)$，$w_C=\dfrac{29Fl^3}{48EI}(\downarrow)$；(d) $\theta_A=\dfrac{M_e l}{18EI}(\cup)$，$w_C=\dfrac{2M_e l^2}{81EI}(\downarrow)$。

6-37   (a) 3 段；(b) 2 段；(c) 2 段；(d) 3 段。

6-38 $\dfrac{3Fl^3}{128EI_1}$。

6-39 $w_D=\dfrac{Fa^3}{EI}(\downarrow)$，$\theta_D=\dfrac{7Fa^2}{6EI}(\cup)$。

6-40 $w_C=\dfrac{Fl^3}{6EI}(\downarrow)$，$w_D=\dfrac{Fl^3}{16EI}(\uparrow)$。

6-41 $w_C=\dfrac{qa^4}{8EI}(\downarrow)$，$\theta_A=\dfrac{qa^3}{6EI}(\cup)$，$\theta_B=0$。

6-42   (a) $w_C=\dfrac{7qa^4}{12EI}(\downarrow)$，$w_B=\dfrac{41qa^4}{24EI}(\downarrow)$；(b) $w_C=\dfrac{17ql^4}{768EI}(\downarrow)$，$w_B=\dfrac{117ql^4}{2048EI}(\downarrow)$。

6-43   (a) $w=\dfrac{5ql^4}{768EI}(\downarrow)$；(b) $w=\dfrac{5(q_1+q_2)l^4}{768EI}(\downarrow)$。

6-44 $w_B=\dfrac{qb^4}{8EI}+\dfrac{2Fb^3}{9EI}(\downarrow)$，$w_D=\dfrac{qb^4}{12EI}+\dfrac{4F}{27EI}\left(\dfrac{a^3}{9}+b^3\right)(\downarrow)$。

6-45 $w_{Dy}=6.37$ mm。

第 7 章

7-1   略。

7-2   略。

7-3   (a) $\sigma_\alpha=-27.3$ MPa，$\tau_\alpha=-27.3$ MPa；(b) $\sigma_\alpha=52.3$ MPa，$\tau_\alpha=-18.7$ MPa；

        (c) $\sigma_\alpha=-10$ MPa，$\tau_\alpha=-30$ MPa。

7-4   (a) $\sigma_1=57$ MPa，$\sigma_2=0$，$\sigma_3=-7$ MPa，$\alpha_0=-19°20'$，$\tau_{max}=32$ MPa；

        (b) $\sigma_1=57$ MPa，$\sigma_2=0$，$\sigma_3=-7$ MPa，$\alpha_0=19°20'$，$\tau_{max}=32$ MPa；

        (c) $\sigma_1=25$ MPa，$\sigma_2=0$，$\sigma_3=-25$ MPa，$\alpha_0=-45°$，$\tau_{max}=25$ MPa；

        (d) $\sigma_1=60$ MPa，$\sigma_2=0$，$\sigma_3=-40$ MPa，$\alpha_0=26°34'$，$\tau_{max}=50$ MPa；

        (e) $\sigma_1=4.7$ MPa，$\sigma_2=0$，$\sigma_3=-84.7$ MPa，$\alpha_0=-13°17'$，$\tau_{max}=44.7$ MPa；

        (f) $\sigma_1=37$ MPa，$\sigma_2=0$，$\sigma_3=-27$ MPa，$\alpha_0=-19°20'$，$\tau_{max}=32$ MPa。

7-5   (a) $\sigma_1=\sigma$，$\sigma_2=\sigma_3=0$；(b) $\sigma_1=\tau$，$\sigma_2=0$，$\sigma_3=-\tau$；(c) $\sigma_1=0$，$\sigma_2=0$，$\sigma_3=-\sigma$。

7-6   (1) $\sigma_1=150$ MPa，$\sigma_2=75$ MPa，$\sigma_3=0$，$\tau_{max}=75$ MPa；

        (2) $\sigma_{60°}=131.25$ MPa，$\tau_{60°}=-32.5$ MPa。

7-7   点 1: $\sigma_1 = \sigma_2 = 0, \sigma_3 = -120$ MPa; 点 2: $\sigma_1 = 36$ MPa, $\sigma_2 = 0, \sigma_3 = -36$ MPa;
       点 3: $\sigma_1 = 70.36$ MPa, $\sigma_2 = 0, \sigma_3 = -10.36$ MPa; 点 4: $\sigma_1 = 120$ MPa, $\sigma_2 = \sigma_3 = 0$。

7-8 $\sigma_x = -33.3$ MPa, $\tau_{xy} = -57.7$ MPa。

7-9 $\sigma_x = -56.14$ MPa, $\tau_{xy} = -60.2$ MPa。

7-10 $\sigma_1 = 100$ MPa, $\sigma_2 = 0, \sigma_3 = -100$ MPa, $\tau_{max} = 100$ MPa。

7-11 $\sigma_1 = 80$ MPa, $\sigma_2 = 40$ MPa, $\sigma_3 = 0$。

7-12 $\sigma_1 = 120$ MPa, $\sigma_2 = 20$ MPa, $\sigma_3 = 0$; $\alpha_0 = 30°$。

7-13   (1) $\sigma_{-60°} = -45.87$ MPa, $\tau_{-60°} = 8.81$ MPa;
       (2) $\sigma_1 = 107.58$ MPa, $\sigma_2 = 0, \sigma_3 = -46.37$ MPa, $\alpha_0 = 33.29°$。

7-14   (a) $\sigma_1 = \sigma_2 = 50$ MPa, $\sigma_3 = -50$ MPa, $\tau_{max} = 50$ MPa;
       (b) $\sigma_1 = \sigma_2 = \sigma_3 = 50$ MPa, $\tau_{max} = 0$;
       (c) $\sigma_1 = 130$ MPa, $\sigma_2 = 30$ MPa, $\sigma_3 = -30$ MPa, $\tau_{max} = 80$ MPa。

7-15 $\sigma_1 = 0, \sigma_2 = -19.8$ MPa, $\sigma_3 = -60$ MPa, $\Delta l_1 = 3.76 \times 10^{-3}$ mm, $\Delta l_2 = 0$,
       $\Delta l_3 = -7.64 \times 10^{-3}$ mm。

7-16 $F = 38.2$ kN。

7-17 $M_e = 125.66$ N·m。

7-18   (1) $\sigma_{r,3} = 135$ MPa $< [\sigma]$; (2) $\sigma_{r,1} = 30$ MPa $= [\sigma]$。

7-19 $\sigma_{r,4} = 169.9$ MPa $> [\sigma]$。

7-20   若圆杆为钢材,按第三强度理论, $[F] = 9.81$ kN;按第四强度理论, $[F] = 10.33$ kN。
       若圆杆为铸铁,按第一强度理论, $[F] = 2.066$ kN。

7-21   (1) $\sigma_{(1)} = 66.3$ MPa, $\sigma_{(2)} = -159.6$ MPa, $\sigma_{(3)} = 159.6$ MPa, $\sigma_{(4)} = -66.3$ MPa;
       (2) $\sigma_{(1)} = -93.1$ MPa, $\sigma_{(2)} = 76.3$ MPa, $\sigma_{(3)} = -23$ MPa。

7-22 $b = 83$ mm, $h = 166$ mm。

7-23 $\sigma_{C,max}^c = 10.26$ MPa, $\sigma_{C,max}^t = 10.06$ MPa。

7-24   一侧切去切口时, $\sigma_{max} = 55$ MPa;两侧切去切口时, $\sigma_{max} = 45.7$ MPa。

7-25 AB 截面的 $\sigma_{max} = 162.84$ MPa, $\sigma_{min} = 94.04$ MPa;挖空宽度 $x = 38.4$ mm。

7-26 $\sigma_{max} = 60.21$ MPa $< [\sigma]$。

7-27 $F = 6$ kN。

7-28 $F = 18.38$ kN, $e = 1.786$ mm。

7-29 $\sigma_1 = 33.43$ MPa, $\sigma_2 = 0, \sigma_3 = -9.96$ MPa, $\tau_{max} = 21.7$ MPa。

7-30 $d = 66$ mm。

7-31   (1) $\sigma_a = 7.10$ MPa, $\sigma_b = -0.74$ MPa, $\sigma_c = -8.59$ MPa;
       (2) $\beta = 4.76°, \sigma_a = 7.48$ MPa, $\sigma_c = -7.46$ MPa。

7-32   (a) 75 MPa; (b) 100 MPa。

第 8 章

8-1 $F_{cr} = 214.2$ kN。

8-2 $F_{cr} = 7.45$ kN。

8-3 实心圆截面：$F_{cr}=329.6$ kN；空心圆截面：$F_{cr}=517.1$ kN。

8-4 (1) $F_{cr}=\dfrac{\pi^2 EI}{2l^2}$；(2) $F_{cr}=\dfrac{\sqrt{2}\,\pi^2 EI}{l^2}$。

8-5 $T=66.6\,℃$。

8-6 $\sigma_{cr}=4.38$ MPa；$F_{cr}=1.38$ kN。

8-7 $F_{cr}=689.8$ kN。

8-8 $\sigma=100$ MPa$<[\sigma_{cr}]=\dfrac{\sigma_{cr}}{n_{st}}=116.82$ MPa,稳定性足够。

在开孔处,$\sigma=114.3$ MPa$<[\sigma]$,满足强度要求。

8-9 AB 杆 $\sigma_{AB}=42.81$ MPa$<\varphi[\sigma]=91.97$ MPa,满足压杆稳定性要求；

AC 杆 $\sigma_{AC}=34.95$ MPa$<\varphi[\sigma]=51.34$ MPa,满足压杆稳定性要求。

8-10 $F_{cr}=78$ kN。

8-11 $F_{max}=15.7$ kN。

8-12 稳定性足够。b 与 h 的合理比值为：$b:h=0.8$。

8-13 160 kN。

8-14 杆 AC 的强度不足,杆 BD 的稳定性不足。

8-15 372 kN/m。

8-16 $F_{BC}=\dfrac{2qa^3 A}{3a^2 A+I}$, $q=\dfrac{\pi^2 EI_{BC}(I+3Aa^2)}{2Aa^5}$。

8-17 $[F]=420.46$ kN。

8-18 稳定性足够。

8-19 160 kN。

第 9 章

9-1 (a)、(c)、(h)：几何不变,有一个多余约束；(b)：几何不变,有两个多余约束；(d)：几何常变；(e)、(f)、(i)：几何不变,无多余约束；(g)：几何瞬变。

9-2 (a)、(b)、(j)：几何不变,有一个多余约束；(c)、(d)、(e)、(f)、(g)、(h)、(k)：几何不变,无多余约束；(i)：几何瞬变。

9-3 (a)、(d)、(f)、(h)、(i)、(k)、(l)：几何不变,无多余约束；(b)、(c)、(g)、(j)：几何瞬变；(e)：几何不变,有一个多余约束。

第 10 章

10-1 (a) $M_F=20$ kN·m,$M_B=-30$ kN·m；

(b) $M_D^{左}=-2Pa,M_D^{右}=0$；

(c) $M_H^{右}=-15$ kN·m,$M_G=11.25$ kN·m；

(d) $M_A=-96.2$ kN·m,$M_F=23.9$ kN·m,$M_D=-43.9$ kN·m；

(e) $M_B=-20$ kN·m。

10-2 (a) $M_{DA}=Pl$（右侧受拉）,$M_{BD}=0$；

(b) $M_{DE}=\dfrac{3ql^2}{4}$(左侧受拉)$,M_{DA}=\dfrac{ql^2}{4}$(右侧受拉)；

(c) $M_{BE}=80$ kN・m(上侧受拉)$,M_{BA}=40$ kN・m(左侧受拉)；

(d) $M_B=60$ kN・m(下侧受拉)$,M_{CA}=20$ kN・m(左侧受拉)；

(e) $M_{DA}=\dfrac{1}{3}qa^2$(左侧受拉)$,M_{EB}=\dfrac{1}{6}qa^2$(右侧受拉)；

(f) $M_{BD}=M_{AC}=83.3$ kN・m(内侧受拉)；

(g) $M_{EB}=8$ kN・m(左侧受拉)$,M_{DA}=12$ kN・m(右侧受拉)；

(h) $M_{EB}=7.2$ kN・m(右侧受拉)。

10-3　(a) $M_{GB}=Pl$(右侧受拉)$,M_{FC}=2Pl$(上侧受拉)；

(b) $M_{GA}=0.5Pl$(左侧受拉)$,M_{GD}=0.5Pl$(上侧受拉)；

(c) $M_{EG}=2qa^2$(上侧受拉)$,M_{CF}=qa^2$(上侧受拉)$,M_{FB}=0.9qa^2$(右侧受拉)；

(d) $M_{DA}=140$ kN・m(下侧受拉)$,M_{DC}=100$ kN・m(上侧受拉)；

(e) $M_{DA}=48$ kN・m(下侧受拉)$,M_{EB}=48$ kN・m(右侧受拉)；

(f) $M_{DA}=M_{EB}=30$ kN・m(下侧受拉)$,M_{DC}=45$ kN・m(右侧受拉)；

(g) $M_{FA}=52$ kN・m(左侧受拉)$,M_{DE}=32$ kN・m(下侧受拉)；

(h) $M_{HF}=8$ kN・m(左侧受拉)；

(i) $M_{max}=100$ kN・m；

(j) $M_{max}=2Fa$；

(k) $M_{max}=16$ kN・m。

10-4　(a) 3 根零杆；(b) 10 根零杆；(c) 19 根零杆；(d) 2 根零杆。

10-5　(a) $F_{NAJ}=F_{NBJ}=F_{NFG}=F_{NHI}=P,F_{NAF}=F_{NBI}=F_{NGH}=F_{NCD}=F_{NED}=-P,$
$F_{NFC}=F_{NBH}=F_{NAG}=F_{NEI}=-\sqrt{2}P,F_{NGJ}=F_{NJH}=\sqrt{2}P,F_{NGD}=F_{NHD}=0;$

(b) $F_{NAD}=-5$ kN$,F_{NAE}=-7.5$ kN$,F_{NEC}=-5\sqrt{2}$ kN$,F_{NCD}=10$ kN。

10-6　(a) $F_{N1}=-18.75$ kN$,F_{N2}=37.5$ kN$,F_{N3}=-26.51$ kN；

(b) $F_{N1}=\dfrac{\sqrt{2}P}{6},F_{N2}=-\dfrac{\sqrt{2}P}{3}$；

(c) $F_{N1}=-\dfrac{10\sqrt{5}}{3}$ kN$,F_{N2}=0,F_{N3}=-\dfrac{10\sqrt{2}}{3}$ kN；

(d) $F_{N1}=56.569$ kN$,F_{N2}=-28.28$ kN；

(e) $F_{N1}=\dfrac{5P}{8},F_{N2}=-\dfrac{15\sqrt{5}P}{88}$；

(f) $F_{N1}=\dfrac{\sqrt{17}P}{6},F_{N2}=\dfrac{\sqrt{17}P}{12}$。

10-7　(a) $F_{N1}=120$ kN$,F_{N2}=-180$ kN$,F_{N3}=140\sqrt{2}$ kN；(b) $F_{N1}=-\dfrac{2}{3}F,F_{N2}=\dfrac{5}{3}F$；

(c) $F_{N1}=-F,F_{N2}=-F$；(d) $F_{N1}=-\sqrt{2}F,F_{N2}=\sqrt{2}F$；

(e) $F_{N1}=0,F_{N2}=\sqrt{2}F$；(f) $F_{N1}=4\sqrt{5}F,F_{N2}=-2\sqrt{5}F$；

(g) $F_{N1} = 2F, F_{N2} = \sqrt{2}F, F_{N3} = -\sqrt{2}F$;

(h) $F_{N1} = F, F_{N2} = -\dfrac{7\sqrt{5}}{6}F$。

10-8 $M_D = 17.4$ kN·m(上侧受拉); $F_{SD} = -1.16$ kN; $F_{ND} = 22.33$ kN。

10-9 $F_{N拉杆} = 35$ kN; $M_D = 12.86$ kN·m(内侧受拉)。

10-10 $M_K = 5.64q$(上侧受拉); $F_{SK} = -1.37q, F_{NK} = 1.23q$。

10-11 $F_{NDF} = F_{NED} = 40$ kN; $F_{Cx} = 24$ kN, $F_{Cy} = 10$ kN; $F_B = 42$ kN。

10-12 $F_{NFG} = 357.6$ kN; $F_{NAF} = 366.9$ kN; $F_{NFD} = -81.8$ kN; $M_{DC} = 15.39$ kN·m。

10-13 (a) $M_{max} = 180$ kN·m; (b) $M_{max} = 40$ kN·m;

(c) $M_{max} = 2.5Fl$; (d) $M_{max} = 2Pa$。

第 11 章

11-1 $F_{Ax} = -55$ kN(←), $F_{Ay} = 30$ kN(↑)。

11-2 $F_{NA} = 3.2$ kN(↑), $F_{BD} = 4.17$ kN(拉)。

11-3 (1) 1 cm(←); (2) 0.25 cm(←); (3) 0.25 cm(→)。

11-4 $\Delta_{Kx} = \Delta_x + a\Delta_\varphi(←), \Delta_{Ky} = \Delta_y - 3a\Delta_\varphi(↓), \theta_K = \Delta_\varphi(\cup)$。

11-5 $\Delta_{Bx} = \dfrac{qfl^3}{15EI}(→)$。

11-6 (1) 0.352 cm(↓); (2) 5.156×10^{-4} rad(增大)。

11-7 $\Delta_{Cy} = 1.15$ cm(↓)。

11-8 $\Delta_{Dy} = 0.0133$ cm(↓), $\theta_{BC} = 6.5 \times 10^{-5}$ rad($\cup$)。

11-9 $\dfrac{8 - 4\sqrt{2}}{EA}(\cup, \cup)$。

11-10 0.25 cm(↑)。

11-11 (a) $\Delta_{Cy} = \dfrac{680}{3EI}(↓)$; (b) $\Delta_{Cy} = \dfrac{81}{4EI}(↓)$; (c) $\Delta_{Cy} = \dfrac{11}{EI}(↑)$; (d) $\Delta_{Cy} = \dfrac{1985}{6EI}(↓)$。

11-12 (a) $\Delta_{Cx} = \dfrac{82}{3EI}(←)$; (b) $\Delta_{Cx} = \dfrac{162}{EI}(→)$; (c) $\Delta_{Cx} = \dfrac{0.225qR^4}{EI}(→)$;

(d) $\Delta_{Cx} = \dfrac{112}{3EI}(→)$; (e) $\Delta_{Cx} = \dfrac{2225}{EI}(→)$; (f) $\Delta_{Cx} = \dfrac{126}{EI}(→)$;

(g) $\Delta_{Cx} = \dfrac{918}{EI}(→)$; (h) $\dfrac{ql^4}{8EI}(←)$; (i) $\dfrac{8F_P a^3}{3EI}(→)$。

11-13 (a) $\varphi_C = \dfrac{19qa^3}{24EI}(\cup)$; (b) $\varphi_C = \dfrac{21.25}{EI}(\cup)$; (c) $\varphi_C = \dfrac{220}{9EI}(\cup)$。

11-14 (a) $\varphi_C = \dfrac{6.74qa^3}{EI}(\cup)$; (b) $\varphi_C = -\dfrac{108}{EI} + \dfrac{24\sqrt{2}}{EA}(\cup, \cup)$。

11-15 $\Delta_{By} = \dfrac{145}{6EI}(↓)$; $\Delta_{Dy} = \dfrac{541}{12EI}(↓)$。

11-16 $\Delta_{Ay} = \dfrac{4.103ql^4}{EI}(↓)$。

11-17　$3.04\dfrac{qa^3}{EI}$。

11-18　$\Delta_{CD}=\dfrac{11qa^4}{15EI}(\leftarrow、\rightarrow)$。

11-19　(a) $\Delta_{CD}=\dfrac{3.46ql^4}{EI}(\downarrow、\uparrow)$；(b) $\dfrac{4q}{EI}(\downarrow、\uparrow)$。

11-20　$\varphi_{BC}=\dfrac{600}{EI}+\dfrac{20}{EA}(\cup)$。

11-21　$\varphi_{BE}=\dfrac{P}{EA}(\cup)$。

11-22　(a) $\varphi_{C-C}=\dfrac{422}{EI}(\cup、\cup)$；(b) $\varphi_{C-C}=\dfrac{30}{EI}+\dfrac{4}{EA}(\cup、\cup)$。

11-23　$\Delta_{Cy}=15\alpha l(\uparrow)$。

11-24　$\Delta_{Cy}=1.25\alpha td(\uparrow)$。

11-25　$\Delta_{Bx}=230\alpha l(\rightarrow)$。

11-26　$\Delta_{C-F}=0.362$ cm$(\nearrow、\swarrow)$。

11-27　$\varphi_{C-C}=0.03$ rad$(\cup、\cup)$。

11-28　$\varphi_{C}=8.67\times10^{-4}$ rad$(\cup)$。

11-29　$\dfrac{5ql^4}{384EI}$。

11-30　$\dfrac{ql^4}{8EI}(\downarrow)$。

11-31　$1.072\dfrac{F_Pl^3}{EI}(\rightarrow)$。

第 12 章

12-1　(a) 2 次；(b) 3 次；(c) 3 次；(d) 4 次；(e) 7 次；(f) 5 次；(g) 6 次。

12-2　(a) $F_{By}=\dfrac{5}{16}F_P$；(b) $F_{By}=\dfrac{2l^3-3l^2a+a^3}{2[l^3-(1-k)a^3]}F_P$；(c) $F_{Ay}=F_P$。

12-3　(a) $M_{BA}=M_{AB}=\dfrac{ql^2}{12}$(上侧受拉)；

　　(b) $M_B=13.5$ kN・m(上侧受拉)；

　　(c) $M_A=0.25Fl$(下侧受拉)，$M_B=0.50Fl$(上侧受拉)。

12-4　(a) $M_{BC}=55.64$ kN・m(下侧受拉)，$M_{CB}=82.92$ kN・m(上侧受拉)；

　　(b) $M_{DA}=M_{DC}=45$ kN・m(上侧受拉)，$M_{DB}=0$；

　　(c) $M_{AD}=104.46$ kN・m(左侧受拉)。

12-5　(a) $M_{AB}=31$ kN・m(上侧受拉)，$M_{BC}=15$ kN・m(右侧受拉)；

　　(b) $M_{AD}=\dfrac{2Fl}{3}$(上侧受拉)，$M_{CB}=\dfrac{Fl}{3}$(下侧受拉)；

　　　　(c) $M_{AC}=\dfrac{Pl}{4}$(上侧受拉)，$M_{CB}=\dfrac{Pl}{48}$(下侧受拉)。

12-6　(a) $M_{CA}=75$ kN·m(右侧受拉)，$M_{AC}=37.5$ kN·m(左侧受拉)；

　　　　(b) $M_{CA}=9$ kN·m(左侧受拉)，$M_{AC}=27$ kN·m(左侧受拉)；

　　　　(c) $M_{AB}=\dfrac{5Pl}{36}$(左侧受拉)，$M_{CB}=\dfrac{Pl}{9}$(上侧受拉)。

12-7　(a) $F_{NCD}=\dfrac{3}{28}qa$；

　　　　(b) $M_{AD}=\dfrac{45}{7}$ kN·m(上侧受拉)，$M_{DA}=\dfrac{60}{7}$ kN·m(下侧受拉)；

　　　　(c) $M_{AC}=\dfrac{qa^2}{16}$，$M_{EC}=\dfrac{3qa^2}{16}$。

12-8　(a) $M_{CA}=1$ kN·m，$M_{CD}=3$ kN·m，$M_{ED}=3$ kN·m(上侧受拉)；

　　　　(b) $M_{CF}=\dfrac{5}{3}Pl$(上侧受拉)，$M_{EA}=\dfrac{1}{6}Pl$(下侧受拉)。

12-9　(a) $F_{NAC}=0.5F$，$F_{NAD}=0.707F$；

　　　　(b) $F_{RB}=1.173F(\uparrow)$；

　　　　(c) $F_{NCD}=0.106P$，$F_{NCB}=0.310P$。

12-10　(a) $M_{AC}=M_{BD}=135$ kN·m(左侧受拉)；

　　　　(b) $M_{BA}=8.71q$，$M_{ED}=6.77q$，$M_{GF}=16.52q$(右侧受拉)；

　　　　(c) $M_{AC}=19.07$ kN·m(左侧受拉)，$M_{BD}=35.93$ kN·m(左侧受拉)；

　　　　(d) $M_{AE}=393.57$ kN·m(左侧受拉)；

　　　　$M_{BF}=M_{CG}=M_{DH}=138.81$ kN·m(左侧受拉)。

12-11　$F_{NDF}=113.31$ kN，$M_C=19.93$ kN·m(上侧受拉)，$M_E=19.93$ kN·m(上侧受拉)。

12-12　$F_{NCD}=-135.36$ kN，$M_C=23.04$ kN·m(上侧受拉)。

12-13　(a) $M_{AB}=\dfrac{3EI}{l^2}\Delta$(上侧受拉)；

　　　　(b) $M_{AB}=\dfrac{3EI}{4l}\varphi$(右侧受拉)；

　　　　(c) $M_{CB}=\dfrac{EI}{250l}$(下侧受拉)。

12-14　(a) $\Delta_{Cy}=\dfrac{ql^4}{384EI}(\downarrow)$；

　　　　(b) $\Delta_{Cy}=\left(\dfrac{3}{16}l\varphi-\dfrac{5}{16}\Delta\right)(\downarrow)$；

　　　　(c) $\Delta_{Cy}=1.75$ cm$(\downarrow)$。

12-15　$\varphi_C=\dfrac{3}{7l}\Delta$。

12-16　$M_{AB}=339.38\times\dfrac{\alpha EI}{l}$(左侧受拉)。

12-17　$M_{CB} = 0.86 \times \dfrac{EI\lambda}{l^2}, M_{EA} = 0.57 \times \dfrac{EI\lambda}{l^2}$。

12-18　柱的弯矩 $\dfrac{5}{32}ql^2$（右侧受拉）。

12-19　$M_B = 175.2\ \text{kN} \cdot \text{m}$（上侧受拉），$M_C = 58.9\ \text{kN} \cdot \text{m}$（上侧受拉），

　　　　$\Delta_{Ky} = \dfrac{746.47}{EI}$（↓），$\theta_C = \dfrac{157.01}{EI}$（∪）。

第 13 章

13-1　(a) 3 个；(b) 2 个；(c) 4 个；(d) 4 个；(e) 7 个；(f) 5 个；(g) 3 个；

　　　(h) 8 个；(i) 3 个；(j) 4 个；(k) 3 个；(l) 3 个，6 个。

13-2　略。

13-3　(a) $\overline{M}_{CB} = 3i, M_{CB}^F = \dfrac{3ql^2}{16}$；(b) $\overline{M}_{BA} = \dfrac{3}{4}EI, M_{BA}^F = 5\ \text{kN} \cdot \text{m}$；(c) $\overline{M}_{CD} = \dfrac{2EI}{l}$。

13-4　(a) $M_{BC} = -0.67\ \text{kN} \cdot \text{m}, M_{CB} = 7.33\ \text{kN} \cdot \text{m}$；

　　　(b) $M_{DC} = 41.54\ \text{kN} \cdot \text{m}, M_{CD} = -6.92\ \text{kN} \cdot \text{m}$。

13-5　(a) $M_{BC} = -10\ \text{kN} \cdot \text{m}, M_{CB} = 40\ \text{kN} \cdot \text{m}, M_{CD} = -45\ \text{kN} \cdot \text{m}$；

　　　(b) $M_{BA} = 24\ \text{kN} \cdot \text{m}, M_{BC} = -38.4\ \text{kN} \cdot \text{m}, M_{BE} = 14.4\ \text{kN} \cdot \text{m}$；

　　　(c) $M_{DA} = 18\ \text{kN} \cdot \text{m}, M_{CD} = -64\ \text{kN} \cdot \text{m}, M_{DC} = -36\ \text{kN} \cdot \text{m}$。

13-6　(a) $M_{EC} = -32\ \text{kN} \cdot \text{m}, M_{BC} = -2\ \text{kN} \cdot \text{m}$；

　　　(b) $M_{BE} = \dfrac{53qa^2}{188}, M_{EC} = -\dfrac{qa^2}{188}$；

　　　(c) $M_{AD} = 7.15\ \text{kN} \cdot \text{m}, M_{DC} = -5.26\ \text{kN} \cdot \text{m}$；

　　　(d) $M_{DC} = \dfrac{3Pa}{19}, M_{CD} = \dfrac{3Pa}{38}$。

13-7　(a) $M_{CE} = -\dfrac{85ql^2}{168}, M_{BF} = \dfrac{15ql^2}{56}$；

　　　(b) $M_{AC} = 37.33\ \text{kN} \cdot \text{m}, M_{DE} = -82.67\ \text{kN} \cdot \text{m}$；

　　　(c) $M_{CA} = \dfrac{ql^2}{20}, M_{BD} = -\dfrac{ql^2}{40}$；

　　　(d) $M_{BE} = -\dfrac{17ql^2}{156}, M_{EC} = -\dfrac{ql^2}{78}$。

13-8　(a) $M_{AE} = -58.29\ \text{kN} \cdot \text{m}, M_{EA} = 63.43\ \text{kN} \cdot \text{m}, M_{EC} = 3.43\ \text{kN} \cdot \text{m}$；

　　　(b) $M_{AC} = -168.29\ \text{kN} \cdot \text{m}, M_{CA} = -131.71\ \text{kN} \cdot \text{m}$；

　　　(c) $M_{AB} = -\dfrac{qa^2}{6}, M_{BA} = \dfrac{qa^2}{6}$。

13-9　(a) $M_{AD} = \dfrac{ql^2}{48}, M_{DE} = -\dfrac{ql^2}{24}$；

　　　(b) $M_{AD} = \dfrac{Fl}{32}, M_{DA} = \dfrac{Fl}{16}, M_{DE} = -\dfrac{Fl}{16}, M_{ED} = \dfrac{5Fl}{32}$；

(c) $M_{max} = \dfrac{5}{24}ql^2$;

(d) $M_{max} = 165.46 \text{ kN} \cdot \text{m}$;

(e) $M_{BA} = \dfrac{1}{9}ql^2$。

13-10 略。

13-11 (a) $M_{AC} = \dfrac{8qa^2}{35}, M_{DC} = -\dfrac{41qa^2}{70}$;

(b) $M_{CA} = \dfrac{7qa^2}{124}, M_{BD} = \dfrac{29qa^2}{124}$;

(c) $M_{AD} = -1.486 \text{ kN} \cdot \text{m}, M_{EF} = -5.944 \text{ kN} \cdot \text{m}$。

13-12 $F_{N1} = -0.08P(\text{压力}), F_{N2} = -0.658P(\text{压力}), F_{N3} = -0.859P(\text{压力})$。

13-13 $M_{AB} = 97.5 \times \dfrac{EI\alpha}{l}$。

13-14 $M_{AC} = -0.4Pl, M_{DB} = 0.2Pl$。

13-15 $M_{AB} = -0.240ql^2, M_{BA} = -0.044ql^2$。

第 14 章

14-1 (a) $M_{AB} = 0.286M, M_{BC} = 0.429M$; (b) $M_{AB} = -45 \text{ kN} \cdot \text{m}$;

(c) $M_{AB} = 60.63 \text{ kN} \cdot \text{m}, M_{BC} = -47.37 \text{ kN} \cdot \text{m}$;

(d) $M_{AB} = \dfrac{1}{6}ql^2, M_{DC} = \dfrac{3}{28}ql^2$。

14-2 (a) $M_{AB} = 74.61 \text{ kN} \cdot \text{m}, M_{CD} = 42.26 \text{ kN} \cdot \text{m}$;

(b) $M_{BA} = 74.16 \text{ kN} \cdot \text{m}, M_{CB} = 33.15 \text{ kN} \cdot \text{m}$。

14-3 (a) $M_{AB} = 13.33 \text{ kN} \cdot \text{m}, M_{BC} = 20 \text{ kN} \cdot \text{m}, M_{BD} = 13.33 \text{ kN} \cdot \text{m}$;

(b) $M_{BA} = 8.67 \text{ kN} \cdot \text{m}$。

14-4 (a) $M_{BA} = 38.2 \text{ kN} \cdot \text{m}, M_{BC} = -48.4 \text{ kN} \cdot \text{m}$;

(b) $M_{BA} = -12.34 \text{ kN} \cdot \text{m}, M_{CB} = 20.06 \text{ kN} \cdot \text{m}$;

(c) $M_{BA} = 19.2 \text{ kN} \cdot \text{m}, M_{CB} = 16.8 \text{ kN} \cdot \text{m}$。

14-5 $M_{AB} = 45.51 \text{ kN} \cdot \text{m}, M_{CD} = 308.17 \text{ kN} \cdot \text{m}, F_{SC+} = 171.36 \text{ kN}$。

14-6 $M_{AE} = -61.32 \text{ kN} \cdot \text{m}, M_{FD} = -14.56 \text{ kN} \cdot \text{m}$。

14-7 (a) $M_{BA} = 27.3 \text{ kN} \cdot \text{m}, M_{CB} = 22.5 \text{ kN} \cdot \text{m}$; (b) $M_{CA} = 19.42 \text{ kN} \cdot \text{m}$。

14-8 (a) $M_{AB} = 96 \text{ kN} \cdot \text{m}, M_{BC} = -192 \text{ kN} \cdot \text{m}$;

(b) $M_{BA} = 15.65 \text{ kN} \cdot \text{m}, M_{CB} = 12.78 \text{ kN} \cdot \text{m}$;

(c) $M_{EF} = -41.13 \text{ kN} \cdot \text{m}, M_{FE} = 75.17 \text{ kN} \cdot \text{m}$;

(d) $M_{AG} = -2.80 \text{ kN} \cdot \text{m}, M_{EB} = 10.56 \text{ kN} \cdot \text{m}$。

14-9 (a) $M_{BG} = -19.23 \text{ kN} \cdot \text{m}, M_{IH} = 17.80 \text{ kN} \cdot \text{m}, M_{JI} = -27.20 \text{ kN} \cdot \text{m}$;

(b) $M_{AC} = 21.41 \text{ kN} \cdot \text{m}, M_{DB} = -68 \text{ kN} \cdot \text{m}$。

14-10　(a) $M_{AE} = -280$ kN・m，$M_{CG} = -120$ kN・m；

　　　　(b) $M_{AC} = -150$ kN・m。

14-11　(a) $M_{AC} = -7.16$ kN・m，$M_{CE} = -16.24$ kN・m；

　　　　(b) $M_{DC} = 4.95$ kN・m，$M_{EF} = 0.87$ kN・m。

14-12　(a) $M_{AE} = 37.65$ kN・m，$M_{BF} = -69.65$ kN・m；

　　　　(b) $M_{AE} = -52.5$ kN・m，$M_{EC} = -20$ kN・m。

14-13　(a) $M_{AG} = -0.48F_P$，$M_{JF} = -2.08F_P$；

　　　　(b) $M_{AD} = -\dfrac{1}{3}F_P h$。

第 15 章

15-1　M_C：$y_B = 4a$。

15-2　M_C：$y_A = -2/3$。

15-3　F_{NCD}：$y_C = \dfrac{5}{3}$；M_E：$y_C = 0$；M_C：$y_C = 0$。

15-4　M_C：$y_D = -2/3$。

15-5　F_{RB}：$y_D = 0.5$；M_C：$y_D = a/2$。

15-6　F_{SD}：$y_C = 0.5$；M_D：$y_C = 3/2$。

15-7　F_{SC+}：$y_C = 1$。

15-8　F_{SE}：$y_{E-} = -1$；F_{SF}：$y_{F+} = 0.5$；M_C：$y_{D+} = 3d$。

15-9　F_{N3}：$y_B = 0$ 上承。

15-10　M_{CA}（右侧受拉为正）：$y_B = -4d$。

15-11　$F_{SD+} = 12.85$ kN，$M_B = 8.89$ kN・m。

15-12　$F_{SE+} = -12.25$ kN，$F_{SE-} = 17.75$ kN。

15-13　$F_{SA} = -0.75$ kN，$M_A = 13$ kN・m。

15-14　$F_{RB} = 264.6$ kN。

15-15　426.7 kN・m。

15-16　97.5 kN・m。

15-17　8.625 kN。

第 16 章

16-1　$\tau_{AB,\max} = 117.03$ MPa，$\tau_{BC,\max} = 145.51$ MPa，$\tau_{CD,\max} = 117.38$ MPa；$\varphi_B = 1.12°$，$\varphi_C = 0.97°$，$\varphi_D = 0.71°$。

16-2　$M_{\max} = 15$ kN・m，$\sigma_1 = 45.62$ MPa，$\sigma_2 = 4.38$ MPa，$\sigma_3 = 0$，$\alpha = 7.03°$。

16-3　$F_{N,\max} = 44.72$ kN。

16-4　几何不变，有 2 个多余约束。

16-5　$\dfrac{918}{EI}$，$\dfrac{36}{EI}$。

16-6 51.289 kN。

16-7 $M_{max}=49.23$ kN·m。

16-8 $M_{max}=39.2$ kN·m；$F_{S,max}=24.8$ kN；$F_{N,max}=83.3$ kN。

16-9 $M_{max}=53.0$ kN·m；$F_{S,max}=48.9$ kN；$F_{N,max}=223.9$ kN。

16-10 $F_{SC}:y_{C+}=\dfrac{3}{4}$；$M_C:y_C=\dfrac{3}{4}$；$F_{SD}:y_{D+}=\dfrac{5}{8}$；$M_D:y_D=\dfrac{15}{16}$。

参 考 文 献

[1] 苏振超.理论力学[M].北京：清华大学出版社,2019.

[2] 哈尔滨工业大学理论力学教研室.理论力学(1)[M].7版.北京：高等教育出版社,2009.

[3] 李庆华.材料力学[M].3版.成都：西南交通大学出版社,2005.

[4] 孙训方,方孝淑,关来泰.材料力学(Ⅰ)[M].5版.北京：高等教育出版社,2009.

[5] 苏振超.材料力学[M].北京：清华大学出版社,2016.

[6] 李前程,安学敏.建筑力学[M].2版.北京：高等教育出版社,2004.

[7] 龙驭球,包世华.结构力学(上册)[M].2版.北京：高等教育出版社,1994.

[8] 萧允徽,张来仪.结构力学(Ⅰ)[M].北京：机械工业出版社,2006.

[9] 单建,吕令毅.结构力学[M].南京：东南大学出版社,2004.

[10] 苏振超,薛艳霞,赵兰敏.结构力学(上,下)[M].西安：西安交通大学出版社,2013.

[11] 刘金春.结构力学[M].北京：中国建材工业出版社,2003.

[12] 王铎,程靳.理论力学解题指导及习题集[M].3版.北京：高等教育出版社,2005.

[13] 刘蓉华,蔡婧.结构力学学习指导与典型例题解析[M].成都：西南交通大学出版社,2011.3.

[14] 徐新济.结构力学学习方法及解题指导[M].上海：同济大学出版社,2002.

[15] 雷钟和.结构力学学习指导[M].2版.北京：高等教育出版社,2015.

[16] 樊友景.结构力学学习辅导与习题精解[M].2版.北京：中国建筑工业出版社,2016.

[17] 薛艳霞,苏振超.理论力学中等效力系的几个性质[J].嘉应学院学报,2019,37(03)：40-42.

[18] 苏振超,薛艳霞.论理论力学中摩擦力和摩擦角概念的引入[J].力学与实践,2012,34(01)：96-99.

[19] 苏振超,薛艳霞,王怀磊.理论力学多面摩擦问题的程式化解法[J].力学与实践,2014,36(01)：87-90.

[20] 薛艳霞,苏振超.虚位移投影的一种计算方法[J].力学与实践,2015,37(01)：129-132+141.

[21] 薛艳霞,苏振超.平面桁架杆件内力的虚位移原理求解[J].力学与实践,2017,39(06)：627-628.

[22] 薛艳霞,苏振超.一个结构静力学问题的虚位移原理求解及其扩展[J].嘉应学院学报,2018,36(05)：56-59.

[23] 薛艳霞,苏振超.一类平面静定桁架内力的虚位移原理求解[J].嘉应学院学报,2018,36(11)：44-48.

[24] DIETMAR G,WERNER H,JÖRG S,et al. Engineering Mechanics 1[M]. 2nd ed. Berlin Heidelberg：Springer-Verlag,2013.

[25] JAMES M G,BARRY J G. Mechanics of Materials[M]. 7th ed. Toronto：Cengage Learning,2009.